PALÉONTOLOGIE FRANCAISE

Corbeil, typ. et stér. de Crété fils.

PALÉONTOLOGIE FRANÇAISE

OU

DESCRIPTION

DES FOSSILES DE LA FRANCE

continuée

PAR UNE RÉUNION DE PALÉONTOLOGISTES

SOUS

LA DIRECTION D'UN COMITÉ SPÉCIAL

2e Série. — VÉGÉTAUX

PLANTES JURASSIQUES

PAR

LE COMTE DE SAPORTA

—

TOME I

PRÉCÉDÉ D'UNE INTRODUCTION GÉNÉRALE

ALGUES, ÉQUISÉTACÉES, CHARACÉES, FOUGÈRES

PARIS

G. MASSON, ÉDITEUR

LIBRAIRE DE L'ACADÉMIE DE MÉDECINE

17, Place de l'École-de-Médecine

—

1873

PALÉONTOLOGIE FRANÇAISE

DEUXIÈME SÉRIE. — VÉGÉTAUX

TERRAIN JURASSIQUE

INTRODUCTION

Placée, comme un trait d'union, entre les époques les plus reculées et les temps où la vie se manifesta sous des formes déjà plus voisines de celles que nous avons sous les yeux, la période jurassique est en même temps une des plus originales par les contrastes inouïs dont elle offre l'exemple. Gigantesque et bizarre dans ses productions, à bien des points de vue, elle se montre, à d'autres égards, indigente, monotone et amoindrie. Tandis que certaines séries organiques se développent au delà de toute mesure, d'autres se trouvent réduites à des proportions insignifiantes ou s'écartent à peine de ce qui existe encore aujourd'hui. A côté des mers où pullulent tant d'êtres puissants ou délicats, agiles ou massifs, timides ou féroces, brillants des plus riches couleurs ou disposant de la force la plus redoutable, se traînant le long de la plage ou se jouant dans les flots, au sein desquels d'autres multiplient leurs groupes harmonieusement associés, le sol continental ne présente encore qu'un relief faiblement accusé. Privée de fraîcheur, couronnée d'une verdure chétive, la surface terrestre disparaît çà et là sous des bouquets de conifères au tronc élancé, aux rameaux régulièrement étagés, au feuillage maigre. Auprès de ces arbres, toujours peu variés et souvent répétés comme individus, croissent des cycadées, analogues à de très-petits palmiers, au tronc court, presque toujours simple, relativement épais, terminé par une couronne de feuilles pinnées et roides. La petitesse de ces arbres étonne souvent, et dément toujours les proportions gigantesques que la taille exceptionnelle de quelques animaux porte à généraliser bien à tort. Beaucoup de cycadées ont dû être d'humbles végétaux, ligneux, il est vrai, mais réduits à quelques pouces de hauteur, et composant avec certaines fougères coriaces une sorte de tapis gazonnant sur la lisière des parties boisées. Pour saisir d'autres spectacles, un explorateur de ces temps antiques aurait dû pénétrer dans des parties assez basses pour retenir les eaux et donner lieu à des lagunes, à des marécages et à des estuaires fréquemment inondés. Là seulement on aurait vu se développer une végétation plus riche en individus et en espèces, plus variée de forme, plus luxuriante de feuillage. C'étaient pourtant des stations tout exceptionnelles, et les précieuses découvertes, relatives aux plus anciens mammifères et aux reptiles terrestres, faites dans des couches dont l'origine se rattache à des lacs ou à des estuaires, montrent bien que ces êtres, clair-semés partout ailleurs, choisissaient ces localités pour y habiter de préférence. L'eau, la verdure, une nourriture plus abondante et plus facile les y conviaient et y amenaient en même temps ceux d'entre eux qui vivaient exclusivement de proie. L'extrême monotonie et l'indigence relative qu'on remarque dans la plupart des localités françaises, comme celle d'Étrochey (Côte-d'Or), dont la roche renferme, au lieu de végétaux croissant sur place, des débris entraînés par l'effet des pluies ou des eaux courantes, sont bien faites pour frapper l'esprit, lorsqu'on les compare à la profusion des espèces enfouies dans les schistes bitumineux presque contemporains du Yorkshire, au sein d'une lagune à peine saumâtre, et sous l'empire de conditions toutes différentes. Dans le premier cas, nous sommes transportés sur un point quelconque de l'ancien littoral, situé dans des conditions qui devaient être celles de la presque totalité des régions jurassiques; dans le second, nous nous trouvons en présence d'une nature particulière, au sein d'un canton vivifié par les eaux, nourrissant à leur portée et sous leur influence immédiate des plantes à texture délicate, à limbe foliacé finement découpé ou largement développé, que l'on aurait vainement recherchées partout ailleurs. Il y avait donc alors une végétation répandue partout et empreinte d'un caractère de désespérante uniformité, et, côte à côte de celle-ci, mais seulement dans quelques localités favorisées, une végétation plus riche, plus variée, plus abondante, mieux disposée par cela même pour servir d'asile aux animaux terrestres et amphibies de l'époque. Du reste, une localisation encore plus exclusive a dû exister dans les âges antérieurs; les couches du terrain permien sont des plus pauvres, en fait d'empreintes végétales, en dehors de quelques localités privilégiées; il est aussi fort douteux que dans la période carbonifère, le sol ait compris beaucoup de végétaux en dehors des bassins circonscrits où une réunion de circonstances particulières favorisa l'essor des plantes à qui est due la formation de la houille. Ces circonstances, suivant M. d'Archiac (1), ne se seraient manifestées que dans une partie de la surface terrestre, comprise entre 80° lat. S. et 35° lat. N. A peine a-t-on pu jusqu'à présent citer deux points des régions tropicales, à Madagascar et sur la côte opposée de Mozambique, où des empreintes de calamites et de sigillariées fournissent quelque preuve de l'extension jusque sous l'équateur de la flore houillère. Exubérante en Europe, ainsi que dans tout l'hémisphère nord, cette flore semble y avoir été principalement concentrée. La vie organique a dû être forcément localisée à son origine, puisque, selon toute probabilité, les conditions nécessaires à sa manifestation n'ont pas existé partout simultanément; celles qui sont susceptibles de lui donner essor ont dû longtemps se produire dans une mesure inégale, de façon à accumuler les êtres sur certains points, et à les exclure au moins partiellement des autres.

Un savant dont les opinions doivent être prises en considération, parce qu'il a beaucoup vu par lui-même, M. Jules Marcou (2), remarque combien les fossiles sont rares dans la formation jurassique des montagnes Rocheuses; la mer aux plages basses et sableuses où elle a dû se déposer n'était sans doute qu'un vaste désert aquatique. Déjà dans la zone jurassique méditerranéenne, qui forme la province *hispano-alpine* de ce géologue, l'absence des coraux et des spongiaires, la rareté des polypiers, la diminution des céphalopodes et des gryphées marquent une mer moins favorable à la multiplication des êtres vivants que la région comprise

(1) *Géologie et paléontologie*, p. 508.

(2) *Lettres sur les roches du Jura et leur distr. géog. dans les deux hémisph.*, par Jules Marcou. Paris, 1860, p. 289.

entre le Jura et la Grande-Bretagne, région marine alors peuplée par-dessus toutes les autres, où les coraux, les crinoïdes et les radiaires, réunis à des myriades de mollusques, surtout de gryphées, de brachyopodes, de myacées couvraient le fond des eaux parcourues par des légions de poissons, par des céphalopodes innombrables, par des reptiles nageurs, véritables cétacés jurassiques, alors les êtres dominateurs par excellence (1).

Ainsi, dès les premiers pas nous nous sentons transportés dans un monde entièrement nouveau, auquel nous ne saurions appliquer aucune des notions qui nous sont familières; la science seule nous aidera à pénétrer au sein de cette terre inconnue, en nous livrant la clef de quelques-uns de ses mystères. Mais c'est au prix de beaucoup d'efforts, et surtout en usant de toutes ses ressources combinées : la végétation jurassique, il faut le dire, ne constitue pas un fait isolé; pour en comprendre le sens, il faut examiner quel genre de sol elle couvrait, sous quelles conditions extérieures elle s'était développée, à quelle sorte d'animaux enfin elle servait d'abri et fournissait des aliments. Tout se lie, tout s'enchaîne dans l'ensemble des êtres vivants; il ne servirait de rien de décrire chacun d'eux avec une exactitude scrupuleuse, si l'on négligeait le côté relatif de leur rôle d'autrefois. Leur véritable signification n'est pas seulement dans ce qu'ils ont été par eux-mêmes, elle résulte surtout de l'ensemble des phénomènes biologiques de chaque époque, phénomènes dont ils ont tous subi solidairement l'influence et contribué dans une certaine mesure à accroître ou à affaiblir l'intensité : c'est là ce que nous rechercherons en premier lieu.

(1) Jules Marcou, *loc. cit.*, p. 321.

§ 1. — *Distribution relative des terres et des mers. — Faits stratigraphiques. — Leur signification au point de vue de l'étude des plantes contemporaines.*

La végétation de chaque région et de chaque période se trouve dans une étroite dépendance vis-à-vis des conditions de sol et de climat, dont elle subit l'influence, et celles-ci à leur tour sont une conséquence directe de la configuration des terres et des mers. Une étude de l'état physique et géographique de l'Europe jurassique offrirait donc le plus haut intérêt, en se plaçant même au point de vue phytologique le plus exclusif. Malheureusement cette étude manque encore de son élément le plus essentiel : la précision; les faits observés sont épars, et les lacunes qui les séparent trop larges, pour que l'on songe à les réunir en faisceau. La vraie signification de plusieurs d'entre eux, même les mieux connus, est encore controversée; il faut donc se contenter d'aperçus très-généraux ou de la mise en lumière de certains phénomènes isolés, plus saillants, et par cela même plus décisifs que les autres, quoique renfermés dans des limites bien restreintes. De plus, les paléontologues qui décrivent les espèces fossiles avec le plus de soin, et par suite recherchent avec le plus de curiosité toutes les particularités relatives à la vie des anciens êtres, ne possèdent presque jamais les connaissances et l'expérience acquise des géologues stratigraphes, et ceux-ci, de leur côté, négligent trop souvent de recueillir les faits biologiques; les espèces anciennes sont à leurs yeux un moyen, mais non pas un but, dans l'étude des lois générales dont ils recherchent la formule.

Un des hommes spéciaux les plus autorisés à s'expliquer sur de semblables questions, M. Hébert, professeur de géologie à la Sorbonne, a exposé, depuis douze ans, dans son cours, ses idées sur la distribution des terres et des mers aux époques antérieures, en y joignant des esquisses de cartes destinées à traduire ces idées; il a bien voulu nous communiquer ceux de ces documents qui ont trait à la période jurassique avec des réflexions à l'appui ; mais, à ses yeux comme aux nôtres, « ces cartes, malgré leur apparente exactitude, ne sont que les liens provisoires des faits observés jusqu'ici, liens essentiellement élastiques, susceptibles de modifications à mesure que des découvertes nouvelles montreront la nécessité d'y apporter des changements. Ce sont, pour ainsi dire, des ébauches grossières dont les lignes tracées avec rapidité ne prétendent à aucune précision, précision impossible, d'ailleurs, à une pareille échelle. Est-ce à dire qu'il n'existe aucun point fixe, aucun centre sur lequel il soit possible d'asseoir les faits incontestables, sauf à faire graviter autour d'eux ceux qui sont plus vagues et plus controversés? Il serait excessif de le prétendre, et certaines régions primitives, comme le plateau central, la Bretagne, l'Ardenne, la région des Maures en Provence, probablement aussi une partie des massifs alpins et pyrénéens ont été terre ferme bien avant l'époque jurassique, et le sont demeurés durant la période qui correspond au dépôt de ce terrain. Ce qui le prouve, c'est l'histoire même de la formation de notre continent, formation lente, irrégulière dans sa marche, accompagnée de retours partiels, mais toujours finalement progressive et opérée de telle manière que les terres émergées les plus anciennes ont servi d'attache aux ceintures successives des étages postérieurs, qui n'ont cessé d'ajouter des bandes concentriques aux îles de l'archipel primitif, pour les souder enfin en un seul tout. »

Ce qui prouve combien ces effets d'émersion et de relief ont été lents, c'est que dans beaucoup de cas les fleuves européens actuels coulent encore, eux et leurs affluents, dans la direction des anciens bassins, transformés en vallées, mais marquant par une dépression relative du sol l'emplacement occupé autrefois par les mers jurassiques. La vallée du Rhône, celle de la Seine, et en partie au moins celles du Danube et du Pô en fournissent des exemples dont il serait facile de grossir la liste. Ainsi, en Europe, si beaucoup de régions ont pris un autre aspect, tout n'a pas été également bouleversé. L'état présent renferme encore les traits épars, à demi effacés, mais non tout à fait défigurés, du passé, et dans la charpente de l'Europe moderne, une certaine portion des linéaments distinctifs de l'Europe jurassique se retrouve et peut servir à reconstituer l'ensemble. Dans cette tentative de reconstruction, s'il existe nécessairement des matériaux douteux, artificiels ou tout à fait chimériques, il se présente aussi des éléments sérieux, et ce sont justement ceux sur lesquels nous devons insister, avant de recourir à des hypothèses plus ou moins bien fondées. Nous pouvons dire en premier lieu que, si la masse imposante des chaînes de montagnes où les assises jurassiques entrent comme éléments constitutifs, soit seules, soit associées à des formations plus récentes, atteste l'intensité des mouvements de l'écorce terrestre dans les temps postérieurs au terrain jurassique, l'humble aspect des accidents du sol dans les régions primitives que l'on suppose avoir subi le moins de changement, implique pour la période dont nous nous occupons l'existence de montagnes d'une médiocre élévation, plutôt arrondies et séparées l'une de l'autre par des vallées sinueuses que dessinant des cimes hardies et escarpées. La région du plateau central, celle de la Vendée et l'Ardenne doivent représenter assez bien l'aspect caractéristique des régions émergées dans les temps jurassiques, surtout si l'on fait abstraction des mouvements postérieurs dus à l'action des forces volcaniques et à qui se rattachent les points culminants du Cantal, du Puy-de-Dôme et de la Haute-Loire. Les continents jurassiques, en grande partie cristallins, entourés cependant d'une ceinture plus ou moins étroite, sinueuse et irrégulière, de calcaires et de grès schisteux ou marneux, n'étaient sillonnés que par de faibles aspérités montagneuses et arrosés que par des eaux d'écoulement ou par des courants dont l'étendue ne pouvait être considérable, puisque les grandes vallées ouvertes et communiquant par des vallées secondaires avec de nombreux affluents n'appartiennent qu'à des terrains et à des âges de beaucoup postérieurs. Cette circonstance explique très-naturellement l'extrême rareté des dépôts lacustres ou fluviatiles dans le sein ou sur les flancs des régions jurassiques de l'Europe centrale. De pareils dépôts ne se montrent guère que vers la fin de la période, sur des points assez restreints, et seulement dans des parties récemment émergées, par conséquent sur des plages encore basses, et probablement à la suite d'un grand mouvement d'émersion. Rien de pareil ne se remarque sur le sol primitif, parcouru sans nul doute par des eaux douces, mais où une inclinaison déjà trop prononcée les obligeait de couler sans s'arrêter; aucun dépôt jurassique franchement lacustre ne s'y est jamais formé; le relief, quoique médiocre, y était déjà trop accentué. En effet, deux sortes de régions peuvent seules donner lieu à de grands amas d'eau douce, ce sont, d'une part, celles qui se déroulent en vastes plaines, et de l'autre celles dont le sol entr'ouvert et crevassé constitue des vallées profondément encaissées. La Suisse centrale et les plaines d'alluvion tertiaires en fournissent simultanément des exemples, mais dans la première moitié de la période jurassique, presque aucune partie du sol européen ne possédait encore l'une ou l'autre de ces deux sortes de configuration.

L'Angleterre semble faire exception par les lambeaux puissants de formations fluvio-lacustres ou plutôt fluvio-marines qui s'étalent vers les limites indécises du golfe jurassique qu'elle bornait à l'ouest. Ces dépôts constituent les étages successifs du Purbeck, des sables de Hastings, et enfin du Wéaldien proprement dit; mais ce ne sont pas les seuls, et les étages antérieurs en offrent aussi des vestiges. C'est ainsi que les schistes et les grès carbonifères du Yorkshire, les couches de l'île de Sky, de l'île de Mull et de plusieurs points du rivage écossais, les assises charbonneuses de Brora, les grès de Cloughton-Wike qui renferment des *Equisetum* ensevelis sur place, les calcaires schisteux de Stonesfield avec leurs débris d'insectes et de mammifères, enfin les lits à insectes et à plantes terrestres du lias de Dumbleton, de Westbury, d'Axmouth, de Tewkesbury dans le sud de l'Angleterre, constituent autant d'indices de l'action persistante des eaux douces. Cette action se manifestait avec plus ou moins d'énergie le long du littoral jurassique, dont le voisinage se laisse toujours reconnaître au milieu de ces dépôts d'un caractère mixte. Ici, nous sommes assurés, non-seulement de la présence de la mer, mais aussi de celle d'une plage dont on est bien obligé d'admettre la contiguïté avec une région continentale plus ou moins vaste, située vers l'ouest et attenante à la Normandie et à la Bretagne actuelles. L'abondance des eaux douces, la présence répétée de plantes et d'animaux terrestres, les débris ensevelis de véritables forêts et surtout de reptiles marcheurs d'une taille énorme, les uns vivant de proie, les autres construits pour être phytophages, nécessitent en effet l'existence d'une terre considérable, tout étant relatif et proportionné dans la nature.

Aucune disposition analogue ne s'observe le long des anciens rivages de l'île jurassique, située au centre du sol français. Les eaux douces n'ont laissé nulle part sur cette terre des traces bien nettes de leur action isolée; à défaut de cette action, on observe sur plusieurs points et à divers niveaux, mais toujours à proximité du littoral secondaire, des empreintes de plantes terrestres dans des couches de formation marine. Ces plantes, quelles que soient les circonstances qui ont présidé à leur enfouissement, qu'il soit dû aux courants dont l'embouchure était voisine, ou à l'impulsion seule des vents, marquent nécessairement la proximité de la terre ferme. Les dépôts à empreintes végétales de Mende (Lozère), pour le lias; d'Étrochey (Côte-d'Or), pour le cornbrash; de la Vienne, pour l'oxfordien; de Châteauroux (Indre), pour le corallien, deviennent vis-à-vis de cette région centrale des témoins de son émersion prolongée, contre lesquels aucune assertion ne saurait prévaloir. On peut s'avancer encore davantage et affirmer que l'émersion définitive d'une 'partie des formations jurassiques, après le dépôt des étages inférieurs, leur consolidation à l'air libre, et la propagation des plantes terrestres à leur surface se trouvent démontrés, en dehors même des observations stratigraphiques, par l'étude seule des plantes fossiles. C'est ainsi qu'une bande étroite appartenant à l'oolithe inférieure, et joignant la Vendée au plateau central, était déjà peuplée de fougères, de cycadées et de conifères, dès l'époque de l'oxfordien inférieur, puisque les sédiments de ce dernier étage comprennent, à une faible distance de l'étage antérieur, non-seulement des bois flottés, mais des frondes intactes et des tiges hérissées de pétioles persistants, ce qui exclut tout à fait l'action d'un courant qui aurait apporté ces débris de plus loin. C'est ainsi encore que la profusion des plantes terrestres dans le département de l'Ain, et les parties contiguës de l'Isère et du canton de Vaud, prouve que vers la fin du corallien la mer avait cessé de recouvrir une partie des étages antérieurement déposés, et que la végétation avait pu s'y établir immédiatement après.

L'Angleterre partagée obliquement du Dorsetshire au Yorkshire, et réunie à la Normandie et à la Bretagne, réunies plus tard elles-mêmes à l'île centrale, comme nous venons de le voir, limitait un golfe largement sinueux où venait sans doute aboutir à certains moments l'embouchure d'un fleuve coulant de l'ouest et déversant les eaux du continent occidental. En face de ce golfe, la grande île hercynienne en formait un autre; cette terre, d'abord distincte, puis jointe à la Bohême, séparée de l'île britannique par un canal, mais empiétant sur le sol anglais dans la direction de la Belgique et du Boulonais, se découpait au sud en appendices, îles, presqu'îles, promontoires, s'avançant au sein du *fiord germanique*, sorte de bras de mer étroit qui s'étendait entre cette région et celle des Alpes, de même qu'une autre mer, située au nord de l'Hercynie, et plus ou moins large selon les temps, la séparait de la grande région scandinave. L'île hercynienne fut soudée plus tard elle-même à l'île centrale par le soulèvement du seuil jurassique de la Côte-d'Or; elle en fut d'abord séparée par un simple détroit, situé entre l'extrémité méridionale des Vosges et le massif du Morvan. Comme nous l'avons vu pour l'île centrale et pour l'île britannique, les plages de l'île hercynienne, soit en France, soit en Suisse, soit en Allemagne, se révèlent par des dépôts de plantes terrestres qui jalonnent les traces de leur ancien contour. En France, où nos observations doivent se concentrer, ces plantes se montrent principalement dans le lias, à Hettanges (Moselle), et dans le corallien, auprès de Verdun et de Saint-Mihiel (Meuse). Leur présence dans le premier cas sert à démontrer comment, à cette époque, la Belgique, d'une part, la région des Vosges, de l'autre, circonscrivaient, d'Avesnes et des environs de Rocroi jusqu'à Langres, un golfe sinueux et profond, dont Luxembourg marque le point le plus intérieur, Langres, l'extrémité méridionale, et qui, de Langres à Bâle et à Schaffouse, se détournait en dessinant une ligne rentrante qui donnait lieu à un nouveau golfe.

Trois régions séparées l'une de l'autre par des passes étroites, à l'est, au sud-ouest et au nord-ouest, entouraient ainsi, au début des temps liasiques, le bassin de Paris, véritable mer intérieure, limitée de la manière la plus heureuse. Cette mer mesurait une largeur maximum d'environ 120 lieues. L'île centrale affectait à la même époque une forme irrégulièrement trapézoïde, ou plutôt celle d'un triangle émoussé ou déchiqueté sur les angles. Sa face large regardait le bassin de Paris sur une étendue de 70 lieues entre Limoges et le massif du Morvan, tandis que, entre Figeac et Privas, la distance d'un rivage à l'autre n'était plus que de 50 lieues, et de 20 à 25 seulement en se rapprochant de l'Hérault. Les bords de l'île centrale, partout découpés, n'offraient cependant que peu de sinuosités très-prononcées. La région du Morvan, d'Autun à Avallon, dessinait pourtant à l'angle nord-est du trapèze un promontoire largement arrondi, tandis qu'à l'extrémité opposée les terres s'ouvraient de Lodève à Mende pour laisser pénétrer la mer liasique, et former un golfe étroit et tortueux qui, de Mende, paraît s'être étendu à l'ouest jusqu'à Rodez et Marcillac. Plus au sud, la région pyrénéenne primitive formait une île distincte, d'une moindre étendue que la précédente, et la partie méridionale de la Provence, comprenant les schistes cristallins de la chaîne des Maures, avec la bande triasique qui leur sert de ceinture, en constituait une autre, réunie sans doute aux terrains de même nature de la Corse et de la Sardaigne. Il existait encore sur les frontières de la France actuelle une autre région insulaire dont il est difficile d'apprécier l'importance et de saisir les contours, mais dont l'existence même ne saurait être révoquée en doute; c'est celle qui occupait une partie au moins des Alpes centrales. Peut-être consistait-elle en effet en une série d'îles et d'îlots dont les limites et l'importance ont dû varier d'un étage à l'autre.

Les masses continentales, dont l'archipel que nous venons d'esquisser ne formait qu'une dépendance, étaient situées peut-être à l'Ouest, vers l'Atlantique, mais en tous cas au Nord vers la Scandinavie et la Russie, alors certainement émergées. Les grès à combustibles d'Helsingborg, d'Höganäs et de Hör (1), dans la Suède méridionale, riches en végétaux terrestres associés à des algues ainsi qu'à des coquilles marines, montrent à la fois jusqu'où s'étendait la mer infraliasique dans cette direction, et où commençait la grande terre boréale, peuplée des mêmes plantes que l'Hercynie et l'île centrale, mais plus vaste et dont les limites vers le Nord et l'Est ne sauraient être précisées.

(1) Voy. *Recherches sur l'âge des grès à combustibles d'Helsingborg et d'Höganäs suivies de quelques aperçus sur les grès de Hör par M. Hébert*. Paris, 1869 (Extr. des ann. des Sc. géol.).

Tel était l'aspect que présentait l'Europe centrale vers l'origine des temps jurassiques, mais cet aspect se modifia ensuite à plusieurs reprises. D'étage en étage, sous l'influence de phénomènes généraux successifs, les mers ne cessèrent, durant toute la période, d'être soumises à de perpétuels changements. Les fonds, les niveaux, l'étendue relative des bassins maritimes ne sont jamais restés complétement stables. Un observateur attentif, M. Jules Martin, est parvenu à distinguer dans le seul étage bathonien de la Côte-d'Or « dix zones distinctes, caractérisées chacune par un ensemble organique particulier ou au moins par certaines espèces spéciales, sans compter les dissemblances minéralogiques et les accidents de stratification. Ces zones sont les suivantes en allant de bas en haut :

1re Zone, à *Pholadomya gibbosa* et *Murchisoni.*
2e — à *Ostræa acuminata.*
3e — à *Pholadomya texta* et *bucardium.*
4e — à *Ammonites arbustigerus* et *Pholadomya Vezelayi.*
5e — à *Purpurea glabra* ou à oolithe blanche.
6e — des calcaires ruiniformes à *Rhynchonella decorata.*
7e — à *Terebratula cardium* et *apiocrinites Parkinsoni.*
8e — à *Terebratula digona* et *obovata.*
9e — à *Ostræa costata*, ou plaquettes de Langrunne.
10e — à *Pentacrinus Buvignieri* et à Bryozoaires.

Les trois premières de ces zones opèrent la transition entre le Bajocien, dans lequel certains auteurs les ont classées, et le Bathonien proprement dit auquel elles se rattachent par le caractère minéralogique, comme par la faune. La première de ces zones repose sur des récifs bajociens rongés par la vague et criblés de trous de pholades, mais sans discordance proprement dite. C'est un dépôt peu puissant, peuplé de coquilles littorales et dont la partie supérieure présente à son tour une surface corrodée, couverte d'huîtres, de serpules, et excavée de mollusques térébrants. Par-dessus viennent les marnes du *Fullers'* avec un nombre prodigieux d'*Ostræa acuminata*, les mêmes pholadomyes, panopées, etc., moins nombreuses que dans la zone précédente, puis des brachyopodes amenés du large dans ce dépôt évidemment littoral. Ces marnes, dont l'épaisseur moyenne est de 5 à 6 mètres, passent à un calcaire grisâtre où les petites huîtres font place à de nombreuses pholadomyes (*Pholad. texta* et *bucardium*), espèces encore essentiellement littorales.

Le passage de cette zone à celle à *Ammonites arbustigerus* est insensible, aussi bien minéralogiquement que paléontologiquement; l'ammonite qui lui donne son nom s'y trouve constamment associée à la *Pholadomya bucardium* qui demeure l'espèce dominante. La roche est un calcaire compacte, d'origine vaseuse, assez pauvre en coquilles, toujours littorales. Les deux zones réunies témoignent d'un affaissement lent, au sein d'une mer tranquille et peu profonde.

Un affaissement brusque semble avoir mis fin à cette période de dépôt, puisque immédiatement au-dessus on rencontre des calcaires à pâte lithographique d'une grande puissance (45 à 50 mètres), à aspect ruiniforme, fissurés par les agents atmosphériques et presque sans fossiles. A la surface perforée et préalablement durcie de ces calcaires reposent des lits de marnes, riches en brachyopodes, échinides, *Apiocrinites Parkinsoni*, etc., et en bryozoaires. Au-dessus, s'établirent de nombreux polypiers associés à des coquilles térébrantes, à des gastéropodes délicats, dont le développement a sans doute exigé un fond de récifs au niveau de l'action des marées, dans une mer calme ou faiblement agitée. Les pholades ont encore perforé les bancs calcaires qui surmontent les lits précédents; les flots en ont encore usé la surface avant que l'*Ostræa costata* s'y soit multipliée. Le sommet lui-même de ce petit groupe est à son tour travaillé par les coquilles perforantes et couvert d'huîtres; il sert de base à des calcaires fissiles, pétris de bryozoaires, de tiges de pentacrinites et de débris d'oursins: les peignes sont très-nombreux dans cette dernière zone, mais souvent brisés, comme tous les autres débris d'animaux qui paraissent avoir longtemps subi l'action des vagues, les bryozoaires particulièrement. »

Ce sont là quelques exemples des innombrables vicissitudes auxquelles les mers jurassiques n'ont cessé d'être soumises. On aura remarqué que, pour interrompre les dépôts, une émersion totale, même momentanée, n'a jamais été nécessaire; il a suffi d'une diminution dans la profondeur des eaux ou dans la direction des courants pour changer la nature des sédiments et remplacer les séries d'animaux par d'autres séries dénotant de nouvelles aptitudes. Dans ce cas le rivage proprement dit peut avoir été fort éloigné, quoique les conditions biologiques trahissent l'influence d'une station littorale, c'est-à-dire d'une mer basse peuplée d'animaux qui évitent les hauts-fonds. Les dépôts changent de caractère, de même que les espèces font place à d'autres, et pourtant bien souvent rien n'interrompt la continuité des assises, parce que rien de brusque n'est venu se produire. Mais ce n'est pas seulement entre deux lits successifs d'un étage déterminé que la liaison peut ainsi s'établir; la même concordance existe parfois entre deux membres distincts d'un terrain, sans exclure la possibilité d'une lacune intermédiaire. Il suffit alors que l'exhaussement du fond, susceptible de produire une émersion, soit totale, soit partielle, ait eu lieu sans déranger son horizontalité, pour que le dépôt survenant à la suite d'un nouvel affaissement concorde avec le précédent; et si rien n'a changé dans la nature des mers où se produit le dépôt, l'identité de la composition minéralogique permettra difficilement de distinguer la roche la plus récente de celle qui a été formée bien avant elle.

Il est impossible d'expliquer autrement que par des mouvements du sol, le plus ordinairement généraux et lents, quelquefois relativement brusques, les variations successives dans le niveau des mers. C'est par des causes pareilles que s'expliquent aussi les changements survenus dans la nature de la sédimentation, puisque celle-ci est toujours une conséquence au moins indirecte de l'action des eaux courantes sur le sol émergé, et que cette action varie chaque fois que les terres se trouvent modifiées dans leur relief ou leur étendue, chaque fois aussi que le régime des eaux fluviatiles cesse d'être alimenté de la même manière ou déversé dans la même direction.

La sédimentation constitue ainsi un miroir fidèle où se reflètent les phénomènes qui dans chaque époque ont agi à la surface du globe et influé sur les êtres qui l'habitaient. Considérée à ce point de vue, la période jurassique se compose bien plutôt d'une succession de mouvements alternatifs et limités que de révolutions susceptibles d'altérer profondément les conditions biologiques. L'état généralement stationnaire des êtres organisés terrestres, que l'on s'attache aux mammifères, aux reptiles ou aux insectes, le prouve suffisamment. Les cycadées, les conifères et les fougères jurassiques répètent à plusieurs reprises les mêmes formes caractéristiques ; les mêmes genres persistent souvent à se montrer dans les étages les plus éloignés, et enfin les changements résultent plutôt de la prédominance relative de certains types que d'une altération de l'ensemble, dont la physionomie reste sensiblement la même d'un bout à l'autre de la période.

Pour mieux saisir ce point de vue qui n'exclut, à vrai dire, ni la marche progressive ni les modifications partielles du monde végétal, pour apprécier à la fois et la stabilité de certaines conditions et les changements successifs, il suffira de remonter un peu au delà des temps jurassiques. Nous comprendrons aisément à quel point l'âge immédiatement antérieur s'écartait de celui qui lui succéda et de quelle façon s'opéra la transition qui fit alors passer l'Europe d'un état entaché de contrastes énigmatiques à un état encore bien éloigné de l'ordre actuel, mais tendant à s'en rapprocher, quoique par une marche extrêmement lente.

Le regrettable M. d'Archiac, dans un de ses derniers ouvrages (1), a fait ressortir l'ambiguïté singulière qui s'attache à l'ensemble des formations triasiques, lorsqu'on en recherche la vraie signification. La puissance des dépôts détritiques, principalement des roches quartzeuses arénacées et des argiles ferrugineuses, y atteste partout la violence des eaux et l'existence de bassins profonds; et cependant les vraies mers y paraissent rares et limitées, à ce qu'il semble, à un étroit périmètre. Si au centre de l'Allemagne et sur quelques points des Alpes les fossiles abondent de manière à justifier le nom de *calcaire conchylien* donné à l'étage moyen de la formation, partout ailleurs, ils deviennent clair-semés, et les amas de gypse, de dolomie et de sel, semblent plutôt annoncer des mers qui se

(1) *Géologie et paléontologie*, p. 554.

dessèchent et se retirent, en abandonnant les substances minérales tenues en dissolution dans leurs eaux.

Comment ne pas admettre que l'abondance des sédiments arénacés et argilo-marneux, leur bigarrure, leur alternance souvent répétée aient été l'effet de la violence des eaux entraînant à la mer de grandes masses détritiques? Cependant au milieu même de ces effets, on en observe d'autres qui amènent à d'autres conclusions, lorsque l'on constate soit l'absence ou l'excessive rareté des animaux marins, soit des traces de plantes terrestres ou de minces amas de combustibles qui deviennent autant d'indices du voisinage de terres couvertes de végétation. D'autre part, au contraire, les ossements et les dents de sauriens et de poissons se rencontrent avec assez d'abondance, soit dispersés, soit accumulés dans certains lits, pour révéler l'existence d'une riche faune de vertébrés aquatiques, la plupart marins. A la présence répétée des végétaux il faut ajouter un autre indice du voisinage des terres, du peu de profondeur des eaux et de leur retraite fréquente suivie de prompts retours; nous voulons parler des traces de pas marqués sur la vase à moitié consolidée et recouverte rapidement d'une couche de sable fin, changé en grès, qui en a fidèlement conservé l'empreinte. Ce n'est pas seulement en Saxe, au village de Hesseberg que l'on observe cette particularité, mais c'est encore sur plus d'un point de l'Angleterre (Lancashire et Chestershire), en France, près de Lodève (Hérault), et de Saint-Valbert (Haute-Saône), enfin en Amérique, dans la vallée du Connecticut et du New-Jersey.

Les abords immédiats de ces dépôts tumultueux étaient donc visités par une foule d'animaux triasiques, batraciens, oiseaux, reptiles, êtres pour la plupart ambigus, marchant sur le sol humide, dès que les eaux s'en retiraient, se reculant quand elles inondaient de nouveau la plage récemment délaissée par elles.

Les végétaux étaient alors peu variés, puisque ce sont presque toujours des *Equisetum* gigantesques ou des branches de conifères que l'on rencontre, et les eaux, partout présentes, partout peut-être plus ou moins imprégnées de substances salines, envahissaient ou délaissaient des bassins aux limites inconstantes, aux profondeurs sans cesse variables, où les poissons cependant paraissent avoir souvent rencontré des conditions favorables d'existence. On conçoit que la végétation, composée principalement de fougères bizarres, de prêles énormes, de conifères araucariformes, de monocotylédones douteuses, ait souvent pris possession de ces lagunes au fond sableux ou limoneux, et les ait comblées pour donner lieu à des amas charbonneux plus ou moins développés, jusqu'au moment où d'autres oscillations venaient établir de nouveaux bassins. Des eaux si capricieuses dans leurs effets, sujettes à tant de retraits et de retours alternatifs ne font-elles pas l'effet de provenir de pluies immenses se déversant des hauteurs d'une atmosphère bien plus épaisse qu'aujourd'hui, la déchargeant et l'épurant peu à peu. Ces masses diluviennes seraient tombées laissant entre elles de longs et irréguliers intervalles; les plantes, tantôt inondées, tantôt remises en possession d'un sol d'où les eaux se retiraient peu à peu, auraient été robustes pour pouvoir résister à des phénomènes si violents; aussi sont-elles rares dans le trias et surtout réduites à un petit nombre de types et de formes qui ne rappellent guère la végétation luxuriante des temps antérieurs.

Dans le midi de la France, les assises détritiques et

confuses, les amas de gypse, les calcaires corrodés et les dolomies qui leur sont associées ou les surmontent, enfin l'absence de tout débris organique montrent bien la continuation du même état de choses jusqu'après la fin du trias. Il en est de même en Angleterre, mais à peu près à la même époque l'Allemagne méridionale, dans le Wurtemberg, la Franconie et le canton de Bâle, a dû constituer une terre soumise à d'autres conditions, s'élevant peu à peu du sein des eaux, encore basse, couverte de petits lacs et limitée par une mer sujette à de fréquents retours. MM. Schenk et Heer, qui ont étudié également la flore du keuper, le premier dans la Franconie, le second aux environs de Bâle, s'accordent pour considérer le sol émergé de cette époque comme correspondant à une région humide, peu accidentée, parsemée de lagunes et recouverte d'une végétation luxuriante.

Le caractère principal de cette végétation, en rapport avec l'humidité présumée de la contrée et l'ancienneté relative de la flore, consiste dans l'abondance des fougères qui l'emportent sur les cycadées et les conifères réunis, comme aussi dans la présence répétée et la grande taille des équisétacées. Les formes, considérées dans leur ensemble, se rapprochent singulièrement de celles qui vont prédominer dans l'âge suivant; c'est par un acheminement insensible que l'on arrive à ces dernières, c'est-à-dire par la filière de certaines modifications trop peu saillantes pour être facilement précisées. Cependant, on peut dire, sans pénétrer dans le détail, que la diminution relative des fougères, le déclin des équisétacées et la prépondérance croissante des cycadées en constituent les traits les plus essentiels. Ces traits traduisent assez nettement ce qui a dû alors se passer par suite de l'établissement progressif d'un régime climatérique moins humide, par l'influence d'une lumière plus vive, d'une atmosphère moins voilée, de saisons moins irrégulières, et enfin de surfaces continentales déjà plus accidentées et limitées d'une façon moins vague.

La formation qui succède aux marnes irisées et repose sous le lias proprement dit, l'étage rhétien ou zone à *Avicula contorta*, montre dans quelles conditions s'établit le nouvel ordre de choses. Réuni au trias par les uns, à l'infra-lias par les autres, le rhétien présente les caractères d'une transition ménagée entre les deux systèmes; il fournit des arguments à peu près égaux aux partisans de l'une ou de l'autre des deux opinions. En ce qui concerne les poissons, les reptiles et les mollusques, les formes triasiques sur le point de finir et celles du lias qui vont se développer, s'y trouvent associées à des types et à des espèces particuliers et distinctifs. La flore présente les mêmes traits mixtes, et si à plusieurs égards, surtout en Allemagne, elle se rattache à celle du keuper, observée sur les mêmes lieux, elle s'en écarte à d'autres et se lie plus étroitement encore à la végétation liasique. L'étude de la sédimentation et celle de la stratigraphie amènent aux mêmes conclusions. C'est bien l'établissement progressif d'un ordre de choses nouveau que révèle l'étage rhétien, mais cet établissement lentement achevé et suivi d'ailleurs de fréquents retours des circonstances antérieures n'a rien encore de tout à fait stable. C'est un début qui n'est destiné à devenir définitif que lorsque le lias proprement dit commencera à se déposer. Les éléments marneux et surtout arénacés et grésiformes dominent presque partout; ce sont des détritus enlevés de tous côtés aux roches antérieures et entraînés dans les nouveaux bassins qui se forment et dont les limites se circonscrivent peu à peu. L'extension immense de la zone à *Avicula contorta* et de la faune marine qui lui est associée est une conséquence directe du nouveau mouvement; les mers se repeuplent et se renferment dans le périmètre de leurs nouveaux rivages; les lits à ossements et les amas charbonneux, dont l'extension n'est pas moins grande, font voir que ces mers étaient encore peu profondes, qu'elles se changeaient aisément en lagunes ou se desséchaient partiellement avant d'asseoir enfin leur niveau.

La mer du lias montre la continuation d'une partie de ces phénomènes; les éléments détritiques, marneux, calcaréo-marneux ou arénacés et gréseux, dominent et présentent, suivant les points où l'on se place, une infinité de variations particulières. Les sables abondent dans l'ancien golfe dont Luxembourg occupe le fond, entremêlés pourtant de lits marneux ou calcaires. Ces sables reparaissent à plusieurs niveaux successifs; ils diminuent peu à peu de puissance, à mesure que l'on s'avance vers le centre du bassin, comme si des eaux venues de l'intérieur des terres avaient contribué à les accumuler sur ce point. Presque partout chargées de matières marneuses ou calcaréo-marneuses, quelquefois purement calcaires, d'autres fois sableuses ou tournant aux grès et aux arkoses au contact des plages siliceuses, la mer liasique les a partout disposées en lits réguliers et multiples. Assez peu profonde, dans le bassin bourguignon, elle a offert un milieu tranquille, favorable au développement des êtres marins; les myriades de gryphées qui pétrissent certaines couches montrent comment, à la faveur des circonstances, certaines catégories d'espèces ont pu couvrir le fond des mers de leurs colonies multipliées.

Malgré son peu de profondeur, la mer du lias était largement ouverte; elle correspond pour l'Europe centrale, dans la pensée de M. Hébert, dont nous suivons ici les indications, à une période d'affaissement. La tendance vers un mouvement opposé n'aurait pas tardé à se manifester, et peut-être se serait-il produit à plusieurs reprises des oscillations alternatives d'affaissement et d'émersion ; le lias supérieur est mal représenté dans le sud-est de la France, et un peu plus tard on ne saurait attribuer qu'à des eaux basses la multiplication prodigieuse des algues *scopariennes* (*Chondrites scoparius*, Thiol.). La grande oolithe, à ce que croit M. Hébert, aurait été pour une partie de l'Europe, surtout vers l'Espagne, l'Italie et l'Autriche, une période de soulèvement, sinon d'émersion totale. L'absence de dépôts correspondant à ce niveau dans la région des Alpes, prouve du moins que la mer s'y trouvait réduite à une trop faible profondeur pour donner lieu à des couches de quelque importance. Elle aurait repris son empire sur les terres affaissées de nouveau à l'époque de l'oxfordien, dont la végétation, uniquement composée d'éléments terrestres ou silvicoles, comprenant en très-grande majorité des espèces propres à un sol accidenté, destinées à habiter plutôt les hauteurs que les fonds, révèle effectivement la présence de terres plus élevées et plus nettement limitées qu'auparavant, enfin l'influence d'un climat plus sec et plus chaud. Les indications fournies par les plantes recueillies dans les Alpes vénitiennes concordent avec celles que donnent les dépôts de France et celui même de Solenhofen. La mer corallienne fait voir le développement de cet état de choses ; l'étendue des terres augmente, l'ancien archipel est soudé en une seule terre ; les bassins, autrefois mis en communication par des passes, sont isolés et réduits à n'être plus que des golfes fermés ; les dépôts argileux disparaissent, ce sont ceux des mers ouvertes ; dans les nouveaux bassins, aux bords encaissés, aux eaux claires, non troublées par les courants, les coraux s'établissent, et les calcaires, soit oolitiques soit lithographiques et compactes s'accumulent de toutes parts. La végétation accuse elle-même ce mouvement; elle revêt un aspect de plus en plus continental, elle dénote un climat de plus en plus sec et chaud; les formes coriaces l'emportent de plus en plus sur toutes les autres, et les dépôts dus à l'action isolée des eaux douces deviennent à peu près inconnus.

Cependant, les surfaces émergées prenant une extension de plus en plus considérable vers la fin de la période, les conditions propres à faire jouer un rôle aux eaux douces durent nécessairement reparaître. M. Hébert pense même que les golfes successivement réduits de la mer corallienne, changés en caspiennes vers la fin de l'époque portlandienne, finirent, dans l'âge suivant, par devenir des lacs dont les dépôts constitueraient le purbeck; à ce moment presque aucune partie de l'Europe n'aurait été sous la mer. On doit admettre au moins une notable diminution du périmètre océanique vers les derniers temps de la période jurassique. Le purbeck d'Angleterre avec ses assises si variées, ses plantes terrestres ensevelies sur place, ses débris d'animaux de toute sorte, les uns aquatiques ou amphibies, les autres terrestres, ses alternances de lits marins et d'eau douce, demeure l'exemple le plus célèbre d'un dépôt où se retrace l'action d'un grand fleuve, et cette action se trouve justement en rapport avec l'étendue présumée de la région britannique d'alors. Un lac aurait pu difficilement produire de pareils effets; mais il convient de ne pas oublier que des formations analogues et synchroniques, dues à des causes différentes, et surtout agissant sur une moindre échelle, ont été observées en dehors de l'Angleterre: dans le bassin de Paris, dans la vallée du Doubs (1), ainsi que dans les Deux-Charentes (2). La dernière de ces formations, composée de marnes gypsifères très-puissantes, surmontée d'un lit calcaire travertineux avec bivalves d'eau douce, cachée en partie par la craie à *Ostræa columba* et par l'Océan sous lequel elle se prolonge, aurait été déposée, selon M. Coquand qui l'a décrite, dans un grand lac succédant à l'émersion du jurassique marin, dont les dépressions auraient servi de cuvette aux nouvelles eaux. L'espace continental se serait alors étendu sans obstacle dans la direction de l'Ouest. Le groupe de la vallée du Doubs, près de Villers-le-Lac, s'est également déposé à la surface du jurassique marin récemment émergé; il comprend à sa partie supérieure un calcaire lacustre avec des néritines, des planorbes, des paludines, des physes, et un *Chara* (*Ch. Jaccardi*, Heer), associés à des corbules, à des gervilies, mélange qui indique des eaux saumâtres, dues probablement à des délaissements de l'ancienne mer modifiée par les eaux douces. Les genres *Auricula* et *Carichina* sont des mollusques terrestres qui se montrent ici pour la première fois. A cette époque, la mer se retirait partout du centre de l'Europe; les îles et les péninsules déjà réunies tendaient à s'accroître, et les premiers traits caractéristiques du continent européen actuel commençaient à se dessiner. Une nouvelle grande période débutait pour la nature vivante, comme pour le globe terrestre dont l'aspect s'était renouvelé peu à peu. Nous avons esquissé à grands traits l'ordre et la nature de ces changements matériels durant

(1) *Paléontologie de la France*, par A. d'Archiac, p. 161.

(2) *Description géologique de l'étage purbeckien dans les deux Charentes*, par H. Coquand. (Mémoire de la Société d'émulation du Doubs, séance du 13 février 1855.)

le cours des temps jurassiques, c'est-à-dire marqué l'emplacement de la scène; voyons maintenant quels étaient les acteurs eux-mêmes et le sens qu'il faut attacher au rôle attribué à chacun d'eux.

§ 2. — *Caractère propre, marche et développement successifs de la végétation jurassique.*

L'ensemble des êtres organisés, quelle que soit d'ailleurs l'origine première des principaux groupes entre lesquels ils se distribuent, comprend, dans chaque série particulière, des genres plus élevés que d'autres, ou, pour mieux dire, plus complexes et plus complétement adaptés aux conditions biologiques dont ils dépendent. Cette complexité relative et cette adaptation exclusive n'entraînent pas nécessairement une supériorité absolue des êtres qui les possèdent sur ceux qui en sont plus ou moins dépourvus, ou du moins ne les présentent qu'à un moindre degré; mais il semble que, par rapport au plan général de la création, l'être qui concourt à l'exécution de ce plan, de telle façon que tous ses organes soient disposés uniquement en vue du rôle qu'il doit remplir, a quelque chose de plus parfait et de plus achevé que celui dont les caractères conservent quelque chose d'ambigu, d'indécis et de transitoire. Il en est ainsi, remarquons-le, dans l'industrie humaine où l'ouvrier qui s'applique à un seul art y excelle et finit toujours par prévaloir sur celui qui, moins habile dans une spécialité, possède cependant des connaissances plus variées et plus étendues. Cette tendance, que l'on peut appeler la division du travail organique, existe certainement chez les êtres organisés, puisque les plus inférieurs de chaque série sont toujours ceux qui offrent le plus d'indices de rapprochement avec les séries voisines, tandis que les plus parfaits sont aussi ceux chez qui les caractères distinctifs du groupe se condensent et se prononcent avec le plus d'énergie.

Sans chercher à saisir la vraie signification du phénomène, on peut dire que les plus simples et les moins exclusivement adaptés parmi les êtres de chaque série sont généralement les premiers apparus, tandis que les plus complexes et les plus parfaits à ce même point de vue sont, au contraire, les derniers venus. On peut affirmer aussi, sans crainte d'erreur, que chaque série particulière représente un ordre spécial d'adaptation, et qu'au lieu de se développer et de se compléter en même temps que les autres, elle ne l'a fait qu'à son heure, avec des procédés et par une marche qui lui sont propres, en sorte que chaque série possède son histoire séparée. Ce développement, tantôt plus hâtif, tantôt plus lent, a dépendu d'une loi dont la formule rigoureuse est encore à définir, mais qu'il est possible d'entrevoir, si l'on considère combien les êtres vivants sont solidaires les uns des autres, et de plus soumis à l'influence du milieu dans lequel ils vivent. Il est facile d'apprécier à quel point l'élaboration de chaque série organique a dû varier en durée et en résultat final, dès que l'on songe à la multitude de ces dépendances relatives et à la diversité des circonstances physiques susceptibles d'agir sur les milieux eux-mêmes.

L'eau, habitée la première, a contenu d'abord tous les êtres; ils ne se sont pliés que peu à peu, et dans une mesure très-inégale, à en sortir pour habiter le sol émergé et respirer l'air en nature. Des organes intérieurs, protégés par une enveloppe imperméable, étaient nécessaires pour rendre possible cette vie à l'air libre; ces organes se sont élaborés peu à peu et ils sont loin d'être tracés sur le même modèle pour les différentes séries. Plantes terrestres, mollusques pulmonés, insectes à trachées, vertébrés pourvus de branchies dans leur enfance, dépourvus de branchies à tout âge, mais à sang froid ou à sang chaud, à circulation simple ou double, complète ou incomplète, tous ces plans d'organisation marquent autant d'étapes que la vie a dû franchir avant de produire les êtres supérieurs; ils entraînent en même temps des divergences fondamentales entre ceux qui sont construits d'après ces divers types, et qui tous cependant sont faits pour vivre en dehors d'un milieu liquide.

Comme les premiers animaux, les premières plantes ont été exclusivement aquatiques et probablement marines; sortis progressivement de cet état originaire, les plus anciens végétaux terrestres s'y rattachent cependant encore soit par l'exigence de la plupart des cryptogames, à qui l'humidité constante du sol et de l'air est presque toujours nécessaire, soit encore parce que leur fécondation ne s'opère que par l'intermédiaire de l'eau qui sert de véhicule direct aux anthérozoïdes, comme on le voit chez les fougères. Ce n'est que peu à peu que la végétation purement terrestre a perfectionné les organes qui lui permettent de puiser dans le sol les sucs nourriciers, de les élaborer et de créer enfin à l'intérieur des tiges des réservoirs de substances sucrées et amylacées. Ce n'est qu'à la longue qu'il s'est produit des plantes possédant des organes reproducteurs assez perfectionnés pour pouvoir se passer de l'intermédiaire des agents inertes et matériels et du contact incessant de l'eau. Le règne végétal s'est aussi développé en opérant des dédoublements successifs, en multipliant, par conséquent, les diverses séries qui le composent, d'abord très-incomplètes; et, lorsque ces séries se sont accrues et complétées par l'adjonction de séries nouvelles de plus en plus élevées, ces dernières se sont multipliées à leur tour, de sorte que les plus récentes ont toujours fini, après un certain temps, par l'emporter en nombre, en puissance et en diversité de combinaisons sur toutes les autres. Quant aux séries primitives, les unes ont disparu, d'autres se sont maintenues à côté des plus récentes, mais sans jamais l'emporter de nouveau sur elles ; tantôt du reste leur développement a continué par la production de types différents des premiers, ainsi qu'il est arrivé aux algues et aux fougères, parallèlement aux phanérogames; tantôt elles sont demeurées stationnaires ou ont décliné de plus en plus. La même marche peut s'appliquer, dans l'intérieur de chaque série, aux tribus et aux types, et dans l'intérieur de chaque type aux espèces mêmes, qui ne sont que des formes destinées à une durée plus ou moins longue, mais dont le terme ne dépasse jamais un certain espace de temps.

Dès les âges les plus reculés, la séparation des algues ou cryptogames aquatiques et des cryptogames terrestres était déjà accomplie. Les deux séries ont continué dès lors à se développer parallèlement; mais le développement du monde algologique ne peut être suivi faute de documents précis. A peine si les temps paléozoïques et après eux le trias en fournissent quelques vestiges, difficiles à apprécier, parce qu'ils se rapportent à des types qui n'existent plus. Les algues jurassiques sont les premières chez qui l'on puisse entrevoir les linéaments déjà saisissables des grandes divisions actuelles. On voit bien qu'alors les ordres que nous connaissons existaient déjà, quoique représentés par d'autres genres ou même par des tribus différentes des nôtres ; l'époque jurassique nous paraît même des plus curieuses à ce point de vue, mais nous réservons tout ce qui regarde l'ensemble des algues pour le moment où nous aborderons l'étude de cette classe; il suffit ici d'indiquer le point de vue auquel nous nous plaçons.

Aux cryptogames vasculaires, divisés eux-mêmes en plusieurs séries particulières : fougères, calamariées, sigillariées, lépidodendrées, se joignaient, dès le carbonifère, un certain nombre de gymnospermes, déjà séparés, vers la fin de cette période, en cycadées et en conifères.

Le permien et le trias, en ce qui concerne les végétaux, ne consistent que dans le mouvement relatif qui élève et multiplie quelques-unes de ces séries ou classes aux dépens des autres. Les fougères se maintiennent en changeant de forme, les calamariées se réduisent peu à peu aux seules équisétacées; les sigillariées disparaissent; les lépidodendrées descendent au rang de simples plantes herbacées représentées uniquement par les lycopodiacées et isoétées; mais à côté de ces groupes, les gymnospermes se développent, particulièrement dans le trias, et enfin au sein de cette même période triasique se montrent, à ce qu'il semble, les plus anciennes monocotylédones. La classe des dicotylédones proprement dites, la plus importante de nos divisions végétales actuelles, est seule absente; elle manque d'une manière absolue jusqu'après la fin de la période jurassique. Cette absence constitue une lacune énorme qui montre combien l'élaboration du règne végétal était encore loin de sa terminaison. De plus, si l'on s'attache à suivre la marche des seules séries déjà existantes, on voit ce même règne végétal demeurer longtemps stationnaire, en sorte que son développement ne se trouve ni plus ni moins avancé à la fin de la période qu'à son origine; c'est ce que nous prouverons bientôt.

Par cela même que les organismes purement terrestres

se sont constitués les derniers et qu'ils comprennent dans chaque série les types les plus parfaits et les plus éloignés du point de départ aquatique, ils ont dû subir aussi, avant d'atteindre leur entier développement, une élaboration bien plus prolongée que les autres. Mais il existe en même temps une autre cause de cette longue durée relative; cette cause réside dans l'étroite dépendance des deux règnes, les animaux supérieurs n'ayant pu évidemment se développer, sinon paraître, avant que le règne végétal leur ait fourni une nourriture de plus en plus variée et substantielle. Or, cette nourriture, les types végétaux supérieurs sont seuls capables de la produire, tandis que les carnassiers ne peuvent rigoureusement se multiplier avant la multiplication des différents groupes de phytophages. Ainsi, sur le sol émergé, tout se rattache directement ou indirectement au règne végétal, dont l'aiguille régulatrice marque l'heure avant laquelle les autres organismes ne sauraient accomplir les phases de leur évolution.

Les insectes semblent au premier abord contredire cette loi, puisque leurs principales familles paraissent achevées dans les traits décisifs de leur organisation, quoique combinées dans des proportions différentes, bien avant les autres séries aquatiques ou terrestres, bien avant que les végétaux eux-mêmes, dont ils dépendent d'une façon si étroite, aient atteint leur développement le plus élevé. C'est là une anomalie apparente, qui peut s'expliquer cependant, soit par la vie d'abord aquatique d'une foule de larves d'insectes, pour qui l'état parfait n'est qu'une phase très-courte, soit par le mode peu élevé de leur respiration et de leur circulation, soit enfin par cette considération que la rapidité même des métamorphoses par lesquelles passe chaque individu de cette classe se trouve peut-être en rapport direct avec une durée plus courte des périodes même d'évolution que chaque type a dû traverser avant de se fixer définitivement.

Considérons maintenant les choses de plus près et examinons, au point de vue de leur développement relatif, les diverses séries animales, comparées au règne végétal lui-même. Cette comparaison nous aidera singulièrement à comprendre le rôle dévolu à celui-ci pendant les temps jurassiques et à nous expliquer la dépendance réciproque de tous les êtres. Commençons par les séries aquatiques les plus éloignées des organismes terrestres ; de là nous passerons à ceux-ci.

Au sein des eaux la dépendance mutuelle des diverses séries est moins sensible que sur le sol émergé. Chacune poursuit sa marche parallèlement aux autres et par des voies qui n'ont parfois rien de commun. Plus le point de départ paraît ancien, plus aussi l'organisation se montre relativement inférieure, mais plus aussi le développement paraît avancé vers son terme définitif. Ce développement est encore bien loin d'être achevé chez les poissons ; il semble avoir plutôt reculé depuis chez les mollusques dont le rôle n'a jamais été plus brillant qu'à l'époque jurassique. La profusion des céphalopodes qui atteignent avec les bélemnites et les ammonitidés tentaculifères à cloisons persillées leur maximum de développement, constitue le trait le plus saillant de la faune malacologique des mers du Jura. Le développement des brachyopodes est moindre que dans les temps antérieurs, mais plus considérable que dans la période suivante et surtout que dans la nature actuelle. Leur infériorité relative explique cette marche, de même que la supériorité des gastéropodes leur marche ascendante. Le progrès de ceux-ci est surtout sensible lorsqu'on prend pour point de départ les genres d'eau douce pectinibranches, paludines et mélanies, pour passer aux pulmonés aquatiques, planorbes, et arriver aux auricules. C'est là une vraie série ascendante commencée par des animaux à respiration branchiale, continuée par d'autres dont la respiration devient aérienne, mais dont l'habitat demeure aquatique, terminée enfin par ceux dont l'habitat est terrestre en même temps que leur respiration est aérienne. Les crinoïdes, les plus anciens des échinodermes, déjà en voie de décroissance, quoique nombreux relativement, sont destinés à décroître encore, tandis que par une marche opposée les échinides ne cessent d'augmenter régulièrement en nombre et en variété. Cependant, sur trois familles, l'une, celle des clypéastroïdes manque encore complétement, tandis que celle des spatangoïdes n'est représentée que par le seul genre *Collyrites* qui semble, à certains égards, servir de lien entre les deux groupes. Chez les crustacés, le type le plus élevé se trouve alors représenté par les décapodes macroures dont l'apparition coïncide avec le commencement même de la période. Les brachyures manquent absolument; mais les macroures cuirassés, et parmi eux le genre *Eryon*, spécial aux terrains secondaires, constituent une transition vers cet ordre, qui n'existe pas dans la nature vivante.

Les poissons tendent vers le terme de leur développement, mais ils sont loin de l'avoir atteint. Aucun de leurs genres ne peut encore être identifié avec ceux de la période actuelle. La séparation des placoïdes et des ganoïdes, bien antérieure au jurassique, existait déjà dans les âges les plus anciens. La première de ces deux classes s'est maintenue jusqu'à nos jours en demeurant stationnaire; si elle se trouve maintenant subordonnée, c'est surtout par suite du développement relatif des téléostéens. Ceux-ci, dernier terme de la série des ganoïdes, ont augmenté en nombre et en importance dans la mesure même du déclin de ces derniers. Les téléostéens, en un mot, se sont graduellement substitués aux ganoïdes, réduits à n'être plus qu'un groupe insignifiant dans l'ordre actuel; mais on peut dire qu'ils n'en sont eux-mêmes qu'un prolongement latéral, si l'on veut tenir compte des termes successifs qui mènent insensiblement d'une série à l'autre. Les téléostéens, en un mot, paraissent être des ganoïdes parvenus graduellement au terme définitif d'une transformation qui a mis à s'accomplir une durée de temps très-longue; tandis que les ganoïdes, particulièrement les jurassiques, représenteraient des téléostéens primitifs, plus ou moins imparfaits et considérés à des degrés plus ou moins avancés de développement. Dans cette marche incessamment progressive, la période jurassique marque la période même qui de l'état ancien amena les ganoïdes à se rapprocher des téléostéens, sans pouvoir encore être confondus avec ces derniers. La petite famille des leptolépidés a paru à Eckel s'éloigner des vrais ganoïdes pour se rapprocher des halécoïdes et par eux des téléostéens dont ils seraient la souche (1). Cette filiation ferait remonter jusqu'au lias par le genre *Thrissops* l'origine des téléostéens qui se seraient multipliés et diversifiés de plus en plus et auraient accentué leurs caractères, en s'éloignant de leur point de départ. Les leptolépidés, coexistant d'abord à côté des ganoïdes, auraient fini par les supplanter complétement. Ce groupe se rapproche en effet des halécoïdes qui constituent

(1) Voyez *Considérations sur les Poissons fossiles*, par Émile Sauvage, mai 1869, p. 277. (Extrait du Dict. univ. d'hist. nat. de Ch. d'Orbigny, 2e édit.)

la majorité des téléostéens crétacés. En se renfermant dans les limites même de la période jurassique, on voit que les ganoïdes y sont tous homocerques, que les genres où la colonne vertébrale est complétement ossifiée sont plus nombreux que ceux où la corde dorsale n'est protégée que par des vertèbres à ossification imparfaite, quoique ces derniers genres fassent souvent partie des mêmes groupes que les premiers. Les lépidoïdes homocerques comprennent les genres jurassiques par excellence ; suivant M. Sauvage, c'étaient des poissons mauvais nageurs, trapus, servant de proie aux sauroïdes et aux plagiostomes, se nourrissant d'animaux mous et de substances végétales. Si nous les citons, c'est que leur fréquence même et le régime qu'on leur attribue sont un indice précieux de l'abondance des algues dans les mers jurassiques contemporaines. C'est au milieu de ces plantes, sur les fonds tapissés par elles ou envahis par leurs touffes flottantes que devaient vivre et circuler ces poissons.

La consistance coriace de la plupart des spécimens d'algues arrivés jusqu'à nous, en assez petit nombre, ne donne sans doute qu'une faible idée de la profusion de ces plantes, nécessitée pourtant par la multitude des êtres à qui elles servaient de pâture.

Si des poissons nous passons aux reptiles, nous remarquerons un mouvement ascensionnel assez analogue, mais produisant des effets bien différents. La respiration est ici aérienne et pulmonaire ; toutefois les reptiles demeurent liés plus que d'autres vertébrés au milieu aquatique, non-seulement parce que beaucoup d'entre eux continuent à mener une existence amphibie ou tout à fait marine, mais aussi parce que les termes inférieurs de cette classe, alliés aux batraciens, touchent par ceux-ci aux poissons, de même que parmi les plus anciens poissons il en est certains qui manifestent des particularités de structure tendant à les rapprocher des reptiles. La période jurassique est par excellence celle du plus grand développement de la classe des reptiles ; les uns nageaient, les autres rampaient et nageaient, d'autres volaient ou marchaient ; il y avait alors des reptiles jouant le rôle des cétacés, des phoques, des chauves-souris, des carnassiers et des pachydermes des âges plus récents.

La présence multipliée des grands reptiles constitue un des arguments les plus sérieux que l'on puisse invoquer en faveur de la haute température de l'Europe, à l'époque où ces animaux dominaient sur notre continent. Il suffit sous nos yeux d'un abaissement un peu marqué de la température pour réduire la faune des reptiles à un minimum très-faible de nombre et de taille, tandis que l'approche du tropique ramène inévitablement des effets contraires. L'influence de la température doit en effet devenir immense, dès qu'il s'agit d'animaux ne possédant qu'une source très-faible de chaleur intérieure, incapables par conséquent de réagir par eux-mêmes contre la privation d'un élément de vitalité qui doit leur venir du dehors, tandis que les mammifères le portent en eux. N'est-il pas naturel de reconnaître dans cette différence physiologique la vraie cause du développement tardif, mais irrésistible finalement, des mammifères, à partir du moment où le refroidissement du globe est devenu assez sensible pour leur donner l'avantage sur les reptiles. Il a suffi qu'il se soit établi vers le Nord des régions relativement froides pour créer aussitôt en faveur de la classe des mammifères une présomption énorme de supériorité. Seulement il a fallu l'action du temps et des circonstances, pour que cette supériorité en vînt à se réaliser. L'homme primitif, perdu au fond des bois, chétif de taille et débile même d'intelligence, portait en lui le germe de sa future domination ; il ne l'a cependant acquise que lentement et par degrés. Le petit mammifère qui rôdait non loin des reptiles dinosauriens était de même supérieur à eux, en principe, dès que la température, en s'abaissant, lui fournissait l'occasion d'utiliser le foyer énergique de réaction calorique, qu'il portait en lui; mais cette supériorité n'était encore qu'une abstraction réservée à l'avenir; il fallait avant tout qu'une nourriture plus abondante vînt créer pour cet être longtemps si faible des ressources alors à peu près absentes. Pour cela il était nécessaire qu'il s'établît d'autres conditions de sol, de climats, de saisons et que le règne végétal se renouvelât tout entier. Tout s'enchaîne donc sur la terre dont la surface présentait une réunion d'êtres bien moins nombreux, bien moins variés que maintenant, mais déjà étroitement liés les uns aux autres. Nous avons vu qu'au sein des eaux et à leur surface la nature avait partout progressé, avancé d'un pas pour atteindre le but ou s'en rapprocher, que des lacunes relativement à ce que l'on observe dans les âges plus récents, existaient encore dans plusieurs séries, spécialement chez les échinides, les crustacés et les poissons, que les mollusques, d'autre part, et les reptiles avaient atteint tout d'un coup leur maximum de richesse, et qu'en tenant compte pour ces deux groupes de ce qu'ils avaient acquis ou perdu depuis, on pouvait dire au total qu'ils avaient plutôt reculé que gagné en force, en beauté et en diversité. Cependant en embrassant à la fois tous ces êtres d'un coup d'œil, on voit qu'un même mouvement les entraîne, mouvement qui doit compléter l'adaptation de toutes les séries au milieu et aux conditions très-variées auxquelles elles sont destinées.

Cette adaptation se précisera de plus en plus, et pour tous les êtres susceptibles d'acquérir une vie aérienne elle consistera à sortir des eaux et à vivre sur le sol, à l'air libre. L'adaptation à ce but suprême devient le mot d'ordre, la fin et la raison d'être de toute concurrence. Il se dégage encore de l'ensemble cette vérité que la dépendance où sont les animaux terrestres du règne végétal est si étroite que pour qu'ils changent, il faut d'abord que celui-ci vienne à changer. Le règne végétal est ainsi le pivot et le centre où tout se rapporte ; c'est donc lui qu'il est nécessaire d'interroger sur ses éléments et sur sa marche, avant de revenir aux animaux qui se groupent autour. A raison même de cette intime solidarité, si les vestiges laissés par les plantes étaient par trop incomplets, les animaux serviraient à corriger cette insuffisance, en nous livrant le secret de leur régime.

Le point de départ de notre examen se place naturellement dans le keuper, époque immédiatement antérieure à l'âge jurassique; le dernier terme sera le wéaldien qui nous donne le point d'arrivée. Entre ces termes extrêmes nous trouvons une série d'étages conçus uniquement au point de vue de la stratigraphie et des faunes marines, et qu'il nous serait d'autant plus inutile d'interroger un à un que beaucoup d'entre eux ne renferment aucune plante terrestre ou que les traces végétales s'y réduisent à de faibles indices. Nous choisirons donc un certain nombre de localités parmi les plus riches et les mieux connues, distribuées surtout à des intervalles assez éloignés et assez égaux pour donner une idée nette de la végétation caractéristique d'un niveau déterminé et par conséquent des changements successivement opérés. Ce moyen nous semble de tous le moins imparfait; on conçoit pourtant que les données qu'il fournit ne sont qu'approximatives et d'autant moins rigoureuses que la série jurassique, même par cette voie, est encore semée de lacunes impossibles à combler dans l'état actuel des connaissances. Le lias supérieur, par exemple, présente trop peu d'espèces pour permettre d'en tenir compte; il en est de même du bajocien et du portlandien; quoi qu'il en soit, les flores locales qui vont nous fournir des éléments d'analyse et de comparaison se distribuent ainsi qu'il suit entre les divers étages :

1° Keuper — Schilfsandstein et Stubensandstein réunis. — Franconie, Wurtemberg, Bade, environs de Bâle.

2° Rhétien. — Franconie, environs de Bayreuth, Seinstedt, environs d'Autun;

3° Lias inf. — Halberstadt, Hettange, Steierdorf, Schambelen;

4° Bathonien. — Wilby, Gristorpe-bay, Scarborough, Mamers;

5° Cornbrash et Oxfordien réunis. — Etrochey, Solenhofen, Alpes vénitiennes;

6° Corallien et Kimméridgien réunis. — Environs de Verdun, Châteauroux, Cirin, Orbagnoux, Morestel, Creys;

7° Wéaldien. — Nord de l'Allemagne.

Examinons chacun de ces horizons en particulier :

1° Keuper moyen. — 47 espèces.

Équisétacées	5	47
Fougères	20	
Cycadées	13	
Conifères	6	
Monocotylédones ?	2 à 3	

La liste résulte des anciens travaux de M. Brongniart, de ceux de M. Heer, dans son livre pour la Suisse primitive (1), mais surtout du mémoire de M. Schenk sur la

(1) *Urwelt der Schweiz*, p. 46 et suiv.

flore du Keuper (1), d'où nous avons éliminé ce qui touche au Lettenkohle, d'une part, et au Rhétien de l'autre. Dans cette flore, les nombres proportionnels sur 100 sont : 10,6 pour les équisétacées, 42,3 pour les fougères, 27,6 pour les cycadées et 12,7 seulement pour les conifères. L'immense majorité des cycadées, 21,2, appartient au type des *Pterophyllum;* quant aux fougères, il faut remarquer chez elles la prépondérance du type, artificiel, il est vrai, des pécoptéridées, 17 sur 42,3, le petit nombre des formes à nervures réticulées qui ne comptent encore qu'une seule espèce; les fougères coriaces ou cycadoptéridées sont également réduites à une seule espèce, mais les *Tæniopteris* en comptent au moins 4; c'est une proportion sur 100 de 8,5. Presque toutes les conifères ont l'apparence extérieure des *Araucaria.* Une seule espèce a été comparée aux *Widdringtonia*, et pourrait par conséquent être rangée parmi les cupressinées.

2° Rhétien. — 70 espèces.

Équisétacées	3	70
Fougères	48	
Cycadées	10	
Conifères	6	
Monocotylédones	3	

La liste précédente résulte du grand ouvrage de Schenk (2), combiné avec les deux mémoires de Braun sur les plantes fossiles de Bayreuth et de Seinstedt. Sur 100 espèces, le nombre proportionnel des équisétacées n'est plus que 4,2, celui des fougères a encore augmenté,

(1) *Beitr. zur fl. des Keupers*, etc. *Separat Abdr. aus d. VII bericht. d. natursf. Gesel.* etc. Bamberg.

(2) *Die foss. Flora des Grenzchichten des Keupers und Lias frankens.* Wiesbaden, 1867.

il s'élève à 68,5; les cycadées comptent pour 14,5, et les conifères pour 9,5. La prépondérance relative des fougères trahit des conditions très-humides, au moins en ce qui concerne l'Allemagne méridionale; cependant les équisétacées ont déjà diminué, et parmi les fougères les formes coriaces, *Cycadopteris*, *Thinnfeldia*, *Nilsonia*, s'élèvent à 15,7 sur 100. Les *Tæniopteris* tendent plutôt à diminuer, tandis que les types à nervures réticulées atteignent leur maximum relatif, 15,7. Le type des *Pterophyllum* décline déjà parmi les cycadées, 9,5; il comprend cependant encore 6 dixièmes du nombre total des espèces. Le type des *Otozamites* se montre à côté des *Pterophyllum* ainsi que celui des *Podozamites,* mais les vrais *Zamites* paraissent encore absents. Les conifères appartiennent à des genres entièrement distincts de ceux que nous connaissons, et très-difficiles à classer. Une seule de leurs espèces pourrait avoir fait partie des cupressinées; les autres sont peut-être des araucariées ou des séquoïées (*Palyssia*, *Schizolepis*, etc.); mais leurs véritables affinités sont encore à définir. Au total, la diminution des vrais *Pterophyllum* et l'apparition des *Otozamites*, la multiplication des fougères coriaces et de celles à nervures réticulées; enfin, un moindre rôle attribué aux équisétacées, tels seraient les caractères décisifs de la végétation, lors de l'étage rhétien.

3° Lias inférieur ou Sinémurien. — 67 espèces.

Équisétacées	3	67
Fougères	37	
Cycadées	16	
Conifères	8	
Monocotylédones	3	

Pour dresser cette liste, nous avons réuni les espèces de

Hettanges à celles de Cobourg, de Quetlinbourg, de Halberstadt, dont M. Schenk donne la liste à la suite de son grand ouvrage sur la flore rhétienne de Franconie; nous y avons joint les espèces de Steierdorf décrites par M. Andrä (1), et celles de Schambelen signalées par M. Heer dans son ouvrage sur la Suisse primitive (2). Toutes ces localités paraissent se rapporter au même horizon géognostique. Sur 100 espèces, le nombre proportionnel est 4,4 pour les équisétacées, 55,2 pour les fougères, 23,8 pour les cycadées, et 11,8 pour les conifères. Ces chiffres diffèrent peu des précédents, sauf que les cycadées s'accroissent notablement, et après elles les conifères aux dépens des fougères, ce qui doit être l'indice d'une moindre humidité dans le climat. Les fougères à nervures réticulées sont encore nombreuses, 13,4, ainsi que les fougères coriaces, 8,8, mais les *Tæniopteris* diminuent beaucoup; il en est de même des *Pterophyllum*, 8,8, par rapport aux *Otozamites*, 5,8; les premiers ne comprennent plus que 3 ½ dixièmes du nombre total des cycadées, tandis que les *Otozamites* vont déjà jusqu'à 2 ½ dixièmes; c'est une progression en sens inverse pour ces deux groupes, à côté d'eux les *Zamites* proprement dits commencent à se montrer. Les conifères sont toujours représentées par des formes ambiguës ou d'un classement difficile (*Araucarites*, *Palyssia*, *Pachyphyllum*), on peut cependant signaler déjà quelques cupressinées moins incertaines (*Thuites*, *Widdringtonites*). Cette végétation n'est qu'un prolongement de celle du rhétien avec une tendance à l'accroissement relatif des cycadées.

(1) *Lias-flora von Steierdorf im Bannat*, von Dr Karl Justus Andrä.
(2) *Urwelt der Schweiz*, p. 80.

4° Grande oolithe ou Bathonien. — 56 espèces.

Équisétacées	2	56
Fougères	33	
Cycadées	14	
Conifères	6	
Monocotylédones	1	

L'ensemble de cette flore correspond aux diverses localités du Yorkshire dont Philips, Lindley et Hutton, et plusieurs auteurs ont donné la description au point de vue des plantes; nous y réunissons la petite flore de Mamers (Sarthe), signalée, il y a longtemps, par M. Brongniart, et qui se rapporte au même horizon géognostique. Les chiffres proportionnels sont sensiblement les mêmes que ceux du sinémurien; calculés sur 100, ils donnent 3,6 pour les équisétacées, 60 pour les fougères, 25,8 pour les cycadées, et 10,9 pour les conifères. Le caractère relatif le plus saillant réside dans la diminution évidente des fougères à nervures réticulées, qui ne comptent plus que pour 5,2, et sont un peu dépassées par les *Tæniopteris*, 5,4, tandis que le type, artificiel, il est vrai, des *Pecopteris* entre pour 25,8 dans le nombre proportionnel. Les *Pterophyllum* ont continué à décroître, ils ne comptent plus que pour moins de 2 dixièmes du nombre total des cycadées; tandis que les *Zamites* proprement dits les égalent en importance, et que les *Otozamites* les dépassent de beaucoup et s'élèvent à plus de 4 dixièmes des cycadées, à plus d'un dixième du chiffre total de la Flore (10,9 sur 100). On observe maintenant parmi les conifères de vraies cupressinées analogues à nos *Thuiopsis*, des *Brachyphyllum*, et peut-être de vrais *Araucaria*. Les types coriaces, en minorité parmi les fougères, sont représentés par des *Pachypteris* et des *Lomatopteris*. La fraîcheur présumée des localités anglaises a sans doute influé sur la composition de l'ensemble, en faisant prédominer les fougères à frondes délicates et incisées sur celles à frondes coriaces. La diminution des fougères à nervures réticulées et le développement du type des *Otozamites* constituent les traits distinctifs de cette végétation.

5° Cornbrash et Oxfordien réunis. — 46 espèces.

Équisétacées	4	46
Fougères	12	
Cycadées	19	
Conifères	9	
Monocotylédones	2	

Les espèces réunies d'Etrochey (Côte-d'Or), des environs de Poitiers (Vienne), de Solenhofen (Bavière), et des Alpes vénitiennes, ces dernières d'après un relevé des espèces décrites ou signalées par M. de Zigno, ont servi à dresser la liste ci-dessus ; les localités les plus anciennes se rapportent au cornbrash, les plus récentes à l'oxfordien; toutes accusent une grande conformité de physionomie, et une époque caractérisée surtout par la prépondérance des végétaux qui habitent un sol accidenté. Cette tendance s'accuse par l'importance relative des cycadées qui, pour la première fois, dépassent les fougères. Sur 100 espèces, le nombre proportionnel de celles-ci n'est que de 26, tandis que celui des cycadées s'élève à 41,3, et celui des conifères à 19,9. Les types à frondes coriaces dominent parmi les fougères (*Lomatopteris* et *Dichopteris*), les *Otozamites* et les *Sphenozamites* parmi les cycadées. Les conifères présentent à côté des *Brachyphyllum* et des *Araucarites* de vraies cupressinées analogues à nos *Thuiopsis*, et que M. Schimper vient de nommer *Echinostrobus* : nous atteignons ici le milieu et probablement l'époque la plus sèche et la plus chaude de la période jurassique. C'est aussi le moment de la plus grande extension des cycadées.

6° Corallien et Kimméridgien inférieur. — 37 espèces.

Fougères	17	37
Cycadées	9	
Conifères	10	
Monocotylédones	1	

La liste que nous donnons a été dressée par nous d'après la réunion des espèces coralliennes de Saint-Mihiel et de Verdun, de Châteauroux (Indre), et des espèces du kimméridgien inférieur du département de l'Ain et des parties attenantes de l'Isère. Quoique peu nombreuse et marquée par des différences assez sensibles, lorsqu'on s'attache aux divers niveaux qu'elle comprend, cette végétation présente cependant un faciès uniforme, et révèle comme la précédente l'influence d'un climat sec et chaud. La proportion sur 100 est 45,8 pour les fougères, 24,3 pour les cycadées, 27 pour les conifères qui, pour la première fois, obtiennent la prédominance parmi les gymnospermes. Les *Otozamites* ont à peu près disparu, et les *Zamites* proprement dits dominent à leur place ; à côté de ces derniers les *Sphenozamites* se montrent encore, mais ils tendent à décliner. Les cupressinées sont plus nombreuses que les autres genres de conifères, qui sont surtout des *Brachyphyllum*, des *Pachyphyllum*, et probablement aussi des *Araucaria* proprement dits. Les types coriaces, et spécialement les genres *Lomatopteris* et *Stachypteris*, dominent parmi les fougères. L'extension des *Zamites* proprement dits constitue le trait caractéristique de cette période végétale.

7° Wéaldien. — 36 espèces.

Équisétacées	2	36
Fougères	20	
Cycadées	9	
Conifères	5	

Cette liste résulte de la monographie de Dunker, complétée par les travaux successifs de M. d'Ettingshausen, et dernièrement de M. Schenk sur les plantes fossiles de Wernsdorf; ce dernier mémoire relève plusieurs erreurs dans les appréciations de M. d'Ettingshausen, et permet de rectifier quelques-unes des déterminations de Dunker. Aux espèces wéaldiennes du nord de l'Allemagne viennent se joindre quelques plantes des couches de Tilgate et des environs de Beauvais (Oise) qui se rapportent au même horizon géognostique. Dans le wéaldien, les chiffres proportionnels ne s'écartent guère de ceux que nous avons signalés pour plusieurs des étages précédents. Sur 100, le nombre relatif est 5,5 pour les équisétacées, 55,5 pour les fougères, 25 pour les cycadées, et 14,1 pour les conifères. C'est à peu près ce qui existait dans le lias inférieur et dans le bathonien; la récurrence de certaines formes, comme les *Jeanpaulia* augmente encore l'analogie; les *Pterophyllum* eux-mêmes reparaissent, et probablement l'humidité des stations anciennes qui nous ont conservé ces plantes est pour beaucoup dans la présence de certains types observés, plusieurs étages auparavant, dans des conditions sensiblement pareilles; il n'en est pas moins vrai que le retour de formes très-voisines de celles que nous avons observées antérieurement fait voir qu'aucun changement radical ne s'était opéré, et que d'un bout à l'autre de la période jurassique la végétation, sauf les modifications partielles que nous avons signalées, s'était toujours composée des mêmes éléments. Nous venons de dire que des formes sensiblement analogues avaient reparu d'étage en étage. Ce phénomène de récurrence est un des plus curieux et des mieux constatés parmi ceux que présente la végétation jurassique; il est tellement marqué qu'il a pu faire douter quelquefois de la réalité du rang assigné à des formations séparées l'une de l'autre par plusieurs degrés de l'échelle des terrains, et qu'on aurait été porté à confondre, en ne consultant que la ressemblance de certaines formes caractéristiques. Ces formes si voisines, distinctes pourtant, non-seulement par la distance qui les sépare, mais aussi par certains caractères de détail, on peut cependant les regarder comme issues les unes des autres; elles donneraient ainsi la mesure exacte des modifications apportées par le temps dans la physionomie extérieure d'une espèce, très-fixe d'ailleurs, et adaptée à une station et à des conditions d'existence déterminées. Pour mieux faire juger de ce point de vue, nous allons donner un tableau dont les colonnes correspondent à autant d'étages, et où sont inscrits les plus saillants de ces parallélismes singuliers.

Tableau :

KEUPER.	RHÉTIEN.	LIAS.	OOLITHE INFÉRIEURE.	OOLITHE MOYENNE.	CORALLIEN.	WÉALDIEN.
Equisetum arenaceum, Sch.…	…………	…………	*Equisetum columnare*, Br.			
Sphenopteris Schlœnleiniana, Br.…	…………	*Sphen. obtusifolia*, Andr.…	*Cladophlebis undulata*, Brngt.			
	Phlebopteris affinis, Schk.	…………	*Phlebopt. contigua*, L. et H.			
	Gutbiera angustifolia, Presl.	…………	*Polypodites crenifolius*, Gœpp.			
	Asplenites Rœsserti, Sch.	…………	*Pecopt. Whitbiensis*, Brngt.			
	Pecopteris concinna, Presl.	…………	*Pecopt. lobifolia*, L. et H.			
	Dictyophyllum obtusilobum, Schk.…	…………	*Dictyoph. rugosum*, L. et H.			
	Sagenopteris rhoifolia, Schk.	…………	*Sagenopt. Phillipsii*, L. et H.			
			Baiera digitata, Schimp.…	…………	…………	*Baiera pluripartita*, Schimp.
	Jeanpaulia Munsteriana, Schk.…	…………	*Jeanpaulia Lindleyana*, Sch.	…………	*Jeanpaulia laciniata*, Prm.	
	Baiera tæniata, Braun.…	…………	…………	…………	*Baiera longifolia*, Sap.…	*Jeanpaulia nervosa*, Dunk.
	Tæniopteris tenuinervis, Br.	…………	*Tæniopt. vittata*, Brngt.			
	Tæniopt. superba, Sap.…	…………	*Tæniopt. major*, L. et H.			
		Lomatopteris jurensis, Kurr…	…………	*Lomatopt. burgundiaca*, Sap.		
	Pterophyllum Blasii, Schk.	*Pteroph. crassinerve*, Gœpp.…	*Pteroph. comptum*, L. et H.			
Pterophyllum brevipenne, Kurr…	*Pteroph. inconstans*, Gœpp.	…………	*Pteroph. minus*, Brngt.…	…………	…………	*Pteroph. Schaumburgense*, Dunk.
Pteroph. longifolium, Brngt.…	…………	*Pteroph. Andræanum*, Schimp.…	…………	…………	…………	*Pteroph. Lyellianum*, Dunk.
	Pterophyll. Braunianum, Gœpp.…	…………	…………	…………	…………	*Pteroph. Dunkerianum*, Gœpp.
	Zamites distans, Presl.…	…………	*Zamites lanceolatus*, Morr.			
		Zamites Schiedmelii, Stemb.…	*Zamites gigas*, Morr.…	…………	*Zamites Moræanus*, Brngt.	
	Otozamites brevifolius, F. Br.	…………	*Otoz. acuminatus*, Brngt.…	*Otoz. icaunensis*, Sap		
	Cycadites rectangularis, Br.	…………	*Cycadites zamioides*, Leck.	…………	…………	*Cycadites Morrisianus*, Dunk.
	Palyssia Braunii, Endl.…	…………	*Lycopodites (Palyssia ?) Williamsonis*, L. et H.			

Ainsi, d'âge en âge, la végétation jurassique a subi des modifications partielles; dans chaque genre, elle a perdu des espèces et en a acquis de nouvelles, souvent peu différentes des précédentes ; les genres, d'abord prépondérants, ont cessé de l'être, et d'autres genres, d'abord inconnus, se sont développés aux dépens des premiers; certaines catégories de plantes, comme les fougères à nervures réticulées et les *Tæniopteris*, les *Otozamites* et les *Sphenozamites*, les *Brachyphyllum*, *Polyssia*, etc., ont fini par disparaître complétement après avoir joué un rôle plus ou moins remarquable, mais l'ensemble même a été assez peu affecté par ces changements qui touchaient plutôt à la forme qu'au fond. Les éléments principaux, et la relation même de ces éléments entre eux, restent sensiblement pareils, même lorsqu'on rapproche les termes extrêmes de la série. Dans le rhétien comme dans le wéaldien, il est curieux de le constater, les fougères comprennent toujours un peu plus de la moitié des espèces, les cycadées un quart, les conifères un huitième ou un neuvième, les équisétacées un vingtième environ. Il n'existe dans la plus récente de ces flores successives, ni plus de richesse, ni plus de variété que dans la première; les monocotylédones demeurent toujours réduites à un chiffre insignifiant, et les dicotylédones manquent d'une façon absolue. Les substances nutritives ne sont ni plus ni moins abondantes; elles se réduisent toujours à des amandes, à des parties féculentes, à quelques rhizomes charnus, susceptibles de nourrir les grands animaux; à des bois, à des écorces, à des résines, à des pollens abondants à certains moments, et à des feuilles pour les animaux de petite taille, broyeurs, rongeurs ou suceurs. L'examen des insectes jurassiques que plusieurs auteurs ont pu faire justifie ce point de vue, et démontre qu'il n'existait pas, dans la végétation de cette période, d'élément essentiel dont la connaissance directe nous ait été dérobée.

Les insectes jurassiques ont été observés à divers niveaux; ils sont fréquents dans le lias anglais, dans les schistes oxfordiens de Solenhofen et dans le purbeck; mais nous insisterons plus spécialement sur ceux du lias inférieur de Schambelen, dans le canton d'Argovie, parce qu'ils sont les plus anciens, les plus nombreux et les mieux connus, grâce aux excellents travaux de notre ami M. Heer (1). Le savant professeur de Zurich, doublement compétent, et comme entomologiste et comme botaniste, a pu apprécier mieux que tout autre la signification de cette faune, et déterminer les substances végétales dont chaque espèce a dû se nourrir. Or, il insiste sur ce point important qu'en dehors des champignons et des mousses, il n'est rien dans le régime présumé de ces insectes qui implique l'existence de végétaux différents de ceux dont les débris sont venus jusqu'à nous, et spécialement des dicotylédones angiospermes.

Cette conclusion a été facilitée par une particularité commune à tous les insectes liasiques et sur laquelle on ne saurait trop insister. Loin de s'écarter des types actuels, ils s'en rapprochent singulièrement; leurs genres sont souvent identiques avec les nôtres, et rien dans leur taille ni dans la façon dont leurs genres se trouvent combinés, ni dans ces genres eux-mêmes, ne trahit l'influence de la période reculée à laquelle ils ont appartenu. Cet écart si faible frappe d'autant plus qu'il est en opposition directe avec ce que l'on observe dans les autres séries d'êtres, en général si éloignés, surtout les terrestres, de ce qu'ils sont actuelle-

(1) *Die Urwelt der Schweiz*, p. 81 et suiv.

ment et souvent revêtus de formes bizarres, rudimentaires ou inférieures. Ici, la série des annelés semble avoir atteint rapidement le terme de son développement ; ses types principaux, déjà distincts et très-nettement caractérisés, sont ce qu'ils se montrent encore sous nos yeux. Leur taille est ordinairement plus petite; ils sont aussi bien moins nombreux et surtout incomplets en ce sens que les lacunes très-considérables que l'on remarque dans leurs principales tribus correspondent justement aux lacunes même du monde végétal.

Les insectes carnassiers, broyeux, xylophages et phyllophages, ceux qui vivent de fécule, de résine, de substances végétales décomposées, avaient comme aujourd'hui un régime assuré, mais ceux qui fréquentent les fleurs, attaquent les organes délicats, vivent de sucs végétaux élaborés par les plantes supérieures, n'auraient pu subsister au sein d'une nature où les végétaux coriaces et ligneux jouaient le principal rôle et d'où les pousses tendres, les feuilles souples, les fleurs compliquées, les sucs mielleux, les fruits savoureux et les petites graines étaient presque entièrement exclus. Parmi les 143 espèces du lias de Schambelen, les coléoptères présentent une prépondérance énorme sur les autres ordres (116 espèces), et parmi eux les xylophages, buprestides et élatérides (43), tiennent le premier rang. Les aquatiques, gyrins et hydrophiles, viennent ensuite, et les carnassiers, carabiques, tiennent le troisième rang. Les coléoptères qui fréquentent les mousses et les champignons ne sont pas aussi nombreux, quoique leur présence atteste l'existence de ces catégories de végétaux. Mais les genres qui vivent sur les fleurs ou les feuilles ne comptent que très-peu d'espèces. Les coléoptères broyeurs dominent évidemment sur les autres, et il en est de même pour les autres ordres. Les hyménoptères qui comprennent les insectes les plus élevés par leur organisation compliquée, leurs mœurs et leur industrie sociales et dont l'instinct devient presque de l'intelligence, n'ont laissé que des traces insignifiantes et presque nulles. On ne saurait affirmer leur non-existence absolue, mais il est permis de croire qu'ils n'occupaient encore qu'une place très-subordonnée, et que cette classe n'a acquis de l'importance que bien après, à la suite de changements survenus dans le règne végétal. Ni les fleurs où butinent les abeilles, ni les fruits pulpeux, ni la plupart des matières sucrées et des sucs gommeux dont se nourrissent les fourmis et les guêpes n'existaient encore. Les hémiptères comptent un petit nombre de punaises et de cicadelles ; les diptères sont à peine représentés et les lépidoptères moins encore. L'existence de ceux-ci, malgré leur extrême rareté, ne saurait pourtant être révoquée en doute, dans les schistes de Solenhofen (*Sphinx Schrœteri*, Germ.). A côté des coléoptères nous devons faire ressortir le rôle si bien saisi par M. Heer des orthoptères et des névroptères. Les premiers comprennent des blattes, des sauterelles, des forficules, les seconds des libellules et des termites. Ce sont tous des insectes broyeurs, mais les uns chassent à l'état parfait, comme les libellules, dont les espèces, plus grandes que celles de nos jours, s'en écartent pourtant assez peu pour être rangées dans les même genres (*Agrion*, *Æschna*), les autres sont phytophages comme les sauterelles qui se rattachent aux *Acrydium*. La forficule (*Baseopsis forficulina*, Heer) dénote un type disparu, des plus curieux, qui semble former un passage entre les orthoptères et les coléoptères. Enfin les blattes et les termites dont les mœurs actuelles sont bien connues, devaient être comme maintenant des animaux nocturnes, rôdeurs, polyphages, se cachant dans l'ombre pendant le jour, sortant le soir de leur cachette. Les termites, qui ont précédé les fourmis et en ont les habitudes sociales, travaillent dans l'obscurité et se nourrissent de substances végétales de toute sorte. Plus ou moins voisins des blattes par la structure de leurs corps, ils se montrent comme celles-ci dès l'époque carbonifère et paraissent, dans cette première période, en avoir été encore plus rapprochés que maintenant. M. Heer avance que la vie nocturne de tous ces insectes a été peut-être en rapport avec l'obscurité nébuleuse de l'atmosphère des âges paléozoïques, de même que leur polyphagie serait l'indice d'une adaptation imparfaite, bien différente des relations de plus en plus étroites qui ont rattaché les insectes venus plus tard à un régime limité à certaines catégories de substances et d'organes, et souvent à une seule espèce de plante. Les blattes dans la nature actuelle préfèrent les substances amylacées à toutes les autres. M. Heer suppose que ces animaux ont dû originairement fréquenter les troncs de cycadées, dont l'intérieur est un véritable magasin de fécule : de là leur multiplication relative. Les blattes, comme les termites, habitent maintenant de préférence sous les tropiques, quoiqu'elles ne soient pas inconnues dans nos contrées. Si nous ne connaissions que les insectes, en fait d'animaux terrestres jurassiques, nous serions donc tentés de regarder la faune de cet âge comme assez peu éloignée de la nôtre ; mais le contraste est grand dès que l'on aborbe les reptiles, les oiseaux et les mammifères ; les différences s'accentuent rapidement et nous sommes introduits au milieu d'un monde tout à fait à part.

Non-seulement le seul oiseau jurassique que l'on connaisse, l'*Archæopterix*, constituait un type embryonnaire par le prolongement de sa queue dont les vertèbres demeuraient distinctes au nombre de vingt, mais il se rapprochait des reptiles à plusieurs égards. Les animaux de cette dernière classe, peu nombreux et de petite taille dans le carbonifère, plus abondants durant le permien et le trias, avaient atteint lors du jurassique leur plus grand développement. Ils ont alors habité en grand nombre la mer et les rivages, et multiplié leurs formes au delà de toute mesure. Leur force, leurs dents puissantes, leur grande taille en faisaient de redoutables carnassiers; les uns nageaient, d'autres volaient, d'autres enfin présentaient une organisation supérieure à celle de tous les reptiles actuels. Ceux-ci étaient terrestres et marcheurs, et quelques-uns d'entre eux vivaient, en partie au moins, de substances végétales : c'étaient les dinosauriens, véritables pachydermes de l'époque jurassique. Les iguanodons, dont les dents usées par la trituration étaient diposées pour broyer des substances végétales, plus ou moins dures, peut-être des amandes de cycadées et d'araucariées, et dont la taille énorme excite la surprise, appartiennent au wéaldien, premier terme de la série crétacée ; ils ont dû pourtant, s'il est vrai que de tels animaux ne s'improvisent pas, se trouver représentés dans le jurassique qui possède à peu près les mêmes substances végétales alimentaires que le wéaldien. On peut citer, en fait de prédécesseurs des iguanodons, le genre *Scelidosaurus* du lias, à qui Owen attribue, quoique avec doute, un régime végétal ; plusieurs crocodiliens jurassiques, entre autres les *Goniopholis* du purbeck, paraissent avoir recherché une nourriture mélangée d'herbes, de crustacés et de coquillages, comme les caïmans actuels.

On voit qu'en résumé la presque totalité des grands reptiles jurassiques vivaient de proie ; les phytophages n'y représentent qu'une très-faible proportion, et la tribu la mieux caractérisée de ceux-ci ne se montre qu'après la fin de la période. L'indigence de la végétation contemporaine ne pouvait être mieux démontrée, mais cette démonstration ressort encore plus de l'examen des mammifères contemporains; assez nombreux et déjà variés, mais faibles, subordonnés et petits de taille, ils se rattachent plus ou moins à la classe des marsupiaux et ont été généralement insectivores ou rongeurs. Deux genres seulement, le *Stereognathus* de Stonesfield et le *Plagiaulax* du purbeck, manifestent plus de tendance vers un régime au moins mélangé. Le *Plagiaulax,* dans l'opinion de M. Gaudry, était plutôt rongeur, le *Stereognathus* plutôt broyeur, mangeur de bourgeons et peut-être aussi de fruits à amandes. C'étaient là pourtant d'obscurs et d'insignifiants ennemis pour les végétaux de l'époque dont la consistance dure et sèche, et le peu de parties réellement comestibles offraient de si faibles ressources aux animaux supérieurs. L'indigence de l'un des deux règnes explique et justifie l'obligation où était l'autre de trouver en lui-même de quoi entretenir la vie des êtres dont il était composé.

§ 3. — *Température et climat présumés de la période jurassique. — Aspect et distribution des formes végétales.*

L'exposition qui précède rendra plus facile l'examen de la nouvelle question que nous abordons, en nous fournissant les éléments qui peuvent servir à la résoudre. Si l'on ne considérait que certaines séries d'animaux, particulièrement les insectes et les coquilles d'eau douce, on pourrait être porté à croire que la température des temps jurassiques n'était pas de beaucoup supérieure à celle de l'Europe actuelle. La petite taille des espèces fossiles de ces deux groupes, dans beaucoup de cas leur analogie avec les formes actuelles, donnerait de la vraisemblance à cette opinion qui, dans ces limites mêmes, serait loin cependant d'exprimer la vérité. Les animaux, comme les plantes, qui vivent dans les eaux douces, sont ordinairement très-diffus; ils changent peu d'une contrée à l'autre et revêtent partout indifféremment une physionomie très-uniforme. Il n'y a donc rien d'étonnant à voir cette loi se vérifier pour les mollusques du purbeck et du wéaldien. On doit seulement conclure de cette circonstance que le milieu qu'ils habitaient était déjà constitué de manière à offrir les mêmes conditions d'existence que de nos jours. Les insectes sont petits, il est vrai, et assez peu diversifiés; malgré cette petite taille, M. Heer discerne cependant en eux des caractères propres à faire ressortir la chaleur du climat. L'absence des plantes dicotylédones et la pauvreté de la végétation expliquent suffisamment l'amoindrissement de leur taille, tandis que les blattes, les termites, les buprestres soit par leur abondance relative, soit par leurs analogies spécifiques dénotent des affinités évidentes avec les formes répandues dans les régions tropicales actuelles.

La taille souvent gigantesque et la multiplicité des reptiles terrestres ou amphibies rendent certaine l'élévation de la température à cette époque. Les grands reptiles n'existent maintenant que dans le voisinage de l'équateur, c'est là seulement que l'on observe des crocodiles, des gavials, des monitors, des caïmans, des iguanes, c'est là que les tortues et les serpents acquièrent leur plus grande dimension. La chaleur extérieure, nous l'avons déjà dit, est absolumen nécessaire à ces animaux dont la respiration est peu active et dont les mouvements sont lents. Elle leur communique l'énergie qui leur permet d'exécuter les fonctions vitales, de poursuivre leur proie, enfin elle facilite la ponte et l'éclosion des œufs. Les reptiles sont tellement adaptés par leur organisation à une température élevée que le fait de leur développement doit suffire pour faire admettre l'existence d'une grande chaleur atmosphérique dans la période qui correspond à cette extension.

Le caractère de la végétation, autant qu'il nous est possible de l'apprécier, concorde avec les données fournies par les reptiles. Les cycadées, les araucariées, les fougères à nervures réticulées, les *Equisetum* gigantesques trahissent des affinités tropicales incontestables. C'est aujourd'hui dans le voisinage des tropiques seulement que l'on observe avec abondance les types végétaux les plus rapprochés de ceux des terrains jurassiques. Il est juste pourtant d'observer, d'une part, que si plusieurs des formes tropicales caractéristiques font encore défaut, la raison doit en être attribuée à l'apparition plus tardive des catégories auxquelles ces formes appartiennent et, d'autre part, que les types végétaux alors dominants, autant que nous pouvons en juger par leurs analogues actuels, sont loin de manifester des attaches *exclusivement tropicales* et recherchent plutôt les abords immédiats que l'intérieur seul de la zone torride.

Le genre *Cycas* a son aire d'habitation assise, il est vrai, sur l'équateur, mais il s'avance au nord bien au delà du tropique par une de ses espèces principales, indigène ou naturalisée en Chine et au Japon. Les *Encephalartos*, dans l'Afrique australe, les *Macrozamia* en Australie, les *Ceratozamia* et *Dioon* au Mexique constituent des groupes en majorité extratropicaux. Il est de même des *Araucaria*, des *Widdringtonia*, encore plus des *Sequoia*, des *Thuiopsis* et de plusieurs autres types de conifères demeurés propres aux régions tempérées, et dont on observe les analogues directs dans la période jurassique. Ces types appartiennent plutôt à la zone tempérée chaude qu'à la zone tropicale proprement dite. Précisons davantage le degré de chaleur que les végétaux jurassiques paraissent avoir exigé.

En admettant, ce qui ne saurait être prouvé que par voie d'analogie indirecte, bien que ce soit très-probable, que les anciennes cycadées aient eu les mêmes aptitudes que celles de nos jours, les premières ont dû s'accommoder d'une moyenne actuelle qui n'était pas sans doute inférieure à 18° cent., mais que l'on ne saurait sans invraisemblance élever au-dessus de 25° cent. Les cycadées actuelles de la Nouvelle-Hollande extra-tropicale se contentent d'une moyenne annuelle de 18° cent., la moyenne de la saison d'hiver étant de 12°,6, celle de l'été de 22°,3. Le *Cycas revoluta* est encore moins exigeant, dans le nord de la Chine et au Japon; il végète même en plein air à Nice où il a été dernièrement introduit, sous une moyenne annuelle de 16° cent., la moyenne hibernale étant de 9°,3, l'estivale de 22°,3. Dans la région du Cap, dans la Cafrerie et la terre de Natal, les *Encephalartos* se tiennent sur des pentes boisées et montagneuses jusqu'à une hauteur de 2,000 pieds; ils se montrent vers les limites où s'arrête la flore du Cap, composée de protéacées et d'éricacées, et où commence la végétation tropicale proprement dite. Particulièrement abondantes vers le 20e degré lat. sud, leurs espèces deviennent rares à mesure que l'on s'avance vers l'équateur, que le seul *Encephalartos Barteri*, Carr., semble dépasser dans la direction du nord. Il est vrai encore que la plupart des *Cycas* sont disséminés à travers les îles et le long des rivages de l'océan Indien, et que les *Zamia* habitent de préférence l'archipel des Antilles et les côtes du continent opposé; il est vrai encore que le genre *Dioon* se trouve limité aux parties chaudes du Mexique; mais les *Ceratozamia* se montrent déjà plus rustiques, et quelques espèces de *Zamia* s'avancent dans la Floride. Il ne semble donc pas que les cycadées jurassiques puissent être l'indice d'une chaleur annuelle supérieure en moyenne à 25 cent., en préférant même les chiffres les plus élevés. Les *Araucaria*, si l'on en juge par les espèces de la mer du Sud, n'auraient pas même exigé cette chaleur ; une température annuelle de 18 à 20° cent. leur aurait pleinement suffi, à la condition de n'être pas trop inégale dans les saisons extrêmes. La considération des *Equisetum* nous ramène à des conclusions semblables; ils se plaisent dans les lieux humides et ombragés, le long des grands fleuves et dans le fond des vallées profondes et marécageuses. Leurs tiges, petites ou médiocres dans nos contrées, s'élèvent et se renforcent dans les régions chaudes, surtout en Amérique où existent les plus grandes espèces. M. Ernt a observé près de Caracas des pieds d'*Equisetum*, qui mesuraient environ 10 mètres de hauteur (1).

Les tiges de notre plus grande prêle européenne, *E. maximum*, Lam., flétrissent rapidement sous l'atteinte de la gelée; ce sont là certainement des végétaux amis de la chaleur et qui ne prennent leur entier développement que sous son influence; cependant ces mêmes plantes deviennent plus rares dans les régions réellement tropicales, surtout dans celles où l'ardeur calorique ne se trouve pas tempérée par l'humidité ; et elles se plaisent plus particulièrement dans la zone tempérée chaude.

L'*Equisetum arundinaceum*, Bory, des rives du Mississipi, atteint presque les dimensions de l'*E. giganteum*, Bompl.

(1) Decaisne et Lemaout, *Traité général de botanique descript. et anal.*, p. 682.

de l'Amazone; ainsi on ne saurait dire que la présence des *Equisetum* gigantesques du keuper et du lias soit l'indice, pour ces deux périodes, d'une chaleur supérieure à celle de nos régions tropicales. Ces dimensions marquent plutôt la prédominance de conditions exceptionnellement favorables au développement des prêles et probablement l'existence de vastes étendues de vases sableuses ou argileuses, inondées fréquemment, sous un ciel plus ou moins voilé. Du reste, il existe, jusque dans les terrains tertiaires, des *Equisetum*, égaux en taille, sinon supérieurs, à tous ceux de nos jours.

Tous les éléments végétaux que nous pouvons interroger nous révèlent l'influence d'une température chaude, sans excès, humide, du moins par moments, exempte d'extrêmes bien prononcés et pareille à celle des contrées qui touchent maintenant le tropique, sans être précisément comprises dans la zone torride la plus prononcée.

Tel est le caractère général de la température jurassique, si l'on s'attache surtout à l'examen des plantes, mais ce caractère n'a pu rester invariable pendant la durée entière de la période, et si, comme nous l'avons fait voir, la physionomie de la végétation s'est modifiée peu à peu, ces modifications ont eu sans doute leur raison d'être dans les changements corrélatifs éprouvés par le climat. Le climat d'un pays ou d'une époque, c'est-à-dire l'ensemble des conditions atmosphériques auxquelles ils se trouvent soumis, se reflète toujours dans la végétation, à cause de l'étroite dépendance de celle-ci par rapport à l'autre. Le climat communique nécessairement à la végétation une physionomie caractéristique, par l'influence qu'il exerce sur le développement des formes dont se compose la flore de chaque région. Au sein de la nature actuelle, profondément complexe, parce qu'elle garde l'empreinte des révolutions antérieures, l'action climatérique se révèle par la prédominance de certaines espèces plus favorisées et plus extensibles que les autres. Les aiguilles grêles des pins associées au feuillage maigre, épineux et coriace des chênes verts et des arbres ou arbustes qui leur sont mêlés, dans le midi de la France, témoignent de la sécheresse permanente de l'air dans ce pays, de même que le feuillage ferme, lustré ou largement développé des lauriers, des figuiers, des platanes, des vignes, etc., dénote les stations, à la fois chaudes et arrosées, de certaines parties de la zone tempérée, de même aussi que l'ampleur du limbe jointe à la délicatesse du tissu foliacé, chez les trembles, les bouleaux, les chênes, les tilleuls et les érables, traduit pour l'Europe centrale, l'influence d'un climat à la fois humide et modéré, mais soumis au retour d'une saison froide bien marquée.

Il est donc possible, même à l'état fossile, de juger par la physionomie des espèces de la nature du climat qu'elles ont dû supporter. Si l'on peut craindre d'être trompé en se fiant à des échantillons isolés, les chances d'erreurs s'amoindrissent, dès que les observations s'étendent à plusieurs localités et que les formes revêtent, dans la flore qu'il s'agit d'apprécier, un faciès caractéristique très-général. C'est ainsi que les plantes fossiles de l'étage tongrien, par exemple, affectent partout le même aspect et présentent des feuilles étroites, petites, coriaces, dénotant à coup sûr un climat sec et chaud, tandis que dans le miocène plus avancé les formes s'agrandissent, le limbe s'étend, et les lauriers, les charmes, les érables, les chênes revêtent une ampleur tout à fait en rapport avec l'humidité présumée du climat de cette époque. A mesure que l'on s'enfonce dans le passé, les flores s'appauvrissent, non pas uniquement par le fait du climat, mais parce que le monde végétal, de plus en plus éloigné du terme définitif de son évolution, se trouve encore réduit à un très-petit nombre de groupes, dont les variations se constatent facilement, bien que l'amplitude relative de ces variations soit naturellement plus faible que dans les âges postérieurs. D'ailleurs, si la végétation était alors composée d'éléments moins complexes, la surface terrestre occupée par elle était aussi bien moins diversifiée. Le sol, parsemé de moindres accidents, arrosé presque uniquement par des eaux d'écoulement, était loin de présenter ce relief orographique qui lui communique de nos jours une physionomie si mobile, en créant à chaque pas des stations propres à abriter des associations végétales d'une nature spéciale. A l'époque jurassique, les masses continentales encore presque entièrement formées de roches primitives, disposées en une série de collines monotones séparées par autant de vallées par où s'écoulaient de minces cours d'eau, privées de lacs, de grandes rivières, de chaînes calcaires aux flancs abrupts et déchirés, possédaient à peu près partout le même aspect et comprenaient seulement deux sortes de stations, l'une de beaucoup la plus répandue, comprenant l'intérieur des terres et les niveaux assez élevés pour ne pas retenir les eaux, l'autre, plus rare, consistant en quelques estuaires ou plages basses transformés en lagunes et envahis par une association de végétaux à qui le contact permanent des eaux était nécessaire. Le feuillage est toujours plus luxuriant de forme, plus ample, plus délicat ou plus découpé dans cette dernière sorte de station que dans la précédente. Les sédiments déposés dans des eaux tranquilles, plus ou moins lacustres, ou plutôt dans des lagunes littorales, sont des schistes, des marnes, des grès fins, souvent feuilletés, plus ou moins bitumineux ou charbonneux; les couches du rhétien de Franconie, celles de Steierdorf, celles du Yorkshire et du wéaldien de Westphalie appartiennent à cette catégorie, et il est remarquable d'observer que, malgré la distance chronologique qui les sépare, il existe entre les flores de ces divers dépôts de singulières analogies d'espèces. Les mêmes formes, on doit le croire, se perpétuaient sans beaucoup changer sous l'empire de conditions demeurées sensiblement les mêmes. Les dépôts formés aux dépens des stations les plus ordinaires, le long des plages de la mer, sont des grès, des arkoses, des calcaires ou des sables remaniés par les flots, puis consolidés. La texture de la roche est rarement schisteuse, encore moins bitumineuse; sa composition dépend de circonstances étrangères à la présence des végétaux qu'elle renferme et que l'action seule des courants, des pluies ou du vent a contribué à charrier au fond des anciennes eaux. La flore dont les roches de cette nature nous ont transmis les restes est toujours plus ou moins pauvre. Les espèces dont elle est composée, généralement peu nombreuses et répétées avec monotonie, sont moins élégantes et plus coriaces; les cycadées et les conifères y dominent, tandis que les fougères et les équisétacées sont plus abondantes dans les localités de la première sorte.

Les sables, les marnes, les schistes bitumineux et les minces lits charbonneux de l'étage rhétien ont été pour nous l'indice certain de l'action prépondérante des eaux courantes, par conséquent de pluies. Effectivement, la flore de cette période reflète ces conditions par l'abondance des prêles et des fougères, et surtout par la présence des fougères à nervures réticulées dont les frondes, au feuillage large et gaufré, annoncent l'influence d'une chaleur humide. Les conifères se trouvent alors au contraire réduites à moins d'un dixième, les cycadées, à moins de deux dixièmes du nombre total, tandis que les fougères comptent pour plus de six dixièmes. Que l'on se transporte en Scanie, aux environs d'Autun ou sur divers points de l'Allemagne, le rhétien présente toujours les mêmes formes végétales associées, particulièrement des *Equisetum*, des *Clathropteris* et des *Tæniopteris*, qui témoignent et de la diffusion de certaines espèces et de l'universalité d'un climat plus humide que lors du dépôt des étages subséquents. Le lias montre la continuation du même état de choses qui s'atténue et se modifie peu à peu. A ce moment, les *Clathropteris* et les *Tæniopteris* diminuent, tandis que les cycadées augmentent; elles comprennent plus de deux dixièmes des espèces; les fougères coriaces, *Cycadopteris* et *Thinnfeldia*, se développent en même temps que les cycadées; le climat devient graduellement moins humide. Ce mouvement s'accentue à mesure qu'on s'avance dans la période. Dans les couches du Yorkshire, station exceptionnellement favorable aux fougères, les types à nervures réticulées sont en très-grande minorité; les fougères coriaces continuent leur développement, ainsi que les cycadées, qui comptent deux dixièmes et demi du nombre total des espèces.

L'influence décroissante de l'humidité est encore plus sensible dans la flore du Cornbrash et de l'Oxfordien, qui provient plus particulièrement, il est vrai, des parties accidentées des anciens rivages. Les fougères, en majorité coriaces, comptent pour moins de trois dixièmes, tandis que la proportion des cycadées s'élève jusqu'à quatre dixièmes. L'influence de l'humidité paraît ici réduite à son minimum. Dans le corallien on trouve une proportion qui ne s'écarte pas beaucoup de la précédente; les fougères s'élèvent au-dessus de quatre dixièmes, mais la plupart sont coriaces et rentrent dans les mêmes sections que les précédentes; les cycadées comptent pour plus de deux dixièmes, mais les conifères, en dépassant trois dixièmes, atteignent la proportion numérique la plus forte de toute la série. C'est encore là une preuve de la décroissance constante de l'humidité. Il semble au contraire que le climat ait dû redevenir plus humide vers la fin de la période, et particulièrement lors du wéaldien, alors que les dépôts lacustres et fluviatiles recommencent à jouer un rôle considérable, après une très-longue interruption.

Il est donc probable, par ce qui précède, que le climat des temps jurassiques, après avoir débuté par être très-humide, est successivement devenu plus sec et plus serein. Le sol à cette époque était plus ou moins mouvementé, en dehors des lagunes et des tourbières, situées sur quelques points du littoral, et toujours en nombre restreint. Les cycadées, si l'on en juge par la ressemblance de leurs troncs avec ceux des *Encephalartos* et des *Macrozamia*, habitaient les pentes et les hauteurs; elles étaient plus rares dans la plaine et s'abritaient partout à l'ombre des conifères, auxquelles elles sont constamment associées. Les fougères à frondes coriaces et quelques rares monocotylédones pandaniformes accompagnaient ces essences, et leurs groupes s'étendaient uniformément, couvrant le pays d'une verdure maigre et sans fraîcheur. Les conifères seules, dans cet ensemble, constituaient de grands arbres; quelques-unes, et entre autres des cupressinées, annoncent, par l'ampleur des rameaux et des feuilles, des dimensions bien supérieures à celles de nos espèces actuelles. Les cycadées, même les plus élevées, mesuraient au contraire une taille des plus médiocres. On sait peu de choses sur la dimension des fougères de ce temps; plusieurs possédaient pourtant de grandes frondes, et, à en juger par les analogies qui se révèlent chez un certain nombre d'entre elles, il y en avait sans doute d'arborescentes.

Depuis que l'on sait que les végétaux crétacés du Groenland, vers le 70° lat. N., se composent des mêmes formes et en grande partie des mêmes espèces que ceux de l'Europe centrale à la même époque, on ne peut douter qu'il n'en ait été de même lors des temps jurassiques. La flore de l'Inde contemporaine (1) diffère très-peu par sa composition et ses traits caractéristiques de celle de l'Europe. La zone tropicale était donc alors universelle, ou plutôt une égalité absolue de température, évaluée en moyenne à 25° centigr. environ, s'étendait sans interruption de l'équateur au pôle. Rien ne paraît avoir changé sous ce rapport depuis la période carbonifère, sauf que le ciel devait être moins voilé, l'atmosphère moins dense et en partie dépouillée de vapeurs. Les équisétacées, les cycadées et les araucariées de nos jours recherchent moins l'obscurité que les fougères et les lycopodiacées; elles redoutent cependant encore les rayons trop directs du soleil. Les cycadées, en Afrique et en Australie, se tiennent de préférence à l'ombre d'autres arbres qui les abritent; elles habitent généralement les contrées humides, insulaires et boisées, comme Ceylan, les îles de la Sonde, le Japon et les Antilles. Les *Araucaria* eux-mêmes fuient les climats secs pour ceux où le ciel est souvent couvert de nuages ; la Bretagne est en France le pays où ils réussissent le mieux.

(1) Voy. *Mem. of the geol. surv. of India the foss. Flora of the Rajmahal series*, by Th. Oldham and John Morris.

à cause de l'égalité et de l'humidité du climat. La lumière diffuse est celle qui convient le mieux à toutes ces plantes. Enfin les cycadées présentent encore ce singulier caractère, de n'entrer en végétation qu'à des intervalles irréguliers; leurs frondes et leurs organes reproducteurs se développent non pas à des époques déterminées et périodiquement annuelles, mais tantôt dans une saison, tantôt dans une autre, et parfois après plusieurs années d'immobilité. C'est là un fait très-curieux, susceptible d'être rattaché à d'anciennes aptitudes, et tendant à prouver que les saisons d'alors étaient disposées tout autrement qu'aujourd'hui, ou peut-être encore que des pluies très-inégalement espacées venaient de temps à autre activer une végétation lente à se manifester, mais rapide dans son mode d'évolution. Cette nature si peu variée, si obstinément immobile et comme plongée dans le sommeil et la torpeur, ne possédait rien de la grâce et de la profusion qu'elle déploie aujourd'hui; elle demeurait empreinte d'un cachet de tristesse et de monotonie. Les fougères mêmes se rapprochaient par leur facies des cycadées avec lesquelles on les a souvent confondues (*Cycadopteris*), et les conifères présentaient presque toutes la physionomie de nos *Araucaria*, ou d'autres fois celle de nos *Thuya*. L'ombrage de ces végétaux n'avait rien d'intense, mais, comme on peut le présumer, la lumière du soleil n'avait rien non plus de trop éclatant. Diffuse par elle-même ou voilée par une brume légère, elle ne produisait pas ces contrastes d'obscurité et de clarté qui font le charme de notre nature végétale.

En présence d'un tableau que tout porte à croire véritable, il est naturel de se demander quelle était la cause de cette chaleur égale sur tout le globe. L'influence de la chaleur centrale, souvent invoquée, et dont beaucoup de géologues se contentent encore, nous paraît totalement insuffisante pour rendre compte des phénomènes de l'époque jurassique. Elle avait sans doute depuis longtemps cessé d'agir, du moins d'une façon assez intense pour élever sensiblement la température sur tout le globe. L'épaisseur énorme déjà acquise par l'écorce terrestre le prouve surabondamment, et dispense d'y insister, lorsque l'on songe à la faible conductibilité des substances qui la composent. L'explication, s'il en existe une, doit être cherchée dans l'ensemble même des phénomènes à la fois cosmiques et géologiques qui ont dû nécessairement se produire, et d'où la solution peut découler comme une conséquence de l'appréciation rigoureuse des faits.

Il est admis universellement que le soleil, d'abord à l'état d'immense nébuleuse, s'est successivement condensé; il est admis de même par les géologues que la terre, émanée à l'état gazeux de la nébuleuse solaire, s'est condensée de même, puis solidifiée et contractée de manière à occuper un volume de plus en plus restreint. Cette contraction ne s'est opérée qu'avec une très-grande lenteur, et ses effets violents ne se sont produits que par intermittence, lorsque le noyau interne, demeuré à l'état de fusion, a réagi contre la pression de la surface. Or, à l'époque jurassique, les effets de cette contraction étaient encore loin de leur terme ; le globe déjà bien diminué de volume par rapport aux temps antérieurs possédait une surface plus étendue que de nos jours, comme aussi une atmosphère plus considérable en hauteur et en densité. La surface terrestre étant plus étendue et moins inégale devait nécessairement présenter des mers plus vastes, mais moins profondes, et des terres émergées d'un moindre relief et d'un moindre périmètre : de là un climat moins continental et plus insulaire. — Les effets de la contraction du globe, à ce que nous avons dit, ont dû se manifester lorsque celle-ci a exercé une pression trop forte sur les matières intérieures demeurées en fusion : de là des fractures, des soulèvements partiels, mais surtout des affaissements, et enfin des replis de certaines portions d'abord horizontales de l'écorce terrestre. Après chacune de ces grandes crises de contraction, cette écorce plus ridée et plus fissurée qu'auparavant a occupé en définitive un moindre volume ; tandis que l'atmosphère devenait proportionnellement plus considérable par rapport à la sphère solide ainsi diminuée; la pression de cette atmosphère a dû s'accroître chaque fois dans la même mesure, et une partie de la vapeur d'eau se résoudre en pluie, jusqu'à ce que l'équilibre se trouvât de nouveau rétabli. C'est ainsi qu'il faut comprendre sans doute les époques géologiques où des pluies diluviennes paraissent avoir joué un rôle considérable. Lors des temps jurassiques, la terre aurait donc possédé un volume plus étendu et une moindre densité qu'aujourd'hui ; mais, vis-à-vis des temps antérieurs, elle se trouvait dans le même rapport que le globe actuel comparé à celui de ce même âge jurassique. Celui-ci demeure une sorte de moyen âge également éloigné des périodes biologiques les plus reculées comme des plus récentes. En dehors des causes qui viennent d'être énumérées, et dont plusieurs ont dû agir très-efficacement pour élever la température, il nous reste à mentionner une source d'élévation et d'égalisation calorifiques plus efficace que toutes les autres. Elle réside dans le soleil lui-même dont la condensation a dû suivre la même marche que celle de notre planète, et surtout s'accomplir avec une lenteur proportionnée à la masse énorme de l'astre central. Cette condensation, aujourd'hui loin de son terme final, était bien moins avancée encore lors de l'époque secondaire. Selon toutes les probabilités, le soleil projetait sur le ciel jurassique un disque démesuré ; brillant d'une lumière plus calme que maintenant, il répandait sur toutes les zones des clartés moins vives et une chaleur moins concentrée, mais suffisante pour égaliser les climats, en éliminant l'influence des latitudes ; enfin il ne quittait l'horizon que pour y laisser après lui des crépuscules dont rien actuellement ne saurait nous donner qu'une faible image (1).

§ 4. — *Classification des localités françaises où l'on a recueilli des plantes jurassiques.*

Avant de passer à la description des plantes jurassiques, disposées dans un ordre méthodique, et de mêler par conséquent des espèces appartenant à des horizons et à des localités bien différentes, il nous paraît utile de donner un aperçu de la distribution des localités fossilifères suivant l'ordre successif des étages. La richesse de chaque dépôt considéré en particulier est du reste des plus inégales, autant que leur distribution est irrégulière. Les circonstances ont tout fait ; elles sont loin d'avoir amené partout les mêmes résultats, et ces résultats ont quelque chose de

(1) En cherchant à expliquer l'élévation ancienne de la température et l'annulation longtemps persistante de l'influence des latitudes, nous avions d'abord incliné à admettre un redressement de l'axe terrestre (voy. *Caractères de l'ancienne végét. polaire*, etc., par le comte Gaston de Saporta, Paris, Victor Masson et Fils, 1868), mais l'hypothèse que nous proposons ici semble plus naturelle, parce qu'elle est plus conforme aux données astronomiques et à la théorie même de Laplace. Voyez à ce propos le mémoire de M. le docteur Blandet : *L'excès d'insolation considéré comme principe du phénomène æothermique, Bull. de la soc. géol.*, 2e série, t. XXV, p. 777.

si capricieux qu'on ne saurait retirer de leur étude aucun renseignement particulier, sinon l'extrême insuffisance des documents recueillis. Des étages entiers, comme le lias supérieur, sont à peine représentés par quelques rares débris; d'autres, comme le rhétien, ne présentent que très-peu d'espèces, tandis que les documents se multiplient davantage pour le lias inférieur, et surtout pour la partie moyenne du terrain oolithique. Souvent, comme l'on pouvait le présumer d'avance, les restes végétaux ne sont que des algues et en petit nombre. La plupart des couches d'où proviennent les végétaux jurassiques de France sont effectivement marines. Dès lors, la proximité seule des anciennes plages, jointe à l'action mécanique des eaux, a été la cause de l'enfouissement des végétaux terrestres. Les régions d'où proviennent les végétaux jurassiques se réduisent à quatre, qui sont : les bords de l'île centrale, la terre normando-anglaise, la terre germano-vosgienne, les îles de la région des Alpes du côté de l'Ain et de l'Isère; en dehors de ces points, la Provence a fourni un petit nombre d'algues et la chaîne des Corbières une seule espèce de cycadées. Quoi qu'il en soit, nous allons passer en revue tous les dépôts français en les disposant dans un ordre successif, à partir des plus anciens.

I. — Les plantes de la *zone à Avicula contorta* ou *rhétien* proviennent de deux localités assez rapprochées et de deux niveaux un peu différents; leur richesse est aussi très-inégale. La plupart des espèces, consistant surtout en fougères (*Clathropteris, Tæniopteris*) et en équisétacées, ont été recueillies à Antully et la Coudre, entre Autun et Couches-les-Mines, dans des grès situés à la base de l'étage. M. Pellat, à qui nous devons la communication et en grande partie la connaissance de ces végétaux, en a décrit le gisement avec beaucoup d'exactitude (1). Sur le plateau d'Auxy, où se succède l'ensemble de la formation, on voit reposer directement sur le granite des arkoses inférieurs, correspondant au grès vosgien, que recouvrent sur quelques points d'autres arkoses supérieurs attribués au conchylien et surmontés transgressivement, d'abord par les marnes irisées, puis par le rhétien disposé en trois assises ou niveaux distincts minéralogiquement, et se liant inférieurement avec les marnes irisées, supérieurement avec le lias. Les grès de la base, où l'*Avicula contorta* est encore très-rare, sont des sables granitiques très-fins, très-purs, assez faiblement agglutinés, et contenant à l'état d'empreinte des plantes entraînées de la plage voisine. Le *Clathropteris platyphylla*, Schimp. et l'*Equisetum Münsteri*, Sternb., deux espèces caractéristiques du rhétien de Franconie, justifient pleinement l'opinion de M. Pellat. Sur le même plateau d'Auxy, vers Couches-les-Mines, à Épogny, en forant un puits destiné à atteindre des amas de gypse situés à la base des marnes irisées qui les recouvrent d'un épais manteau, on a traversé et amené au jour un lit de marne grisâtre, riche en empreintes végétales, et renfermant l'*Equisetum arenaceum* qui caractérise si bien le keuper. La succession des formes particulières aux périodes keupérienne et rhétienne se laisse donc reconnaître ici, malgré la pauvreté de la flore et la liaison intime des sédiments déposés.

D'autres végétaux en très-petit nombre, le plus souvent à l'état d'empreintes indéterminables, ont été recueillis dans le réthien des environs de Semur-en-Auxois. Ils proviennent des grès ou arkoses de Marcigny-sous-Thil, où

(1) Voy. *Bull. soc. géol.*, t. XXII, p. 546 et suiv.

abonde l'*Avicula contorta*, et qui pourrait bien se rapporter à une partie moins reculée de la période. Une algue des plus curieuses et plusieurs empreintes de feuilles monocotylédones (*Yuccites*) constituent les formes les plus saillantes de cette localité.

II. — Les espèces peu nombreuses, il est vrai, de l'infralias de Mende (Lozère) nous ont été communiquées par l'entremise de M. Fabre, garde général des forêts, notre collègue à la Société géologique; nous lui devons en même temps de précieux renseignements sur le gisement de ces espèces. Elles se rapportent à deux niveaux bien distincts. Les grès ou arkoses de la base reposent immédiatement sur le terrain azoïque; leurs éléments ont été empruntés directement aux roches primitives remaniées par les eaux, lorsque la mer infraliasique pénétra dans la contrée. Ce dépôt de comblement n'a fait que niveler les inégalités du bassin; partout où les schistes cristallins formaient un haut fond, le grès s'amincit et souvent même n'a pas été déposé du tout. Ce sont ces grès, *arkoses* ou *grès à meules*, que M. Dieulafait a repoussés dernièrement dans le trias; mais ils constituent bien plutôt la base extrême de la série liasique, puisque, lorsqu'ils existent, ils supportent constamment un système de calcaires rouges, magnésiens, qui peuvent représenter parfaitement le rhétien et sont toujours inférieurs à la zone de l'*Amm. planorbis*, si bien développée à Bleymard et à Cubière, atténuée aux environs de Mende, et disparaissant tout à fait du côté de Sainte-Hélène. Les seules empreintes déterminables recueillies dans ces grès inférieurs sont dues aux recherches de M. l'abbé Boissonnade; ce sont des cycadées du genre *Oto-*

(1) *Bull. de la Soc. géol.* . XXVI, p. 441 et suiv.

zamites, que l'on doit rapporter à l'horizon du rhétien et probablement à la même hauteur que les espèces des environs d'Autun. Au-dessus, mais séparés des couches du système inférieur par plus de 100 mètres de calcaire dolomitique, avec marnes intercalées, se montrent des calcaires bleus ou d'un gris jaunâtre, à cassure conchoïde, renfermant des fougères du genre *Thinnfeldia* et des tiges nombreuses de *Brachyphyllum*. La zone à gryphées arquées n'existant pas à Mende, et le calcaire encrinitique du lias moyen se superposant directement aux calcaires bleus à empreintes végétales, il est naturel de considérer ces calcaires comme équivalant au grès de Hettanges et se plaçant comme celui-ci sur l'horizon de l'*Ammonites angulatus*.

III. — Le grès de Hettanges, d'où M. Terquem a retiré une si riche moisson de végétaux et qu'il réunit à celui de Luxembourg, se rapporte, suivant cet auteur éminent, aux strates sans gryphées du lias inférieur et à la 2e assise à partir de la base ou zone à *Amm. angulatus*, Ziet. La flore de Hettanges, parallèle avec celle du lias d'Halberstadt (Souabe), de Steierdorf dans le Bannat, peut-être aussi avec celle de Hör en Scanie, succède immédiatement à la flore du rhétien, à laquelle elle est liée par plusieurs formes communes. D'après MM. Terquem et Piette, dont nous suivons les indications (1), la sédimentation de la mer liasique, essentiellement marneuse au début de la période, devint peu à peu sableuse à l'époque de l'*Amm. angulatus*. Le sable, dont l'apport était dû sans doute à un courant, empiéta peu à peu sur le fond boueux, dans la partie orientale de l'ancien golfe, gagna de plus en plus et finit par recouvrir tous les fonds dans l'ouest comme dans l'est du grand-duché. L'action d'un courant est

(1) *Bull. soc. géol.*, p. 322 et suiv.

encore plus sensible à la partie supérieure du massif, dont les lits schistoïdes comprennent des plantes terrestres. MM. Terquem et Piette, auteurs du mémoire que nous citons, pensent avec raison que « les cours d'eau, auxquels est dû l'apport de ces débris, ne pouvaient être éloignés de l'endroit où on les recueille; ils avaient probablement leur embouchure dans le golfe même, ainsi que le fait présumer la présence d'un certain nombre de coquilles d'eau douce mêlées aux coquilles marines dans les bancs fossilifères (1). » — En remontant la série liasique dans la même région, on observe encore quelques cycadées recueillies isolément, un tronc dans le calcaire à gryphées arquées, une fronde dans la zone à *Amm. Holandrei et Requienianus*. Mais les végétaux les plus fréquents sont des algues, qui sont particulièrement abondantes dans les grès supraliasiques, et qui se montrent aussi dans les grès et les marnes feuilletées du lias moyen et du lias inférieur. La zone supérieure correspond évidemment à celle de Boll dans le Wurtemberg, dont elle répète en partie les formes.

IV. — Les bords de l'ancienne terre anglo-normande ont fourni quelques végétaux sur deux points du territoire français. — Deux tiges de cycadées ont été recueillies dans le Calvados, l'une dans le lias moyen, l'autre dans l'oxfordien (2). — Le département de la Sarthe et les environs d'Alençon sont connus depuis longtemps par des empreintes plus nombreuses; celles de Mamers, observées par M. Desnoyers, ont été décrites, il y a près, de quarante ans, par M . A. Brongniart; elles appartiennent toutes au niveau de la grande oolithe ou bathonien.

(1) *Bull. soc. géol.*, p. 335.

(2) Voyez : *Note sur deux végétaux fossiles trouvés dans le département du Calvados*, par M. J. Morière. Caën, 1866, chez Le Blanc-Hardel.

V. — Le toarcien des environs de Lyon a donné quelques bois fossiles à M. A. Falsan, qui en a également recueilli dans les strates du bajocien, si riches en algues scopariennes; ce sont là pourtant de faibles vestiges.

VI. — La flore du cornbrash ou partie supérieure de la grande oolithe est mieux connue, grâce aux recherches assidues de M. Jules Beaudoin et de M. Edouard Flouest, qui ont recueilli tous les deux une riche série d'empreintes végétales dans les carrières exploitées à Étrochey, petit village situé à quelque distance de Châtillon-sur-Seine (Côte-d'Or). La roche est un calcaire très-pur, disposé par assise régulière. Le grain de la roche est un sable vaseux à pâte fine, consolidé par la précipitation d'un ciment calcaire. Les végétaux sont situés principalement sur le plan de séparation de chaque lit, et la surface de ces lits, où ils sont étendus horizontalement, est ordinairement parsemée d'inégalités granuleuses, marquée çà et là de bosses et de creux dont les végétaux suivent le mouvement; en sorte que l'on doit supposer une consolidation assez prompte de chacun de ces lits, qui seraient pour un temps devenus fond de mer et auraient reçu les végétaux qu'aurait ensuite recouvert un nouveau lit de vase calcaire amené par les flots. La position stratigraphique de ces lits à empreintes végétales est parfaitement déterminée. A la partie supérieure de la grande oolithe, composée de calcaires blanchâtres avec grains oolithiques, se montrent des calcaires compactes qui représentent le forest-marble; au-dessus s'étend une nouvelle zone, formée de calcaires stratifiés dans lesquels sont ouvertes les carrières d'Étrochey, et c'est vers le sommet de cette dernière assise que l'on rencontre les plantes. Les *Thuites*, les *Lomatopteris* et les *Otozamites* abondent dans les lits les moins élevés et présentent de magnifiques spécimens; plus haut on recueille surtout des rameaux de *Brachyphyllum*, et ces empreintes continuent jusque dans la base de l'oxfordien, dont les calcaires plus tendres, blanchâtres, pétris de cavernosités, surmontent le cornbrash et renferment, entre autres coquilles caractéristiques, l'*Ammonites cordatus*. Le rivage présumé de cette mer devait être assez éloigné; dans l'opinion de M. Jules Beaudoin, il était constitué par le fullers émergé récemment, et par conséquent il consistait en une plage assez basse. Cette circonstance expliquerait la pauvreté relative de la flore d'Étrochey, réduite à un petit nombre d'espèces vigoureuses, parmi lesquelles une cupressinée tient certainement le premier rang. Le prolongement du même étage vers Ancy-le-Franc a fourni à M. Cotteau une très-belle fronde de cycadée.

VII. — Dans une direction opposée, non loin de Rians, au Puy-de-Rians et à Claps, en Provence, M. Marion a recueilli, sur le même horizon du bathonien, une série d'algues marines remarquables par leur belle conservation, dans des calcaires schisteux. Le type du *Chondrites scoparius* s'y trouve associé à des *Chondrites* proprement dits.

VIII. — Une flore jurassique remarquable, quoique peu nombreuse, a été observée dans les environs de Poitiers (Vienne) par M. de Longuemar, à qui nous en devons la connaissance. La plupart des végétaux jurassiques de cette région appartiennent à la base de l'oxfordien. Cet étage, à peu de distance et au nord-ouest de Poitiers, s'appuie directement sur la grande oolithe, déjà soulevée lors de son dépôt. Le rivage bathonien, très-récemment émergé à l'époque des mers oxfordiennes, formait entre le Poitou et le sol granitique de la Vendée une plage peu élevée où croissaient les plantes dont on observe les débris. Ces plantes proviennent soit de la carrière du Grand-Pont, soit de celle des Lourdines. La roche est purement calcaire, massive, disposée en puissantes assises d'un blanc éclatant, tendre et d'une pâte fine; elle a été formée dans une mer libre par des vases de madrépores et des coquilles triturés par les flots, accumulées au fond des anses le long d'un littoral sinueux. Les mollusques caractéristiques sont ceux du callovien de d'Orbigny: *Ammonites anceps*, *athleta*, *microstoma*, etc., *Astarte Achilles*, *Trigonia major*, *perlata*, etc. A ces coquilles sont joints des ossements de grands sauriens. La ressemblance de cette flore, qui comprend des *Lomatopteris*, des tiges et des frondes de cycadées, avec celle de la Côte-d'Or et de l'Yonne, est bien en rapport avec la faible divergence stratigraphique qui sépare les deux niveaux. L'oxfordien supérieur, dont on observe le contact avec le callovien à *Preuilly*, présente sur ce point une roche agilo-calcaire avec *Ammonites plicatilis*, *oculatus*, *canaliculatus*, et *Belemnites hastatus*; ce nouvel étage a fourni çà et là quelques végétaux, particulièrement des algues vers *Saint-Laurent* (sud de la Vienne) et Chassigny, des traces de cycadées et des *Cylindrites* à Dissais, au nord de Poitiers, sans compter une tige bulbiforme de cycadée dont le gisement n'a pu être exactement déterminé.

IX. — Le corallien et le kimméridgien réunis présentent une série non interrompue de flores locales qui font, en France, de cette période la mieux connue et la plus riche au point de vue de la végétation.

En descendant la série, nous rencontrons d'abord Saint-Mihiel et les environs de Verdun, dans le département de la Meuse. Les plantes des diverses localités qui se rattachent à cet horizon ont été recueillies principalement par M. Moreau et leur gisement décrit très-exactement par

Buvignier (1). Ce sont des calcaires blancs ou gris, plus souvent d'un blanc très-pur, finement oolithiques, exploités soit pour donner de la chaux, soit comme matériaux de construction et provenant d'un sédiment vaseux de substances madréporiques triturées et accumulées par la vague. Ces calcaires blancs, coralliens, reposent sur une couche d'oolithe ferrugineuse qui termine l'oxfordien dans le département de la Meuse, où il est quelquefois surmonté de calcaires à encrines qui fournissent une qualité supérieure de pierre de taille et s'expédient au loin. Ces *calcaires à crinoïdes* constituent la base extrême du corallien. Au-dessus, viennent les *calcaires blancs* séparés en deux groupes, inférieur et supérieur, par une assise de calcaire corallien. La couche corallienne, dont la richesse est exceptionnelle, a dû correspondre à une partie au moins des *calcaires blancs* inférieurs, en fournissant les matériaux de la vase détritique dont ils ont été formés. Les animaux dont les calcaires blancs ont conservé les vestiges sont des mollusques qui vivent ordinairement dans la vase et qui manquent au contraire dans les *couches à polypiers*, à qui une eau claire a été absolument nécessaire. L'*Ammonites biplex*, Sow., caractérise surtout cette zone ; elle est accompagnée de plus de 100 espèces mentionnées par M. Buvignier et qui se rapportent principalement à l'horizon du corallien inférieur. Les végétaux de ces *calcaires blancs inférieurs* trouvés à *Creue*, à *Gibomeix*, à *Vigneules*, sont des cycadées, des *Brachyphyllum* et une algue de grande taille. M. Moreau n'y a recueilli aucune fougère ; ils indiquent une mer profonde et plus écartée. Le groupe *supérieur* est un calcaire blanc, compacte, subcrayeux, devenant oolithique, surtout vers le haut, quel-

(1) Voyez : *Statistique minér. et paléont. du département de la Meuse*, par A. Buvignier. Paris, J. B. Baillière, 1852.

quefois jaunâtre ou grisâtre, brechiforme à cassure irrégulière ou marneux et schistoïde. La *nerinea elongata*, Voltz, est répandue dans tous les bancs, et l'on y rencontre aussi, outre les mollusques, des ossements et des dents de poissons et de sauriens, des débris de crustacés et des traces charbonneuses de végétaux (1). Les empreintes végétales sont bien plus abondantes dans ce groupe que dans l'inférieur, quoique les mêmes formes y reparaissent et que par conséquent il ne puisse être question d'une distinction d'étages. Outre les cycadées et les conifères, plus nombreuses et plus fréquentes, les fougères, selon M. Moreau, proviennent exclusivement de cette zone. Ces empreintes, noires et charbonneuses pour les bois et les tiges, passent au brun jaunâtre pour les frondes de cycadées et sont à peine colorées d'une teinte pâle lorsqu'il s'agit de feuilles délicates. La présence d'une collection de végétaux terrestres, nombreux et variés, implique le voisinage de l'ancien rivage qui ne pouvait appartenir qu'aux parties plus anciennes et récemment émergées du terrain jurassique lui-même. Les quelques plantes recueillies dans le corallien de Tonnerre, analogue à celui de Verdun par la composition de la roche, se rapportent évidemment au même niveau géognostique.

X. — Les *calcaires blancs* des environs de Verdun et de Saint-Mihiel sont surmontés par le *calcaire à astartes*, considéré comme le premier terme du kimméridgien par MM. Sauvage et Buvignier, mais que M. d'Archiac (2) reporte vers le sommet du *Coral-rag*, comme l'équivalent du *calcareous-grit supérieur*. Les plantes jurassiques recueillies aux environs de Chateauroux (Indre), dans des calcaires lithographiques, se rangent dans cette *zone à astartes*, puis-

(1) *Statistique minér. et paléont. du départ. de la Meuse*, p. 271.
(2) Voy. *Hist. des progrès de la géologie*, t. VI, p. 267.

que des bancs minces, remplis d'*Astarte minima*, Goldf., les surmontent près de Levroux, selon le témoignage de M. d'Archiac (1). En tout cas, le caractère de la flore de Châteauroux concorde avec la position que lui assigne cet auteur éminent, comme le prouve la présence d'un *Stachypteris*, genre de fougère caractéristique des couches de Saint-Mihiel, d'une part, et de l'autre la fréquence du *Zamites Feneonis*, espèce qui relie ce dépôt à ceux de la région de l'Ain, dont nous allons parler.

XI. — Les plantes jurassiques recueillies dans les calcaires lithographiques de Cirin, riches en poissons décrits par M. Thiollière, dans les calcaires de Morestel et de Creys (Isère), dans les schistes calcareo-marneux et bitumineux d'Orbagnoux, de Nantua et du lac d'Armaille, doivent être placées sur le même horizon géognostique, malgré la différence que l'on remarque dans la nature des roches fossilifères. Une physionomie uniforme caractérise la végétation de ces dépôts, et le *Zamites Feneonis* reparaît invariablement dans tous. Le niveau de Cirin, par des considérations tirées principalement des poissons, avait été rapporté au corallien par M. Thiollière, quoique la présence de l'*Ostrea virgula* dans des lits parallèles à ceux de Cirin semblât devoir contredire cette opinion (2), tandis que M. Itier, mû par d'autres considérations, avait rangé dans le kimmeridgien les lits d'Orbagnoux qui comprennent les même espèces de poissons et de plantes que Cirin. M. Lory, en revenant dernièrement sur cette question (3), semble l'avoir tranchée en faveur de l'ancienne opinion de M. Itier à qui est due la connaissance des végétaux d'Orbagnoux, tandis que ceux du lac d'Armaille ont été recueillis en grande par-

(1) *Hist. des progrès de la Géologie*, p. 227. — (2) *Ibid.*, p. 651.
(3) *Bull. de la Soc. géol.*, t. XXIII, p. 612.

tie par MM. A. Falsan et Locard. Suivant M. Lory, dont les affirmations sont trop précises pour n'être pas admises comme vraies, la masse des calcaires lithographiques, alternant avec des feuillets marneux, reposerait sur des calcaires coralliens au lac d'Armaille, ainsi que sur le territoire de Creys. L'*Ostræa virgula*, parfaitement caractérisée, est très-abondante dans les lits calcaires qui alternent avec les schistes marneux de Creys, où l'on rencontre en même temps le *Zamites Feneonis* et les poissons de Cirins. Il paraît donc difficile de ne pas classer l'ensemble de ces flores locales sur l'horizon du kimmeridgien, de telle sorte que les dépôts de Saint-Mihiel, de Châteauroux et des localités de l'Ain et de l'Isère dont il vient d'être question correspondraient à des termes successifs qui ne laisseraient entre eux aucune lacune.

Au-dessus du kimmeridgien les documents deviennent en France rares et incomplets ; peut-être n'ont-ils pas été l'objet d'assez de recherches. Les deux derniers étages jurassiques, le portlandien et le purbeckien sont presque entièrement stériles en fait de plantes, et malgré l'existence de formations d'eau douce qui auraient dû favoriser leur conservation, nous ne saurions citer qu'une algue et une amande de cycadée recueillies dans le portlandien du Pas-de-Calais, près de Boulogne-sur-Mer. Les végétaux jurassiques signalés dans cette dernière localité et aussi dans les environs d'Alençon nous sont encore inconnus, malgré les tentatives que nous avons faites pour arriver à les connaître ; peut-être ces végétaux se réduisent-ils à des échantillons peu déterminables.

Nous terminerons donc ici cette revue des caractères stratigraphiques des localités françaises fertiles en végétaux jurassiques ; le tableau suivant permettra de saisir d'un seul coup d'œil l'économie de leur distribution à travers les divers étages de la série.

TABLEAU

DES FLORES JURASSIQUES DE FRANCE DISTRIBUÉES D'APRÈS L'ORDRE RELATIF DE LEUR NIVEAU GÉOGNOSTIQUE.

ÉTAGES.	SOUS-ÉTAGES OU ZONES.	FLORES ET FLORULES.
Purbeckien	....	Traces de Chara dans le Doubs.
Portlandien	Zone à *Amm. gigas*	Végétaux à Maninghen près de Wimille (Pas-de-Calais).
Kimmeridgien	Zone à *Ostræa virgula*	Flores de Morestel, Cirin, Creys, du lac d'Armaille, d'Orbagnoux, etc.
Corallien	Calcareous-grit supérieur, ou calcaire à *Astartes*	Flore de Châteauroux (Indre).
	Oolithe corallienne, ou zone à *Ammonites biplex*	Flore de Saint-Mihiel et des environs de Verdun. — Florule de Tonnerre (Yonne).
Oxfordien	Oxfordien proprement dit, ou zone à *Amm. plicatilis*	Algues et débris de végétaux dans le département de la Vienne.
	Oxfordien inférieur ou Callovien, zone à *Ammonites anceps*	Flore des environs de Poitiers (Vienne).
Cornbrash	Partie supérieure du Bathonien	Flore d'Etrochey près de Châtillon-sur-Seine (Côte-d'Or).—Végétaux à Ancy-le-Franc (Yonne).—Algues auprès de Rians (Provence).
Bathonien, ou grande Oolithe	....	Flore de Mamers (Sarthe). — Végétaux Pont-les-Moulins, près de Baume-les-Dames (Doubs).
Bajocien, ou Oolithe inférieure	Zone à *Chondrites scoparius*, Thioll.	Algues sur beaucoup de points : Rhône, Vienne, etc. — Bois de conifères près de Lyon.
Toarcien ou Lias supérieur	Zone à *Amm. bifrons* et *serpentinus*	Algues et Cycadée auprès de Metz. — Bois fossiles à St-Romain, près de Lyon. — Algues auprès de Digne.
Liasien, ou Lias moyen	Zone à *Gryphæa Cymbium*	Algues auprès de Metz.
Sinémurien, ou Lias inférieur	Zone à *Gryphæa arcuata*	Algues et Cycadée auprès de Metz.
Infraliasien, ou base du Lias inférieur	Zone à *Amm. angulatus*, Ziet.	Flore des grès de Hettange (Moselle). — Florule des calcaires bleus de Mende (Lozère).
	Zone à *avicula contorta*	Végétaux à Marcigny-sous-Thil.
Rhétien	Grès siliceux ou Arkoses	Flore de Couches-les-Mines près d'Autun. — Florule des grès de Chirac près Mende (Lozère).

ALGUES

Les plantes les plus anciennes dont on ait connaissance sont des Algues ; elles se montrent dès le Silurien, et depuis elles n'ont cessé de peupler les eaux douces ou salées, particulièrement les dernières. Un très-petit nombre d'Algues, parmi les plus inférieures, comme les *Protococcus* et les *Nostoc*, vivent à l'air humide, sur les pierres et le sol mouillés ou dans la neige (*Protococcus nivalis*) ; toutes les autres se dessèchent et meurent plus ou moins vite dès qu'on les retire du milieu liquide qui les imbibe constamment. La structure des Algues est toujours plus ou moins simple et uniquement cellulaire. Chez elles les organes de la reproduction donnent lieu cependant à diverses combinaisons et atteignent parfois un assez haut degré de complexité, sans jamais rien présenter qui ressemble à la fécondation des végétaux phanérogames. Au contraire, le mode de reproduction des Algues, tantôt agame, tantôt sexué, par zoospores motiles ou s'opérant à l'aide d'antérozoïdes mobiles ou immobiles, range incontestablement ces végétaux dans le même embranchement que les Cryptogames terrestres, même les plus élevés en organisation, telles que les Fougères, les Équisétacées et les Lycopodiacées. Ces derniers groupes possèdent, il est vrai, des vaisseaux de plusieurs ordres, une tige et des organes appendiculaires distincts comme les Phanérogames ; mais chez eux, comme chez toutes les Cryptogames, la fécondation s'opère au moyen d'anthérozoïdes destinés à être mis en contact avec la cellule mère ou archégone. Par cet ordre de fonctions, le plus important de tous, les Cryptogames vasculaires se rattachent aux Algues à travers une longue série de types intermédiaires, moins parfaits que les premières, mais déjà plus élevés que les secondes et n'exigeant plus comme elles le contact permanent de l'eau.

Les Algues ne possèdent ni véritables racines ni tiges proprement dites, ni aucune trace de système vasculaire. Chez elles les parties appendiculaires ne sont jamais limitées d'une manière nette, et leur disposition le long de l'axe principal n'a rien de régulier ni de défini ; et cependant les Algues manifestent une tendance à se rapprocher de l'organisation des végétaux supérieurs et à en retracer au moins l'apparence.

Leur structure exclusivement cellulaire donne lieu, par la disposition des cellules en lignes, en rangées, en couches superposées et par les formes variées qu'elles peuvent revêtir, à des nervures, à des réticulations, à des côtes médianes, à des différences de densité et de coloration dans les tissus. L'appareil radiculaire, en réalité nul ou réduit à un épatement qui fixe les plantes sur les points où elles croissent, présente pourtant des crampons fasciculés chez les Laminaires et les Halyméniées, des filaments plongeant dans le sable chez les Caulerpées. Enfin, les parties appendiculaires se distinguent de l'axe proprement dit par une forme caractéristique, et les organes reproducteurs se groupent et se localisent sur certains points déterminés de la plante, à mesure que des Algues inférieures on passe aux plus élevées et aux plus parfaites.

La diversité des formes est immense, et de plus elle se prête à des répétitions parallèles qui rapprochent des plantes appartenant en réalité à des genres, à des tribus et à des ordres entièrements distincts. Ces analogies sont parfois tellement étroites qu'une étude intime est seule capable de prévenir la confusion des éléments les plus disparates.

L'ensemble de ces formes peut être distribué en un certain nombre de types dont nous signalerons les principaux.

1° La forme en lame ou expansion laminaire, simple ou peu divisée, vaguement ou symétriquement limitée, tantôt plane, tantôt gaufrée ou ondulée, entière ou plus ou moins lacinée le long des bords. La consistance varie depuis le tissu hyalin le plus transparent jusqu'au plus cartilagineux. Plusieurs *Ulva*, *Porphyra*, *Punctaria*, *Asperococcus*, *Halymenia*, *Laminaria*, etc., répondent à ce type.

2° La forme peltée ou flabellée, en coupe, en godet, en expansion fixée par le centre, tantôt sessile, tantôt pédicellé; c'est le type des *Cutleria*, *Padina*, du *Zonaria collaris*, des *Acetabularia*, etc.

3° La forme en lanières où la fronde se divise en lacinies rubanées ou bandelettes plus ou moins étroites, ordinairement par dichotomie. Les *Ulva*, *Zonaria*, *Rhodymenia*, *Nitophyllum*, etc., en offrent de nombreux exemples.

4° La forme ramifiée à rameaux aplatis, comprimés, plus ou moins foliacés des *Lomentaria*, *Delesseria*, *Laurencia*, *Dasya*, etc.

5° La forme ramifiée à divisions comprimées, mais plus ou moins coriaces et cartilagineuses des genres *Chondrus*, *Sphærococcus*, *Gelidium*, *Plocamium*.

6° La forme ramifiée à divisions et subdivisions cylindroïdes, cartilagineuses, des *Gigartina*, *Polyides*, *Melanthalia*, de certains *Chondrus*, etc.

7° La forme ramifiée *éricoïde* des *Cistoseyra* et de certains *Laurencia*.

8° La forme ramifiée *phyllantoïde* où l'axe diversement partagé est toujours accompagné d'une bordure d'apparence foliacée comme chez les *Halseris*, beaucoup de Fucacées, plusieurs *Delesseria*, etc.

9° La forme articulée *epuntioïde* des Corallines, *Halymeda*, etc.

10° La forme *cancellée* des *Agarum*, de l'*Asperococcus cancellatus*, etc.

11° La forme ramifiée *hypnoïde* des *Bryopsis*, *Spiridia*, etc.

12° La forme ramifiée *byssoïde* de la plupart des Confervacées.

13° La forme ramifiée *filamenteuse* et *cloisonnée* des *Ceramium*, *Polysiphonia*, *Rhodomela*, etc.

14° La forme *utriculaire* et *fistuleuse* des *Codium* et des *Caulerpa*.

Au milieu d'une si grande diversité, on n'est parvenu à introduire l'ordre et l'harmonie qu'en s'attachant à l'étude, non de la forme extérieure, mais de la structure intime des organes les plus essentiels. Ces organes sont souvent aussi les moins apparents, et ce n'est que dans ces derniers temps que l'on est arrivé à bien connaître ceux de la reproduction et par cela même à distribuer les Algues selon leurs vrais rapports. Ces résultats sont dus aux travaux persévérants de tout un groupe de savants, parmi lesquels il est juste de citer les noms de Thuret, Derbès et Sollier, Pringsheim, Decaisne, etc. Comme les spores motiles et non motiles échappent à la vue simple, il faut absolument, pour les observer, recourir à l'analyse microscopique ; il en est de même en ce qui concerne les *thèques* ou conceptacles qui renferment les spores, dont la forme apparente ne détermine pas toujours la vraie nature et qui d'ailleurs manquent fréquemment ou ne se montrent pas à l'extérieur. Le microscope est encore un guide indispensable toutes les fois qu'il s'agit de rechercher les caractères tirés de la structure du tissu cellulaire. De là une première et grave difficulté, totalement insurmontable chez les Algues fossiles, d'autant plus éloignées des nôtres qu'elles proviennent d'un terrain plus ancien. Leurs organes, on le conçoit, échappent à l'analyse, si l'on excepte les cas très-rares où ils ont été assez apparents pour laisser des traces sur les empreintes, et alors même ils ne montrent que leur forme extérieure.

En second lieu, la consistance des Algues a nécessairement influé sur leur conservation. Les espèces à texture délicate, à ramifications flottantes et filamenteuses ont dû se détruire, dans la plupart des cas, sans laisser d'elles aucun vestige. Il aurait fallu, pour qu'il en fût autrement, qu'il se produisît des circonstances toutes particulières, toujours très-rares dans les formations marines. Les sables, les vases, les calcaires déposés le long des anciens rivages n'offrent pas généralement assez de finesse dans leurs éléments constitutifs, assez de régularité de stratification, et l'apport de ces matières a été trop tumultueux pour donner lieu à ces feuillets marneux dont les terrains lacustres fournissent des exemples et où les organes les plus délicats ont trouvé des conditions favorables à leur conservation. Les empreintes d'Algues filamenteuses ne sont pas absolument inconnues dans les terrains jurassiques, mais elles y sont très-rares, et la difficulté de déterminer ce qu'elles sont réellement leur a fait appliquer un nom des plus vagues, celui de *Confervites*.

L'immense majorité des Algues secondaires sont des plantes coriaces, quelquefois même encroûtées à la façon des Corallines, quelques-unes de très-grande taille; elles ont pu subir le choc des vagues et laisser une empreinte visible ou même un moule en creux dans les sédiments en voie de formation ; mais leur présence à peu près exclusive ne doit rien faire préjuger touchant l'abondance relative des espèces cartilaginenses par rapport aux filamenteuses et aux byssoïdes. La présence constante d'un grand nombre de poissons dont le régime a dû se composer de plantes marines serait un motif suffisant d'admettre que celles-ci étaient au contraire fort répandues.

Le nombre restreint des Algues, dans les anciennes formations marines, comparé à l'abondance des mollusques et même des poissons, est d'ailleurs un sujet d'étonnement. Au premier abord, il semble que ces plantes, présentes un peu partout au sein des flots, sauf dans les grandes profondeurs, auraient dû laisser des traces dans toutes les couches. Il est vrai que leurs empreintes, trop souvent négligées, deviendront plus nombreuses à mesure qu'elles auront été décrites avec plus de soin, et qu'aujourd'hui, confondues sous le nom commun de *Fucoïdes*, peu susceptibles par elles-mêmes d'attirer l'attention, excepté lorsqu'elles abondent au delà de toute mesure, elles ne sont représentées que par de rares spécimens dans la plupart des collections. Cependant il est à croire que les Algues anciennes ne seront jamais connues que très-imparfaitement. La raison en est dans la manière dont elles croissent, choisissant de préférence les eaux moins profondes et les fonds de roches nus ou plus ou moins vaseux (1). La

(1) Nous ne parlons pas bien entendu des *Diatomées* et des *Bacillariées*, dont la nature végétale est à peine démontrée, et qui pullulent

plupart adhèrent plus ou moins fortement au sol sous-marin, et l'agitation des vagues, violente à la surface, se change pour les parterres submergés en un bercement à peine sensible. Les formations sédimentaires régulières ont presque toujours fait défaut dans de pareilles conditions, le nombre des plantes arrachées des fonds et entraînées dans la vase ou le sable étant d'ailleurs des plus restreints. Quelques espèces, il est vrai, comme les Laminaires, se dépouillent périodiquement de leurs frondes ; mais ce sont les plus rares ; les autres se détruisent sur place, à moins qu'un accident fortuit n'en détache quelques débris. La majorité des Algues, même les coriaces, s'est trouvée dans le même cas que les végétaux herbacés terrestres dont les empreintes sont si rares dans les dépôts lacustres les plus riches, à cause de la nature marcescente de leurs organes. Les Algues jurassiques venues jusqu'à nous appartiennent à des espèces alors très-répandues, coriaces et fragiles, ou à des débris flottants de grande taille, comparables à nos *Fucus*, à nos sargasses, à nos laminaires actuels ; ou bien encore quelques-unes ont dû leur conservation à cette circonstance qu'à un moment donné elles avaient envahi le fond des mers sur une grande étendue ; mais, dans ce cas, le plus favorable de tous, l'abondance des empreintes ne compense pas toujours l'absence d'une matière fine et plastique, le vague des détails et le peu de précision des contours.

Malgré tant d'obstacles, il n'est pas douteux que si les Algues jurassiques avaient fait partie des mêmes groupes que celles de nos jours, on eût fini par opérer ler classse-

dans les profondeurs de l'Océan; elles ont contribué de tout temps à la formation des dépôts marins par l'accumulation de leurs enveloppes rigides et siliceuses.

ment. La divergence des formes n'est pas tellement illimitée chez les Algues que l'analogie raisonnée ne demeure un guide sûr dans l'attribution des anciennes espèces. Ce qui le prouve c'est que des difficultés du même ordre n'ont pas empêché de constater, dans le tertiaire inférieur, la présence des genres *Himanthalia* (*H. amphisylarum*, Schimp., Bouxwiller, Haut-Rhin), *Sargassum* (*S. globiferum*, Sternb., Monte-Bolca), *Cystoseira* (*C. communis*, *C. Hellii*, *C. gracilis*, etc., Radoboj), *Corallina* (*C. Pomelii*, Brngt., calc. grossier parisien), *Delesseria* (*D. Gazzolana* et *Agardhiana*, Monte-Bolca) (*D. parisiensis*, Wat., calc. grossier parisien) ; tandis que dans les terrains jurassiques on ne peut guère citer que l'*Haliseris erecta*, Sch., de l'oolithe du Yorkshire, qui ait été sérieusement assimilé à l'un des genres actuels (1). Il est certain que les Algues jurassiques témoignent par leurs caractères extérieurs et visibles de l'existence de genres entièrement disparus, dont l'analogie avec ceux d'aujourd'hui est trop faible pour que l'on puisse songer à s'appuyer sur elle. Les assimilations superficielles, plusieurs fois essayées et basées uniquement sur l'aspect général et le mode de partition des frondes ont été forcément plus ou moins trompeuses. C'est tout simple puisque l'on s'adressait à un ensemble végétal différent du nôtre, renouvelé depuis à plusieurs reprises, comme si cet ensemble n'eût éprouvé que de faibles changements. Les Algues siluriennes et dévoniennes diffèrent autant de celles des terrains jurassiques que celles-ci s'éloignent des nôtres. L'étude des fucoïdes du Flysch semble démontrer que les dernières formes jurassiques s'étaient prolongées jusque vers la fin de l'éocène; depuis, elles ont totalement disparu, tandis

(1) Schimper, *Traité de pal. vég.*, I, p. 185.

que par un mouvement inverse les types caractéristiques de nos mers actuelles prenaient un développement qui tendait à devenir exclusif. Des circonstances particulières à la mer du Flysch peuvent avoir favorisé le maintien des *Chondrites* et des *Taonurus* dans un certain périmètre ; il est remarquable en tout cas d'observer que les dépôts antérieurs de Monte-Bolca et du calcaire grossier parisien renferment déjà des formes qui se rapprochent sensiblement des formes contemporaines. Est-ce à dire qu'il faille renoncer à tout rapprochement entre les Algues jurassiques et celles des mers actuelles ? Nous n'allons pas jusque-là, mais nous pensons qu'en renonçant à des assimilations génériques plus que hasardées, on se place dans la vérité des faits, sans se priver pour cela de la rechercher des analogies plus éloignées qui relieraient les anciens groupes à quelques-uns de ceux de nos jours. Ce n'est pas une affinité générique, ni même une affinité relative à la famille qu'il est possible de déterminer selon nous, mais une parenté fondée sur des rapports de structure, sur des analogies dans le rôle dévolu aux plantes anciennes, et susceptible de faire ranger celles-ci dans une place qui les rapproche plus ou moins des formes correspondantes de nos mers actuelles. Si l'on applique aux Algues fossiles les principes qui président aux classements des plantes terrestres des âges passés, on remarquera que ce n'est pas au sein des groupes les plus nombreux, les plus compactes et les plus diversifiés de l'ordre vivant que l'on trouve des termes d'assimilation par rapport aux types anciens ; ces termes se rencontrent le plus souvent parmi ceux des groupes de notre temps qui sont faibles, isolés, en voie de décroissance et relégués dans des régions lointaines. La nature a suivi partout la même marche : les familles les plus florissantes parmi les Algues actuelles, justement parce qu'elles étalent une grande profusion de formes ou qu'elles possèdent une organisation supérieure n'ont dû se développer que tardivement, et s'il existe encore quelques représentants des types d'autrefois, nous sommes à peu près assurés de les rencontrer au sein des tribus les plus pauvres et les moins répandues, ou dans celles que leur organisation moins complexe ne place pas au premier rang et qui servent de passage et de lien entre les groupes inférieurs et les plus élevés. Mais, avant d'aborder cette questioni il convient de jeter un coup d'œil sur les principes qui président à la classification des Algues (1).

Nous laisserons de côté, outre les diatomées et bacillariées, les ordres et les tribus que leur station dans l'eau stagnante ou à l'air humide, et surtout leurs faibles dimensions et leur consistance hyaline ou mucilagineuse rendent peu susceptibles d'être observés à l'état fossile. Ce sont particulièrement les vauchériées, les conjuguées et les oscillariées. En dehors de ces groupes, les algues se partagent naturellement en *cinq divisions* d'importance très-inégale.

Les plus inférieures, ordinairement vertes, quelquefois d'un brun jaunâtre ou olivâtre, qu'elles soient disposées en filaments, diversement ramifiées, ou dilatées en lame, composent l'ordre des *Zoosporées*, chez qui les organes de la

(1) Dans l'étude encore si obscure des *Algues fossiles*, nous avons fait appel à l'amitié et aux connaissances spéciales de M. F. Marion, lauréat de l'Institut pour le prix Bordin en 1869, qui a bien voulu entreprendre, à notre intention, une longue suite de recherches rationnelles, destinées à établir la mesure réelle des liaisons qui peuvent exister entre les *Algues jurassiques* et celles de nos jours. Plusieurs de ces recherches, comme on le verra plus loin, ont été couronnées d'un plein succès. Nous devons encore à M. Marion de précieuses notions générales qui seront utilisées dans l'exposé des bases de classification que nous adoptons comme les meilleures, et dont on remarquera la conformité avec les phases successives de développement qui paraissent avoir caractérisé la classe entière, dans sa marche à travers le passé.

reproduction consistent uniquement en zoospores ou spores mobiles, provenant de la concentration de la matière intracellulaire, dans les cellules du tissu superficiel des frondes, et uniformément répandues dans toute la plante. Il n'y a donc chez les Zoosporées, ni fécondation sexuelle apparente, ni appareil complexe, destiné à renfermer les spores (sporange, thèque, conceptacle, anthéridie), ni localisation des organes reproducteurs sur des parties déterminées des frondes, *toutes les cellules pouvant également servir à la production des zoospores.* Mais si ce caractère d'une reproduction agame, par spores mobiles, est universel chez les Zoosporées, les familles de cet ordre sont cependant douées d'une façon inégale, et forment dans leur ensemble une réunion de séries confusément, mais visiblement, ascendantes; c'est-à-dire qu'il existe des Zoosporées évidemment supérieures, et chez elles cette supériosité se révèle soit par un commencement de groupement des cellules à zoospores, soit par une disposition des frondes qui permet de distinguer chez elles une partie basique ou axile, distincte des parties appendiculaires, comme chez les Algues les plus élevées. C'est ce double mouvement que l'on observe d'une part chez les Punctariées, de l'autre chez les Caulerpées. Dans ces dernières le système radiculaire est plus développé que chez toutes les autres Algues, puisque les parties qui répondent à cette sorte d'organes, plongent réellement dans le sol et se distinguent de la partie axile qui se prolonge horizontalement et soutient à son tour des parties appendiculaires diversement découpées. Cependant, considérée en elle-même, la structure des Caulerpées est des plus simples; elle consiste en une lame fistuleuse, unicellulaire, plus ou moins développée et ramifiée.

Les Laminariées, qui sont encore des zoosporées, occupent, à ce qu'il semble, dans cet ordre, la place la plus élevée. Attachées au sol par une base fixe pourvue de crampons et d'où partent des frondes se renouvelant parfois à la façon des feuilles, elles offrent en outre un commencement de localisation des organes reproducteurs, comme chez les Punctariées. On pourrait multiplier ces exemples qui montrent l'existence, dans les Zoosporées, d'une série ascendante complexe, quoique l'absence de sexes marque pour elles un degré d'organisation inférieur à celui des autres groupes. Cette disposition ascensionnelle n'a rien que de parfaitement compatible avec l'idée d'un passage ou d'une liaison vers un des ordres suivants. Aussi, les Laminariées ont-elles paru à plusieurs auteurs devoir être rapprochées des Fucacées, et M. Decaisne, ainsi que Harvey, les réunit à celles-ci dans un même groupe sous le nom d'Aplosporées et de Mélanosporées.

Cette liaison n'est pas seule; à la suite des Zoosporées proprement dites, il faut ranger comme un groupe annexe ou plutôt comme un ordre représenté par une famille unique, l'ordre des *Cutlériées*, caractérisé suffisamment par la présence de spores motiles et d'anthérozoïdes également motiles; c'est-à-dire que chez les Cutlériées la fécondation sexuelle se montre associée à la présence des zoospores. Ce groupe limité aujourd'hui à un seul genre a dû jouer un rôle plus considérable dans le passé; il n'y aurait donc rien d'étonnant à ce que l'on reconnût des affinités de forme entre les espèces fossiles et celles en petit nombre que les Cutlériées comprennent aujourd'hui.

Au-dessus des Zoosporées, soit agames, soit sexuées, nous rencontrons deux ordres dont l'importance est grande dans les mers actuelles, mais dont le rôle a dû être par cela même plus restreint dans le passé. Ce sont les *Fucacées* et les *Floridées*, entre lesquelles vient s'intercaler comme un trait d'union le petit groupe des *Dictyotées*.

Les *Fucacées*, qui comprennent, avec les Laminaires, les Algues les plus grandes des mers actuelles, sont d'un vert olivâtre tirant au jaune et au brun ; elles noircissent par la dessiccation. Les organes de la végétation sont chez elles bien développés, l'axe est le plus souvent distinct des bordures et des appendices régulièrement disposés qui l'accompagnent et simulent des feuilles. Les organes reproducteurs sont localisés, monoïques ou dioïques, et consistent en spores immobiles, renfermées dans des conceptacles intérieurs et fécondées par des anthérozoïdes douées de mouvement, comme celle des Cutlériées. Les Fucacées, qui constituent un ordre très-distinct, atteignent leur plus grand développement dans les mers du Nord, mais sont représentées par le genre *Sargassum* sous les tropiques. Cet ordre ne donne pas lieu à une série ascendante, comme les Zoosporées ; il est compacte, et ses genres sont nombreux en espèces et en individus. Ce sont là autant de présomptions qui témoignent d'une origine plus ou moins récente. En effet, les espèces fossiles qui lui ont été attribuées d'une manière sûre sont toutes tertiaires, et le genre *Fucus* ne paraît même avoir été jamais rencontré dans les époques antérieures à la nôtre.

A côté des Fucacées, entre celles-ci et les Floridées, de même que les Cutlériées se rangent entre les Zoosporées et les Fucacées, il est naturel de placer le petit ordre des *Dictyotées*, analogue par la coloration des frondes aux ordres précédents, inférieur peut-être aux Fucacées par l'organisation des frondes, pourvu des mêmes organes reproducteurs que les Floridées, mais ne les ayant pas localisés comme chez celles-ci. C'est là l'indice d'une certaine infériorité relative. Il n'y aurait donc rien d'étonnant à ce que les Dictyotées se fussent montrées avant les Floridées actuelles et eussent perdu ensuite de leur importance première à mesure que ces dernières se développaient. L'existence d'un *Haliseris* (*H. erecta*, Schimp.), parfaitement caractérisé, selon le témoignage de M. Schimper, dans l'oolithe de Scarborough, tendrait à le démontrer.

Enfin, au-dessus de toutes les Algues qui précèdent, il faut mettre les *Floridées*, les plus élevées, les plus variées, les plus nombreuses dans l'ordre actuel, celles chez qui la diversité des formes, des couleurs et des habitats dénote l'adaptation la plus exclusive aux conditions de la vie sous-marine. Chez elles aussi la reproduction se complique bien davantage; elle est à la fois agame au moyen des tétraspores, sexuelle par des spores et des anthérozoïdes dépourvues de mouvement et renfermées dans des organes spéciaux, *sporothèques*, *conceptacles*, *sporanges*, dont la conformation extérieure, la position, la structure varient selon les genres, mais demeurent caractéristiques pour chacun d'eux. Les Floridées, si l'on peut s'exprimer ainsi, sont les *plus Algues* de toutes les Algues; c'est là ce qui constitue leur évidente supériorité. Les Floridées, au moins dans leur état actuel, doivent donc être relativement récentes; mais, comme elles comprennent une foule de types de consistance délicate ou de nature filamenteuse dont la conservation à l'état fossile a dû être, sinon impossible, du moins excessivement rare, on ne saurait dire à quelle époque remonte leur origine. On peut conjecturer cependant qu'à l'exemple des plantes terrestres supérieures, les Floridées ne se sont développées que successivement, de sorte que celles qui se seraient montrées les premières et auraient d'abord représenté l'ordre tout entier, auraient disparu depuis pour faire place à d'autres qui auraient pu décliner à leur tour. Dans cette hypothèse, que l'observation des espèces jurassiques rend vraisemblable, nous ne possèderions plus aucun des genres de Floridées secondaires, et celles qui dans l'ordre actuel se rapprocheraient le plus de ces Floridées primitives devraient être recherchées de préférence parmi les groupes anormaux et isolés.

Ainsi, des cinq ordres entre lesquels nous partageons l'ensemble des Algues, celui des Fucacées n'aurait commencé à paraître que bien après l'époque jurassique; les autres auraient eu dès lors des représentants, mais un seul, celui des Dictyotées présenterait une espèce supposée congénère des *Haliseris* actuels. Les autres assimilations génériques proposées jusqu'ici seraient douteuses, et il semblerait que l'on dût admettre la présence presque générale, dans le terrain jurassique, de genres et de familles entièrement distincts de ceux d'aujourd'hui, mais rentrant sans trop de difficulté dans un des quatre ordres des Zoosporées, des Cutlériées, des Dictyotées et des Floridées. Les types jurassiques susceptibles d'être rangés parmi les Zoosporées paraissent voisins de la famille actuelle des Laminariées, et ce sont ceux dont l'attribution est la moins entachée d'incertitudes; d'autres ont été rapportées au groupe des Caulerpées, mais ce dernier rapprochement est bien plus douteux. Les Cutlériées et surtout les Dictyotées paraissent aussi avoir eu des représentants parmi les espèces jurassiques françaises. Quant aux Floridées, elles comprennent spécialement des formes analogues, par le mode de partition de leurs frondes, aux *Gigartina* actuels, joignant à cette ressemblance extérieure des sporothèques globuleuses dont l'affinité avec celles de *Gigartina*, des *Gelidium*, des *Sphærococcus* et des *Corallina* ne saurait échapper.

Nous aurons soin, en examinant chaque genre, de faire ressortir les indices d'affinité que nous mentionnons et sur lesquels nous insisterons chaque fois. Nous sommes loin cependant de vouloir y attacher une importance décisive ; il doit suffire de donner ici la liste des genres de la flore jurassique, observés en France, et de placer en regard le nom de l'ordre et de la famille auxquels ils nous paraissent correspondre.

TABLEAU DE L'AFFINITÉ PRÉSUMÉE DES GENRES D'ALGUES JURASSIQUES OBSERVÉS EN FRANCE.

		Genres jurassiques.
Genres d'affinité complétement incertaine.. .		*Cylindrites*, Gœpp. *Granularia*, Pom.
Zoosporées...........	Caulerpées ?.......	*Siphonites*, Sap. *Phymatoderma*, Brongn. *Chauviniopsis*, Sap.
	Laminariées ?.....	*Itieria*, Sap. *Cancellophycus*, Sap.
Dictyotées ?..		*Conchyophycus*, Sap.
Floridées............		*Chondrites*, Sternb. *Sphærococcites*, Sternb.

PREMIER GENRE. — CYLINDRITES.

Cylindrites, Gœppert, *Nov. Act. N. Cur.* XIX, 2.
— Unger, *Gen. et sp. pl. foss.*, p. 29.
— Brongniart, *Tab. des genres*, p. 12.
— Fischer-Ooster, *Foss. Fucoid. d. schweiz. alpen*, p. 5.
— Heer, *Die Urw. d. Schweiz*, p. 97 et 143.
— Schenk, *Foss. Fl. v. Grenzsch d. Keup.*, II, *Lias Frankens*, p. 5.
— Schimper, *Traité de paléont. vég.*, p. 200.

DIAGNOSE. — *Corpora plus minus algaformia, adhuc valde dubia, polymorpha, caules vel frondes fistulosas vegetabilium quodam modo referentia, plerumque cylindrica, elongata, sim-*

plicia aut vage ramosa, hinc inde toruloso-constricta vel tumescentia, granulis aut tuberculis quincunciali ordine dispositis quandoque obsoletis, superficie notatis.

Chondrites, Kurr, *Beitr.*, pl. II, fig. 5.
? *Codites* (ex parte), Zigno, *Fl. foss. oolit.*, I, p. 10.

Histoire et définition. — M. Gœppert, dans son premier essai sur la flore du Quadersandstein de Silésie, a fondé le genre *Cylindrites* pour des corps marins d'une nature problématique, que l'auteur compare à des Algues de grande taille, à frondes ou à portions de frondes fistuleuses et cylindriques, renflées de distance en distance et terminées par des nodosités en forme de massue irrégulière. On distingue à la superficie du *Cylindrites spongioides*, Gœpp., des ponctuations tuberculeuses très-serrées, disposées dans un ordre quinconcial régulier, qui disparaissent ou sont entièrement invisibles dans d'autres espèces rapportées cependant au même groupe.

La nature végétale des *Cylindrites* ou de quelques-uns d'entre eux est encore contestée. M Geinitz, selon le témoignage de M. Schimper, serait disposé à reconnaître un Spongiaire plutôt qu'une Algue dans le fossile caractéristique du Quadersandstein de Silésie. Quoi qu'il en soit, des formes analogues et probablement congénères ont été signalées par plusieurs auteurs à divers niveaux de la formation jurassique. Il existe des lits calcaires qui en sont entièrement recouverts, ce qui indique leur extrême abondance au fond des mers contemporaines, au moins à certains moments.

Les *Cylindrites* se montrent déjà dans le Rhétien; M. Schenk, dans sa Flore du Rhétien de Franconie (1), en

(1) *Foss. Fl. d. Grenzch.*, p. 5, tab. I, fig. 3-4.

a figuré deux espèces, dont l'une est remarquable par les tubercules réguliers, disposés en damier, dont sa surface est couverte. M Heer a observé des *Cylindrites* (*C. lumbricalis*) dans le Lias à Gryphées arquées de Schambelen (Argovie), ainsi que dans le Corallien du canton de Soleure. Ce genre occupe donc toute l'étendue de la série jurassique; il redescend, comme nous l'avons vu, jusque dans la Craie, et, si l'on en croit M. Fischer-Ooster, il se montre dans le Flysch des environs de Thun. Le fait n'aurait rien d'improbable par lui-même, mais le doute où l'on reste plongé, malgré tout, sur la vraie nature des *Cylindrites*, et l'absence de caractères différentiels suffisants peuvent faire craindre que l'on n'ait accumulé dans ce genre bien des fossiles hétérogènes.

Rapports et différences. — Si l'on consent à voir de véritables algues dans les *Cylindrites*, ils se trouvent constituer un genre voisin des *Münsteria*, au sujet desquels les mêmes doutes ont été du reste formulés (1). Seulement, chez les *Münsteria*, les rugosités superficielles sont transversales, et consistent plutôt en zones et ondulations qu'en ponctuations tuberculeuses, et disposées en séries quinconciales, comme chez les *Cylindrites*.

Les rapports des *Cylindrites* avec les Algues actuelles sont encore plus difficiles à établir et tout à fait problématiques. En supposant leur fronde fistuleuse, on a comparé les nodosités ou renflements qui se montrent à des distances irrégulières, et terminent les ramifications d l'espèce principale, aux vésicules natatoires qui servent de suspenseurs aux genres *Lessonia*, *Fucus*, *Macrocystis*, etc. Le genre *Macrocystis* fait partie des Laminariées, et c'est

(1) *Voy.* Schimper, *Traité de Pal. vég.*, I, p. 195.

peut-être dans ce groupe qu'il faudrait ranger les *Cylindrites*, si l'idée que l'on se fait de leur structure pouvait être vérifiée.

N° 1. — **Cylindrites Langii**, Heer, *Urw. der Schweiz*, p. 142, tab. 9, fig. 22. — Pl. 12, fig. 1 *b*.

DIAGNOSE. — *C. fronde cylindrica elongata, hinc et inde vage alterneque ramosa*, 5-6 *millim. in diametr. metiente superficie, obscure tuberculosa, tuberculis depressiusculis sæpius obsoletis, superficie circumsparsis.*

Nous réunissons au *Cylindrites Langii* de Heer une espèce des calcaires lithographiques de Châteauroux, que nous avons observée sur la même plaque que le *Granularia repanda*, Pomel. Ce sont des fragments d'une fronde originairement cylindrique, résistante et cartilagineuse, que la fossilisation n'a que faiblement déprimés ; ces fragments allongés montrent çà et là l'origine des ramifications latérales, et sont couchés en désordre l'un sur l'autre. Leur largeur diamétrale est de 5 à 6 millim. ; leur surface, considérée à la loupe, est occupée par des tuberculosités assez peu distinctes, mais qui semblent avoir été disposées dans un ordre régulier. L'aspect et la dimension de ces fragments portent à les réunir à celui que M. Heer a décrit et figuré, et qui provient du *Jura blanc* du canton de Soleure, c'est-à-dire d'un horizon sensiblement rapproché decelui des calcaires lithographiques de Châteauroux. Les échantillons y abondent, selon M. Heer, et couvrent entièrement certains lits, où ils jouent le même rôle que le *C. lumbricalis*, Kurr, dans le Lias supérieur.

RAPPORTS ET DIFFÉRENCES. — Le *C. Langii*, bien moins épais que les suivants, s'en distingue aisément par ce caractère. Assez voisin par les dimensions de l'*Himanthalites tænianus*, Fisch.-Oost. (1), il s'en sépare par sa fronde cylindrique et non comprimée. Il serait plus aisé de le confondre avec les *Cylindrites dædaleus*, Gopp., *arteriæformis*, Gopp., et *lumbricalis*, Kurr. Les deux premiers sont, il est vrai, des espèces crétacées. Le *C. dædaleus* a des contours plus tortueux; il est plus épais et moins allongé; il en est de même du *C. lumbricalis*, qui ressemble sous ce rapport au *C. dædaleus*, sous des dimensions plus petites. Quant au *C. arteriæformis*, il me paraît tellement voisin de l'espèce de Châteauroux, et par conséquent de celle de Suisse, qu'il me semble difficile de préciser entre eux une différence. La distance verticale qui sépare le Corallien du Quadersandstein fournit l'argument le plus sérieux qui s'oppose à une réunion. M. Fischer-Ooster a cru retrouver cette même espèce dans le Flysch de Thun ; ce doit être à tort. Il n'y aurait, il est vrai, aucune impossibilité matérielle à ce qu'une forme d'Algue se fût perpétuée sans changement du jurassique moyen jusque dans la craie ; mais le fait aurait besoin d'être prouvé.

Localité. — Châteauroux (Indre). Corallien ; Muséum de Paris ; Coll. Michelin.

Explication des figures. — Pl. 12, fig. 16, portion de fronde, marquée en relief, du *Cylindrites Langii*, grandeur naturelle.

N° 2. — **Cylindrites lævigatus.**

Pl. 1, fig. 1.

Diagnose. — *F. fronde cylindrica paulisper incurva* 1 1/22-*centim. crassa, superficie lævi, tuberculis nullis vel obsoletis.*

(1) *Foss. Fucoid.*, p. 51, tab. III, fig. 4 et tab. XII, fig. 5.

Cette nouvelle espèce est comparable aux plus grandes du genre, elle consiste en trois tronçons de fronde, couchés l'un sur l'autre, les deux premiers appuyés à angle droit sur le troisième. Ils sont de forme cylindrique, faiblement comprimés par la fossilisation, légèrement courbes, mesurant un diamètre qui varie de 1 1/2 à 2 centimètres. La superficie est lisse et sans apparence de ponctuations tuberculeuses. Pour obtenir quelques données au sujet de cette espèce, il faudrait pouvoir l'observer sur place ; il est probable qu'elle remplit des lits entiers, et on pourrait peut-être suivre le prolongement des frondes et leur mode de terminaison. Si ces fossiles ont réellement appartenu à des Algues, ils dénotent des frondes coriaces d'une forte dimension qui flottaient peut-être comme les espèces de l'Océan des Sargasses et les Laminaires des mers du Nord ou se tenaient dans les profondeurs. Il faut encore observer que la conservation des *Cylindrites* est due à un moulage naturel, la plante ayant laissé dans le sédiment un vide qui s'est comblé à l'aide d'un remplissage posterieur. C'est ainsi que l'ancien organe a pu garder son relief et sa physionomie extérieure, mais en perdant toute trace d'organisation.

Rapports et différences. — Le *Cylindrites lævigatus* est comparable par sa grande dimension aux *Cylindrites antiquus et rugosus*, Schenk, du Rhétien de Franconie ; mais l'absence de tuberculosités visibles le distingue du premier, et les frondes du second sont étranglées de distance en distance, caractère que l'on n'observe pas dans notre espèce qui provient d'ailleurs d'un horizon bien plus élevé.

Localité. — Calcaires lithographiques de Châteauroux (Indre). Étage corallien. Muséum de Paris ; Coll. Michelin.

Explication des figures. — Pl. I, fig. 1, trois tronçons de frondes du *Cylindrites lævigatus*, réunis sur la même pierre, grandeur naturelle.

N° 3. — Cylindrites recurvus.

Pl. 1, fig. 2.

Diagnose. — *C. fronde cylindrica, circiter* 8-10 *millim. crassa, nodosa, fortiter incurva, superficie leviter rimoso-tuberculata.*

Les dimensions de cette espèce sont à peu près celles de la précédente; originairement cylindrique, mais un peu comprimée, et de plus inégale et noueuse à la surface, elle dessine une courbure très-prononcée, et, de plus, elle présente à la surface des traces visibles de granulations tuberculeuses dont il est pourtant difficile de saisir la disposition régulière. La découverte de ce *Cylindrites* est due à M. de Longuemar, qui a bien voulu nous le communiquer. Il provient de la zone à *Ammonites plicatilis*, assez riche, dans la Vienne, en Algues fossiles.

Rapports et différences. — Les nodosités et les ponctuations tuberculeuses visibles à la surface de la fronde distinguent cette espèce de la précédente. Sa courbure caractéristique doit la faire comparer au *Cilindrites convolutus*, Fisch.-Oost. (1), et surtout à la variété *B major* de cet auteur. Mais cette espèce, qui appartient à la formation nummulitique du lac Thun, ne présente pas de nodosités, et d'ailleurs la courbe qu'elle dessine en se repliant est plus grande et plus régulière.

Localité. — Dissais, au nord de Poitiers (Vienne). Étage oxfordien sup. Coll. de M. de Longuemar.

(1) *Foss. Fucoid.*, p. 58, tab. XI et XVI, fig. 7.

Explication des figures. — Pl. 1, fig. 2, tronçon de fronde du *Cylindrites recurvus*, d'après un moulage naturel de l'ancien organe, grandeur naturelle.

DEUXIÈME GENRE. — GRANULARIA.

Granularia, Pomel, *Matériaux pour servir à la flore foss. du terrain jurass. de France* (in *Amtl. Bericht Ub. d. Vers d. Gesells. deutsch, naturforsch in Aachen*, sept. 1847), p. 332.

Diagnose. — *Frons cylindrica, coriacea, mamillis granuliformibus irregularibus creberrimis undique tecta, ramis ramulisque pinnatim ramosis.*

Granularia (excluso Phymathodermate), Schimper, *Traité de pal. végét.*, p. 212.
— — Zigno, *Fl. foss. oolit.*, I, p. 93.

Histoire et définition. — M. Pomel, en fondant le genre Granularia, avait principalement en vue l'espèce singulière de Châteauroux, que nous allons décrire ; mais il y avait compris, à tort selon nous, l'*Algacites granulatus* de Schlotheim, qui est devenu le type du genre *Phymatoderma* de Brongniart. L'échantillon original de M. Pomel dénote un type spécial, mais dont le caractère distinctif, tiré des granulations dont la fronde est couverte, est fait pour inspirer de très-grands doutes. Ces granulations, disposées d'une façon tout à fait irrégulière, comme l'exprime la diagnose que nous empruntons au mémoire de M. Pomel, ont tout à fait l'aspect de concrétions ferrugineuses,

N° 1. **Granularia repanda**, Pomel, *loc. cit.*, p. 334.

Pl. 10, fig. 1 *a*.

DIAGNOSE. — *G. fronde gracili pinnatim divisa, ramulis late expansis lineari-elongatissimis, granulis minutis irregulariter aggregatis superpositis.*

Les divisions de la fronde sont étroites, linéaires, peu nombreuses et très-allongées. Elles s'écartent sous un angle très-ouvert de l'axe médian qui, lui-même, est fort grêle. Le caractère principal de l'espèce réside dans les granules arrondis, très-serrés et confusément disposés sur trois rangs qui garnissent la superficie de la fronde. Cependant ce caractère, comme nous venons de le dire, pourrait bien être illusoire et se rattacher à un accident de la fossilisation. En en faisant abstraction, il ne resterait qu'une empreinte des plus problématiques, comprenant un axe donnant naissance à des rameaux grêles, allongés, très-espacés, qui rappellent de loin le mode de partition de l'*Himanthalia lorea*. Cette espèce, curieuse malgré l'incertitude qui s'attache à la détermination de ses caractères, avait été décrite par M. Pomel, en 1842, mais cet auteur ne l'avait pas figurée.

RAPPORTS ET DIFFÉRENCES. — Si les granulations répondent vraiment à des organes fructificateurs, on pourrait trouver quelque analogie entre cette espèce et le genre *Punctaria*. Le genre *Halymenia* présente aussi certaines formes susceptibles de fournir des points de comparaison, trop douteux cependant pour qu'il soit permis d'y insister. Les ponctuations granuleuses de plusieurs *Halymenites* de Solenhofen sont dues, selon M. Schimper, à de l'oxyde de manganèse; quant aux *Phymatoderma* de Brongniart, les inégalités qui hérissent leurs frondes n'ont aucun rapport avec les granules d'apparence oolithique du *Granularia repanda*.

LOCALITÉ. — Calcaire lithographique de Châteauroux (Indre). Étage corallien; Muséum de Paris. Coll. Michelin.

EXPLICATION DES FIGURES. — Pl. 12, fig. 1 en *a*, fronde du *Granularia repanda*, grandeur naturelle.

TROISIÈME GENRE. — SIPHONITES.

DIAGNOSE. — *Frons (viva) cartilaginea simplex aut ramosa? e tubulis cylindricis fossilisatione plus minusve compressis, æqualibus apice abrupte rotundatis constans.*

HISTOIRE ET DÉFINITION. — Nous devons le connaissance de ce genre nouveau à M. Hébert, professeur de géologie à la Sorbonne, qui l'a observé à l'extrême base du Rhétien, dans la Haute-Marne. Ce sont des corps cylindriques, régulièrement tubuleux, conservant la même dimension dans toute leur étendue et dont on ne saurait déterminer la disposition dans une fronde complète, à cause de leur état fragmentaire. Leur grande dimension les rapproche des Algues actuelles les plus puissantes, et leur structure certainement fistuleuse engage à les ranger auprès des Caulerpées. Nous compléterons ce qui concerne ce type singulier en décrivant l'unique espèce qui le représente jusqu'ici.

RAPPORTS ET DIFFÉRENCES. — Le genre *Siphonites* a des rapports évidents avec les Algues siluriennes dont on a formé les genres *Harlania*, Gœpp.; *Sphenothallus*, Hall.; *Palæophycus*, Hall; *Bythotrephis*, Hall, et qui comprennent les plus anciens végétaux connus; cependant on ne saurait le confondre avec aucun de ceux-ci. La plupart ont des frondes rameuses, flabellées ou dichotomes et pourvues d'appendices latéraux. L'*Harlania Hallii*, Gœpp., est marqué à la superficie de sillons qui se croisent à angle droit ; les *Sphenothallus* sont pourvus de rameaux foliacés cunéiformes; les *Palæophycus* sont articulés de distance en distance, et les *Bythotrephis* présentent des ramifications retrécies à la base et atténuées supérieurement ; les tubes du genre *Siphonites* sont au contraire égaux dans toute leur longueur et arrondis brusquement au sommet ; leur dimension dépasse en outre celle de la plupart des formes siluriennes ; il est naturel de comparer ce genre aux plus grandes Caulerpées des mers actuelles. Jusqu'à présent il paraît être limité au Rhétien.

N° 1. **Siphonites Heberti.**

Pl. 22, fig. 1-2.

DIAGNOSE. — *S. fronde similici? tubulosa, tubulis cylindricis, fossilisatione plus minusve compressis, æqualibus, circiter* 6-10 *millim. crassis fistulosis, apice abrupte rotundatis, superficie lævi vel tenuissime striatula.*

Les restes de fronde de cette espèce couvrent la surface de plaques de grès formées d'un sable siliceux très-fin et très-pur ; ces restes se composent de tronçons tubuleux, de dimension égale dans toute leur étendue, originairement cylindriques, de stucture évidemment fistuleuse et disséminés dans le plus grand désordre. Ces tubes, dont le diamètre varie de 4 à 6 et jusqu'à 10 et 12 millimètres, sont tantôt intacts, mais plus ou moins comprimés par la fossilisation, tantôt fendus et comme écrasés, tantôt enfin ouverts, déchirés et montrant alors l'intérieur. On n'aperçoit chez aucun d'eux de traces de ramification, et l'on ne saurait décider s'ils donnaient lieu à une fronde simple ou à un organe composé par la réunion de plusieurs de ces tubes. La largeur égale de chaque tronçon et leur terminaison brusquement arrondie leur donnent l'aspect d'un étui ou d'un doigt de gant; leur surface ne montre aucune trace de linéaments ni de sillons, mais peut-être de légères stries très-fines, dues, c'est encore possible, au grain même de la roche et sur l'apparence desquelles on ne saurait, en tous cas, fonder aucun caractère.

Rapports et différences. — Nous avons indiqué plus haut les différences qui empêchent de réunir le genre *Siphonites* à aucune des Algues siluriennes dont les analogies générales avec lui ne sauraient être cependant contestées. Parmi les Algues actuelles, c'est seulement chez les Caulerpées que nous signalerons quelques termes de comparaison. Les *Codium* à fronde rameuse offrent des segments tubuleux, arrondis au sommet, dont l'aspect rappelle celui du *Siphonites Heberti*. On pourrait aussi rapprocher celui-ci des grandes espèces de *Caulerpa*, comme le *C. caulifera*. Ces analogies sont cependant assez éloignées pour donner à croire que l'espèce fossile se rattache à un type d'Algue depuis longtemps disparu.

Localité. — Chalindrey (Haute-Marne), dans un banc de grès interposé entre les marnes irisées et la zone à *Avicula contorta*, coll. de la Sorbonne. Ces grès se rapportent sans doute au même niveau que les arkoses à empreintes végétales de *Couches-les-Mines*, près d'Autun.

Explication des figures. — Pl. 22, fig. 1, plaque recouverte de fragments tubuleux de *Siphonites Heberti*, grandeur naturelle; fig. 2, autre exemplaire de la même espèce, grandeur naturelle.

QUATRIÈME GENRE. — PHYMATODERMA.

Phymatoderma, Brongniart, *Tab. des genres de vég. foss.*, p. 10.
— Schimper, *Traité de pal. vég.*, I, p. 161.

Diagnose. — *Frons cylindracea vel subcompressa (viva), cartilaginea vel carnoso-fistulosa, pluries dichotome ramosa, papillis vel granulis aut appendicibus squamæformibus undique obtecta transversimque sæpius rimoso-sulcata, ramulis extremis obtusis.*

Algacites (ex parte), Schloth., *Nachtr.*, p. 45.
Sphærococcites (ex parte), Sternb., *Fl. d. Vorwelt.*
Kurr, *Beitr.*, p. 17.
Granularia (ex parte), Pomel, l. c., p. 332.

Histoire et définition. — L'établissement de ce genre est dû à M. Brongniart, qui l'a proposé pour y ranger l'*Algacites granulatus* de Schlotheim (*Sphærococcites granulatus*, Sternb.). Cette Algue curieuse a formé de véritables parterres, selon l'observation de M. Schimper, au fond de la mer, à qui sont dus les schistes du Lias supérieur de Boll (Wurtemberg). Les empreintes innombrables qu'elle a laissées consistent souvent en un moule creux des anciennes frondes, ce qui a permis de constater qu'elles étaient cylindriques, consistantes et recouvertes d'excroissances ou appendices verruqueux, disposés d'une façon assez régulière pour donner lieu à un réseau de compartiments pentagonaux qui répond aux linéaments de leurs contours. M. Schimper a donné de très-belles figures de cette espèce dans son Traité de paléontologie végétale. Une espèce du Gault de l'Aube, qui n'a pourtant été ni décrite ni figurée, a été placée par M. Brongniart dans le même genre, et nous y rapportons aussi une espèce du Lias de Metz qui s'écarte très-peu du *Phymatoderma liasicum* de Boll. Le genre *Phymatoderma* aurait donc commencé dans le Lias pour se prolonger jusque dans la Craie; il n'en a été signalé aucun vestige dans le terrain tertiaire. Il est principalement caractérisé par des frondes cartilagineuses, à l'état vivant, divisées à l'aide de dichotomies successives en une série de ramifications dont les terminales, plus ou moins obtuses et en massue, sont toujours un peu recourbées, quelquefois même repliées en divers sens. La surface de ces ramifications est occupée par des écailles, des pustules, des inégalités ou simplement par des sinuosités verruqueuses dont la forme varie selon les spécimens.

Rapports et différences. — Par l'ensemble de ses caractères, le genre *Phymatoderma* se rapproche des Caulerpées et plus particulièrement du *Codium tomentosum*, qu'il rappelle par le mode de ramification des frondes. Cependant on ne saurait rien établir d'un peu assuré d'après des indices aussi vagues. La fragilité des anciennes frondes de *Phymatoderma* conduirait, si elle était réelle, à des conclusions opposées; et l'on serait tenté, en consultant l'aspect des ramifications et la présence souvent répétée de corps arrondis tantôt adhérents, tantôt épars et détachés, de regarder ces Algues comme alliées aux *Chondrites*.

N° 1. **Phymatoderma Terquemi.**

Pl. 2, fig. 1-2.

Diagnose. — *Ph. fronde mediocri fossilisatione compressa, vage subdichotoma, ramis hinc inde flexuosis ramulosis, ramulis elongatis obtusis vel acutiusculis transversim leniter verru-*

cosis, minoribus 1 1/2, majoribus 3 millim. latis, corpusculis (conceptacula? innovationesve?) globosis axillaribus sæpius distractis sparsisque, et probabiliter basi cum ramulis articulatis.

Les frondes de cette espèce, dont nous devons la connaissance à M. Terquem, à qui elle est dédiée, couvrent des plaques schisteuses d'un gris noirâtre, très-analogues à celles du Lias supérieur de Boll, mais provenant d'un niveau moins élevé. Elles accusent des dimensions moindres que celles du *Phymatoderma liasicum* et une autre physionomie. Les ramules varient beaucoup, puisque les uns mesurent une largeur de 1 à 1 1/2 millim., tandis que d'autres en ont plus de 3. Ces différences, analogues à celles qui existent dans l'espèce de Boll, indiquent dans la plante ancienne divers âges et plusieurs degrés de développement. Les spécimens adultes (fig. 2 en *a*) présentent des ramules allongés et terminés en fuseau obtus plutôt qu'en massue ; on distingue sur les bords de légères crénelures dues aux inégalités ou papilles verruqueuses dont leur surface était recouverte. Les spécimens plus petits (fig. 1) se rapportent probablement à des plantes jeunes ; ce sont les mieux conservés; ils se présentent sous la forme de ramules étroits, allongés, coudés-flexueux, plus ou moins obtus au sommet, divisés par dichotomies et pourvus à la surface d'inégalités verruqueuses disposées transversalement, dans un ordre spiral assez régulier. On distingue en outre çà et là des corpuscules arrondis, originairement globuleux, mais comprimés par la fossilisation, comme les frondes elles-mêmes. Ces corpuscules, que l'on pourrait prendre soit pour des thèques, soit pour des ramules naissants, sont tantôt épars, tantôt attachés encore aux ramules dans une position axillaire. On remarque sur eux les mêmes inégalités que sur le reste de la fronde. Quelle que soit leur vraie nature, on ne saurait douter que ces organes n'aient été faciles à détacher, ce qu'explique leur dispersion à la surface des plaques. Cette espèce, comme celle de Boll, doit abonder au sein des couches où M. Terquem l'a recueillie: la possession d'une suite nombreuse d'échantillons permettrait sans doute d'en mieux saisir les vrais caractères.

Rapports et différences. — Le *Phymatoderma Terquemi* est très-voisin du *Ph. liasicum* (*Algacites granulatus*, Schl.), avec qui on serait tenté de le confondre, si des dimensions moindres, les divisions plus étroites de la fronde et les inégalités moins prononcées de sa surface n'étaient, selon nous, la preuve d'une distinction spécifique.

Localité. — Lias moyen des environs de Metz, plaques schisteuses noirâtres supérieures à la zone à Gryphées arquées. Coll. du Musée de Metz.

Explication des figures. — Pl. 2, fig. 1, plusieurs fragments de jeunes frondes du *Phymatoderma Terquemi* réunis sur la même plaque, grandeur naturelle. On distingue sur plusieurs points des organes épars et arrondis dont la vraie nature est inconnue ; 1*a*, plusieurs ramules grossis pour montrer l'aspect des inégalités verruqueuses de la surface. Fig. 2, autre plaque de la même roche montrant en *a* des fragments de fronde de la même espèce, à l'état adulte, grandeur naturelle.

CINQUIÈME GENRE. — CHAUVINIOPSIS.

Diagnose. — *Expansio cartilaginea coriaceave, infundibuli vel caliciformis aut discoidea, pedunculo centrali deorsum, cylindrico sursum, mox dilatato suffulta, cætera adhuc ignota.*

Histoire et définition. — Nous proposons ce nouveau genre pour une empreinte curieuse recueillie par M. Pellat, qui a bien voulu nous la communiquer. Elle consiste en une expansion discoïde ou plus probablement infundibuliforme, soutenue par un pédoncule qui s'élargit et s'épanouit à son sommet pour la produire. On remarque des organes pareils ou analogues dans plusieurs genres actuels de la classe des Algues, mais excepté dans le genre *Acetabularia,* ce sont généralement des organes appendiculaires qui représentent soit des suspenseurs, soit des ramifications secondaires modifiées. Il en est ainsi dans le genre *Turbinaria* parmi les Fucacées, *Chauvinia* parmi les Zoosporées, et l'on pourrait même en rapprocher sans invraisemblance les vésicules des *Macrocystis* et des *Cystophora.* Nous aurions été disposé, à cause de la ressemblance du support et des stries rayonnantes qui parcourent le disque, à assimiler l'empreinte fossile en question aux *Acetabularia,* mais l'absence de tout vestige d'articulation ou de bourrelet au point où le support se joint au disque, nous a paru rendre ce rapprochement impossible, tandis que, sauf la dimension plus grande de l'organe jurassique, il n'est rien en lui qui ne dénote une forme très-voisine de celle qui caractérise les organes infundibuliformes des *Chauvinia* et des *Turbinaria*. Le genre *Chauvinia*, qui se range non loin des *Caulerpa*, nous a paru, ainsi qu'à

M. Marion, dont les efforts ont heureusement suppléé à l'insuffisance des nôtres, être celui qui rend le mieux la physionomie de l'empreinte fossile, à qui il a été facile de rendre son aspect véritable au moyen d'un moulage. Ce genre habite les mers chaudes de l'Inde, de la Nouvelle-Hollande; il pénètre aussi dans l'océan Austral, et s'étend vers le nord jusque dans la mer Rouge et aux Canaries. Si l'assimilation que nous proposons est fondée, l'expansion en forme de disque pédonculé, recueillie par M. Pellat, ne représenterait qu'une faible partie de l'Algue jurassique, dont les proportions accusent des dimensions considérables, si on la compare aux formes débiles que renferment les *Chauvinia* actuels.

Rapports et différences. — Notre genre *Chauviniopsis* représenterait ainsi les organes infundibuliformes d'un type d'Algues voisin des *Chauvinia*. Il s'écarterait de ceux-ci surtout par ses grandes dimensions, et offrirait des rapports extérieurs plus éloignés avec les *Turbinaria*. Il existe aussi une parenté, sans doute réelle, entre le *Chauviniopsis* et notre genre *Itieria;* peut-être serait-il naturel de réunir les deux groupes; mais nous avons craint, en le faisant, de confondre des objets dont nous ne connaissons qu'imparfaitement la nature. Les expansions qui accompagnent ou terminent les frondes des *Itieria* ne sont pas pédonculées comme celles des *Chauviniopsis;* elles ne s'épanouissent pas en un disque largement dilaté et infundibuliforme. Ce sont probablement des organes flotteurs, et, d'ailleurs, l'étude des Algues vivantes fait voir que des organes semblables par l'apparence peuvent se montrer dans des genres en définitive très-éloignés; les *Chauvinia* et les *Turbinaria* le prouvent bien en se plaçant eux-mêmes dans des ordres séparés.

N° 1. Chauviniopsis Pellati.

. Pl. 8, fig. 2.

Diagnose. — *Ch. fronde cartilaginea vel fistulosa, e pediculo cylindrico sursum dilatato constante, in appendicem peltato-infundibuliformem vel discoideum margine sinuatum, nervulis radiatim striatum, ad apicem expansa.*

La portion conservée de la fronde consiste en un pédoncule cylindrique, relativement mince, long de 2 1/2 centimètres, non terminé inférieurement, mais dilaté supérieurement et donnant lieu sur ce point à un appendice charnu ou cartilagineux en forme de cornet évasé, faiblement sinué sur les bords et parcouru par de légères stries rayonnantes qui partent du pétiole pour se diriger de tous côtés vers la périphérie de l'organe. On dirait une fleur charnue ou plutôt une expansion du torus, pareille à celle qui supporte les graines des *Nelumbium ;* seulement ici le pédoncule qui sert de support se dilate brusquement sans que rien indique une séparation intermédiaire ou quelque vestige d'articulation. L'organe que nous décrivons, pareil en tout à ceux des *Chauvinia*, seulement sept ou huit fois plus gros, ne montre du reste que son côté inférieur, et c'est par analogie qu'il est possible de conjecturer que la face supérieure était déprimée au centre en forme de clochette, comme les organes correspondants des *Chauvinia.* Les mêmes stries rayonnant du centre vers la périphérie s'observent chez ces derniers, aussi bien que dans le fossile. Seulement, chez celui-ci, la dilatation s'opère d'une façon plus brusque.

Localité. — Maninghen près Wimille (Pas-de-Calais),

Portlandien inférieur, zone à *Ammonites gigas ;* collection de M. Pellat.

Explication des figures. — Pl. 8, fig. 2, empreinte de *Chauviniopsis Pellati* marquée en creux et montrant la terminaison supérieure d'une fronde, grandeur naturelle ; fig. 2*a*, même partie moulée pour en faire voir le relief, ainsi que la disposition des stries qui partent du support et vont s'épanouir dans l'expansion qui le surmonte.

SIXIÈME GENRE. — ITIERIA.

Diagnose. — *Frons procera, cartilaginea, compressa, pluries dichotome partita, expansionibus turbinatis, subglobosis, forsan vesiculosis ramulos laterales terminantibus aut axillis dichotomiarum impositis prædita.*

Tympanophora (ex parte *quoad solam T. irregularem, exclusis Tympanophoris aliis omnibus*), Pomel, l. c., p. 335.

Histoire et définition. — Les frondes de ce genre sont de grande taille, comprimées et divisées par dichotomie en lanières à bords parallèles, lisses à la surface et de consistance épaisse ou cartilagineuse, puisque la couche charbonneuse laissée par leurs empreintes est relativement considérable. La situation de ces Algues devait être érigée et flottante ; leurs dernières ramifications, observées dans une des deux espèces qui composent le genre, sont étroites, allongées, fourchues ou irrégulièrement disposées le long des divisions principales dont elles dépendent. Mais ce qui distingue surtout ces anciennes Algues, c'est la présence constante d'organes appendiculaires en forme d'expansions turbinées, arrondies ou subtronquées et déprimées vers le sommet. Ces organes, dont le rôle devait se rapprocher de celui des vésicules flottantes ou *suspenseurs* de plusieurs *Fu-*

cus, des *Macrocystis* et d'autres Algues actuelles, sont situés tantôt à l'extrémité des dernières ramules, tantôt à l'aisselle des dichotomies; leur surface n'était pas unie et toruleuse comme chez les *Fucus*, mais on distingue comme des crêtes et des côtes légères, accompagnées de stries s'écartant l'une de l'autre pour marquer la courbure de l'expansion, et convergeant ensuite vers son centre, du côté supérieur, pour y former un ombilic ou une saillie terminale dans certains cas.

Nous dédions ce genre à M. Itier, à qui est due la découverte de l'espèce principale. M. Pomel a fait ressortir le premier quelques-uns de ses caractères. Ce savant n'a évidemment connu qu'une seule des espèces qu'il comprend et l'a confondue avec les *Tympanophora* de Lindley et Hutton qui représentent la portion fructifiée des frondes du *Conioptoris Murrayana*. Le *Tympanophora conferta*, Pom., de Saint-Mihiel, que nous décrivons plus loin, rentre dans cette même catégorie, tandis que la vraie nature des *Tympanophora turbinata* et *discophora*, Pom. (*Fucoides turbinatus et discophorus*, Brngt), de Monte-Bolca, est encore incertaine. La dénomination générique de *Tympanophora* devenant ainsi tout à fait impropre, nous proposons celle d'*Itieria*, qui n'est qu'un hommage mérité aux travaux de l'un des premiers géologues qui se soit occupé de la recherche des plantes jurassiques sur le sol français.

Rapports et différences. — Le genre *Itieria*, tel que nous le comprenons, n'a que des rapports éloignés avec les Algues fossiles décrites jusqu'à présent, sauf l'apparence de ses organes turbinés qui le rapproche évidemment des *Chauviniopsis*. La grande taille, la forme en lanière aplatie, le mode de partition des frondes, et la présence même d'organes appendiculaires probablement flotteurs et peut-être vésiculeux doivent le faire comparer à certains *Fucus* et mieux encore aux Laminariées, surtout au genre *Macrocystis*, qui atteint des dimensions gigantesques et occupe à lui seul de vastes espaces dans les mers équatoriales. Les organes vésiculeux qui servent de suspenseurs aux *Macrocystis* diffèrent trop cependant des organes fossiles pour donner lieu à la supposition d'une véritable affinité. L'*Himanthalia lorea* et le *Fucus nodosus* fournissent des points de comparaison encore plus éloignés; mais nous remarquons une analogie dont il est impossible de fixer le degré entre l'aspect des dernières ramifications des frondes d'*Itieria* et celui des segments de certaines Laminaires (*Lam. crassipes*). Les *Itieria* se montrent dans le Corallien et le Kimmeridgien, et quoique l'on n'en connaisse encore que deux espèces, ils ont dû jouer un grand rôle dans les mers de cette époque; on ne saurait dire, faute de documents, si ce genre a prolongé son existence après les temps jurassiques.

N° 1. **Itieria Brongniartii.**

Pl. 4.

DIAGNOSE. — *I. fronde elata, cartilaginea, irregulariter ramosa, sæpius dichotoma tæniata compressaque, segmentis ultimis elongatis fugatim lobatimque divisis, appendicibus turbinatis, obconicis vel subdiscoideis, tum apicalibus, tum axillis dichotomiarum insidentibus.*

Tympanophora irregularis? Pomel, l. c.

M. Itierà, qui nous devons cette remarquable espèce, l'a découverte il y a plus de trente ans dans les schistes d'Orbagnoux (Ain) ; il attira sur elle à cette époque l'attention de M. Brongniart à qui nous la dédions. C'était une Algue de grande taille, dont les frondes, dans leur intégrité, mesuraient certainement plusieurs pieds et peut-être plusieurs mètres de longueur. Elles étaient coriaces, érigées, divisées en rameaux ascendants, toujours comprimés en lanières ou rubans aplatis et cartilagineux. Les principales divisions s'opéraient par dichotomie, mais des ramules diversement et irrégulièrement disposés garnissaient aussi les côtés de la fronde, le long des rameaux primaires dont la largeur excédait un centimètre. La figure 2, pl. 4, montre la terminaison supérieure de l'une des ramifications. L'aspect est celui des plus grands *Fucus* ou de certaines Laminaires aux frondes coriaces et partagées en segments étroits. On aperçoit deux dichotomies successives, mais l'une des branches de la dichotomie se développe plus que l'autre, ce qui donne à celle-ci l'apparence d'un rameau axillaire. Les ramules secondaires ou principaux de cette empreinte diminuent de largeur en se prolongeant ; ils émettent latéralement, ou en se bifurquant, des lobes en forme de languette lancéolée, tout en demeurant comprimés jusqu'à l'extrémité.

Les organes turbinés, *aa*, se retrouvent partout, soit isolés, soit occupant sur la fronde leur place naturelle ; le plus souvent à l'aisselle des dichotomies, sessiles ou munis d'un court pédicelle ; mais d'autres fois ces mêmes organes terminent l'extrémité supérieure des ramules et s'épanouissent en forme de calathides ou boutons aplatis et sub-discoïdaux.

Il est probable que cette espèce est identique avec le *Tympanophora irregularis* de Pomel, dont la diagnose s'applique assez bien à la plante d'Orbagnoux, quoique l'auteur, peut-être par confusion, l'indique à Seyssel, localité, il est vrai, peu distante et placée sur le même horizon géognostique.

RAPPORTS ET DIFFÉRENCES. — La grande taille de l'Algue que nous venons de décrire empêche de la confondre avec les *Tympanophora* et la distingue aussi des Fucoïdes? de Monte-Bolca, dont les frondes portent des organes discoïdes plus ou moins analogues. La position de ces organes et même leur forme servent à ne pas confondre l'espèce d'Orbagnoux avec celle de Saint-Mihiel qui suit.

LOCALITÉ. — Orbagnoux (Ain), Kimmeridgien inférieur; collection de M. Jules Itier.

EXPLICATION DES FIGURES. — Pl. 4, fig. 1, portion de fronde d'*Itieria Brongniartii*, grandeur naturelle, avec deux organes turbinés en *aa*, l'un terminal, l'autre axillaire ; fig. 2, portion terminale d'une fronde de la même espèce, grandeur naturelle ; fig. 3, portion médiane et très-ramifiée d'une autre fronde, grandeur naturelle.

N° 2. **Itieria virodunensis.**

Pl. 3.

DIAGNOSE. — *I. fronde cartilaginea, elata, compressa, hinc inde flexuosa, repetito furcata, ad basim dichotomiarum in laminam latiorem dilatata, appendiculis obconico-subglobosis, supra convexiusculis, papilloso-sinuatis, ramulis lateralibus subsecundisque stipatis.*

Je dois à M. Moreau la communication de cette espèce dont M. Pomel a dû ignorer l'existence, son *Tympanophora conferta* n'ayant rien de commun avec l'Algue que nous allons décrire. Celle-ci, visiblement congénère de l'espèce d'Orbagnoux, s'en écarte suffisamment pour motiver une séparation. Elle avait peut-être des dimensions moindres, mais on la rangerait encore parmi les grandes formes du monde actuel. La portion conservée se rapporte à l'extrémité supérieure d'une fronde; elle était lisse, comprimée en lame cartilagineuse et divisée vers le bas par dichotomie. L'une des branches est plus courte que l'autre, qui se prolonge dans une direction ascendante plus ou moins flexueuse et donne successivement naissance, sur le côté extérieur seulement, à trois ramules qui se détachent de l'axe dans une direction oblique. Après ces trois ramifications la branche principale, qui consiste en une lame cartilagineuse, dilatée à l'endroit des dichotomies, se termine supérieurement par une expansion irrégulièrement bifide. L'autre branche, moins développée que la précédente, ne porte que deux ramules, dont l'un vers la base paraît coupé, mais se complète sans doute en y rattachant un organe appendiculaire isolé, situé à peu de distance. La surface de cette fronde était lisse, comme dans la précédente espèce, et marquée par de légères stries longitudinales. Les expansions obconiques qui terminent les ramules sont moins régulières, plus arrondies sur les côtés, plus convexes supérieurement et plus distinctement sinuées ou même lobées sur les bords que celles de l'*Itieria Brongniartii*. Elles paraissent être de même nature et produites également par une dilatation de la substance cellulaire, dont une coloration intense marque l'accumulation sur les parties de l'empreinte qui y correspondent. La fronde de cette espèce a aussi quelque chose de plus flexueux dans son mode de ramification; sa largeur moyenne varie bien davantage; réduite ordinairement à 3 ou 4 millimètres, elle en mesure parfois plus de 6.

Rapports et différences. — Les caractères que nous venons d'exposer permettent de distinguer l'*Itieria virodunensis* de l'*Iteria Brongniartii*. La position des organes appendiculaires, latérale chez le premier, axillaire à l'angle des dichotomies chez le second, fournit un indice différentiel dont la valeur est incontestable. Ce sont là pourtant deux formes assez peu éloignées d'un même type.

Localité. — Saint-Mihiel près de Verdun (Meuse), étage corallien; collection de M. Moreau.

Explication des figures. — Pl. 3, A, portion de fronde de l'*Itieria virodunensis*, grandeur naturelle ; on distingue en *aa* les organes appendiculaires. B, partie légèrement grossie de la même fronde, montrant deux organes appendiculaires *bb*, avec la disposition des stries convergentes de la surface.

SEPTIÈME GENRE. — CANCELLOPHYCUS.

Frons cartilaginea, stipite plerumque centrali affixa, in laminam circumcirca radiatim expansa, lamina foraminum multiplicium seriebus spiraliter e stipite ordinatis undique pertusa, clathri seu foraminum contermina reticulum aerolis plus minusve rhombeo-elongatis delineatum efformantes costulas aut nervulos ramosissimos peripheriam versus magis ac magis curvato-reflexos referentes.

Chondrites (ex parte),	Thiollière, *Bull. soc. géol.*, 2e série, t. XV, p. 718.
— —	Dumortier, *ibid.*, t. XVIII, p. 581.
Zoophycos (ex parte),	Massalongo, *Zoophycos nov. gen. pl. foss.*, 1855.
— —	Heer, *Urw. d. Schweiz*, p. 140.

Taonurus (ex parte), Fischer-Oost., *Foss. fucoid.*, p. 46.

Taonurus et Zoophycos (ex parte). Schimper, *Traité de pal. vég.*, I, p. 220.

Histoire et définition. — Nous remplaçons par une nouvelle dénomination générique celles de *Zoophycos* et de *Taonurus*, appliquées, l'une par M. Massalongo et par M. Heer, l'autre par M. Fischer-Ooster, aux Algues qui se rapportent au type du *Chondrites scoparius* de Thiollière. Non-seulement ces termes nous paraissent impropres, mais dans la pensée des auteurs qui les ont proposés, ils désignent surtout des espèces du *Flysch*, dont l'identité de structure avec les formes jurassiques que nous allons décrire est loin d'être prouvée ; cette identité constituerait en tout cas, à cause de la distance qui sépare les deux époques, un fait des plus curieux, qu'il serait à souhaiter que l'on vérifiât. Plusieurs types d'Algues, antérieurs aux espèces qui composent le groupe du *Chondrites scoparius*, présentent avec celles-ci des analogies aussi étroites que les *Taonurus* du Flysch ; chacun d'eux a été pourtant distingué par un nom générique particulier. L'ensemble de ces formes successives, construites plus ou moins sur le même plan, nous porte à admettre l'existence d'une grande famille, aujourd'hui éteinte, qui, depuis les temps paléozoïques jusque vers le miocène, n'aurait cessé d'avoir des représentants dans les mers de notre hémisphère.

Le type jurassique de cette famille, auquel se borne notre examen, comprend des Algues évidemment pourvues d'une fronde cartilagineuse et résistante, à l'état vivant, puisque les empreintes en sont marquées dans les sédiments par des sillons assez prononcés. Ceux-ci offrent l'apparence de côtes, de nervures, plus ordinairement de rameaux ou de brindilles, et rayonnent d'un point central ou d'une base correspondant au point d'attache de la fronde ; ils s'étendent à plat dans une direction qui se confond avec le plan même de la roche ou s'en écarte peu, et donnent lieu, en se ramifiant le plus souvent d'un seul côté, à des courbes flexueuses repliées sur elles-mêmes vers la périphérie. Il est aisé de reconnaître par l'inspection de ces caractères que les Algues dont il est question tapissaient le fond des mers de l'époque sur une vaste étendue; elles y étalaient de toutes parts leurs frondes indéfiniment multipliées, que venait recouvrir sur place une sédimentation généralement calcaire, sur les divers points où elle a été observée. Ce sont des calcaires jaunâtres, d'un grain plus ou moins grossier, provenant presque toujours d'éléments sablo-marneux rapidement consolidés. Dans le Lias supérieur, comme dans le Bajocien et la grande Oolithe, ces calcaires ont offert à plusieurs générations d'Algues scopariennes un sol qui se déplaçait en s'élevant par l'apport de nouvelles matières, sans que le fond sous-marin cessât d'être hanté par elles, en sorte que les empreintes de leurs frondes se retrouvent à chacun des lits qui partagent la formation. M. Terquem cite un gisement près de Mende (1), où les empreintes de *Chondrites scoparius* se retrouvent avec le même aspect sur une hauteur de 40 mètres. Il ne saurait donc y avoir de difficultés sérieuses au sujet de quelques-uns des caractères remarqués, et M. Dumortier les a parfaitement fait ressortir dans sa note précitée. Les plantes étaient ordinairement fixées par le centre et plus ou moins étalées horizontalement ; les linéaments des frondes dessinaient en s'étendant des courbes

(1) *Bull. soc. géol.*, 2e série, t. XVIII, p. 586.

flexueuses, mais toujours repliées sur elles-mêmes. Cette apparence est ce qui frappe le plus chez ces Algues ; les lits qu'elles ont marqués de leurs empreintes semblent couverts de *coups de balai* donnés sur une surface assez plastique pour en conserver la trace, et la courbure caractéristique est trop nette, trop régulière et trop répétée pour que l'on puisse l'attribuer uniquement à la flexibilité des lanières de l'ancienne fronde. Si ces frondes avaient été réellement composées de lanières ou segments ramifiés, il faudrait nécessairement supposer en eux une consistance qui leur eût permis de se replier toujours dans un sens déterminé et de garder invariablement entre eux la même direction relative. C'est ainsi que paraît l'avoir compris M. Dumortier, dont la note est accompagnée de figures très-exactes. Il regarde le *Chondrites scoparius* (1) comme « formé de ramules contournés en touffes constituant des groupes arrondis, dont les brins se croisent quelquefois et paraissent alors superposés ». Il remarque que cette Algue ne saurait être rangée parmi les *Fucus* proprement dits, mais que c'est plutôt une plante marine appartenant « aux Algues non articulées », et que les ramules en « cordelettes » de ses frondes devaient présenter une grande résistance à la compression et à la décomposition. Il ajoute un peu plus loin que « les empreintes sont souvent si abondantes que le calcaire en prend une apparence schisteuse », et qu'enfin « les surfaces chargées d'empreintes sont planes, légèrement courbées ou encore faiblement inclinées sur la ligne de stratification générale ». Mais si les frondes de *Chondrites scoparius* avaient été réellement formées de minces lanières, ramifiées et repliées sur elles-mêmes, ainsi

(1) *Bull. soc. géol.*, 2e série, t. XVIII, p. 581.

que leur apparence portait M. Dumortier à le croire, la régularité constante et l'ordre toujours uniforme des linéaments produits par ces organes auraient impliqué pour eux une fermeté de consistance et une contiguïté de direction qui rendraient leur structure impossible à comprendre, à moins d'admettre la soudure réciproque de toutes les lanières, et par conséquent l'existence d'une fronde simple parcourue par des nervures en saillie. Cette dernière opinion est celle qui a été adoptée par M. Fischer-Ooster dans la définition de son genre *Taonurus* et plus tard par M. Heer dans son ouvrage sur la *Suisse primitive* (1); M. Schimper s'y est également rallié, d'après la diagnose qu'il donne du genre *Taonurus* dans lequel il réunit les espèces jurassiques à celles du Flysch. Cette manière de voir est pourtant presque aussi difficile à justifier que la précédente, aucune des Algues actuelles ne présentant des nervures aussi prononcées, aussi nombreuses et aussi régulières disposées dans une fronde d'une dimension aussi étendue.

Le principal obstacle s'opposant à ce que l'on pût saisir la vraie structure d'un type aussi singulier provenait de la grossièreté des éléments de la roche. M. Dumortier a fait ressortir la rudesse du grain des calcaires à *Chondrites scoparius;* mais l'inconvénient résultant de l'imperfection des détails devait s'atténuer beaucoup ou même disparaître par la découverte d'empreintes dues à des calcaires à pâte fine. L'étude attentive de plusieurs échantillons des environs d'Aix en Provence et du département de la Vienne nous a mis sur la voie d'une solution qui nous paraît pleinement satisfaisante. Sur ces échantillons, le type du

(1) *Voy. Die Urw. der Schweiz*, p. 140 et 141.

Chondrites scoparius laisse voir une fronde en *treillis* (*frons cancellata*) percée d'ouvertures en forme de boutonnières étroites, plus ou moins allongées, elliptiques, linéaires ou rhomboïdales, séparées par des *pleins* qui correspondent aux nervures costulées des empreintes fossiles, tandis que les mailles correspondent à des vides découpés dans la substance de la fronde. Non-seulement, sur les empreintes, le contour des espaces vides n'est pas toujours visible, mais les linéaments et les sillons, dont ces empreintes se composent, correspondent tantôt aux vides, tantôt aux pleins, et tantôt aux seuls contours des uns et des autres, et on le conçoit aisément, puisque les parties saillantes de l'original ont donné lieu à de légers sillons en s'imprimant dans le sédiment, tandis que ce même sédiment pénétrait à travers les vides, et leur donnait l'aspect de véritables saillies. D'ailleurs, chez cette Algue singulière, les ouvertures avaient à peu près la même dimension que les parties pleines, de sorte que, quels que soient les accidents de la fossilisation, l'empreinte rend toujours assez fidèlement, quoique d'une manière confuse, le facies des anciennes frondes.

Cette structure d'une fronde percée de trous disposés en séries régulières est très-rare, mais non pas inconnue parmi les Algues actuelles. L'*Asperoccus cancellatus* Endl. en offre un exemple, quoique la fronde constitue d'ailleurs une masse irrégulière et flottante qui ne rappelle qu'imparfaitement le type fossile. L'assimilation de celui-ci avec les Laminariées de la section des Agarées (in Kützing. sp. Algarum) est plus naturelle ; elle est même peut-être l'indice d'un degré quelconque d'affinité entre le groupe actuel et le groupe ancien. Dans les *Agarum*, la fronde attachée à un support plus ou moins développé, comme chez la plupart des Laminaires, s'étend en une lame foliacée ou *phyllome* qui s'accroît par la périphérie et se trouve criblé d'ouvertures dont le nombre et la dimension augmente à mesure que la fronde s'élargit. Le *Thalassophyllum clathrus* Port. et Rup., qui ne diffère des *Agarum* que par son support rameux, présente des frondes dont l'expansion, semée d'innombrables perforations, se déroule dans un ordre spiral en rapport avec la disposition des ouvertures, d'abord petites et arrondies et successivement plus grandes, plus allongées et plus distantes, à mesure que l'organe se développe. Les frondes de cette espèce, qui habite les plages du Kamtchatka, atteignent jusqu'à six pieds de large sur un pied de long. Les Agarées sont exclusivement propres à la partie septentrionale de l'océan Pacifique ; elles se lient aux Laminaires proprement dites par le genre *Dictyoneurum* dont l'unique espèce, *Dictyoneurum californicum* Rup., a des frondes, non plus percées d'ouvertures, mais couvertes de dépressions dont les contours sont tracés par des parties plus saillantes anastomosées en réseau ; quelques-unes de ces dépressions se trouvent accidentellement perforées. Il est évident que dans les espèces de ce groupe la conformation des frondes dépend essentiellement de l'ordre et de la nature des perforations. Que le nombre de leurs rangées s'accroisse ou qu'il diminue, que ces rangées s'étendent en se ramifiant ou se replient sur elles-mêmes, et l'on verra ces mouvements se traduire dans la fronde, soit par une extension du limbe, soit par un retrait, déterminant une courbure des bandes cartilagineuses qui en constituent la charpente. En définitive, le caractère distinctif de notre genre *Cancellophycus* consiste dans la disposition des ouvertures ordonnées en rangées spirales, de manière à produire, à partir du stipe ou point d'attache, des courbes toujours ramifiées et repliées dans le même sens. Malgré l'affinité que nous avons signalée entre ce type et celui de certaines Laminariées de l'océan Pacifique, le premier doit avoir entièrement disparu, et l'on peut affirmer qu'il n'est directement représenté par rien dans les mers actuelles.

Le groupe que nous venons de définir a été connu en France jusqu'à présent sous le nom de *Chondrites*, à cause de son espèce la plus saillante, le *Ch. scoparius* de Thiollière ; mais ce terme générique ne pouvait être que provisoire ; il fut changé en celui de *Taonurus* par M. Fischer-Ooster qui avait surtout en vue le *Fucoides Brianteus* Villa et une autre forme du Flysch, à qui il joignit une seule espèce liasique (*T. liasinus* F. O.). M. Massalongo, un peu auparavant, avait fondé le genre *Zoophycos* pour le même *Chondrites Brianteus* qu'il nomma *Z. Villæ*, et quelques années plus tard M. Heer appliquait la même dénomination au *Ch. scoparius* de Thiollière et à deux autres espèces jurassiques du même groupe. M. Schimper s'est servi au contraire du genre *Taonurus* en y comprenant à la fois les formes tertiaires et celles du Jura ; nous avons développé plus haut les motifs qui nous ont fait préférer pour les dernières l'admission d'une coupe générique spéciale pour laquelle nous proposons le nom de *Cancellophycus*; il est inutile d'y insister davantage.

Rapports et différences. — Les *Cancellophycus* se montrent, souvent avec une extrême abondance, à plusieurs niveaux successifs, dans le Toarcien, dans le Bajocien inférieur et dans le Bathonien (1) ; ils reparaissent encore plus haut dans le Néocomien, selon le témoignage de M. Hébert; à une époque de beaucoup postérieure, ils se continuent par les *Taonurus* du Flysch qui constituent un genre, peut-

(1) Voy. une note de M. Dieulafait, *Bull. soc. géol.*, 2e série, t. XXV, p. 403 et suiv.

être identique avec le nôtre, mais certainement voisin de celui-ci. Cette affinité, dont il serait à désirer que l'on fixât le degré, est une preuve de plus de la liaison singulière que manifestent les Algues de la mer du Flysch avec celles du Jura. Mais, si, au lieu de regarder en avant, on s'enfonce dans le passé le plus reculé, on observe dans le Silurien, le Dévonien et le Carbonifère une série de genres plus ou moins analogues aux *Cancellophycus* et qui se rattachent sans doute à la même famille. Les *Uphantœnia* Vanux, et les *Dictyophyton* Hall., du groupe de Chemung ou Dévonien supérieur des États-Unis, ont des frondes cancellées, en forme de cloche évasée, dont les parois représentent un grillage de lanières circulaires entre-croisées. Cette structure offre un rapport évident avec celle des *Cancellophycus* jurassiques, telle que la montrent nos figures.

Les *Spirophyton*, si répandus dans le Dévonien de l'Amérique du Nord, se rapprochent tout à fait du type jurassique par leur fronde membraneuse, circulaire, fixée au centre, marquée à la surface de nervures courbes ou de zones tordues en spirale et dont la ressemblance avec le *Thalassophyllum clathrus* n'a pas échappé à M. Schimper. La même disposition existe dans le genre *Alectoturus*, du Silurien de Suède et de Saalfeld, ainsi que dans le *Physophycus*, genre créé par M. Schimper pour le *Caulerpites marginatus* Lesq., Algue du Carbonifère de Pensylvanie (1). Ici, la fronde est plane, munie d'un stipe, en forme de harpe ou de raquette et parcourue par des zones ou nervures recourbées et concentriques. Ces nervures sortent de l'un des bords et se replient en atteignant le bord opposé; mais la marge de ce bord est occupée par une bande carti-

(1) *Voy. Fuc. in the coal. form.*, by the Leo Lesquerreux, phil. Soc. Philad., 1866.

lagineuse continue qui cerne la fronde tout entière et va rejoindre le pied qui lui sert de support. Une étude plus attentive de ces types d'Algues, aussi curieux par leur structure que par leur grande ancienneté, permettrait sans doute de déterminer la nature de leurs relations avec les *Cancellophycus* secondaires et les *Taonurus* tertiaires, et de tracer ainsi l'histoire d'une famille de plantes, aujourd'hui éteinte ou réprésentée seulement par le groupe lui-même, si anormal, des Agarées.

N° 1. **Cancellophycus liasinus.**

Pl. 5.

DIAGNOSE. — *C. frondibus in laminam orbicularem, margine sinuatam, centro affixam, diametro pedalem et ultra expansis, lineis seu costulis multiplicibus spiraliter e centro radiantibus, in rete ramosum areolis parvulis rhombeo-ellipticis abeuntibus, ramis ramulisque marginem versus late curvato reflexis.*

Taonurus liasinus, Fischer-Ooster, *Foss. Fucoid. d. Schweiz. Alp.*, p. 42, tab. I, c.
— — Schimper, *Traité de paléont. vég.*, I, p. 210.

Nous avons reçu de beaux échantillons de cette espèce par l'entremise de M. Garnier, inspecteur des forêts à Digne (Basses-Alpes); ils proviennent des schistes calcaréo-gréseux du Lias supérieur et d'un niveau un peu plus élevé que la zone à *Ammonites bifrons*. C'est là le premier et le plus ancien des trois niveaux successifs où le type des *Chondrites scoparius* a été observé par M. Dieulafait. L'espèce qui caractérise l'horizon supra-liasique nous paraît identique avec celle que M. Fischer-Ooster a signalée dans les schistes du Lias de Blumenstein (canton de Berne), mais que ce savant a très-imparfaitement figurée. Les lignes paraboliques, circonscrivant des segments semi-lunaires, que l'on remarque sur la figure de l'auteur suisse et qui lui donnent, d'après M. Schimper, l'apparence d'une vessie comprimée et fixée par la base tronquée, se retrouvent effectivement dans les empreintes de Digne, mais elles correspondent évidemment à une portion seulement de la fronde. Lorsque celle-ci se montre dans son ensemble, sa forme change et ses vrais contours se révèlent. On reconnaît alors qu'elle était fixée par le centre où se trouvait le point d'attache de l'organe; celui-ci s'étendait tout autour en une expansion plane et circulaire dont le diamètre mesure au moins 30 et même 40 centimètres d'un bord à l'autre. La marge cernée par une ligne très-nette est sinuée de distance en distance. Du point d'attache central partent des linéaments nerviformes, disposés dans un ordre spiral, ramifiés à mesure qu'ils s'étendent sur le plan de la fronde et y décrivant des courbes qui se recouvrent mutuellement et se replient le long du bord, dans une direction toujours unilatérale. Le grain trop grossier de la roche empêche de saisir les détails du réseau auquel les linéaments donnent lieu en se ramifiant ; on aperçoit pourtant des traces d'aréoles elliptico-rhomboïdales, visibles à la loupe seulement et qui mesurent environ 4 à 5 millimètres de long sur 1 millimètre de large. Les ouvertures dont ces frondes devaient être criblées, comme celles des espèces suivantes, auraient donc été relativement fort petites.

Rapports et différences. — Le *Cancellophycus liasinus* se distingue du *C. scoparius* par ses ramifications disposées en arceaux plus largement arrondis et plus régulièrement recourbées, moins capricieusement ramifiées et repliées, offrant moins de saillie et donnant lieu à un réseau composé d'aréoles plus menues et moins allongées. Il diffère encore plus de l'espèce du troisième niveau et de celle des environs de Poitiers que nous allons décrire.

Localités.—Environs de Digne (Basses-Alpes), Entragues, Feston près des bains de Digne, Étage toarcien, zone à *Ammonites bifrons.*

Explication des figures. — Pl. 5, fronde de *Cancellophycus liasinus*, presque entière, sauf la partie inférieure, 2/3 grandeur naturelle.

N° 2. **Cancellophycus scoparius,**

Pl. 6 et 10, fig. 3.

Diagnose. — *C. frondibus e stipite basali in laminam patentim expansam, margine profunde sinuatam, abeuntibus, ramis seu costulis prominentibus multipliciter undique ramoso-labyrintheis, ramulis arcuatim curvato-reflexis, ramificationum cancellis ultimis areolas pertusas probabiliter rhombeo-elongatissimas efformantibus, foraminibus sæpius imperspicuis.*

Chondrites scoparius,	Thiollière, *Bull. soc. géol.*, 2e série, t. XV, p. 718.
— — —	Dumortier, *ibid.*, t. XVIII, p. 581, pl. XII, fig. 1-2.
Zoophycos scoparius,	Heer, *Urw. d. Schweiz*, p. 141, fig. 92 et 93.
Taonurus (Zoophycus) scoparius,	Schimper, *Traité de pal. végét.*, I, p. 211.

M. Dumortier a donné dans le *Bulletin* de la Société géologique de bonnes figures de cette espèce, la plus répandue et la plus anciennement connue du genre, mais aussi la plus difficile à bien décrire à cause de la grossièreté du grain de la roche qui ne laisse ordinairement entrevoir, dans les innombrables empreintes qui recouvrent certains lits, que des traces confuses, c'est-à-dire des linéaments recourbés et repliés les uns sur les autres. Cette disposition a été justement comparée aux vestiges laissés par des coups de balai sur une surface assez molle pour en garder l'empreinte. Les frondes fossiles divergent généralement d'une base ou point d'attache et s'étendent sous la forme d'une expansion dont il est très-malaisé de reconnaître les limites, encore moins d'apprécier les contours. Chaque fronde, selon M. Dumortier, couvrirait un espace qui dépasserait rarement 12 centimètres en longueur; mais dans certains cas, comme dans l'exemplaire que nous figurons, cet espace doit être évalué à 20 centimètres au moins; d'ailleurs la fronde, en partant de l'axe ou point d'attache, se développait probablement en une expansion plus ou moins circulaire, et le même organe était occupé par plusieurs groupes de ramification réunis à l'aide d'arceaux anastomosés, en sorte qu'il est impossible de fixer l'étendue de l'ensemble; et si les frondes de cette espèce ont été, comme celles de la précédente, fixées souvent par le centre, ce qui est fort possible, leur diamètre total aurait égalé ou dépassé même 35 à 40 centimètres d'un bord à l'autre. En s'attachant à la disposition des linéaments, on reconnaît qu'ils paraissent ordinairement former deux groupes opposés de ramifications qui seraient réunis ensemble par des arceaux. Mais, en réalité, cette prétendue ordonnance est une illusion provenant de la difficulté où l'on est de se procurer des empreintes un peu entières. Le point d'attache ou stipe était certainement basilaire, si l'on s'en rapporte à une empreinte de cette partie, observée par nous aux environs d'Aix et que nous reproduisons, pl. 10, fig. 3 ; mais ce même organe pouvait devenir central ou sub-central dans d'autres cas, ce qui semblerait résulter de la polymorphie de l'espèce que nous décrivons. Ce qui est certain, c'est que les replis et les courbures sinueuses que dessinent les ramifications vers la périphérie des frondes marquent l'existence d'échancrures plus ou moins prononcées le long de cette partie et que ces échancrures correspondent à autant de lobes. Ces replis dont il est presque toujours impossible de préciser le vrai contour expliquent l'apparence qui avait frappé M. Dumortier et bien d'autres géologues ; l'origine de l'une des deux touffes prétendues correspond toujours au point d'attache, tandis que l'autre se rapporte à un point voisin de la marge à l'endroit où se repliant sur elle-même, elle entraîne dans son mouvement les ramifications qui viennent y aboutir. Du reste ces ramifications dessinent des linéaments d'autant plus arqués, d'autant plus réfléchis sur eux-mêmes qu'elles sont plus élevées et plus extérieures ; elles se subdivisent de manière à circonscrire en dernière analyse des aires rhomboïdales très-allongées, exactement contiguës, dont plusieurs sont visibles sur la figure 2 de M. Dumortier. Ces espaces correspondent aux ouvertures dont la fronde devait être criblée, mais les perforations ne se distinguent pas sur la plupart des empreintes. Cependant, sur quelques-uns des exemplaires que M. A. Falsan nous a fait recueillir à la carrière de Courzon, au Mont-d'Or lyonnais, une coloration rouge intense, due à l'oxyde de fer, permet aux lanières de se détacher sur le fond ocreux plus clair de la roche ; on distingue alors d'étroites zones qui séparent l'un de l'autre les barreaux de la cloison. Ces barreaux, il est utile de l'observer, ne sont pas plats, mais plus ou moins épais, sub-cylindriques, et les intervalles vides qui les séparent étaient fort étroits, ce qui explique comment ils ne sont pas perceptibles dans la plupart des cas.

On peut évaluer à 1 millimètre au moins, à 2 millimètres au plus la largeur des barreaux dont le treillis de la fronde était formé ; les vides existant entre ces barreaux avaient une longueur moyenne de 2 centimètres sur une largeur maximum de 1 1/2 ou 2 millimètres au plus.

Rapports et différences. — Le *Cancellophycus scoparius*, dont nous avons défini plus haut les différences relativement au *C. liasinus*, se rapproche certainement beaucoup des espèces suivantes, puisque toutes appartiennent à un groupe remarquable par l'uniformité de physionomie qu'il présente. En l'examinant avec soin, on reconnaît qu'il est construit sur de plus grandes proportions que les *C. reticularis* et *Marioni ;* que ses frondes, plus robustes, sont composées de rameaux plus épais et surtout cylindriques ou subcomprimés, plutôt qu'aplatis. D'ailleurs le *C. Marioni* occupe un horizon particulier qui fait partie de la grande Oolithe au lieu de lui être inférieur. M. Heer, en décrivant le *C. scoparius* sous le nom de *Zoophycos*, insiste sur sa ressemblance avec le *Z. Brianteus* Villa (*Taonurus* Fisch-Oost.) du Flysch ; mais cette ressemblance est sans doute plus apparente que réelle, à cause de l'immense distance qui sépare les deux époques ; c'est-à-dire qu'il ne saurait être question d'identité spécifique, tout au plus d'identité générique, et peut-être est-ce là seulement un effet de ce facies uniforme que nous venons de signaler comme s'étendant au genre tout entier, peut-être même à plusieurs des genres dont la famille dés *Cancellophycées* a été successivement composée. Le *Zoophycos ferrum equinum* du même auteur (1) pourrait bien n'être qu'une forme du *C. scopa-*

(1) *Urw. d. Schw.*, p. 141, fig. 93.

rius; peut-être aussi se rapporte-t-il au *C. liasinus*, dont les ramifications dessinent effectivement des courbes en arceaux plus déprimés et presque semi-circulaires. Quant au *Zoophycos procerus* Heer, dont les frondes mesurent plus d'un pied de diamètre, il n'a pas été figuré.

Localités. — Le *C. scoparius* occupe à la base de l'Oolithe une région très-étendue où il sert à déterminer un horizon des plus fixes, correspondant au Bajocien inférieur et toujours situé sous le calcaire à *Entroques*. Cependant, d'après les observations de M. Dumortier confirmées par celles de M. A. Falsan, les lits à *C. scoparius* alterneraient souvent dans le haut avec le calcaire à *Entroques*, ce qui signifie seulement que les fonds de mer de la période bajocienne, après avoir été longtemps peuplés d'Algues scopariennes, seraient devenus défavorables à ces plantes et favorables à la multiplication des Encrines, ensuite de nouveau favorables au développement des Algues. Ces circonstances ont pu, suivant les lieux, se représenter à plusieurs reprises; mais en considérant les choses à un point de vue général, les lits caractérisés par l'abondance des *C. scoparius* sont superposés au *Toarcien*, dont ils se distinguent nettement et subordonnés au calcaire à *Entroques* qui les recouvre. D'après l'opinion judicieuse de M. A. Falsan (1), il y aurait eu près de Lyon, à l'âge du plus grand développement des *C. scoparius*, une mer peu profonde, une sorte de plage couverte de plantes marines où venaient échouer des bois flottants et que fréquentaient de nombreux crustacés de l'ordre des Macroures, associés à des possidonies, à des limes, à des ammonites (*A. Murchisonæ*); enfin on y observe aussi des débris de poissons et des vertèbres d'ichthyosaures.

(1) *Monog. du Mont-d'Or lyonnais*, p. 264.

Le *C. scoparius* a été observé, non-seulement aux environs de Lyon, à Poleymieux, Saint-Romain, Courzon, etc., mais aussi dans tout le Mâconnais, dans l'Ain (Ambérieux), dans l'Ardèche (montagne de Crussol), dans la Lozère (près de Mende), dans l'Aveyron, le Gard, etc., et sur plusieurs points des Bouches-du-Rhône, du Var et des Basses-Alpes. On pourrait multiplier ces citations empruntées à la notice de M. Dumortier (1). Ce savant géologue fait observer que du nord au midi l'étendue de la formation à *C. scoparius* se prolonge sur 450 kilomètres d'Auriol à Mâcon ; mais on doit la prolonger encore, puisque M. Terquem nous signale sa présence dans la Moselle, qu'elle existe en Suisse et se retrouve probablement encore ailleurs.

Explication des figures. — Pl. 5, fronde de *Cancellophycus scoparius*, portion considérable avec le bord extérieur de l'un des côtés, grandeur naturelle, d'après un exemplaire appartenant à M. A. Falsan et provenant du Mont-d'Or lyonnais. Pl. 10, fig. 3. Stipe ou terminaison inférieure d'une fronde, grandeur naturelle.

N 3. Cancellophycus reticularis.

Pl. 7 et 8, fig. 1.

Diagnose. — *C. frondibus seu phyllomis in laminam complanatam, cancellatam, basi stipitatam (?) expansis, cancellis e ramo principali ortis tæniato-compressis utrinque, ramosis, ramulis secundis late curvato-reflexis, ramusculis seu cancellulis transversim oblique prodeuntibus foramina, lineari-ellipsoidea cingentibus, inter se religatis.*

(1) *Bull. Soc. géol.*, 2e série, t. XVIII, p. 585 et suiv.

Nous devons à M. de Longuemar, auteur d'une carte géologique et agronomique du département de la Vienne, la découverte du genre *Cançellophycus* dans la région de l'Ouest, où il n'avait pas été encore signalé. Il y occupe le même horizon que le *C. scoparius* dans le Sud-Est, mais il y est représenté par une autre espèce qui se montre dans des lits calcaréo-marneux dont la pâte fine a produit des empreintes de la plus grande beauté. La communication de plusieurs de ces spécimens nous a permis, non-seulement de saisir les caractères différentiels de la nouvelle espèce, mais d'établir ceux du genre, inconnus ou mal définis jusqu'à présent.

Les frondes dont nous figurons deux exemplaires destinés à se compléter l'un par l'autre sont plus petites et autrement configurées que celles du *Ç. scoparius;* elles mesurent environ 15 centimètres de longueur sur une largeur extrême de 10 centimètres. La figure 1, pl. 8, montre en *a* ce qui pourrait bien être la partie basilaire ou stipale vers le point où commencerait la partie laminaire qui aurait affecté la forme d'une raquette irrégulière, arrondie au sommet par suite de la courbure caractéristique des ramules réfléchis toujours dans la même direction. Il se pourrait pourtant que nous n'eussions sous les yeux qu'une portion de l'ancienne fronde fixée par le centre comme les précédentes ou formée de plusieurs phyllomes réunis et disposés circulairement autour de ce point central. Dans le doute il faut mieux s'abstenir de rien affirmer. Sur les empreintes que nous avons consultées, au lieu de deux groupes ou faisceaux de ramifications reliés par des arcs recourbés allant de l'un à l'autre, les frondes du *C. reticularis* n'en offrent qu'un seul, latéral, donnant lieu à des ramules plus nombreux et plus développés sur un côté que sur l'autre; ces ramules, d'abord ascendants, puis moins obliques et enfin étalés et recourbés-réfléchis vers le haut, comme les plumes d'une queue de coq, sont disposés dans un même plan et suivent une même direction. Aplatis en lanières, ils forment en se subdivisant un réseau complexe dont la figure 1, planche 8, donne l'ensemble, et dont la planche VII, grâce à son merveilleux état de conservation, permet de saisir tous les détails. Ce réseau résulte d'un plexus de lanières cartilagineuses, anastomosées et circonscrivant des perforations ou espaces vides, plus ou moins étroits, linéaires ou ellipsoïdes, mais toujours allongés et le plus souvent en forme de boutonnière rétrécie aux deux extrémités. Les lanières principales suivent dans le bas une direction très-oblique et se recourbent faiblement à leur extrémité, tandis que les lanières supérieures, que représente principalement la planche 7, dessinent de larges courbes réfléchies et repliées les unes sur les autres. Ces lanières, en se ramifiant, donnent lieu à des lanières secondaires, de plus en plus étroites, toujours émises dans un sens très-oblique, qui les relient les unes aux autres et que séparent enfin les perforations qui servent de limite à leur contour. La largeur des lanières principales est de 2 à 3 millimètres, elle se réduit à 1 millimètre pour les secondaires, et la branche mère paraît mesurer jusqu'à un centimètre de largeur, sans perforations. Les perforations elles-mêmes mesurent une largeur qui varie de 1 centimètre et demi pour les plus allongées, jusqu'à 1 centimètre pour les plus courtes; leur largeur est aussi très-variable, elle est de 1 millimètre ou même 1 demi-millimètre pour les plus étroites et de 3 millimètres pour les plus larges.

Rapports et différences. — Le *Cancellophycus reticularis*

se rapproche un peu du *Zoophycos ferrum equinum*, Heer (1), par les ramifications, disposées en arc surbaissé, de ses frondes ; mais il en diffère, ainsi que du *C. scoparius*, par la direction oblique et ascendante des ramifications inférieures. Il s'éloigne particulièrement de la dernière des deux espèces par la disposition en lanières aplaties des barreaux de la charpente du phyllome, ainsi que par la dimension plus petite des frondes.

Localités. — Oolithe inférieure du département de la Vienne, Bajocien. D'après M. de Longuemar, le *C. reticularis* se rencontre dans l'ouest de la France exactement sur le même horizon que le *C. scoparius* dans le sud-est de la même région ; il a été recueilli notamment à Lisant et à Saint-Benoît, près de Poitiers, dans des lits qui comprennent, en fait de fossiles : *Ammonites interruptus, Murchisonæ, Humphresianus, primigenia ; Terebratula perovalis, sphæroidalis et maxillata ; Ostræa Marshii ; Pecten articulatus*, etc. — Coll. de M. de Longuemar et de la ville de Poitiers.

Explication des figures. — Pl. 7, exemplaire recueilli à Lisant (Vienne), grandeur naturelle ; une différence de coloration un peu plus prononcée que sur l'original, où elle est visible pourtant, indique la disposition des lacunes ou perforations à jour qui découpent la fronde. — Pl. 8, fig. 1, exemplaire recueilli à Saint-Benoît, près Poitiers, au sud de la Vienne, d'après un moule en argile qui ne laisse voir qu'imparfaitement le contour des perforations.

(1) *Urw. d. Schweiz*, fig. 93.

N° 4. — Cancellophycus Marioni.

Pl. 9, fig. 1, et 10, fig. 1-2.

DIAGNOSE. — *C. frondibus junioribus basi affixis circinnatim explanatis, adultis e stipite demum centrali vel sub-centrali in laminam cancellatam margine profunde sinuato-lobatam circumcirca expansis, ramis seu cancellis e stipite radiantibus, gracilibus flexuosis ad peripheriam recurvis cancellulis obliquis inter se religatis, foraminibus in areolas lineares elongatoque trapeziformes dispositis.*

Cette espèce nous a été signalée par M. Marion, notre ami et collaborateur, à qui nous la dédions. L'échantillon reproduit par la planche 9, fig. 1, bien que mutilé vers les bords, donne une idée assez juste de son aspect et de ses principaux caractères. D'un point d'attache central ou subcentral partent, en divergeant et dans une direction flexueuse, de fins linéaments, sortes de rubans déliés, tantôt menus comme des fils, tantôt dilatés en bandelettes étroites et formant par leur réunion, à l'aide de ramules obliques, un réseau anastomosé dont les branches se recourbent en se repliant vers les bords extrêmes de la fronde. Une teinte grisâtre plus claire permet aux bandelettes de se détacher sur le fond brun-jaunâtre de la roche et de laisser ainsi entrevoir des espaces vides de forme allongée et de grandeur inégale ; le dessin grossi, fig. 1 B, pl. 9, rend assez bien la disposition de ces espaces qui correspondent aux perforations dont la fronde était couverte. La dimension des espaces vides varie depuis 1/2 jusqu'à 1 centimètre de longueur pour les plus grands; leur largeur atteint quelquefois, mais excède très-rarement, 1 millimètre. Ces dimensions sont inférieures à celles de l'espèce précédente, et surtout à celles du *C. scoparius*, dont les aréoles perforées avaient en moyenne 2 centimètres de long sur 1 1/2 à 2 millimètres de large vers le milieu. L'échantillon que nous venons de décrire, malgré la précision de certains détails, ne suffirait pas pour donner une connaissance exacte de l'espèce. Si des perforations plus petites et plus étroites et la finesse relative des bandelettes ramifiées la séparent des espèces précédentes, particulièrement du *C. scoparius*, elle s'en éloigne encore plus par la configuration de ses frondes que nous avons pu observer en grand nombre dans la vallée de Saint-Marc, près d'Aix, au pied du rocher de Sainte-Victoire. Sur ce point, une coupe intéressante montre, au-dessus du Lias, le *C. scoparius* occupant sa place ordinaire à l'extrême base de l'Oolithe, dans le Bajocien; au-dessus s'étend une zone stratigraphiquement peu distincte de la première, mais caractérisée par l'*Ammonites tripartitus* et faisant certainement partie du Bathonien. Le *C. scoparius*, très-abondant à la partie inférieure, disparaît peu à peu vers les confins de cette zone supérieure pour faire place au *C. Marioni*. La roche, formée d'un calcaire dur et compacte, est entièrement remplie sur bien des points des traces de cette espèce; et les plans de cassure fort nets qui se croisent sous divers angles d'inclinaison présentent toujours à leur surface les frondes de la même Algue, dont il est facile de recomposer les contours. On reconnaît ainsi que les plus grandes mesuraient un diamètre maximum de 25 à 30 centimètres; disposés en lames largement étalées, ces organes étaient fixés par un point d'attache d'où partaient des linéaments rayonnant de toutes parts vers la périphérie. Les bords de la fronde n'étaient pas unis et circulaires, mais sinués d'une façon irrégulière, de manière à produire des lobes toujours arrondis. Il semble aussi que dans la plupart des cas une échancrure profondément découpée se soit étendue jusque vers le point d'attache, de façon à donner à l'ensemble une apparence réniforme. La figure 1, pl. 10, réduite des deux tiers, mais dont l'exactitude est parfaite, laisse juger de ces derniers caractères en reproduisant une fronde tout à fait intacte. Les différences qui la distinguent et du *C. liasinus* et de la figure 3 de la planche 10, qui représente la base d'une fronde de *C. scoparius*, sont parfaitement visibles. Les linéaments ramifiés qui rayonnent du point d'attache et dessinent des courbes flexueuses dans le sens de la convexité des lobes, se replient le long des bords cernés par une limite fort nette. Les perforations, réduites à des fentes étroites et disposées très-obliquement par rapport aux branches principales, deviennent surtout perceptibles lorsque l'on moule les portions d'empreintes les mieux conservées. Le treillis ou ensemble de ramifications anastomosées qui formait ces frondes était sans doute d'une grande délicatesse ; il faut le secours de la loupe pour bien en saisir les détails ; à l'état vivant, les anciennes frondes offraient l'aspect d'un réseau de dentelles à jour des plus élégants.

Au milieu d'une profusion incroyable d'empreintes de toutes grandeurs, nous en avons recueilli une, remarquable par sa petite taille, que nous reproduisons pl. 10, fig. 2. Ici le point d'attache ne se trouve pas reporté vers le centre de l'organe; il se montre à sa base, et la fronde consiste en une expansion plane, arrondie largement au sommet et repliée sur un des côtés, de manière à ce que son extrémité ne soit séparée du point d'attache que par une faible et étroite échancrure. Les linéaments se recourbent et se replient en suivant le même mouvement. Nous voyons dans cet échantillon l'empreinte d'une fronde jeune de *C. Marioni*. Le point d'attache restant le même, on conçoit très-bien que l'accroissement constant de la fronde vers la périphérie, par l'adjonction successive de nouvelles zones perforées, ait dû amener en dernier résultat le développement de l'expansion dans tous les sens, et finalement produire des lobes sur les points où cette extension était la plus marquée. C'est ainsi que le point d'attache, primitivement latéral et basilaire dans la jeunesse de la plante, a pu sans déplacement paraître central chez les frondes devenues adultes.

Rapports et différences. — Le *Cancellophycus Marioni* se distingue du *C. scoparius* par la dimension plus petite de ses perforations, par son point d'attache ou stipe situé vers le centre plutôt qu'à la base des frondes, et enfin par le mode de ramifications des bandelettes anastomosées. Il diffère du *C. liasinus* par sa forme générale et surtout par les lobes et les sinuosités qui découpent le bord de ses frondes. On ne saurait confondre non plus le *C. Marioni* avec le *C. reticularis*, dont les aréoles perforées sont plus grandes et autrement disposées. Du reste, les figures que nous donnons aideront, mieux encore que les descriptions, à saisir ces différences.

Localités. — Claps, près de Vauvenargues, à l'est de la ville d'Aix, étage bathonien, zone à *Ammonites tripartitus;* vallée de Saint-Marc, entre la ville d'Aix et le rocher de Sainte-Victoire. Il est probable que l'on doit rapporter à cette espèce les empreintes formant le 3e niveau à *Chondrites scoparius*, signalé en Provence par M. Dieulafait (1), ainsi que dans le Gard et la Lozère. Ce niveau est placé par l'auteur au-dessus du calcaire à Entroques et correspond à la zone à *Ammonites Humphresianus*, espèce qui est également associée à l'*Amm. tripartitus* dans la vallée de Saint-Marc.

Notre collection.

EXPLICATION DES FIGURES. — Pl. 9, fig. 1 A, fronde de *Cancellophycus Marioni*, grandeur naturelle; B, détails grossis de la même fronde pour montrer la disposition en réseau des bandelettes anastomosées et séparées par les perforations. — Pl. 10, fig. 1, fronde complète et adulte de *C. Marioni* réduite à 1/3 de grandeur naturelle; fig. 2, fronde jeune de la même espèce, grandeur naturelle.

HUITIÈME GENRE. — CONCHYOPHYCUS.

DIAGNOSE. — *Frons? (cera) cartilaginea in laminam cyathi vel conchæformem disposita, hinc concava, inde convexiuscula, costulata dorsoque probabiliter affixa, costis ad marginem inciso-sinuatum inæqualiter radiatim patentibus.*

HISTOIRE ET DÉFINITION. — Ce genre est basé sur l'observation d'empreintes très-singulières dont la découverte est due à M. Terquem. Ces empreintes varient de forme et de grandeur; elles sont parfois repliées ou lacérées et ont dû se rapporter à des expansions cartilagineuses en forme de godet ou de cupule, rappelant par leurs faciès les valves de certaines coquilles. Cependant la teinte brune qui colore l'intérieur des empreintes et surtout la polymorphie des échantillons, réunis en assez grand nombre sur le même

(1) Voyez la note de M. Dieulafait, sur les *calcaires à empreintes végétales*. *Bull. Soc. géol.*, 2e série, t. XXV, p. 403.

fragment de roche, nous ont porté à reconnaître en eux une Algue dont la fronde aurait consisté en une expansion coriace ou cartilagineuse, irrégulièrement dilatée, creusée en coupe sur l'une des faces, convexe sur l'autre, qui correspondrait sans doute au point d'attache. De ce point d'attache, non pas central par rapport à l'ensemble de l'organe, mais plus ou moins excentrique, seraient parties des côtes, tantôt simples, tantôt ramifiées-dichotomes, s'étendant jusqu'aux bords festonnés de la fronde.

Rapports et différences. — Le genre que nous définissons, s'il a réellement appartenu au règne végétal, s'éloignait sensiblement de la plupart des Algues actuelles. On pourrait cependant le comparer à certains *Halymenia* et *Peyssonelia* charnus ou cartilagineux, aux frondes développées en coupe ou cornet irrégulier. Le rapprochement le plus naturel serait avec quelques formes de Cutleriées et surtout avec le *Zonaria collaris*, de l'ordre des Dictyotées. Aucune Algue fossile ne présente, à notre connaissance, des formes qui puissent être comparées à celle-ci. Elle constitue donc un type spécial jusqu'ici particulier au Rhétien.

N° 1. — Conchyophycus Marcignyanus.

Pl. 11.

Diagnose. — *C. frondibus cartilagineis irregulariter cupuliformibus oblique repando cucullatis, costulis e basi convexa ad marginem dentato sinuatum radiatim pergentibus, latere uno simplicibus, latere alio longius porrectis dichotome furcatis, in marginem inciso sinuatum desinentibus.*

Les corps singuliers que nous allons décrire ressemblent au premier abord à des valves d'Ostréacées ou de Trigonies; cependant, en les examinant avec attention, on ne découvre en eux rien de ce qui dénote une coquille, ni le test, ni les zones d'accroissement, ni la régularité et la fermeté des contours. Le vide de l'empreinte n'est occupé que par une teinte brune qui en colore les parois, comme l'aurait fait une substance végétale réduite peu à peu à l'état de résidu charbonneux. La forme de ces organes, vus de face dans la figure 1, et de profil dans la figure 2*a*, correspond à une sorte de cupule allongée et subconique, comparable à un cornet cartilagineux ou plutôt à un *drageoir* comprimé sur les côtés, évasé sur les bords et allongé en avant. On voit la partie saillante et extérieure de l'organe ; mais comme il s'agit ici d'une empreinte et qu'il faut renverser l'objet pour lui rendre son apparence originaire, c'est en réalité la partie concave et intérieure du cornet que l'on a sous les yeux.

La figure 1*a*, pl. 11, permet de juger de l'ensemble. Le fond de l'entonnoir ne correspond pas au milieu de l'organe; il est excentrique et reculé vers la base, et de ce point partent en rayonnant des côtes ou cannelures qui plissent les parois de la fronde et s'étendent jusque vers ses bords. Ces cannelures sont inégales; les plus courtes sont situées en arrière tout autour de ce qui constitue le talon de l'organe; elles sont droites et invisibles sur la figure 1 ; les latérales s'inclinent en avant et sont simples comme les premières, mais plus allongées, parce qu'elles ont plus d'espace à parcourir; enfin, les antérieures se prolongent et se divisent par trois bifurcations successives, en émettant des rameaux, l'une à droite, l'autre à gauche; chacun de ces rameaux, toujours simples, correspond à l'un des festons du bord qui se trouve découpé par des sinuosités séparant autant de saillies anguleuses. Les côtes de l'empreinte correspondent à de larges sillons sur l'original, et les parties qui étaient saillantes chez celui-ci sont naturellement concaves dans l'empreinte et aboutissent généralement à l'angle des sinuosités.

La figure 2, pl. 11, montre en *a* une autre fronde de la même espèce vue de profil; elle apparaît sous une forme triangulaire ; la partie dorsale est moins saillante ; le bord antérieur se trouve déchiqueté ; le postérieur est peut-être lacéré et incomplet; mais les plis ou cannelures sont très-nets et disposés comme dans l'empreinte précédente. A côté, on remarque en *b* une petite empreinte en forme de triangle émoussé latéralement, et arrondie sur le côté large, qui pourrait représenter une fronde jeune de *conchyophycus*. Sur les parois de la même pierre, on observe, en *c*, un creux sinueux qui semble se rapporter à une fronde repliée sur elle-même et irrégulière dans son contour. La roche est une arkose à grain jaunâtre piqueté de noir, qui a dû être originairement un sable siliceux très-fin.

Rapports et différences.— Le *Conchyophycus marcignyanus*, s'il a réellement fait partie des Algues, ce qui est fort douteux, ne correspond à aucune des formes fossiles décrites jusqu'à présent. Parmi les espèces vivantes, nous lui trouvons de l'analogie avec le *Zonaria collaris* J. Ag., espèce méditerranéenne dont les frondes, en coupe évasée, et souvent festonnées sur les bords, sont fixées au centre et présentent des stries qui rayonnent de ce point vers la circonférence. Le *Peyssonetia umbilicata* Kg., de la mer Adriatique, est dans le même cas, ainsi que plusieurs autres *Peyssonetia ;* mais les stries de ces espèces sont plus fines et bien moins prononcées que les côtes de l'espèce fossile; celle-ci est sans doute le représentant d'un groupe sans liaison directe avec ceux de la nature actuelle.

LOCALITÉ. — Arkoses de Marcigny-sous-Thil (Côte-d'Or), étage rhétien (zone à *Avicula contorta*).

Coll. du musée de la ville de Metz (M. Terquem).

EXPLICATION DES FIGURES. — Pl. 11, fig. 1*a*, empreinte d'une fronde de *Conchyophycus Marcignyanus* marquée en relief et correspondant à la partie antérieure, creusée en godet dans l'original; on observe en *b* un lambeau de la même espèce. — Fig. 2*a*, autre empreinte d'une fronde de la même espèce vue par côté; on distingue en *b* une fronde jeune, très-petite, et en *c* une autre empreinte repliée sur elle-même. Ces divers exemplaires proviennent du même fragment d'arkose et sont figurés de grandeur naturelle.

NEUVIÈME GENRE. — CHONDRITES.

Chondrites, Sternb. (emend.), *Verst.*, II, p. 25.
— Unger, *Gen. et sp.*, p. 15.
— Brongn., *Tabl. des genres de vég. foss.*, p. 9.
— Fisch. Oost., *Foss. Fucoid.*, p. 44.
— Schenk, *Foss. Fl. V. Grenzsch.*, p. 4.
— Zigno, *Fl. foss. form. ool.*, I, p. 24.

DIAGNOSE. — *Frons (viva) cartilaginea dichotome partita, ramis plerumque subpinnatim divisis, sæpius alternis distichisque cylindricis vel compressiculis fossilisatione haud raro compressis, ultimis fusiformibus vel clavato-incrassatis: sporothecia sive conceptacula, ut adsunt, globosa aut moniliformia lateralia plus minusve breviter stipitata ad ramulos apicalia.*

Fucoides, § 5, *Gigartinites*, Brongn., *Prodr.*, p. 20; *Hist. vég. fos.*, I, p. 56.

Chondrites, Schimper, *Traité de Pal. vég.*, I, p. 168.

Nulliporites, Heer, *Urw. d. Schwiz.* — *Nullipora*, Schimper, *l. c.*, p. 180.

Buthotrephis (ex parte), J. Hall, *Paléont. of New-York*, I.

Histoire et définition. — Les *Chondrites* forment le genre d'Algues jurassiques le plus répandu et le plus nombreux; probablement aussi c'était un des plus élevés, et l'on ne peut guère douter qu'il n'ait appartenu à l'ordre des Floridées. Les *Chondrites* ont frappé les premiers observateurs; ils se rencontrent souvent en exemplaires innombrables, parsemant de leurs débris la surface entière de certains lits et garnissant même l'intérieur des roches; c'est ce qui existe en Wurtemberg pour le *Chondrites bollensis*, Kurr et le *Fucoides* (*Chondrites*) *hechingensis*, Quenst. Le *Grès à fucoïdes* ou Flysch, qui couvre une partie notable de la région des Alpes, est aussi caractérisé par une multitude d'empreintes de *Chondrites*, congénères, à ce qu'il paraît, de ceux du terrain jurassique, en sorte que ce genre se serait perpétué sans changement sensible jusque dans les temps tertiaires moyens. Sternberg, à qui est due la fondation du genre, et d'autres auteurs après lui, y ont englobé beaucoup de formes douteuses ou hétérogènes. Le terme de *Chondrites*, dans la pensée de plusieurs savants, s'applique à toutes les Algues coriaces et découpées en rameaux; c'est à ce titre seulement que Thiollière l'avait appliqué à son *Chondrites scoparius*. Les *Chondrites turbinatus*, Sternb. et *discophorus*, Sternb., n'appartiennent pas davantage aux vrais *Chondrites* et ne sont peut-être pas même des Algues. On doit en dire autant du *Ch. lumbricarius*, Münst. (1), et encore plus des *Chondrites antiquus* et *circinnatus*, Sternb. Si l'on opère ces retranchements et

(1) *Beitr.*, p. 79, tab. II, fig. 1.

quelques autres que nous n'indiquons pas, faute de documents, le genre *Chondrites* demeure composé d'espèces liées par une physionomie et des caractères communs, et dénote l'existence ancienne d'un groupe des plus naturels, que l'on a comparé tantôt aux *Chondrus*, tantôt aux *Chondria*, mais qui en définitive se rapproche surtout des *Gigartina*, tout en admettant que cette relation tient à l'analogie de l'aspect extérieur et n'entraîne nullement une véritable identité générique entre l'ancien groupe, vraisemblablement éteint, et aucun de ceux d'aujourd'hui.

Les *Chondrites* présentent des frondes plus ou moins étalées en rameaux, en touffes, en arbustes gazonnants, divisées à l'aide de ramifications successives, dichotomes dans le bas, plus ordinairement subpinnées et alternes, tantôt simples, tantôt bifurquées vers le haut. Les derniers ramules sont tantôt menus, tantôt plus ou moins épais, atténués en fuseau ou épaissis en massue au sommet ; les frondes ont dû être de consistance cartilagineuse, fermes, résistantes ou même plus ou moins solides, et de forme constamment cylindrique. La compression que l'on observe quelquefois sur les empreintes de *Chondrites* est plutôt due à la fossilisation, et le creux fort net, tantôt vide, tantôt rempli d'un sédiment ocreux ou calcaréo-marneux qu'on enlève facilement, démontre que la structure cylindrique était celle de la plupart des frondes du genre. Les frondes de *Chondrites* étaient à la fois résistantes et fragiles : ces deux qualités n'ont rien d'inconciliable, et d'ailleurs le degré pouvait en varier selon les espèces. Quelques-unes traversent de part en part les sédiments : en effet, on conçoit très-bien que les marnes et même les calcaires aient pu se déposer sur des Algues de consistance rigide, croissant sur place, et les ait recouvertes d'une couche bientôt consolidée, tandis que les vides laissés plus tard par la destruction des frondes étaient remplis soit par la même nature de sédiment que le reste de la roche, soit par des substances hétérogènes introduites par infiltration. Ordinairement le remplissage, moins consistant que la roche encaissante, tombe en poussière ; dans d'autres cas il adhère fortement aux parois de l'empreinte ou les enduit d'une coloration particulière ; plus rarement, le moulage est assez exact pour que les ramifications se détachent à l'état cylindrique et conservent leur apparence solide ; à leur place restent alors des tubulures qui traversent la roche dans toutes les directions. C'est principalement sur cette dernière circonstance que notre ami M. Heer a insisté, lorsqu'il a séparé des *Chondrites* les espèces à frondes supposées solides et incrustées de calcaire, et qu'il en a formé, sous le nom de *Nulliporites*, un genre qui aurait été voisin des *Nullipora* actuels. « On ne peut douter, nous écrit le savant professeur de Zurich, dont les opinions doivent être d'un grand poids à ce point de vue, que ces Algues ne fussent incrustées, comme les *Nullipora* vivants, et qu'elles ne se séparent à cet égard des *Chondrites*. J'ai fait exécuter dernièrement beaucoup de dessins qui viendront à l'appui des descriptions destinées à paraître plus tard dans ma *Flora fossilis Helvetiæ*. » Les échantillons de *Nulliporites hechingensis* que M. Heer a bien voulu nous communiquer et qui proviennent du Jura blanc d'Argowie n'entraînent pas nécessairement ces conclusions, selon nous ; les rameaux cylindriques qui correspondent aux anciennes frondes se détachent, il est vrai, en laissant dans la roche des creux tubulés ; mais cette roche est une marne grisâtre, et les petits cylindres n'offrent pas une autre composition marneuse que la masse sédimentaire qu'ils traversent. Leur origine paraît devoir être ainsi rapportée à un effet de remplissage, puisqu'ils ne sont ni plus solides, ni plus calcaires que la matière enveloppante, et l'on ne saurait tirer de la circonstance qu'ils se détachent du moule qui les renferme des conséquences hors de proportion avec la nature même du phénomène sur lequel on se base. Les *Nulliporites* de M. Heer ne diffèrent d'ailleurs extérieurement des *Chondrites* proprement dits par aucun caractère de forme, et si l'espèce de Poitiers que nous décrivons plus loin est identique, comme nous le croyons, avec le *Fucoïdes hechingensis*, Quenst. (*Nulliporites hechingensis*, Heer), la présence de conceptacles globuleux pareils à ceux de plusieurs autres *Chondrites* dans cette espèce, serait un motif de plus pour ne pas la séparer de ceux-ci. La question soulevée par M. Heer demeure ainsi subordonnée, quant à sa solution définitive, à de nouvelles observations sur l'ensemble du groupe dont les *Chondrites* et les *Nulliporites* semblent, jusqu'à présent au moins, faire partie également.

Quoi qu'il en soit de cette difficulté, les *Chondrites* ont laissé de nombreux débris dans les couches en voie de formation, principalement dans les grès, dans les schistes calcaréo-marneux et dans les calcaires eux-mêmes. Souvent les fragments témoignent, par leur situation diversement inclinée par rapport au plan de stratification et les vides auxquels ils ont donné lieu, de la consistance ferme des anciens organes; souvent aussi les espèces à ramifications grêles et souples ont subi l'effet de la fossilisation, qui leur communique une apparence comprimée. Cette compression a pu être naturelle dans certains cas, et particulièrement vers l'extrémité des ramules qui semblent avoir été parfois dilatés et aplatis à cette partie. Les lobes visibles de ces extrémités correspondent évidemment à l'origine des jeunes ramules sur le point de se produire. Le mode de ramification varie selon les espèces et contribue à la physionomie de chacune d'elles; tantôt les ramules se bifurquent indéfiniment; d'autres fois les dernières ramifications sont pinnées et alternes, ou bien encore une des deux branches de la dichotomie se bifurque seule de nouveau, tandis que l'autre reste simple. Ce dernier mouvement, s'il se continue plusieurs fois sur le même côté, donne lieu à une fronde à rameaux scorpioïdes, c'est-à-dire plus ou moins repliée sur elle-même. Dans des cas plus rares, les rameaux se dilatent et produisent des expansion spinnatifides, dont les segments rappellent trop par leur forme les ramules des autres *Chondrites* pour autoriser l'emploi d'une dénomination générique distincte. Il suffit de songer aux variétés multiformes auxquelles le *Chondrus crispus* donne lieu, pour ne pas repousser la possibilité d'une polymorphie analogue dans les limites d'un seul et même genre, à l'époque jurassique.

L'abondance des *Chondrites*, leur affinité présumée avec certains types de Floridées, pouvaient inspirer l'espoir fondé d'observer chez eux des traces d'organes reproducteurs. Les *thèques* ou *sporanges* qui renferment les spores sont en effet souvent visibles à l'extérieur et revêtus d'une forme caractéristique. Nos recherches dans ce but ont été couronnées de succès, puisque nous croyons avoir reconnu chez plusieurs espèces de *Chondrites* la présence de ces sortes d'organes. Si l'on songe que les Floridées se multiplient à la fois par agamie, au moyen des tétraspores, et par reproduction sexuelle, au moyen de spores et d'anthérozoïdes immobiles; que ce dernier mode, par conséquent, ne leur est pas absolument nécessaire et ne se montre même qu'assez rarement chez beaucoup d'entre ces plantes, on ne saurait s'étonner de l'absence de ces mêmes organes chez la plupart des *Chondrites*. C'est en examinant et dessinant très-attentivement les moins apparentes de ces Algues, surtout celles dont les débris parsèment en grand nombre certains lits schisteux que nous avons aperçu des organes globuleux ou en massue fortement renflée-obconique, pédicellés ou plutôt situés au sommet d'un court ramule latéral, qui représentent sans doute les sporothèques. D'autres fois, ces mêmes organes globuleux, au lieu d'être disposés solitairement, paraissent agrégés en file ou chapelet, de manière à constituer un ramule toruleux dont les articles se détachaient facilement, et se montrent souvent isolés, à côté des fragments de fronde. Plusieurs des espèces que nous allons décrire présentent cette structure, et parfois d'une façon si évidente, qu'il est difficile de s'y méprendre, quoique l'observation directe des organes *sporothécoïdes* exige une très-grande habitude, à cause du peu de netteté dans le contour des empreintes et de leur faible taille. Les espèces dont il s'agit sont effectivement les plus faibles et les moins résistantes de toutes. Il est impossible de ne pas remarquer en passant le rapport de forme que présentent ces thèques fossiles avec les sporothèques des Gigartinées, des Corallinées et des Sphærococcidées ; nous reviendrons un peu plus loin sur cette analogie, qui permet de ranger sans anomalie les *Chondrites* à côté de ces groupes de Floridées, tout en les considérant comme ayant formé une famille spéciale. Du reste, Sternberg, dans son grand ouvrage (1), a figuré depuis longtemps, sous le nom

(1) Vers. IV, p. 104, tab. XXXIV, fig. 4. Voyez aussi Schimper, *Traité de Pal. vég.*, I, p. 171.

de *Sphærococcites genuinus* un exemplaire du *Chondrites bollensis* Ziet. portant un conceptacle globuleux à l'extrémité de l'un de ses ramules. Sauf cette exception, les *Chondrites* de Sternberg comprennent à peu près les mêmes espèces que M. A. Brongniart rapportait originairement à la section *Gigartinites* de son genre *Fucoides*. Le nom de section proposé par M. Brongniart exprimait plus naturellement les affinités présumées des espèces fossiles que le nom de genre de l'auteur allemand, qui a finalement prévalu. Le savant français s'en est lui-même servi en y englobant à la fois des espèces tertiaires du Flysch et des espèces jurassiques ou crétacées. Il y rattache aussi, mais avec doute, deux formes des terrains de transition, les *Chondrites antiquus* et *circinnatus* qui ont été depuis reportés avec raison dans d'autres genres. M. Unger, dans son *Genera pl. foss.*, p. 17, a donné au genre *Chondrites* le même sens que M. Brongniart, et plusieurs autres auteurs éminents, M. Heer, dans son tableau de la Suisse primitive (1), et M. de Zigno, dans sa flore fossile oolithique, ont suivi les mêmes errements. M. Fischer-Ooster, dans son ouvrage sur les Fucoïdes fossiles des Alpes suisses, divise le genre *Chondrites* en deux sections, l'une pour les espèces à rameaux filiformes, l'autre pour celles dont les frondes ont des segments épais et cartilagineux; mais on peut dire que ces limites, posées arbitrairement, se confondent dans la réalité, beaucoup de formes opérant la liaison de l'une à l'autre. Tout dernièrement, M. Schimper (2) a remplacé le terme de *Chondrites*, d'un usage déjà bien ancien, par celui de *Chondrides*, qui a le désavantage d'augmenter la confusion en différant à peine de celui qu'il est destiné à remplacer. Du reste, le genre

(1) *Die Urw. d. Schweiz.*
(2) *Traité de Pal. vég.*, I, p. 168.

lui-même est exactement limité aux espèces secondaires et à celles du Flysch ; il est partagé en deux sous-genres : *Gigartinites* pour les espèces à ramifications coriaces, *Leptochondrites* pour celles dont les frondes ont des divisions menues, filiformes et compliquées. L'auteur a eu soin de ne pas confondre les espèces du Jura avec celles du Flysch et de la Craie, confusion commise par M. de Zigno, sans preuve décisive et contre toute vraisemblance, lorsqu'il admet les *Chondrites Targioni, furcatus* et *intricatus*, comme répandus à la fois dans ces trois formations. La persistance du genre est un fait déjà assez surprenant par lui-même pour ne pas y ajouter encore celle des espèces. Les *Chondrites*, tels que nous les définissons, se montrent bien avant le Rhétien, si l'on y réunit, comme nous le proposons, quelques-unes au moins des espèces Siluriennes que M. J. Hall a décrites sous le nom de *Buthotrephis* (*Bythotrephis*, Schimper, *Traité de Pal. vég.*, I, p. 198). Il est certain du moins que le *B. gracilis* de l'auteur américain ne s'écarte par aucun caractère visible des *Chondrites* du Jura, et cette observation oblige de reculer jusque dans le Silurien moyen l'existenee constatée du genre et par conséquent celle de l'ordre même des Floridées, dont il faisait partie, selon toute vraisemblance ; les *Chondrites* continuent avec le Lias et l'Oolithe, traversent la Craie et prédominent encore dans les mers du Flysch, à une époque déjà avancée des temps tertiaires. Depuis, ils semblent avoir disparu, à moins que l'on ne considère les Gigartinées actuelles comme un prolongement direct du groupe fossile.

Rapports et différences. — Le genre *Chondrites* se distingue aisément par le mode de partition de ses frondes et ses ramules cylindriques des autres genres d'Algues fossiles, particulièrement du genre *Sphærococcites* avec qui on serait tenté de confondre quelques-unes de ses espèces lorsque la fossilisation leur donne une apparence comprimée. L'absence de stries, de ponctuations et de saillies à la superficie des frondes permet de le distinguer des *Granularia*, *Münsteria* et *Phymatoderma*, de même que le défaut d'articulation régulière éloigne la pensée de comparer les *Chondrites* aux Corallinées, malgré l'étroite analogie de forme que manifestent les sporanges. Pour se rendre compte de cette ressemblance, on n'a qu'à rapprocher les organes reproducteurs, observés chez plusieurs espèces fossiles, des sporothèques globuleuses ou obconiques des *Corallina*, qui affectent aussi parfois une disposition en file ou chapelet, pareille à celle que nous montreront certaines empreintes ; on peut s'en convaincre aisément par l'examen du *Corallina pilulifera* Port. et Rupr. L'affinité par un des côtés serait donc ici fort étroite ; mais les sporanges globuleux, sessiles, subsessiles ou pédicellés, latéraux ou terminaux, libres ou plus ou moins immergés sur divers points de la fronde, s'observent également dans plusieurs autres familles de l'ordre des Floridées, spécialement chez les Sphærococcidées, les Gélidiées et les Gigartinées ; comme d'ailleurs la forme des segments de la fronde nous reporte aussi vers ces mêmes groupes, c'est à eux et surtout au dernier que nous devons évidemment recourir pour préciser quelles sont parmi les Algues vivantes les formes les plus rapprochées des *Chondrites* fossiles.

Les *Gigartina* proprement dits témoignent déjà d'une remarquable analogie dans quelques-unes de leurs espèces ; nous citerons particulièrement les *Gigartina flagelliformis* Sond. et *acicularis* Lamx, des mers d'Europe, le *G. flabellata* Kütz., des mers du Cap, le *G. prolifica* Kütz., des côtes du Texas, etc. Parmi les genres exotiques plus ou moins alliés aux *Gigartina* ou séparés d'eux récemment, il faut surtout remarquer les suivants : *Gymnogongrus*, *Trematocarpus*, *Caulacanthus*, *Acrocarpus*, *Cystoclonium*, etc., comme revêtus d'une physionomie qui les rattache plus ou moins aux *Chondrites*.

Les *Gymnogongrus implicatus* Kütz. et *polyides* Aresch., des côtes du Pérou, le *G. amnicus* Kütz., malgré sa petite taille et sa station dans l'eau douce, le *G. comosus* Kütz. du détroit de Magellan, les *G. furcellatus* Kütz., *tentaculatus* et *Griffithsiæ* Kütz., des mers d'Europe, les *G. pygmæus* J. Ag. et *densus* J. Ag., des Indes orientales, doivent être mentionnés en première ligne. Les *Trematocarpus virgatus* Kütz., du Pérou, *polychotomus* Kütz., du Cap, *furcellatus* Kütz., des plages de l'Yémen, ne doivent pas être oubliés.

Les *Caulacanthus ustulatus* Kütz., de la Méditerranée, *rigidus* Kütz., du Sénégal, *spinellus* Kütz., de la Nouvelle-Zélande, reproduisent sous de faibles dimensions l'aspect caractéristique des *Chondrites*. Il en est de même du *Glœopeltis tenax* J. Ag., des mers de la Chine, des *Cystoclonium patens* Kütz., *filiforme* Kütz., de celles d'Australie, *obtusangulum* Kütz., du cap Horn, et de plusieurs *Hypnea*, comme *H. Esperi* Kütz., de l'océan Pacifique, *rugulosa* Mont., *setacea* Kütz., etc.

Les *Acrocarpus spinescens* Kütz., de l'Adriatique, *setaceus* Kütz., du Kamtschatka, *gracilis* Kütz., de Cayenne, *intricatus* et *delicatulus* Kütz., des mers australiennes, rappellent les *Chondrites*, non-seulement par l'aspect et le mode de partition de leurs frondes, mais aussi par la présence de renflements globuleux situés à l'extrémité des ramules et qui renferment des tétraspores. Ces organes, arrondis dans l'*Acrocarpus capitatus* (Nouvelle-Calédonie), en massue dans l'*A. spatulatus* Kütz. (Adriatique), sont aggrégés en files de deux ou trois dans les *Acrocarpus pulvinatus* et *pusillus* Kütz. La première de ces deux espèces, qui reproduisent d'une façon si remarquable l'appareil fructificateur de quelques-uns de nos *Chondrites*, est originaire de l'embouchure du Guadalquivir, la seconde de l'océan Atlantique.

Ces exemples si nombreux et si variés, empruntés à des genres qui pour la plupart ne sont que des démembrements récents des *Gigartina*, montrent entre ceux-ci et les *Chondrites* une liaison qui ne saurait être tout à fait trompeuse. Mais on rencontre aussi des analogies de même nature dans d'autres genres un peu plus éloignés des *Gigartina*, quoique se rattachant encore à eux.

Les *Gelidium*, dont les sporothèques sont ordinairement ovales-allongées, infra-apicales et surmontées d'un prolongement plus ou moins prononcé, revêtent chez plusieurs espèces la physionomie des *Chondrites*. Citons seulement le *Gelidium crinitum* Kütz. dont les sporothèques sont latérales et subsessiles (Kamtschatka), puis le *Gelidium radicans* Mont. (Cuba) et surtout les *Gelidium acrocarpum* Harw., de Ceylan, et *variabile* Grev., des Indes orientales.

Les *Sphærococcus*, le plus souvent comprimés, offrent cependant un grand nombre de formes, comme les *Sph. obtusus* Harw., de Ceylan, *dumosus* Harw., de la Nouvelle-Hollande, *setaceus* Kütz., de la Nouvelle-Calédonie, *capillaris* Kütz., de la mer des Indes, *tenuis* Kütz., de l'archipel de Bahama, *durus* Ag., de l'Adriatique, *spinescens* et *canaliculatus* Kütz., de la Nouvelle-Calédonie, *mexicanus* Kütz. et *corallopsis* Mont., de la mer des Antilles, *vermicularis* Kütz., des îles Sandwich, etc., dont les rameaux plus ou moins cylindriques rappellent ceux des *Chondrites*.

Tous ces genres confinent plus ou moins dans l'ordre

actuel; la plupart sont très-diffus et il est facile d'observer que tous les parages des deux hémisphères ont fourni indifféremment des formes analogues. Il est juste de dire pourtant que parmi les espèces énumérées comme les plus propres à nous représenter les anciens *Chondrites*, la Méditerranée et les mers Australes en ont fourni le plus grand nombre; ensuite viennent les mers de l'Inde, les plages du Pérou, celles du Mexique et des Antilles, et enfin le Cap, l'Afrique et le Kamtschatka.

Avant de terminer cette longue revue, nous devons encore mentionner le genre australien *Melanthalia* et particulièrement les *M. Muelleri* Kütz. et *Jaubertiana* Mont., à cause de l'analogie qu'ils présentent dans le mode de ramification des frondes bien que celles-ci soient légèrement comprimées.

En dehors des rapports que nous venons de faire ressortir et qui nous semblent les mieux fondés, l'aspect et le mode de ramification propres aux *Chondrites*, dans beaucoup de cas leur évidente fragilité, reportent l'esprit vers certains genres de Floridées incrustées de calcaire, spécialement vers les genres *Galaxaura*, *Actinotrichia* et *Liagora*, qui habitent, dans le voisinage des Polypiers, les mers chaudes de tout l'univers. La forme cylindrique des ramules, les zones obscures qui les marquent en travers, la structure supposée solide et peut-être incrustée de quelques-unes au moins des espèces fossiles donnent à cette affinité présumée un certain degré de vraisemblance; mais elle pourrait bien, malgré tout, être plus apparente que réelle, si l'on considère que les frondes fossiles, continues dans toute leur étendue, ne présentent ni la structure articulée, ni les perforations terminales des fourreaux calcaires dont les Algues incrustées sont revêtues.

LOCALITÉS. — On trouve en France et dans le reste de l'Europe des *Chondrites* dont presque tous les étages jurassiques ou du moins tous sont susceptibles d'en fournir; mais c'est particulièrement dans le Lias moyen et supérieur des environs de Metz, et plus haut vers le Cornbrash, l'Oxfordien et le Corallien, qu'on les rencontre avec le plus d'abondance; en France, aussi bien qu'en Suisse et dans les Alpes vénitiennes, les *Chondrites* deviennent plus rares dans la Craie, mais ils reparaissent avec une extrême profusion dans la mer du Flysch, dont les dépôts ont pris, à cause d'eux, le nom caractéristique de *Grès à Fucoïdes*.

N° 1. Chondrites bollensis.

Pl. 14, fig. 1-2.

Chondrites Bollensis, Kurr, *Beitr. z. Fl. d. Jura form. Wurtemb.*, p. 14, tab. III, fig. 3 (*excl.*, fig. 4, 5 et 6). — Ung. *Gen. et sp., pl. foss.*, p. 16 (*excl. var.* γ *filiformis et* δ *divaricatus*).

— — Brongn., *Tab. des genres de vég. foss.*, p. 103.

— — Fischer Oost, *Foss. Fucoid.*, p. 50, tab. III, fig. 3.

— — Heer, *Urw. d. Schweiz*, p. 100, tab. IV, fig. 20.

— — Schimper, *Traité de Pal. vég.*, I, p. 171.

DIAGNOSE. — *Ch. fronde majuscula tereti superne dendroideo-ramosa, ramulis flexuosis hinc et hinc curvatis vel reflexis pluries dichotome aut subpinnatim divisis, ultimis simplicibus vel furcatis, plus minusve elongatis apice subclavatis vel breviter attenuatis, sæpe divaricatis aut curvulis.*

Fucoides Bollensis, Ziet., *Vers. d. Petref. Wurtemb.*, 1827.

— — Quenst. *Der Jura*, p. 270, tab. XXXIX, fig. 9 et 10 (*excl.*, fig. 8).

Il suffit de jeter les yeux sur les figures de Kurr pour se convaincre que plusieurs espèces très-distinctes ont été confondues sous le nom de *Chondrites Bollensis*. C'est donc avec raison que M. Fischer-Ooster a limité celui-ci aux seules figures 3 α et 3 β, Pl. 3, de Kurr, visiblement identiques avec les figures 9 et 10 de la planche 39 de Quenstedt. La figure 8 de ce dernier auteur doit être plutôt rapportée à la variété γ *filiformis* de Kurr, qui remonte jusque dans les grès du *Jura brun*, tandis que le *Chondrites Bollensis* est particulier au Lias supérieur.

Les frondes de cette espèce ont un aspect dendroïde des plus élégants; elles se ramifient supérieurement en un certain nombre de rameaux, eux-mêmes partagés en ramules pinnés, flexueux ou décombants, disposés dans un ordre alterne ou subdichotome, cylindriques, mais souvent comprimés par la fossilisation, et terminés en massue plus ou moins allongée. Leur sommet se trouve tantôt atténué et tantôt dilaté-obtus. On ne saurait avoir aucun doute au sujet de la consistance ferme des frondes de cette espèce. Elles ont laissé une empreinte des plus nettement cylindriques dans les grès à pâte fine et à grain dur de la Moselle, ce qui permet de reproduire par le moulage leur ancien relief. Leur fragilité ne ressort pas moins des fragments nombreux et disséminés dans le plus grand désordre qui sont couchés à l'intérieur de la roche, dans une direction parallèle au plan de stratification.

Rapports et différences. — Les exemplaires que nous figurons reproduisent surtout les caractères de la figure 3 α de Kurr, correspondant à la variété *cæspitosus* de cet auteur. C'est à la même variété que paraît appartenir la figure 9, Pl. 39, de Quenstedt, ainsi que la fig. 20, Pl. 4, insérée par M. Heer dans son ouvrage sur la Suisse primitive (1). Il en est de même d'un exemplaire de Boll, dont je dois la communication à M. Schimper et qui, sous des proportions un peu plus faibles, concorde soit avec la figure 3 α de Kurr, soit avec les échantillons supraliasiques des environs de Metz. Au contraire, un bel exemplaire des schistes marneux de Ohmden, que j'ai sous les yeux, est plus conforme à la figure 3 β de Kurr, à la figure 10, Pl. 39, de Quenstedt et se rapporte ainsi à la variété *elongatus* de l'auteur allemand. La figure donnée par M. Fischer-Ooster semble tenir le milieu entre les deux types, tout en se rapprochant du second. Il est d'ailleurs probable que ces différences et plusieurs autres, relatives à la forme ou à la dimension des frondes, que l'on pourrait signaler, ne sont pas assez fixes ni assez décisives pour justifier l'établissement de plusieurs espèces distinctes ; mais il ne faudrait pas non plus, sous le couvert d'une polymorphie dont beaucoup d'Algues actuelles fournissent des exemples, réunir arbitrairement des formes qu'aucun lien certain et naturel ne rattacherait l'une à l'autre. C'est ce que l'on a fait vraisemblablement pour le *Ch. Bollensis*, et une révision des espèces mentionnées sous ce nom par divers auteurs serait bien nécessaire.

Localités. — Le *Chondrites Bollensis* caractérise le Lias supérieur. Il se montre en France dans les grès supraliasiques des environs de Metz d'où proviennent les exemplaires que nous figurons ; M. Schimper l'indique spécialement au mont Saint-Michel, près de Thionville, et M. Heer au col de la Madeleine et au col des Encombres en Savoie. Mais il abonde surtout dans les schistes marneux, situés sur le même horizon, à Boll, Pliensbach, Ohmden (Wur-

(1) Voy. *Urw. d. Schweiz*, tab. IV, fig. 20.

temberg). Il a été signalé en Suisse, dans les schistes du Lias, à Falbach, non loin de Blumenstein, par M. Fischer-Ooster ; sur plusieurs points entre Gansingen et Buron, ainsi que dans les schistes à Possidonies de Betsnau par M. Heer. D'après ce dernier savant, la variété *cæspitosus* existe à Randen, en très-beaux exemplaires, tandis que la variété *elongatus* se montrerait au Lechthal et au Bernhardsthal dans le Voralberg ; la même espèce aurait été également recueillie dans le *calcaire rouge à Ammonites* des Alpes de Vadorana, près de Mendrizio. Elle paraît ainsi occuper un horizon constant et très-étendu, vers la partie supérieure du Lias, dans le centre de l'Europe.

EXPLICATION DES FIGURES. — Pl. 14, fig. 1, portion de fronde de *Chondrites Bollensis*, d'après un exemplaire du musée de Metz, moulé et communiqué par M. Terquem ; — Fig. 2, parties éparses d'une fronde de la même espèce ; on distingue en *a* un fragment de *Chondrites flabellaris*. Ces deux figures sont de grandeur naturelle.

N° 2. **Chondrites flabellaris.**

Pl. 15, fig. 1-3.

DIAGNOSE. — *Ch. fronde (viva) cartilaginea, infra simplici, sursum implexe ramosa, ramis gracilibus cylindricis vage pinnatis varieque reflexis, tum dilatato-compressis, in flabellum multipartitum expansis, ramulis ultimis cylindricis plus minusve obtusatis.*

Les frondes de cette remarquable espèce ne laissent saisir leurs caractères que par le moyen d'un moulage. Les empreintes, profondément gravées dans les grès les plus durs, tapissées postérieurement par un enduit ocreux, qui ôte parfois de la netteté à certaines parties, dénotent des organes d'une consistance ferme et cartilagineuse. Nus et simples dans le bas et sortant, à ce qu'il semble, par l'examen de la figure 1, Pl. 15, d'un stipe érigé et cylindrique, épais de 5 à 6 millimètres, les rameaux principaux sont grêles d'abord, peu divisés, ascendants ; mais ensuite ils se dilatent, se ramifient, s'entrelacent et donnent lieu, en se prolongeant, à des expansions profondément partagées sur les bords latéraux et antérieurs en segments cylindriques, simples ou bifurqués, et toujours plus ou moins obtus au sommet ; le diamètre de ces segments peut être évalué à 1 1/2 millim., 2 millimètres au plus. Les rameaux ainsi dilatés et segmentés prennent une apparence flabellée et se prolongent, non pas par leur extrémité antérieure, mais à l'aide de l'un des segments latéraux, produisant une nouvelle expansion susceptible de se continuer de la même façon. L'ensemble forme une fronde très-complexe, à ramules souvent entrelacés et recourbés dont il est parfois difficile de reconnaître les vrais contours. Les figures que nous donnons et qui toutes ont été dessinées d'après des moules permettront de comprendre, mieux qu'on ne le ferait à l'aide d'une description, la physionomie de ce *Chondrites* aussi élégant que singulier.

Rapports et différences. — Les empreintes de *Chondrites flabellaris*, si l'on n'a pas recours à un moulage, peuvent être confondues avec celles du *Ch. Bollensis* à qui elles sont associées dans les grès de la Moselle ; mais, dans le *Chondrites Bollensis*, les segments, quoique nombreux et parfois presque contigus, ne se réunissent pas de manière à composer de véritables expansions. En outre, le mode de partition est tout différent et les ramules sont moins régulièrement cylindriques. On ne saurait nier cependant qu'il n'existe de l'analogie entre l'espèce de Boll et celle de la Moselle, qui du reste a été jusqu'ici confondue avec la première. J'ai sous les yeux une Algue du Flysch d'Estoublon (1), près de Digne (Basses-Alpes), voisine du *Ch. patulus* Fischer-Oost. qui se rapproche quelque peu du *Ch. flabellaris*, sous des dimensions beaucoup plus faibles. Parmi les espèces actuelles, je ne connais guère que le *Gelidium proliferum* Harv. que l'on puisse rapprocher de la nôtre; seulement les segments de l'Algue vivante sont plus comprimés et souvent incisés au sommet, tandis qu'ils sont toujours simples et cylindriques dans la plante fossile, dont le rapport avec le *G. proliferum* mérite pourtant d'être signalé (2).

Localités. — Grès supraliasiques des environs de Metz, mont Saint-Michel, près de Thionville; étage toarcien.

Collection du musée de Metz (M. Terquem), du musée de la ville de Strasbourg, et du Muséum de Paris.

Explications de figures. — Pl. 15, fig. 1, portion de fronde moulée de *Chondrites flabellaris*. On voit en *a* une portion du stipe d'où part un des rameaux de la fronde qui se divise supérieurement et donne lieu à trois expansions reliées par des ramules diversement repliés, d'après un exemplaire des environs de Metz, envoyé, en 1857, par M. Terquem, à la collection du Muséum de Paris; — Fig. 2, portion d'une fronde de *Chondrites flabellaris*, d'après un exemplaire moulé du musée de Strasbourg. Trois rameaux

(1) Voyez cette espèce que nous représentons, Pl. xxiv, fig. 5, pour servir de terme de comparaison entre les *Chondrites* jurassiques et ceux du *Flysch*. Elle paraît nouvelle et pourrait être nommée *Chondrites taxiformis*.

(2) Voy. *Tab. phycol. od. Abbild. d. Tange*, von Fried. Kützing., XIX, tab. xxv, fig. *a*.

grêles, et probablement sortis d'une branche commune, donnent lieu supérieurement à une réunion d'expansions flabellées et de ramules entrelacés. — Fig. 3, partie supérieure d'une fronde de la même espèce, formée de ramifications complexes, entremêlées, d'après un exemplaire moulé et communiqué par M. Terquem. Ces trois figures sont de grandeur naturelle.

N° 3. **Chondrites rigidus.**

Pl. 13, fig. 1-2.

Diagnose. — *Ch. fronde rigide erecta, furcato divisa, ramis simplicibus curvato ascendentibus, cylindricis tubtorulosis.*

On dirait, à première vue, une empreinte de *Jeanpaulia* à segments très-grêles ; mais en s'aidant d'un moule et d'un examen attentif à la loupe, on aperçoit une fronde peu divisée, à rameaux disposés par trois, autour d'un axe central, partant à peu près du même point et tous d'égale grosseur ; ils se redressent en dessinant une courbe légère, deviennent ascendants et se montrent par le moulage comme des baguettes cylindriques, légèrement toruleuses, c'est-à-dire rétrécies çà et là, disposition qui leur donne une apparence fistuleuse, comme l'on peut en juger par notre figure grossie 2ª. La consistance de l'ancienne fronde était ferme et rigide ; on ne saurait en douter lorsqu'on remarque les tubes cylindriques qui traversent la roche et correspondent à des rameaux soit de la même fronde, soit d'un autre exemplaire. De plus, le rameau principal présente vers son milieu l'empreinte fort nette d'un ramule latéral qui se perd dans la roche dont le grain est un calcaire lithographique fort dur. Un autre rameau isolé est couché en travers de la fronde que nous venons de décrire, il paraît terminé par un sommet atténué en pointe.

RAPPORTS ET DIFFÉRENCES. — Il existe un rapport évident entre le rameau grossi de notre figure 2ª et le *Munsteria Schneideriana* Gœpp., du moins si l'on consulte la figure de cette espèce crétacée, donnée par M. Fischer-Ooster (1); on peut aussi le comparer au *Munsteria antiqua* Heer (2) du Lias de Schambelen. Mais notre *Chondrites rigidus* est bien plus petit; il ne possède aucun des caractères distinctifs des *Munsteria*, genre lui-même fort problématique, s'il faut en croire M. Schimper; il est plus naturel, selon nous, d'y reconnaître un *Chondrites* à fronde peu divisée, dont les rameaux mesuraient au plus 1 millim. à 1 1/2 millim. en diamètre ; ces rameaux présentent des stries transversales très-faibles et une forme légèrement toruleuse.

LOCALITÉ. — Calcaire lithographique de Châteauroux (Indre) ; Corallien.

Collection du Muséum de Paris.

EXPLICATION DES FIGURES. — Pl. 13, fig. 1, empreinte de *Chondrites rigidus*, grandeur naturelle. — Fig. 2, même espèce, moulée pour montrer l'aspect originaire de la fronde; 2ª portion de la même fronde grossie pour montrer l'apparence toruleuse des rameaux.

N° 4. **Chondrites filicinus.**

Pl. 17, fig. 4 et 18, fig. 1-2.

DIAGNOSE.— *Ch. fronde (viva) cartilaginea, gracili cylindrica vel subcompressa, pinnatim decomposito-ramosa, ramis ramu-*

(1) *Foss. Fucoid.* pl. IV, fig. 3.
(2) *Urw. der Schweiz*, pl. VI, fig. 19.

lisque elongatis, patentibus sæpius deflexis, ultimis linearibus fusiformibus aut leniter clavatis obtusis sensimve attenuatis, junioribus innovationum causa plus minusve incisis.

Les frondes de cette élégante espèce sont grêles, divisées en un grand nombre de rameaux divariqués et souvent flexueux. Leur forme était cylindrique ou un peu comprimée, leur consistance cartilagineuse, mais leur tenue avait sans doute quelque chose de souple dans les dernières subdivisions. Les ramifications ont lieu le long d'un axe principal ou d'axes secondaires, dirigés en ligne droite et dessinant de temps à autre des coudes pour suivre une nouvelle direction, ordinairement rectiligne comme la précédente. L'épaisseur de ces axes n'excède pas celle des derniers rameaux ; ceux-ci s'écartent, sous un angle très-ouvert, de l'axe qui les porte, s'allongent et se subdivisent sur un côté seulement, en se repliant sur eux-mêmes à l'aide d'un mouvement qui leur donne parfois une apparence scorpioïde. L'ensemble de ces ramifications est fort élégant; il rappelle certaines fougères à pinnules déliées, spécialement les genres *Cheilanthes* et *Allosorus;* les ramules extrêmes affectent une forme linéaire, avec une terminaison en massue allongée ou en fuseau obtus, quelquefois dilatée en palette et plus ou moins incisée. Ces incisures, qui se changent en lobes et en partitions, correspondent aux endroits par où la fronde produisait, en se prolongeant, de nouveaux ramules. Les empreintes, déposées à la surface de plaques calcaires d'un blond tirant sur le brun et d'un grain très-fin, se détachent en blanc jaunâtre sur le fond plus obscur de la roche, et se trouvent remplies par une substance ocreuse, qui ne se détache qu'avec peine des sillons cylindriques auxquels elle adhère fortement.

Rapports et différences. — Notre *Chondrites filicinus* montre les plus grands rapports de forme et de ramification avec la variété γ *filiformis* du *Ch. Bollensis* de Kurr (1), séparée avec raison de ce dernier, par M. Fischer-Ooster, sous le nom de *Chondrites filiformis* (2). Le *Chondrites filiformis* est une espèce du Lias supérieur qui diffère de la nôtre, non-seulement par ses ramules plus étroits, moins divisés, plus longs et plus divariqués, mais aussi par leur apparence filiforme, tandis que les ramules du *Ch. filicinus*, qui provient du reste d'un niveau géognostique bien plus élevé, sont plus courts et dilatés le plus souvent en massue allongée ou en fuseau à leur extrémité. Il se rapproche encore plus peut-être d'une espèce du Flysch, décrite par M. Fischer-Ooster, sous le nom de *Chondrites longipes*, que M. Schimper, d'accord avec M. d'Ettingthausen, regarde seulement comme représentant une forme plus grêle du *Chondrites Targioni* (3). Mais, à une pareille distance, il ne saurait être question de réunir les deux espèces ; le mode de partition des rameaux et leur tendance à se replier sur eux-mêmes témoigne, il est vrai, d'une assez grande analogie ; cependant, dans l'espèce du Flysch, les ramules se trouvent supportés par de longs stipes filiformes et nus, caractère que l'on n'observe pas dans l'espèce jurassique.

Parmi les espèces actuelles, le *Chondrites filicinus* doit être surtout comparé au *Cystoclonium obtusangulum* Kütz., du cap Horn, au *Sphærococcus tenuis* Kütz., de Bahama ; il présente encore une certaine ressemblance avec les *Gelidium*

(1) *Beitr.*, pl. III, fig. 5.
(2) *Foss. Fucoid.*, p. 46, tab. XII, fig. 1.
(3) *Chondrites Vindobonensis*, Ett. (*ex parte*). — Schimper, *Traité de Pal. vég.*, I, p. 170.

variabile Grev., *acrocarpum* Harv., des mers de l'Inde, ainsi qu'avec l'*Acrocarpus spinescens* Kütz., de l'Adriatique.

Localité. — Les Puits de Rians (Var); Bathonien, zone à *Ammonites tripartitus*.

Notre collection.

Explication des figures. — Pl. 17, fig. 4, portion de fronde de *Chondrites filicinus*, à la surface d'une plaque calcaire, grandeur naturelle; 4ª, fragment grossi, pour montrer la forme des dernières ramifications. — Pl. 18, fig. 1, portion de fronde de la même espèce, à la surface d'une autre plaque calcaire, grandeur naturelle; Fig. 2, autre fragment de fronde de la même espèce, grandeur naturelle.

N° 5. Chondrites nodosus.

Pl. 16, fig. 1-3.

Diagnose. — *Ch. fronde (viva) cartilaginea robusta decomposite ramosa, ramis cylindricis aut compressiusculis crassis, pinnatim vel furcatim divisis flexuosis, sæpe curvato-reflexis, ramulis ultimis simplicibus furcatisque, apice obtusatis aut minime attenuatis plerumque arcuatim clavatis, globulis breviter stipitatis ad apicem ramulorum lateralium quandoque appensis.*

Les frondes sont robustes, bi ou tripinnées, à rameaux cartilagineux, plus ou moins fragiles, divariqués, souvent repliés en courbe ou inclinés en divers sens et comme noueux, c'est-à-dire présentant rarement un diamètre égal dans toute leur étendue. On peut évaluer l'épaisseur des rameaux adultes à 2 ou 3 millimètres. Cette épaisseur se réduit à 1 ½ millimètre dans les jeunes frondes qui ne sont pas rares auprès des anciennes, comme le montre la fig. 3. Les rameaux principaux donnent lieu, ordinairement, à des segments, eux-mêmes divisés en segments secondaires, tantôt simples, tantôt partagés en deux ou trois ramules disposés dans un ordre alterne et distique. Ces divers ramules s'écartent de l'axe qui les porte sous un angle d'environ 45 degrés, quelquefois plus ouvert ou même tout à fait droit. Leur dimension varie comme leur forme ; longs parfois de 2 centimètres, ils affectent le plus souvent l'aspect d'une massue arquée ou contournée, tantôt tout à fait obtuse, tantôt plus ou moins atténuée au sommet. Leur côté montre souvent des sinuosités, des dents ou même des lobes qui dénotent les points par où les frondes tendaient à se prolonger. Les frondes jeunes, plus petites dans toutes leurs parties, mais ramifiées de la même façon que les grandes, présentent des ramules plus courts, plus égaux, obtus ou renflés à leur sommet, tantôt simples, tantôt bifurqués. On remarque, sur quelques parties de ces frondes, des corps globuleux, obconiques ou submoniliformes agrégés, brièvement stipités ou subsessiles, attachés çà et là, latéralement, le long des rameaux ou des ramules de la fronde, et qu'il serait naturel de regarder comme représentant les sporothèques de cette espèce.

Rapports et différences. — Le *Chondrites nodosus* se rapproche de la figure du *C. Bollensis*, donnée par M. Fischer-Ooster dans son ouvrage sur les Fucoïdes fossiles (1); mais ce n'est là sans doute qu'une apparence, car on ne saurait confondre notre *C. nodosus* avec le véritable *C. Bollensis*, ni surtout avec la variété β *elongatus* de Kurr dont les ramules sont plus allongés, non renflés en massue et les rameaux plus grêles et plus unis. Il ressemblerait davantage à la variété α *cæspitosus*, à qui nous avons rapporté plusieurs empreintes du Lias de la Moselle, mais une comparaison attentive des deux espèces fait voir que le *Chondrites nodo-*

(1) *Foss. Fucoid.*, p. 50, pl. III, fig. 3.

sus a des frondes plus épaisses, à ramifications plus robustes et moins élancées, que ses derniers ramules sont plus courts proportionnellement, plus renflés en massue, plus souvent repliés en divers sens et limités par un contour plus sinueux et moins régulier. En dehors de ces différences, qui suffisent à notre sens pour motiver l'établissement d'une espèce distincte, l'affinité des deux formes est assez évidente pour frapper l'attention, et le *Chondrites nodosus* semble avoir joué, dans l'Oolithe, le rôle attribué au *C. Bollensis* dans le Lias supérieur. Il est du reste à peine distinct de l'espèce suivante dont il se sépare seulement par les segments plus obtus, moins dilatés et enfin moins incisés sur le bord, de ses frondes.

Le *Gigartina flabellata* J. Ag., du Port-Phillip, nous paraît être la plus analogue des espèces similaires actuelles. On pourrait encore citer quelques *Sphærococcus* et parmi eux le *S. canaliculatus* Kütz., de la Nouvelle-Calédonie, dont les frondes sont cependant bien plus comprimées.

Localité. — La Tardive près des Puits de Rians (Var); étage bathonien, zone à *Ammonites tripartitus;* sur les mêmes plaques calcaires que l'espèce précédente.

Explication des figures. — Pl. 16, fig. 1 et 2, parties de fronde du *Chondrites nodosus*, grandeur naturelle. — Fig. 3, autres fragments dont un au moins paraît se rapporter à une plante jeune. — On remarque en *a*, fig. 2 et 3, des corps globuleux qui correspondent probablement à des sporothèques.

N° 6. **Chondrites Dumortieri.**

Pl. 17, fig. 1-3.

Diagnose. — *Ch. fronde (viva) cartilaginea robusta cylindrica, luries furcato-ramosissima, ramis compressiusculis distiche pinnatis lobatoque incisis, ramulis ultimis tum simplicibus claviformibus tum furcatis incisisve dentatisque, incisuris sæpius acutis.*

La connaissance de cette espèce est due à M. Dumortier qui a bien voulu nous la communiquer et à qui nous la dédions. Ses frondes sont robustes, cartilagineuses, cylindriques, mais probablement un peu comprimées, ramifiées, à ramules divariqués, flexueux, tantôt dichotomes, tantôt pinnés, à segments distiques, érigés ou décombants. Les ramules sont tantôt simples et en massue plus ou moins arquée et sinuée, obtus ou atténués au sommet, tantôt bifurqués ou seulement lobés. Ces ramules sont plus dilatés, plus souvent incisés et festonnés que ceux du *Chondrites nodosus;* ces différences deviennent même plus sensibles, si l'on consulte la figure 2, dont les ramules étalés, distiques et presque contigus sont découpés dans une fronde plus large et probablement comprimée. La terminaison des lobes et des incisures, quelquefois obtuse, est le plus souvent pointue.

Rapports et différences. — Très-rapprochée de la précédente, cette espèce remarquable s'en distingue surtout par sa physionomie, par ses derniers ramules plus développés, plus élargis, plus irréguliers, plus souvent incisés, tantôt dilatés en massue, tantôt terminés en pointe et irrégulièrement lobés vers le sommet.

Localité. — Saint-Étienne de Boulogne (Ardèche), Oxfordien inférieur. Coll. de M. Dumortier. Galerie Combe, sur le minerai de fer.

Explication des figures. — Pl. 17, fig. 1-3, portions de fronde de *Chondrites Dumortieri*, grandeur naturelle.

N° 7. Chondrites ramuliferus.

Pl. 12, fig. 2.

Diagnose. — *Ch. fronde (viva) cartilagineo-coriacea cylindrica sub-cæspitosa, hinc inde vage pluries ramosa, ramulis ultimis alternis pinnatis simplicibus aut furcato-partitis, fusiformibus aut subclavatis.*

Les frondes de cette espèce avaient une consistance très-ferme, puisque leurs ramules traversent sans fléchir les calcaires lithographiques de Châteauroux. Cette disposition cache en partie la forme de certains rameaux qui paraissent avoir été dirigés en divers sens. L'ensemble donne lieu à une touffe divariquée, prolongée à droite et à gauche et plusieurs fois ramifiée, tantôt par bifurcation, tantôt suivant un mode subpinné et dans un ordre alterne. Les derniers ramules sont simples ou plus rarement fourchus ; ils se terminent en fuseau ou plus rarement en massue allongée, faiblement atténuée au sommet. L'exemplaire d'après lequel nous établissons l'espèce est unique et assez confus. Cependant il nous semble présenter des caractères suffisants pour devoir occuper une place à part.

Rapports et différences. — L'espèce jurassique la plus voisine de la nôtre serait le *Chondrites Bollensis* avec qui un mode de ramification particulier et la forme en fuseau des derniers ramules empêchent pourtant de confondre le *Chondrites ramuliferus*. L'affinité paraît plus grande encore avec le *Chondrites fusiformis* F.-Oost. (1), et la variété γ *flexuosus* du *Chondrites Targioni* Sternb., surtout si l'on s'attache à la figure 4, Pl. 9, de l'ouvrage précité. Cependant, le *Chondrites fusiformis* est une espèce crétacée dont les ra-

(1) *Foss. Fucoid.*, p. 53, pl. iv, fig. 3.

mules, beaucoup moins divisés, s'étalent en fuseaux plus longuement acuminés au sommet que ceux de notre *Chondrites ramuliferus*. La consistance paraît du reste avoir été aussi ferme des deux parts, puisque sur la figure de M. Fischer-Ooster on distingue plusieurs ramules qui montrent leur coupe transversale et doivent percer le sédiment dans un sens vertical ou suboblique. La figure 4 de la planche 13 du même auteur se rapporte à une espèce du Flysch que l'on ne saurait songer à identifier avec celle de Châteauroux; elle semble du reste représenter une plante jeune; les figures 5 à 7 de la même planche que l'auteur réunit également à la variété *flexuosus* du *C. furcatus* ont des ramules plus épais, plus égaux d'un bout à l'autre et plus obtus au sommet. Ce sont là, malgré tout, des formes dont l'analogie est frappante et qui témoignent de la persistance de certains types de *Chondrites* à travers un temps géologique très-long, du moins en se tenant aux caractères de physionomie extérieure, les seuls dont on puisse juger.

LOCALITÉ. — Calcaires lithographiques de Châteauroux (Indre); Corallien supérieur, zone à *Astarte minima* Goldf.

Collection du Muséum de Paris (n° 42), envoi de M. Meillet, 1841.

EXPLICATION DES FIGURES. — Pl. 12, fig. 2, fronde de *Chondrites ramuliferus*, grandeur naturelle.

N° 8. — Chondrites hechingensis.

Pl. 19, fig. 1-3.

Chondrites hechingensis Fischer-Ooster, *Foss. Fucoid.*, p. 49 (*ex parte? excl. prob.* fig. 3, tab. XII) pl. XVII, fig. 1-2.

DIAGNOSE. — *Ch. fronde (viva) cæspitosa, firme cartilaginea vel rigida tereti, quandoque nodulosa subtorulosave, multipli-*

citer vage furcata pinnatimque ramosa, ramulis ultimis annulatim leviter striatulis, sæpe flexuosis, apice incrassatis, longe clavato-obtusatis, conceptaculis globosis pedicellatis, ramis lateraliter appensis.

Fucoides hechingensis,	Quenstedt, *Der Jura,* p. 575, tab. LXXIII, fig. 9.
Nulliporites hechingensis,	Heer, *Urw. d. Schweiz,* p. 140, tab. IX, fig. 18.
Nullipora hechingensis,	Schimper, *Traité de Pal. vég.*, I, p. 181.

Le *Fucoides hechingensis* de Quenstedt, très-exactement figuré par cet auteur, constitue près de Gesslingen, dans le Wurtemberg, un banc calcaire, entièrement pétri de frondes ramifiées dans tous les sens et encore en place. Sur plusieurs points de la Suisse, la même espèce traverse de ses rameaux cylindriques les sédiments marneux ou calcaréo-marneux qui ont dû la recouvrir autrefois, sans faire fléchir ses rameaux. Le savant M. Heer a pensé que ce fucoïde différait des *Chondrites* proprement dits par la consistance solide et incrustée de ses frondes, et conséquemment il l'a rapproché des *Nullipora,* Algues calcifères, encore assez mal connues, qui vivent dans le voisinage des coraux et ont été longtemps confondues avec ces derniers, à cause de la rigidité de leurs frondes. Le professeur de Zurich a donc décrit et figuré le *Fucoides hechingensis* sous le nom de *Nulliporites hechingensis*, changé depuis en celui de *Nullipora* par M. Schimper dans son dernier et grand ouvrage sur la Paléontologie végétale. Cependant le *Fucoides hechingensis* ne diffère des *Chondrites* proprement dits ni par la forme ni par le mode de partition des ramules de ses frondes. Leur consistance rigide (car la propriété incrustante ne saurait être directement prouvée) se retrouve chez plusieurs *Chondrites* qui y joignent la fragilité, circonstance de nature à expliquer la multitude de fragments épars qui peuplent souvent la surface ou l'intérieur des lits. Du reste, on conçoit très-bien comment au fond d'une mer calme les sédiments marneux ou calcaires ont pu recouvrir peu à peu des prairies d'Algues ; les plantes envahies de cette façon ne cessaient de végéter au milieu même du lit en voie de formation, s'élevant pour ainsi dire avec lui et produisant sans cesse de nouveaux rejetons. D'autres fois, au contraire, les débris de ces mêmes Algues, arrachés et ballottés par les flots, se seront accumulés au sein des sables ou des dépôts vaseux. La consistance, la raideur, la propriété incrustante elle-même (si elle a réellement existé) ont dû varier chez les *Chondrites*, d'espèce en espèce, ainsi qu'on le remarque chez les Algues de nos jours qui sont loin, dans l'intérieur du même groupe, de se montrer uniformément résistantes et solides. On ne saurait donc, selon nous, se baser uniquement sur ce caractère pour distraire des *Chondrites* une partie des espèces qui s'y rapportent naturellement, sous prétexte qu'elles ont végété dans des conditions particulières et possédé des frondes revêtues d'une enveloppe calcaire.

Le *Fucoides hechingensis*, dont l'importance a été grande dans les mers de l'Oxfordien, se place sans effort auprès des espèces de *Chondrites* de taille moyenne. Ses frondes sont disposées en touffes gazonnantes, ramifiées dans tous les sens, tantôt compliquées et dendroïdes, tantôt donnant lieu à des ramules allongés, dichotomes ou pinnés. Toujours cylindriques, mais renflés çà et là, les rameaux prennent parfois une apparence subtoruleuse, et, considérés à la loupe, ils semblent marqués de légères stries annulaires qui donnent à leur surface un aspect finement granulé. Les frondes, dont la résistance au poids des sédiments démontre la rigidité, devaient être en même temps très-fragiles, puisque sur les échantillons que nous figurons on observe, non-seulement à la surface des plaques, mais aussi dans leur intérieur, des fragments épars disposés dans le plus grand désordre. Nos figures, du reste, ont été dessinées d'après des moules qui rendent bien le relief des anciens organes, mais ne permettent pas de suivre au sein de la roche la direction des empreintes. Les derniers ramules sont alternes, obliquement dirigés, renflés en massue allongée vers le sommet qui est toujours obtus ou faiblement atténué. Il est difficile de douter de l'identité des empreintes que nous reproduisons avec les figures de Quenstedt et celles de M. Heer, à qui nous devons encore la communication d'exemplaires originaux provenant d'Argovie. Notre figure 1[a], grossie, permettra de saisir sans peine les caractères distinctifs de cette espèce. Le diamètre des rameaux n'excède pas un millimètre; les derniers ramules mesurent 12 à 13 millimètres de long; leur partie renflée est épaisse de 1 1/2 à 2 millimètres au plus. Ordinairement obliques ou même ascendants, ils se replient ou prennent quelquefois une apparence légèrement sinuée ou paraissent bossués et subtoruleux, caractère que nous avons également remarqué dans les échantillons d'Argovie.

Mais ce qui ajoute beaucoup d'intérêt à nos exemplaires, c'est la présence de sporothèques ou corps globuleux, sporangiformes, supportés par un ramule étroit et court, à la base et sur les côtés de certains rameaux. Outre ces organes que notre figure 1[a] représente occupant leur place naturelle, on en remarque d'autres, épars et détachés, au milieu des fragments de fronde.

Rapports et différences. — Le *Chondrites hechingensis*

diffère de deux espèces très-voisines, décrites par M. Hee sous les noms de *Nulliporites Argoviensis* et *angustus*, par les proportions plus grandes du premier, plus étroites du second dont les derniers ramules ne se renflent pas en massue vers le sommet (1). Il est aussi très-analogue aux espèces du Lias que nous allons décrire, mais il diffère du *Chondrites globulifer* par des sporothèques supportées par de plus courts pédicelles et du *Chondrites fragilis* par des ramules plus espacés, plus uniformément renflés en massue, enfin par la disposition plus étalée de ses frondes.

LOCALITÉS. — Le *Chondrites hechingensis* a été recueilli, dans le département de la Vienne, par M. de Longuemar, à Saint-Laurent, au sud de la Vienne, et à Chassigny, dans le Loudunnais; ces localités sont rapportées par ce géologue à l'Oxfordien supérieur, zone à *Ammonites plicatilis*, *oculatus*, *canaliculatus*, *Belemnites hastatus*, etc. — Dans le Wurtemberg, Quenstedt indique le *Chondrites* (*Fucoides*) *hechingensis*, comme constituant un horizon très-fixe, situé vers la base du Jura blanc, à la jonction des divisions α et β avec le *Belemnites hastatus*, et surmonté d'un lit où se rencontre l'*Amm. canaliculatus*. En Suisse, la même espèce, *Nulliporites hechingensis* Heer, a été signalée au même niveau dans beaucoup d'endroits, spécialement à Oberbuchsiten dans le canton de Soleure, dans celui d'Argovie, à Baden en Turgovie, au Schilt dans le canton de Glaris, etc.

EXPLICATION DES FIGURES. — Pl. 19, fig. 1, fragments de frondes de *Chondrites hechingensis* épars à la surface d'une plaque calcaire, d'après un moule en argile communiqué par M. de Longuemar et appartenant à sa collection, grandeur naturelle; fig. 1[a], un des fragments grossis pour montrer la disposition des ramules et celle des sporothè-

(1) Heer, *Urw.*, tab. IX, fig. 20 et 21.

ques globuleuses, *aa*, éparses ou attachées aux parties latérales de la fronde. — Fig. 2 et 3, autres fragments de la même espèce, grandeur naturelle.

N° 9. — **Chondrites fragilis.**

Pl. 20, fig. 1-5.

DIAGNOSE. — *Ch. fronde minuta (viva) rigida fragili ramulosa, ramulis cylindricis pinnatim furcatimque divisis, varie lobatis incisisque, clavatis aut turbinatis, sporothecis? globoso-pyriformibus breviter pedicellatis, lateraliter appensis.*

Les débris accumulés des frondes de cette espèce, probablement très-fragile et peut-être encroûtée et solide, remplissent certains lits du Lias supérieur des environs de Metz. La roche est un grès calcaréo-marneux, à pâte fine, à grain très-compacte, revêtue extérieurement d'une coloration rose, tandis que les fragments de ramules, projetés dans le plus grand désordre et placés dans toutes les directions, pétrissent l'intérieur et se détachent en clair sur le fond vineux de la surface. Il est impossible de reconstruire les frondes dans leur ensemble ; on peut seulement dire qu'elles étaient menues, ramifiées-cespiteuses, et que leurs derniers rameaux se divisaient en ramules tantôt simples, en massue allongée, tantôt partagés en dents et en lobes cylindrico-coniques, turbinés ou en fuseau court ; on aperçoit aussi le long de quelques-uns de ces rameaux des organes sporangiformes, globuleux, atténués inférieurement en un assez long pédicelle, que l'on peut regarder comme représentant des sporothèques analogues à ceux de plusieurs autres *Chondrites*. Il est probable que les débris roulés et triturés de ce *Chondrites* et de l'espèce suivante auront été entraînés pêle-mêle avec une vase sableuse dans les lits en voie de formation. Les altérations subies par la roche encaissante, lorsqu'elle se trouve exposée à l'air, ont pour effet de dégrader et de colorer la pâte gréso-marneuse et de mettre à nu les fragments de *Chondrites* dont la dureté relative est plus grande et la composition toute calcaire. Ces fragments deviennent alors très-nettement visibles.

Rapports et différences. — Le *Chondrites fragilis* se distingue aisément du *Chondrites hechingensis*, dont il joue le rôle dans le Lias, par des ramifications plus courtes, moins allongées et plus irrégulières; ses sporothèques paraissent ovoïdes plutôt que globuleuses. Il a vécu associé à l'espèce suivante dont les débris peuplent les mêmes blocs gréso-marneux, et dont il se distingue pourtant, soit par la forme de ses sporothèques, soit par l'aspect et le mode de partition de ses frondes.

Localité. — Grès supraliasiques des environs de Metz, étage toarcien.

Collection de M. Terquem, à qui est due la connaissance de l'espèce.

Explication des figures. — Pl. 20, fig. 1, portion de roche couverte de débris épars des frondes de *Chondrites fragilis*. — Fig. 2-5, fragments grossis de la même espèce; on voit en *aa* des organes globuleux qui paraissent représenter des sporothèques.

N° 10. **Chondrites globulifer.**

Pl. 21, fig. 1-4.

Diagnose. — *Ch. fronde minuta gracili cylindrica fragili ramulosa, ramulis ultimis elongatis apice, leviter incrassatis obtusatisque aut subclavatis quandoque globuliferis.*

Les fragments de cette espèce occupent la même couche que ceux de la précédente. Ils sont de même accumulés en grand nombre dans le corps gréso-marneux de la roche, disposés sans ordre et répandus dans toutes les directions. Il nous semble pourtant y reconnaître une forme distincte, du moins en observant les fragments les mieux conservés. Ils se détachent, teintés de bleu, sur le fond de la roche, colorée d'un rouge obscur tirant sur le brun. Les rameaux très-menus de la fronde avaient au plus 1 millimètre, plus rarement 1 1/2 millimètre d'épaisseur, et, pour bien saisir leur aspect, il est nécessaire de consulter les figures 2 à 4 qui les représentent sous un assez fort grossissement. Quelques fragments (fig. 4) présentent des proportions supérieures ; ils semblent pourtant avoir appartenu à la même espèce. Les derniers rameaux sont étroits, élancés, linéaires, ramifiés, ascendants ; les ramules sont simples ou bifurqués, allongés en massue obtuse, assez peu renflés, mais toujours obtus au sommet ; Quelquefois les bords sont à peu près égaux de la base au sommet du ramule, mais la terminaison est constamment obtuse ou faiblement atténuée. Quelquefois aussi on aperçoit des ramules différents des autres par l'organe en forme de sporange globuleux qu'ils supportent à leur extrémité et qui diffère de ceux des espèces précédentes par la longueur proportionnelle du support. Il est difficile de ne pas reconnaître dans ces corps globuleux des sporothèques analogues à celles que nous avons déjà signalées.

Rapports et différences. — La forme globuleuse des sporothèques, beaucoup plus longuement pédicellées, la forme étroite des ramifications de la fronde et celle des derniers ramules séparent, selon nous, cette espèce de la précédente ; elle se rapproche du *Chondrites hechingensis* dont elle tient peut-être la place dans le Lias supérieur, mais sous des dimensions plus petites.

LOCALITÉ. — Grès supraliasiques des environs de Metz, étage toarcien.

Collection de M. Terquem, à qui est due la découverte de l'espèce et qui a bien voulu nous la communiquer.

EXPLICATIONS DE FIGURES. — Pl. 21, fig. 1, portion de roche couverte de débris épars des frondes de *Chondrites globulifer*. — Fig. 2 à 4, fragments grossis pour montrer la forme et la disposition des ramules; on distingue en *a a* des organes globuleux, terminaux, sporangiformes, qui représentent sans doute les sporothèques; la figure 4 reproduit un fragment de fronde dont les ramures sont plus larges et qui cependant paraît devoir être rapporté à la même espèce.

N° 11. Chondrites Diniensis.

Pl. 22, fig. 3.

DIAGNOSE. — *Ch. fronde minutissima debili cæspitosa cylindrica, ramis pluries pinnatim furcatimque partitis, ramulis ultimis linearibus apice leviter incrassatis obtusatisque.*

Les débris de fronde de cette espèce sont accumulés à la surface et dans l'intérieur d'un calcaire grisâtre, à texture compacte. Ce sont des rameaux cylindriques ou légèrement comprimés, plusieurs fois divisés, à ramules nombreux et rapprochés. La ténuité des rameaux et des ramules est très-grande, puisque leur épaisseur est au plus de 1/2 millimètre. Les ramifications, ascendantes, irrégulières, disposées dans un ordre alterne et le plus souvent pinné, dénotent des plantes formant un gazon serré, dont les derniers ramules sont linéaires, allongés, faiblement renflés et toujours obtus à leur extrémité, qui est parfois recourbée. Nous n'avons rien aperçu qui correspondît aux organes sporangiformes, visibles chez plusieurs espèces précédentes.

Rapports et différences. — Le *Chondrites Diniensis* est voisin du *Ch. globulifer*, dont il s'écarte seulement par la proportion beaucoup plus faible de ses rameaux, et aussi par un mode de partition un peu différent. Dans le nombre des Algues actuelles on peut en remarquer plusieurs dont l'analogie avec celle que nous décrivons ici paraît des plus étroites ; contentons-nous de citer l'*Acrocarpus intricatus* (*Gelidium intricatum* Kütz., spec. Alg. 767) de l'île Ravak ; l'*Acrocarpus delicatulus* Kütz., de la Nouvelle-Calédonie ; l'*Acrocarpus corymbosus* Kütz., de la Méditerranée; enfin le *Gelidium radicans* Mont., de Cuba.

Localité. — Environs de Digne (Basses-Alpes), étage infraliasien, zone à *Ammonites planorbis* et à *Astræa lamellosa.*

Collection de M. Garnier, inspecteur des forêts à Digne, à qui est due la découverte de l'espèce et qui a bien voulu nous la communiquer.

Explications de figures. — Pl. 22, fig. 3, trois fragments de fronde du *Chondrites Diniensis*, grandeur naturelle. — Fig. 3^a, 3^b et 3^c, quatre fragments grossis de la même espèce, pour montrer le mode de partition et la forme des rameaux.

N° 12. **Chondrites vermicularis.**

Pl. 23, fig. 1.

Diagnose. — *Ch. fronde (viva) cartilaginea implexe undique ramosa, ramis ramulisque dense confertis, pinnatim partitis, cylindricis curvatulis hinc inde constrictis plerumque subtoru-*

losis, ultimis plus minusve elongatis, simplicibus furcatisque obtusatis extremo apice quandoque globuliferis.

M. Marion a découvert aux environs d'Aix cette espèce curieuse qu'il nous a fait connaître. Ses frondes étaient de petite dimension; elles se composaient d'un grand nombre de ramules repliés sur eux-mêmes, et entrelacés de façon à rendre très-difficile l'examen précis de leur contour. Elles ont laissé, à la surface d'une roche calcaire, des empreintes dont la physionomie rappelle assez bien les ciselures de l'appareil usité en architecture, sous le nom de *vermiculé*. La profondeur relative et la netteté de ces empreintes témoigne de la consistance ferme et résistante des anciennes frondes; il suffit d'un moulage pour rendre aux tubulures gravées en creux leur relief originaire. Elles se montrent alors comme un amas de ramifications complexes, très-serrés et entrelacées de toutes parts. Une étude minutieuse permet de reconnaître que les segments de fronde, dont le diamètre est un peu inférieur à 1 millimètre, sont disposés dans un ordre pinné et alterne, que leur forme est cylindrique, mais qu'ils sont fréquemment contournés en divers sens, et surtout relevés çà et là de renflements noduleux qui leur communiquent une apparence toruleuse ou même moniliforme. Au milieu du désordre apparent de ces ramules entrelacés, l'œil éprouve de la peine à suivre la trace exacte des ramifications; notre figure 1ª, Pl. 23, qui reproduit avec exactitude une portion grossie de l'ancienne fronde, aidera à en saisir le mode de ramification compliqué et les caractères distinctifs. On voit par cette figure que les ramules, presque tous contigus, sauf vers les parties extérieures par où la fronde se continuait, sont plus ou moins renflés de distance en distance et que ces renflements, quelquefois arrondis et rapprochés, donnent aux rameaux une physionomie toute spéciale. L'extrémité de la plupart des ramules est non-seulement obtuse, mais arrondie, et, dans bien des cas, elle prend l'aspect d'un organe globuleux, analogue à ceux que nous avons remarqués chez plusieurs *Chondrites*. Il est à croire, en effet, que ces parties globuleuses et peut-être aussi les renflements toruleux des rameaux correspondent aux organes fructificateurs.

Rapports et différences. — Il existe une assez grande liaison entre cette espèce et le *Chondrites hechingensis*, dont les ramules sont pourtant bien moins serrées, moins entremêlées, et se terminent en massue renflée au sommet, sans être jamais aussi distinctement renflés-tolureux. Cette disposition toruleuse se retrouve au contraire dans les deux espèces suivantes, dont les sporothèques paraissent réunies en file, de manière à former une sorte de chapelet. Mais le mode de ramification des segments, leur multiplicité et leur direction contournée fournissent des caractères qui distinguent très-bien le *Chondrites vermicularis* des autres espèces du genre. Les Algues vivantes comprennent, dans le groupe des *Gymnogongrus*, très-voisins des *Gigartina*, plusieurs formes qui rappellent plus ou moins notre espèce fossile; nous citerons plus particulièrement les *G. polyides* Aresch., et *implicatus* Kütz., des côtes du Pérou, dont les ramules sont repliées et entremêlées à peu près comme celles du *Ch. vermicularis*. Les sporothèques des *Gymnogongrus*, arrondies et adnées sur le côté des ramules, sont souvent disposées en file, de manière à donner à celles-ci un aspect toruleux; c'est ce qu'on peut voir dans le *G. setaceus* Kütz., des plages du Chili.

Localité. — Vallée de Saint-Marc, sur le chemin de

Vauvenargues, environs d'Aix (Bouches-du-Rhône), étage bajocien; l'espèce y est associée au *Cancellophycus scoparius*.

Explication des figures. — Pl. 23, fig. 1, fronde de *Chondrites vermicularis*, d'après un exemplaire moulé, grandeur naturelle. Fig. 1ª, même organe grossi pour montrer la forme et le mode de partition des rameaux; on distingue en *aa* des organes globuleux qui répondent probablement aux sporanges.

N° 13. **Chondrites pusillus.**

Pl. 23, fig. 2-6.

Diagnose. — *Ch. fronde filiformi pinnatim pluries ramosa, ramis flexuosis alterne ramulosis, ramulis simplicibus furcatisve brevibus obtusis, sporothecis? globosis solitariis aut moniliformibus.*

Les divisions de la fronde sont débiles, étroites, filiformes, disposées en fragments épars à travers des feuillets marneux et bitumineux, très-difficiles à saisir et à dessiner. Les rameaux, à contours un peu flexueux et probablement délicats et fragiles, portent des ramules alternes, tantôt simples, tantôt bifurquées, mais toujours assez courtes et obliquement dirigées, par rapport à l'axe qui les supporte. Leur forme est linéaire ou un peu renflée en fuseau, et leur sommet est plus ou moins obtus. Leur longueur moyenne n'excède pas 4 à 5 millimètres. Les figures 4, 5 et 6, Pl. 23, grossies et dessinées avec le plus grand soin, mais aussi avec la plus grande peine, nous laissent voir non-seulement des ramules terminées par un organe globuleux en *a*, mais des appareils moniliformes, *b b*, qui semblent résulter de sporothèques agrégées bout à bout et en chapelet, comme on le remarque chez plusieurs Floridées actuelles. Les feuillets schisteux paraissent parsemés d'une multitude de ces organes globuleux détachés. Malheureusement l'échantillon lui-même laisse beaucoup à désirer, et il serait à souhaiter qu'au moyen d'exemplaires en meilleur état on pût s'assurer de l'existence des organes que nous venons de décrire, tels qu'il nous a semblé les apercevoir.

Rapports et différences. — Le *Chondrites pusillus* nous paraît très-voisin du *Chondrites divaricatus* Fisch-Oost, qui se rapporte à la variété δ *divaricatus* du *Chondrites Bollensis* Kurr. Nous aurions été portés à réunir les deux espèces, s'il ne nous avait paru que le caractère le plus saillant du *C. divaricatus*, c'est-à-dire la direction des ramules disposées suivant un angle très-ouvert, ne se faisait pas voir ici. Au contraire, les dernières ramifications, les seules que l'on observe, sont obliques, peu écartées, plus courtes et moins étroites relativement que dans l'espèce de Boll. Chez le *Chondrites liasinus* Heer, du Lias inférieur de Schambelen (Argovie) (2), les ramules sont plus étroites, plus allongées et plus divisées que dans les parties correspondantes du *C. pusillus*. Ce sont là pourtant des formes dont l'affinité mutuelle est visible et qu'on devra peut-être réunir, lorsqu'elles seront mieux connues. Dans le doute, nous préférons distinguer provisoirement plutôt que confondre sans motif suffisant.

Localité. — Lias des environs de Metz, zone à *Gryphæa arcuata*, dans des feuillets marneux et bitumineux très-fins.

Coll. de M. Terquem.

Explication des figures. — Pl. 23, fig. 2 et 3, ramules

(1) *Beitr.*, tab. III, fig. 4 et 6.
(2) *Urw. d. Schw.*, tab. IV, fig. 2.

épars détachés d'une fronde de *Chondrites pusillus*, grandeur naturelle; on distingue, à côté des ramules, des corpuscules globuleux, comprimés par la fossilisation, qui paraissent correspondre à des sporothèques détachées et disséminées en désordre.— Fig. 4, 5 et 6, trois fragments de fronde, grossis; la figure 4 montre en *a* un organe globuleux solitaire à l'extrémité d'un assez long pédicelle et en *bb* des ramules régulièrement contractées moniliformes ; chacun de ces corps globuleux, soit solitaires, soit agrégés bout à bout, paraît représenter une sporothèque.

N° 14. **Chondrites moniliformis.**

Pl. 24, fig. 1-4.

Diagnose. — *C. fronde gracili cylindrica pluries dichotome vageque ramosa, ramulis plerumque divaricatis alternis linearibus obtusiusculis simplicibus aut furcatis, sporothecis? globosis breviter pedicellatis solitariis vel sæpius aggregato-moniliformibus.*

Les frondes de cette curieuse espèce ne s'aperçoivent qu'avec une grande difficulté, à la surface de plaques de grès jaunâtres, micacées, d'un grain grossier, qu'elles ont marquées de leurs empreintes. Le creux de ces empreintes est encore occupé par une matière grisâtre pulvérulente qui a remplacé la substance végétale décomposée. Les linéaments, à peine saisissables à l'œil nu, des anciens organes se laissent entrevoir à la loupe, lorsque l'on s'attache à reproduire leurs contours. Les frondes du *Chondrites moniliformis*, ainsi étudiées, paraissent notablement plus grandes que celles du *Chondrites pusillus*. Elles mesurent un diamètre de 1 millimètre environ et se divisent à l'aide de plusieurs dichotomies successives en une série de ramifications étalées, coudées-flexueuses. Les dernières ramules, assez peu compliquées, sont étroites, le plus souvent linéaires, à peine renflées vers le milieu, obtuses ou faiblement atténuées au sommet. Mais à côté de ces ramules, on en distingue d'autres correspondant sans doute aux organes fructificateurs, et dont les unes supportent une sporothèque globuleuse, tandis que les autres, situées dans le voisinage des premiers, affectent une disposition toruleuse, submoniliforme, assez distincte malgré le peu de précision des empreintes. Il semblerait donc qu'ici, comme dans l'espèce précédente, les sporanges eussent été tantôt solitaires, tantôt agrégés bout à bout ; et ces organes, ainsi ordonnés en file, se seraient détachés de même par désarticulation, puisque l'on distingue un assez grand nombre de corps globuleux épars, au milieu des fragments de fronde. Malheureusement ces détails si importants sont rendus confus par suite du défaut de netteté des empreintes.

Rapports et différences. — Le mode de ramification, mais surtout les dimensions plus fortes des parties de la fronde distinguent cette espèce de la précédente ; elle diffère aussi du *Chondrites divaricatus* dont les rameaux sont plus détachés et le mode de division plus régulièrement pinné. Elle se rapproche encore davantage du *Chondrites æmulus* Heer (1), dont les ramules sont cependant plus ascendantes, plus grêles et plus allongées. Il est à peu près impossible de se prononcer en connaissance de cause sur de semblables affinités qui démontrent seulement combien les formes étaient multiples et variées dans les limites de l'ancien groupe des *Chondrites*. Cette analogie dans l'aspect

(1) *Urw. d. Schw.*, tab. xi, fig. 17.

des frondes existe pour les espèces jurassiques, même vis-à-vis celles du Flysch; afin de permettre d'en juger, nous reproduisons, Pl. 24, fig. 6, une forme de *Chondrites* que nous croyons nouvelle et qui provient de l'éocène supérieur de Moldavie, récemment exploré par M. Coquand. Ce *Chondrites*, que nous proposons de nommer *C. dacicus*, présente des rapports évidents de physionomie et de structure avec notre *C. moniliformis*, malgré la distance énorme qui sépare les formations auxquelles ils se rapportent respectivement.

Localité. — Grès supraliasique des environs de Metz, étage toarcien.

Coll. de M. Terquem.

Explication des figures.—Pl. 24, fig. 1, plusieurs fragments de fronde de *Chondrites moniliformis*, grandeur naturelle, on distingue en *a a* des corps globuleux épars et détachés qui paraissent correspondre aux sporothèques. Fig. 2 et 3, deux fragments grossis pour montrer la disposition des corps globuleux solitaires *a a* et des ramules toruleuses formées d'articles arrondis agrégés en file *b b*. Fig. 4, autre fragment grossi de la même espèce.— Fig. 6, *Chondrites dacicus*, espèce nouvelle de l'éocène supérieur de Moldavie, représentée pour servir de terme de comparaison, grandeur naturelle.

N° 15. Chondrites Garnieri.

Pl. 9, fig. 2-7.

Diagnose. — *C. fronde (viva) cartilaginea alterne pinnatimque pluries partita, ramulis virgatis plus minusve elongatis obliquis aut patentibus linearibus apice vix incrassato obtusis vel obtuse attenuatis plerumque simplicibus, quandoque fructificationis? causa globuliferis clavatisque.*

Les échantillons de cette espèce nous ont été communiqués par M. Garnier, inspecteur des forêts à Digne, à qui nous la dédions comme un souvenir du concours bienveillant qu'il nous a prêté. La fronde est rameuse, plusieurs fois divisée, à rameaux pinnés, alternes, obliquement émis, plus ou moins divergents et étalés. Les dernières ramules varient beaucoup de forme et de dimension. Dans les exemplaires que nous considérons comme normaux, elles sont toujours cylindriques, obtuses au sommet et plus ou moins allongées, sans présenter rien de flexueux dans leur direction (fig. 2, 3 et 4). Dans d'autres empreintes que nous croyons devoir pourtant réunir à la même espèce, les ramules paraissent plus épaissies en massue et plus courtes. Les figures 2 à 4 sont celles qui présentent les caractères les plus tranchés ; les dernières ramules, presque toujours simples, se prolongent dans une direction plus ou moins oblique, en gardant la même épaisseur jusqu'à leur extrémité supérieure, toujours plus ou moins obtuse. On distingue en *a a* des terminaisons globuleuses ou obconiques qui pourraient bien se rapporter à des sporothèques. L'épaisseur des rameaux principaux est de 1 ½ millimètre, et celle des dernières ramules de 1 millimètre seulement. Les frondes ont dû être cartilagineuses et cylindriques à l'état frais, mais elles n'ont laissé que des empreintes assez peu nettes, à la surface des schistes d'un gris ardoisé qui les renferment, en même temps que d'innombrables spécimens du *Cancellophycus scoparius*.

Rapports et différences. — Le *Chondrites hechingensis*, dont cette espèce se rapproche, présente des frondes à divisions plus nombreuses, plus flexueuses et surtout plus renflées en massue à l'extrémité des dernières ramules. L'espèce la plus voisine nous paraît être le *Chondrites œmu-*

lus Heer, de l'Oxfordien des cantons de Vaud et de Soleure (1). Nous serions tenté d'aller jusqu'à admettre l'identité des deux formes, si la nôtre n'était pas visiblement plus robuste que celle de Suisse, dont les plus fortes ramules ne mesurent pas même 1 millimètre d'épaisseur. Celle-ci est évidemment plus petite par toutes ses proportions ; ses ramules paraissent aussi généralement plus courts et plus souvent divisés. Cependant la faible étendue et la conservation incomplète de l'exemplaire figuré par M. Heer ne sauraient fournir, il faut le dire, les éléments d'une appréciation rigoureuse.

Localité. — Ravin de la Pierel, près de Digne (Basses-Alpes), étage bajocien.

Notre collection.

Explication des figures.— Pl. 9, fig. 2, 3, 4, portions de fronde de *Chondrites Garnieri*, type normal ; on distingue en *a a* des ramules renflées au sommet qui représentent probablement des sporothèques ; grandeur naturelle. —Fig. 5, 6, 7, autres empreintes à ramules plus courtes et plus renflées au sommet, appartenant, à ce qu'il semble, à la même espèce, grandeur naturelle.

DIXIÈME GENRE. — SPHÆROCOCCITES.

Sphærococcites, Sternb., *Vers.* II, p. 28 (emend.).
— Unger, *Gen. et sp.*, p. 24.
— Brongn., *Tab. des genres de vég. foss.*, p. 10.
— Fisch.-Oost., *Fos. Fuc.*, p. 56.
— Zigno, *Fl. foss. oolith.*, I, p. 32.

Diagnose. — *Frons (viva) cartilaginea vel coriacea plana*

(1) Voyez Heer, *Urweltd. Schweiz*, p. 142, tab. ix, fig. 17.

plus minusve compressa costata, dichotome vel pinnatim irregulariterve in lobos ramulosque partita, sporothecis, ut adsunt, prominulis tuberculatis substantiæ frondis innatis.

Sphærococcides, Schimper, *Traité de Pal. vég.*, I, p. 165.
Halymenites (*ex parte*), Sternb., *l. c.*, p. 29.

Histoire et définition. — Ce genre, tel que nous le concevons, conserve à peu près les limites que M. Schimper et avant lui M. Brongniart lui ont assignées en réunissant les *Sphærococcites* et *Halymenites* de Sternberg, après en avoir retranché certaines espèces, comme le *Sphæroc. crenulatus*, qui est devenu le type du genre *Phymatoderma*, les *Sphærococcites affinis* (*l. c.*, tab. 7, fig. 1), *inclinatus* (*l. c.*, tab. 8, fig. 2) et *genuinus* (*l. c.*, tab. 34, fig. 4), qui doivent rentrer dans les *Chondrites*, et enfin quelques formes tout à fait douteuses, probablement même étrangères aux Algues, telles que les *Halymenites verticillatus* (*l. c.*, tab. 5, fig. 3), *lacidiformis* (*l. c.*, tab. 27 *b*), etc.

Ainsi délimité, le genre *Sphærococcites* est encore des plus difficiles à bien définir, d'autant plus qu'il s'étend à un temps très-long, et l'on peut dire que ses espèces les plus anciennes n'ont avec les sphærococcidées actuelles que des rapports très-incertains, tandis que les espèces tertiaires rangées dans le même groupe, comme le *Sphærococcites cartilagineus* Ung., de Radoboj, se confondent presque avec les formes vivantes correspondantes. Il serait mieux sans doute de ranger parmi les *Sphærococcus* les Algues tertiaires dont la parenté avec ce type est visible et de réserver aux espèces secondaires exclusivement soit le nom de *Sphærococcites*, soit toute dénomination générique destinée à réunir des formes éteintes, liées par une physionomie et des caractères communs. Malheureusement, ces caractères eux-mêmes, appréciables chez quelques espèces, échappent à l'analyse lorsque l'on considère l'ensemble du groupe. M. Schimper a tenté, en dernier lieu, de le scinder en deux divisions ou sous-genres correspondant à peu près aux *Halymenites* et aux *Sphærococcites* de Sternberg et destinées à comprendre : le premier, les espèces *à frondes larges, irrégulièrement lobées* ou découpées; le second, les formes *étroites, à segments plus ou moins régulièrement ramifiés.* Mais il est facile de juger combien cette distinction échappe dans l'application : le *Sphærococcites Meyrati* Fisch.-Oost. (1) présente des segments au moins aussi larges que ceux du *Sphæroc.* (*Halymenites*) *cernuus* Sternb. (*l.c.*, II, tab. 8, fig. 4), à peine plus étroits et aussi irréguliers que ceux des *Sphærococcites varius* et *ciliatus* Sternb. (*ibid.*, tab. 2, fig. 4 et 4, fig. 1). Aux yeux de M. Brongniart, qui ne se dissimule pas les difficultés inhérentes au sujet, le genre *Sphærococcites* renfermerait des Algues à fronde membraneuse, en général d'apparence épaisse, coriace et souvent inégale, divisée en lobes pinnatifides ou digités et dichotomes, souvent irrégulière et allongée, sans nervure, à surface tantôt lisse, tantôt parsemée de tubercules fructifères irréguliers. Cette définition s'applique surtout, dans la pensée du savant auteur, aux Algues jurassiques de Solenhofen, et par ce motif nous devons l'adopter de préférence, en laissant à d'autres observateurs le soin de rechercher la vraie nature des liens qui peuvent rattacher ces Algues à celles des temps postérieurs. Nous observerons seulement que, si l'on néglige les Algues tertiaires et que l'on écarte en même temps du groupe des *Sphærococcites* jurassiques les formes les plus douteuses,

(1) *Foss. Fuc.*, p. 156, tab. IV, fig. 4.

entre autres le *Sphærococcites* (*Zonarites*) *reticularis* F. O. (1), on obtient une réunion d'espèces que l'on peut croire, sans invraisemblance, avoir fait autrefois partie du même groupe. Leur fronde cartilagineuse ou coriace, mais toujours comprimée, s'étale en lobes irréguliers, plus ou moins larges, plus ou moins divisés, mais ayant une tendance à la forme digitée, et terminés obtusément ou même arrondis à l'extrémité supérieure, lorsqu'ils se prolongent en segments étroits et sinués le long des bords. Le *Sphærococcites ciliatus* (2), réuni à l'*Halymenites varius* qui n'en diffère pas en réalité, serait dès lors le type du genre ; mais en partant des formes les plus larges, comme le *Sphærococcites cactiformis* Sternb. (II, tab. 2, fig. 2), on arrive peu à peu à des formes, à ramifications plus étroites, représentées par les *Sphærococcites secundus* et *Fraasii* Schimp. (*Traité de pal. vég.*, I, p. 165), dont les segments divariqués, obtus au sommet et comprimés, malgré leur moindre largeur, conservent pourtant la physionomie essentielle du groupe. Cependant, il est fort possible que plus tard on adopte la pensée de M. Schimper et que l'on sépare les espèces à frondes ramifiées à segments étroits et multiples de celles dont les lobes digités sont plus larges, arrondis au sommet et sinués sur les bords ; le petit nombre des espèces françaises que nous rapportons au genre *Sphærococcites* nous dispense d'insister sur ce point.

Rapports et différences. — La surface unie, jointe à la présence fréquente de tubercules irréguliers, distingue les

(1) Voyez Fischer-Ooster, *foss. Fuc.*, p. 34, tab. VI et comp. avec Schimper, *Traité. de Pal. vég.*, I, p. 166.

(2) L'apparence ciliée de cette espèce n'est due qu'à un accident de fossilisation ; il en est de même des ponctuations dont les Algues de Solenhofen se trouvent souvent parsemées.

Sphærococcites des *Phymatoderma*, de même que l'absence de nervures empêche de les confondre avec les *Delesserites* et *Halyserites*. Il faut convenir que rien ne distingue ce genre de certains *Codites* et surtout du *Codites serpentinus* Sternb. (*l. c.*, tab. 3, fig. 1), sauf la structure supposée fistuleuse de ces derniers; l'absence de zones transversales empêche de le confondre avec les *Münsteria*, et la forme comprimée, qui cependant est quelquefois difficile à constater, le sépare des *Chondrites*. Si l'on considère les espèces vivantes, on reconnaîtra aisément que les *Sphærococcites* jurassiques, particulièrement ceux à fronde large, n'ont avec les *Sphærococcus* proprement dits que des analogies de forme, trop vagues pour entraîner l'existence d'une véritable affinité. Cependant, il faut mentionner, parmi les formes à segments larges, certaines variétés du *Sph. palmetta* Ag., les *Sphærococcus nicæensis* Kütz., *ligulatus* Kütz., des côtes de Dalmatie, le *Sph. coriaceus* Kütz., de la Nouvelle-Hollande, les *Sph. platyphyllus* Kütz., de l'océan Atlantique, et *corallinus* Bory, des mers du Chili. Les formes étroites ressemblent plus particulièrement à la variété α *pinnatus* du *Sph. palmetta*, aux *Sphærococcus armatus* Ag., de l'Adriatique, *spinescens* Kütz., de la Nouvelle-Calédonie, *cervicornis* Ag., de la Martinique, *obtusus* Harv., de Ceylan, etc. En dehors des *Sphærococcus* proprement dits, les formes étroites des *Sphærococcites* rappellent le *Gelidium cartilagineum* des mers du Cap, tandis que les formes à segments plus larges se rattachent plutôt aux *Rhodomenia* et *Halymenia*, et à certains points de vue font songer aux genres exotiques *Cryptonemia*, *Sarcodia*, *Curdiæa*, *Acropeltis*, *Thamnocladia*, *Chætangium*, etc.

Le genre *Sphærococcites* ne se montre guère avant le milieu des temps jurassiques; il atteint son plus grand développement à l'époque des schistes lithographiques de Solenhofen, vers l'Oxfordien et le Corallien; on le retrouve encore dans les étages postérieurs; mais les formes tertiaires, comme nous l'avons dit, se rattachent plus directement aux *Sphærococcus* actuels.

N° 1. — **Sphærococcites lichenoides.**

Pl. 25, fig. 3.

Diagnose. — *S. fronde (viva) cartilaginea crassa subcompressa latiuscula dichotome partita, segmentis subdigitatis varie lobatis sinuatisque plus minusve elongatis, ultimis apice dilatato rotundatis, sporangiis ? discoideis substantiæ frondis quandoque immersis.*

La découverte de cette espèce remarquable est due à M. Terquem, qui a bien voulu nous la communiquer. Ses caractères visibles la rangent très-naturellement parmi les *Sphærococcites*, non loin de plusieurs espèces de Solenhofen. La partie conservée de l'empreinte correspond à une portion seulement de la fronde dont on observe la terminaison supérieure. La consistance de la plante était ferme, épaisse, cartilagineuse, si l'on en juge par la profondeur de l'empreinte dont notre figure reproduit le relief, d'après un moule. Les segments sont larges, de 4 à 6 et jusqu'à 7 millimètres, légèrement convexes et un peu inégaux à la surface, qui paraît très-finement granulée, et divisés par dichotomie en plusieurs rameaux sinués, lobés et diversement incisés le long des bords d'après un mode de partition qui tend à devenir digité. Les segments et les lobes, grands et petits, sont toujours sinués sur les côtés et dilatés, obtus ou même arrondis à leur sommet; les lobes ou découpures, de même que l'ensemble de la fronde, paraissent étalés dans un même plan, comme la plupart des *Sphærococcus* et des *Gelidium* actuels. Vers l'extrémité de deux segments, sur l'endroit dilaté, on distingue une saillie discoïde adnée à la substance même de la fronde et qui rappelle assez bien les sporothèques immergées des *Chondrus*, *Sphærococcus* et de plusieurs autres genres de Floridées.

Rapports et différences. — Le *Sphærococcites lichenoides* se rapproche évidemment beaucoup du *Sphærococcites varius* Schimp. (1) (*Halymenites varius* Sternb. II, tab. II, fig. 4), espèce de Solenhofen à laquelle M. Schimper réunit avec raison le *Sphærococcites ciliatus* Sternb. (2). Nous aurions été porté à faire de même pour le *Sphærococcites* des environs de Verdun; toutefois, il nous a paru, malgré une affinité dont la réalité est incontestable, que les lobes du *S. lichenoides* étaient constamment plus courts, plus larges et surtout terminés par un contour plus arrondi que ceux de l'espèce de Solenhofen. Il nous semble donc légitime de maintenir une distinction que l'examen d'une longue série d'échantillons serait cependant nécessaire pour infirmer ou maintenir d'une façon définitive. Tout ce que l'on peut affirmer en l'état, c'est l'intime liaison de la forme française avec celle de la localité allemande.

Le *Sph. lichenoides* ressemble encore au *Sph. Meyrati* F. Oost. (3), espèce des schistes marneux néocomiens de Merlingen et de Sulsi (Suisse). Seulement dans ce dernier les segments de la fronde sont plus étroits, plus élancés et

(1) Voyez Schimper, *Traité de Pal. vég.*, I, p. 164.

(2) Voyez Sternberg, *Vers.* II, tab. IV, fig., 1 et comparez les figures de l'auteur allemand avec la nôtre.

(3) Fischer-Oost., *Foss. Fuc.*, p. 56, tab. IV.

ne donnent pas naissance le long de leurs bords à des lobes et à des sinuosités aussi nombreux et aussi marqués. Leur terminaison supérieure est aussi plus allongée et moins obtuse. Il est pourtant difficile de ne pas être frappé du rapport intime que présentent les deux espèces.

LOCALITÉ. — Calcaires blancs de Saint-Mihiel, près de Verdun, étage corallien. Très-rare.

Coll. de M. Terquem.

EXPLICATION DES FIGURES. — Pl. 25, fig. 3, portion de fronde de *Sphærococcites lichenoides*, grandeur naturelle; on distingue sur quelques points des saillies discoïdes qui correspondent peut-être aux sporothèques.

N° 2. — **Sphærococcites ramificans.**

Pl. 25, fig. 1-2.

DIAGNOSE. — *S. fronde (viva) cartilaginea implexe ramosa, ramulis flexuosis geniculatis, tuberculis substantiæ frondis lateraliter adnatis hinc inde onustis.*

Les frondes de cette espèce étaient sans doute de grande taille; les empreintes que nous figurons n'en laissent voir qu'une faible partie; ce sont des segments étroits, comprimés, ascendants, divisés en rameaux flexueux, donnant lieu sur les côtés à des ramules divariquées et irrégulièrement disposées. Les dernières ramules, vers le haut de l'empreinte, paraissent géniculées et pourvues, le long des bords, de tuberculosités adnées dont il est impossible de saisir à la loupe la véritable forme, mais qui ressemblent aux sporothèques des *Sphærococcus*, des *Gracillaria*, des *Gigartina* et d'autres genres de l'ordre des Floridées. La coloration intense de l'empreinte dénote dans cette fronde une consistance cartilagineuse; les divisions principales ont dû avoir lieu par dichotomie, tandis que les derniers segments ou ramules se trouvent disposés dans un ordre pinné.

Rapports et différences. — Le *Sphærococcites ramificans* présente beaucoup d'analogie avec le *Sph. cartilagineus* Ung. (1), espèce miocène à peine distincte du *Sphærococcus* (*Gelidium*) *cartilagineus*. Il est donc naturel de comparer aussi l'espèce d'Orbagnoux à celle-ci, qui habite les mers des régions chaudes. Parmi les Algues actuelles, nous pouvons encore signaler d'autres analogies, entre autres celle qui relie notre *Sph. ramificans* à l'*Acanthococcus antarctitus* Hook et Harv., espèce des parages magellaniques, dont les frondes et même les sporothèques sont disposées et conformées de la même façon, si l'on consent à grandir ses proportions. Nous ne ferons que nommer les *Sphærococcus Domingensis* (*Gracillaria Domingensis* Sond.) Kütz., de Saint-Domingue, *armatus* Ag., de l'Adriatique, *pilulifer* Ag., de la Nouvelle-Calédonie, le *Gelidium polycladum* Sond., du Japon, le *Gigartina disticha* Sond., de la Nouvelle-Hollande, etc.

Localité. — Orbagnoux, près de Nantua (Ain), Kimmeridgien inférieur.

Coll. de M. Jules Itier.

Explication des figures. — Pl. 25, fig. 1 et 2, empreintes de fronde du *Sphærococcites ramificans* sur des plaques calcaréo-bitumineuses, grandeur naturelle.

(1) Voyez Ung. *Chl. prot.*, p. 128, tab. xxxix, fig. 4 et Schimper, *Traité de Pal. vég.*, I, p. 167, Pl. 4, fig. 6.

APPENDICE AUX ALGUES

La plus grande partie de notre travail était imprimée, lorsque nous avons eu connaissance des figures d'Algues siluriennes, publiées par M. J. Hall, dans son ouvrage intitulé : *Paleontology of New-York*. En établissant, sous le nom de *Siphonites* (voy. ci-dessus, p. 110), un genre nouveau, destiné à comprendre une Algue des plus curieuses, recueillie par M. Hébert, à l'extrême base du Rhétien, nous avions signalé son analogie présumée avec les genres *Harlania* Gœpp., *Palæophycus* Hall et quelques autres genres paléozoïques ; nous nous exprimions ainsi en nous basant sur les indications de M. Schimper, indications non accompagnées de figures en ce qui concerne les *Palæophycus* et les *Buthotrephis* (*Bythotrephis* Schimp.); mais nous étions très-loin de soupçonner alors la liaison tout à fait intime qui rattache plusieurs de ces végétaux marins de l'âge silurien aux Algues jurassiques. Cette liaison est cependant visible, et, dès que nous avons pu jeter les yeux sur les planches de Hall, nous avons dû admettre, d'une part, que le *Buthotrephis gracilis* du savant américain était un véritable *Chondrites*, et que, d'autre part, le *Palæophycus virgatus* (J. Hall, *l. c.*, I, p. 263, Pl. 70, fig. 1), du même auteur, présentait une telle analogie de forme et de structure avec notre *Siphonites Heberti*, qu'il était impossible de ne pas réunir les deux espèces dans le même genre, sinon de les identifier tout à fait. Il n'est pas nécessaire d'insister sur la permanence, à travers une durée chronologique presque incalculable, des mêmes Algues au sein des mers primitives. Cette persistance contraste certainement avec les changements subis, dans le même espace de temps, par d'autres séries d'animaux et de plantes ; elle est pourtant en rapport soit avec la place inférieure qu'occupent les Algues dans l'échelle des végétaux, soit avec ce que montrent les mollusques eux-mêmes, dont certains types, comme celui des Nautiles, déjà fixés à une date très-reculée, sont parvenus jusqu'à nous sans altération d'aucune sorte.

Nous ajouterons, en dernier lieu, que nous avons reçu récemment de M. l'abbé Vallet des échantillons authentiques du *Phymatoderma liasicum*, provenant des couches liasiques du bourg d'Oisans. Cette espèce viendra donc s'ajouter à la liste des Algues de la France ; elle sera décrite et figurée, ainsi que plusieurs autres, dans un supplément.

CHARACÉES

Les Characées ou *Charaignes* sont des plantes de structure cellulaire, entièrement submergées ; elles habitent les eaux douces ou saumâtres, surtout celles qui sont vives, claires, entièrement calmes ou agitées par un faible courant. Elles préfèrent les fonds vaseux et s'y multiplient rapidement de manière à constituer d'épaisses prairies aquatiques. Verdâtres et molles tant qu'elles flottent, elles deviennent blanchâtres, fragiles et pulvérulentes en se desséchant, et se réduisent alors en une poussière où domine la chaux sulfatée, qui les incruste à l'état vivant. Très-répandues dans les étangs, les fontaines et les bassins de l'époque actuelle, les Characées ont également peuplé les nappes lacustres des âges antérieurs ; leurs débris, le plus souvent désagrégés, remplissent certains lits tertiaires. Les lacs de cette période, soumis pendant leur longue durée à bien des vicissitudes, ont été parfois convertis en lagunes et envahis entièrement par les Characées. Quoique plus rares dans les époques secondaires, où les formations d'eau douce deviennent elles-mêmes exceptionnelles, les Characées sont loin d'y être inconnues. On en a observé des traces jusque dans le calcaire conchylien des environs de Moscou (1). Ce sont les plus anciennes qui aient été signalées jusqu'à présent ; mais l'existence du groupe remonte sans doute plus haut dans le passé. La structure à la fois très-simple et très-fixe des Characées est bien en rap-

(1) Schimper, *Traité de paléont. vég.*, I, p. 217.

port avec leur antiquité présumée. Elles constituent un type qui n'a jamais varié que dans d'étroites limites, et tandis que l'organisation de leur tige les rapproche des Algues, parmi lesquelles plusieurs auteurs les ont rangées, leur appareil reproducteur les reporte non loin des Cryptogames les plus élevées.

Les tiges des Characées sont des tubes articulés, tantôt simples (*G. Nitella*), tantôt revêtus (*G. Chara*) d'un fourreau cortical formé de cellules tubuleuses plus petites et contiguës, appliquées sur le tube central. Autour de chaque articulation, sont disposés des verticilles de rayons ou appendices tubulés, simples ou articulés et ramifiés comme les tiges, à l'aisselle de qui se développent les rameaux qui prolongent la branche mère. Les organes reproducteurs naissent sur les appendices verticillés qui leur servent de support et se modifient plus ou moins pour les produire. Ces organes sont mâles et femelles, monoïques, c'est-à-dire réunis sur un seul pied, ou dioïques et séparés sur des pieds différents. Les organes mâles ou *anthéridies* sont des corps globuleux, colorés en rouge, formés de huit cellules discoïdes, engrenées par les bords, réunies et soudées au centre, qui renferment de nombreux anthérozoïdes et les laissent échapper en s'entr'ouvrant, au moment de la fécondation. Les organes femelles ou *archégones* sont constitués par une nucule plus ou moins sphérique, remplie à l'intérieur par une sporule unique et soudée avec elle, tandis qu'à l'extérieur elle est enveloppée par cinq tubes ou valvules unicellulaires, enroulés en spirale et terminés au sommet, où ils se réunissent, par une *coronule* à cinq dents, formée d'un seul cycle (*Chara*), ou de deux cycles (*Nitella*) de cellules ovalaires. Ce dernier organe est presque toujours absent à l'état fossile où sa base pourtant se montre quelquefois. Les organes mâles des Characées fossiles sont inconnus, mais les fruits ou grains de *Chara*, nommés primitivement *Gyrogonites* par Lamarck qui les rangeait à tort parmi les Foraminifères, sont très-répandus dans les divers terrains et bien plus communément que les tiges. M. Leman est le premier qui ait reconnu leur structure, et depuis de nombreux *Chara* ont été successivement signalés et décrits par MM. Brongniart, Al. Braun, Unger, Heer et dernièrement par M. Schimper qui a résumé avec une clarté parfaite les travaux de ces divers savants.

GENRE. — CHARA.

Chara Vaill. — Brongniart, *Mém. du Mus. d'hist. nat.*, tab. VIII *Ann. du Mus.*, tab. XV ; *Tab. des genres de vég. foss.*, p. 36.
— Al. Braun in Unger, *Gen. et sp. pl. foss.*, p. 32.
— Heer, *Fl. tert. Helv.*, I, p. 24. *Urw. d. Schw.*, p. 218.
— Watelet, *Plantes fossiles du bassin de Paris*, p. 54.
— Schimper, *Traité de Pal. vég.*, I, p. 221.

Diagnose. — *Plantæ aquaticæ submersæ, contextu plane cellulosæ, tubulosæ articulatæ, ramis ramulisque verticillatim ordinatis, caules plerumque e tubo centrali tubulisque minoribus circa tubum centralem adplicatis efformatæ, ramuli seu appendicula, folia aut radii dicti, foliola breviora fasciculata organaque propagationis gerentes ; organa mascula sphærica, aurantiaca vel cinnabrina, scutellis 8 triangularibus composita, filis dense articulatis antherozoidia articulis inclusa ferentibus impleta ; sporangia seu nuculæ plus minusve ovato-sphæricæ vel sphæricæ uniloculares sporam unicam testa dura*

(1) Schimper, *ibid.*, p. 219 et 220.

continentes, valvulis tubulosis 5 nuculæ parietibus adnatis spiraliter dextrorsum convolutis apice in coronulam quinque cellularem confluentibus indusiatæ.

DÉFINITION. — Les Characées dans l'ordre actuel comprennent les deux genres *Chara* et *Nitella*. Celui-ci se distingue du premier par ses tiges simplement tubuleuses, dépourvues par conséquent de cellules tubuleuses corticales; la présence de ces dernières et d'un seul cycle de cellules à la coronule caractérise au contraire la plupart des *Chara*, et c'est à ce groupe que l'on a rapporté exclusivement jusqu'ici les espèces fossiles. Cependant, les tiges de Characées, à l'état d'empreinte, sont rarement assez bien conservées pour permettre d'étudier leur structure, et comme de plus la coronule manque toujours, l'absence des *Nitella* ne saurait être affirmée par aucune preuve positive. Tout en admettant leur existence dans les époques antérieures à la nôtre comme des plus vraisemblables, on est porté à croire que leur rôle était dès lors subordonné, à côté de celui des *Chara* proprement dits. La prépondérance relative de ceux-ci se trouve établi sur des indices trop nombreux et trop sûrs pour ne pas être considérée comme l'expression exacte des faits.

N° 1. **Chara Bleicheri.**

Pl. 9, fig. 8-11.

DIAGNOSE. — *Ch. fructu minutissimo subsphærico* 0,39 — 0,44 *millim. longo*, 0,35 — 0,40 *millim. lato, valvis spiralibus a latere visis* 5 — 6 *minime obliquis convexiusculis tuberculorum vix prominulorum serie una signatis.*

Les fruits de cette espèce, dont la découverte est due à M. Bleicher, chirurgien aide-major, et l'une des plus anciennes qui ait été encore signalée, sont extrêmement petits, puisque leur plus grande longueur n'atteint certainement pas un demi-millimètre ; ils sont presque sphériques, l'un des deux diamètres ne dépassant l'autre que d'un huitième environ. Les tours de spire vus par côté se réduisent à 6 et leur direction n'a rien d'oblique. La surface des valves spirales est légèrement convexe et marquée sur le milieu d'une rangée de tuberculosités arrondies, peu saillantes et assez peu visibles. Dans les exemplaires décortiqués, la place des valves est occupée par une bande légèrement concave et leur commissure revêt l'apparence d'une crête saillante, tandis qu'elle se montre sous l'aspect d'un sillon sur les fruits qui ont conservé leur forme extérieure.

Rapports et différences. — Cette espèce se distingue aisément du *Chara Jaccardi* par la forme à peu près sphérique de ses fruits, la convexité des tours de spire, leur direction non oblique et la rangée de ponctuations tuberculeuses dont ils sont pourvus. La dimension paraît aussi notablement plus petite. Sous plusieurs rapports le *Chara Bleickeri* peut être comparé aux *Chara Grepini* Heer, *granulifera* Heer et *inconspicua* Al. Br. ; surtout à la première de ces espèces qui montre, comme la nôtre, une rangée de tubercules, mais dont les tours de spire sont cependant plus obliques et plus nombreux (8—9) et les dimensions de beaucoup supérieures (1 mill. dans tous les sens). Le *Ch. Grepini* a été rencontré dans la formation éocène sidérolitique de Dévelier, non loin de Délémon, tandis que les *Ch. granulifera* et *inconspicua* proviennent des marnes de Paudex. Les dernières espèces ne sont pas tuberculées ; elles paraissent aussi être un peu plus grandes que celles que nous décrivons. Le *Ch. Bleicheri*, un des plus anciens connus, serait donc encore remarquable par l'excessive petitesse de ses fruits. En ce qui concerne la non-obliquité des tours de spire jointe à leur petit nombre et à la forme sphérique, on peut encore rapprocher notre *Chara* du *Ch. medicaginula;* mais les fruits de cette espèce tertiaire excèdent 1 millimètre dans tous les sens ; il en est de même à plus forte raison des *Ch. onerata* Wat. et *Dutemplei*, Wat., des lignites éocènes du bassin de Paris, dont les fruits tuberculés et globuleux, comme les nôtres, à tours de spire peu nombreux et transversalement dirigés, atteignent à des dimensions peu ordinaires pour des grains de *Chara* (1,35 à 1,40 millimètres).

LOCALITÉ. — Cajasc, département du Lot, étage oxfordien. Coll. de M. Schimper.

EXPLICATION DES FIGURES. — Pl. 9, fig. 8 et 9, fruits du *Ch. Bleicheri* vus obliquement et un peu par dessous, grossis 30 fois ; fig. 10, autre fruit de la même espèce, décortiqué, vu par côté, sous un grossissement de 30 fois le diamètre; fig. 11, fruit de la même espèce restauré, vu par côté pour montrer l'ensemble des caractères.

N° 2. **Chara Jaccardi.**

Pl. 9. fig. 12-13.

— Heer, *Urw. d. Schweiz.*, p. 218, fig. 134.
— Schimper, *Traité de Pal. vég.*, I, p. 211, Pl. 9, fig. 12-13.

DIAGNOSE. — *Ch. fructu parvulo*, 0,60 *millim. longo*, 0,40 *millim. lato, breviter ovali utrinque obtuso, valvis spiralibus extus planiusculis a latere visis* 6-7.

Les fruits de ce *Chara*, signalé par M. Heer et que nous connaissons seulement par la figure qu'en a donnée cet auteur, ont été découverts dans la vallée du Locle par M. Jaccard. Ils sont très-petits, régulièrement ovales, obtus et arrondis aux deux extrémités, et laissent voir 6 à 7 tours de spire assez obliquement dirigés, nus et déprimés à la surface. Ces tours de spire résultent de cinq valves conniventes à la base de l'organe, comme dans les *Chara* actuels; c'est ce que montre la figure grossie de M. Heer que nous reproduisons exactement.

Rapports et différences. — Nous avons marqué plus haut les caractères aisés à reconnaître qui séparent le *Ch. Jaccardi* du *Ch. Bleicheri*. Il se sépare de même de tous les autres *Chara* fossiles, tout en se rapprochant du *Ch. inconspicua;* mais ses tours de spire sont plus obliques et sa forme plus régulièrement ovalaire que chez ce dernier.

Localité. — Calcaire lacustre de la vallée du Doubs, près de Villers-le-Lac, étage purbeckien (1).

Explication des figures. — Pl. 9, fig. 12, fruit du *Ch. Jaccardi* grossi, vu par côté; fig. 13, le même fortement grossi, vu par-dessous. Ces figures sont calquées sur celles de M. Heer.

(1) Voyez : *Étude géol.* et *Pal. de la formation infracrétacée du Jura*, etc. — *Mém. Soc. d'hist. nat. de Genève*, vol. XVIII, et *Paléontologie de la France*, par d'Archiac, p. 161.

EQUISETACÉES

Les Équisétacées ou Équisétinées, considérées à un point de vue très-général, représentent une classe de Cryptogames vasculaires qui se montre d'autant plus puissante et variée que l'on remonte plus loin dans le passé. Comprenant d'abord plusieurs types et même plusieurs familles, dont l'une, celle des Calamariées, n'a guère dépassé les temps paléozoïques, limitée à partir du Trias aux seules Équisétées, cette classe s'est trouvée enfin réduite à un genre unique, assez peu nombreux et très-isolé, celui des *Équisetum* ou *Prêles*.

Les Équisétacées forment de nos jours un groupe des plus compactes. Distinguées par une organisation toute spéciale, elles se séparent nettement des autres Cryptogames, et si leur procédé de reproduction oblige de les ranger non loin des Fougères, on peut dire qu'elles s'en éloignent autant que possible par les détails de leur structure et l'ensemble même de leurs caractères. Douées d'une physionomie très-tranchée, mais différant peu les unes des autres, les Équisétacées ont toujours possédé le même aspect; seulement, au lieu de demeurer stationnaires, elles ont vu leur rôle s'amoindrir singulièrement depuis les temps paléozoïques jusqu'à l'époque jurassique. Dès lors, elles ont été constituées à peu près dans les limites actuelles, quoique leur taille et leur importance même aient beaucoup diminué, surtout en ne considérant que notre continent.

Avant le Trias, à côté des *Équisétées* proprement dites,

dont l'existence paraît remonter jusque vers le temps des houilles (1), se montraient les Calamariées, tribu considérable comprenant non-seulement les Calamites (*Calamocladus* Schimp.), genre dont les Astérophyllites paraissent représenter les rameaux et les Volkamia (*Calamostachys* Schimp.) les épis fructificateurs, mais aussi les *Annularia* et *Sphenophyllum*. La disposition constamment verticillée des organes appendiculaires chez toutes ces plantes, la structure intérieure des tiges de Calamites observée par plusieurs savants et en dernier lieu par M. E. W. Binney (2) apportent la preuve d'une étroite affinité les rattachant aux Équisétées proprement dites. Cependant, les Calamariées ou du moins une partie d'entre elles, aux yeux d'un savant illustre, M. Ad. Brongniart, se rapprocheraient plutôt des Gymnospermes, et M. Schimper lui-même est disposé à croire que cette classe de végétaux, parvenue au maximum de son évolution, était effectivement moins isolée dans la nature contemporaine qu'elle ne l'est devenue depuis.

Les Calamariées se distinguaient au moins des Équisétées par leurs organes appendiculaires libres et non soudés en gaîne, ainsi que par l'insertion de leurs rameaux, axillaires et non pas extérieurs par rapport à ces mêmes organes. C'étaient là deux différences considérables et qui marquent une distance appréciable entre ces premiers types et ceux qui suivirent. A l'époque triasique, les Calamariées avaient disparu, mais les Équisétées comprenaient encore plusieurs genres à côté des *Équisetum* proprement dits. Les *Schizoneura*, voisins de ceux-ci par l'aspect et l'organisation de leurs tiges, s'en distinguaient par la pré-

(1) Voy. Schimper, *Traité de paléont. vég.*, I, p. 258.
(2) Id., *ibid.*, p. 302-306.

sence d'une gaîne très-longue, d'abord entière, puis fendue en un certain nombre de segments régulièrement disposés. Ce genre existait encore à l'époque jurassique, puisque M. Schimper en signale une espèce, le *Sch. Hœrense,* dans l'Infra-Lias de Hör en Scanie, et une autre plus douteuse, il est vrai, le *Sch. lateralis* dans l'Oolithe du Yorkshire (1). Cependant le terrain jurassique de France n'a point fourni jusqu'ici de vestiges de *Schizoneura*. Un autre genre d'Équisétées a été observé dans les terrains jurassiques de l'Inde et de la Nouvelle-Hollande et retrouvé, vers l'horizon de l'Oxfordien, dans les Alpes vénitiennes, par M. de Zigno; c'est le genre *Phyllotheca* chez qui les segments de la gaine, soudés vers la base, demeuraient libres dans la plus grande partie de leur étendue. Ce type dont la disparition a laissé les *Equisetum* entièrement isolés n'a pas été encore signalé en France; aussi nous ne parlerons que de ces derniers.

GENRE. — EQUISETUM.

Equisetum L. Schimper, *Traité de Pal. vég.*, I, p. 259.

Diagnose. — *Rhizoma perenne repens, caulesque aerii e rhizomate pro tempore assurgentes, fistulosi, septis transversis cellularibus interrupti, internodiis lacuna centrali annuloque cylindrico e contextu celluloso fasciculos vasorum binasque series lacunarum ad exterius majorum alternantes includente constantibus prœditi, vaginis ad septa sedentibus vestiti, organis appendicularibus omnibus silicet radicibus innovationibus ramis ramulis fructificationisque partibus verticillatim ordinatis ad basimque vaginarum nec ad axillas oriundis. Caules vagi-*

(1) Voyez Schimper, *Traité de pal. vég.*, I, p. 283 et 285.

næque superficie sulcatæ, carinis valleculisque plus minusve exaratæ, granulis siliceis persæpe onustæ, virides aut chlorophyllæ stomatmnque defectu flavo-pallidæ eburneæque ; stomatum dispositione situ radiorumque siliceorum numero in cohortas duplices Equisetum scilicet et Hippochæte à Cl. Milde distributæ, homorphæ aut heteromorphæ, hoc est fructificationes in quocumque stipite proferentes vel illas in stipite proprio a sterilibus distincto separatim habentes. Gemmarum verticilla bina non alternantia, sub rhizomatorum vaginis posita, unum radices, aliud rhizomata vel caules emittens. Tubercula ovata vel pyriformia fecula intus farcta, simplicia aut moniliforme seriata vaginarum vestigiis basi apiceque coronata, internodiis cæterum structura simillima et in caules sæpe etiam evolutione normali transeuntia. — Spica terminalis e verticillis approximatis foliorum fertilium receptacula stipitata peltataque subtus sporangifera efformantium composita ; sporæ sporangiis primum inclusæ, dein dehiscentia rimosa e sporangiis liberæ, plurimæ globosæ filis duobus elasticis apice spathulatis circumvolutæ, in prothallia antheridia et archegonia gerentia mox evolutæ stirpemque juvenilem matri similem ex archegoniis vi sexuali impulsis innascentem tandem emittentes.

Histoire et définition. — Les Prêles ou *Equisetum* possèdent des rhizomes persistants, horizontaux ou plus ou moins obliques, ayant la même structure que les tiges aériennes et verticales dont la durée est annuelle. Dans les deux cas, on observe un cylindre plus ou moins résistant, marqué d'un nombre variable de facettes, stries ou cannelures, souvent encroûté de silice à l'extérieur, fistuleux à l'intérieur et creusé d'une lacune centrale, interrompue de distance par des nœuds ou diaphragmes. A chacun de ces nœuds s'attachent, aussi bien sur le rhizome que sur les tiges, des gaînes continues avec l'entre-nœud qu'elles terminent, et qui entourent une partie de l'entre-nœud qui s'étend au-dessus. Ces gaînes constituent un fourreau cylindrique plus ou moins étroitement appliqué, denté, frangé, parfois lacéré dans le haut, et formé de feuilles ou pièces appendiculaires, complétement soudées entre elles, dont les commissures correspondent, non pas aux crêtes ou carènes longitudinales qui parcourent les gaînes, mais aux vallécules ou intervalles plus minces qui les séparent. Les carènes principales ne s'arrêtent pas aux gaînes ; elles se prolongent inférieurement et sillonnent la superficie des entre-nœuds, en y marquant des parties saillantes et des parties déprimées en relation avec l'organisation intérieure. L'étui cylindrique qui circonscrit la partie centrale lacunaire offre effectivement une structure dont la fixité est telle que le nombre seul des parties, mais non jamais leur disposition, se trouve sujet à varier d'un *Equisetum* à l'autre. On y distingue toujours deux séries alternantes de lacunes ; les plus grandes situées en avant et correspondant aux parties déprimées : ce sont les *lacunes valléculaires ;* celles de la seconde série, beaucoup plus petites, plus intérieures, correspondant aux carènes : ce sont les *lacunes carénales.* Un tissu cellulaire plus ou moins serré remplit l'intervalle qui s'étend entre les deux séries de lacunes, ainsi qu'entre la série des plus grandes extérieures et l'épiderme. Les cellules de ce dernier sont occupées par des grains de chlorophylle, plus ou moins abondants selon les espèces. Les faisceaux vasculaires forment des groupes régulièrement disposés et placés en avant des petites lacunes; ils font face par conséquent, comme celles-ci, aux carènes. Cette organisation reste la même dans les rhizomes ; elle se modifie à peine dans les ramules, où la série des grandes lacunes disparaît cependant.

Tous les organes sont verticillés chez les *Equisetum*, les racines aussi bien que les bourgeons sur les rhizomes, les rameaux et les ramules sur les tiges; mais ces verticilles sont toujours disposés sur le pourtour des cloisons transverses ou diaphragmes, et à la base extérieure des gaînes, caractère des plus importants, tellement il se trouve isolé dans le règne végétal où les bourgeons sont constamment situés à l'aisselle des parties foliacées et appendiculaires.

A la base des gaînes caulinaires, on n'observe qu'une seule rangée de bourgeons, latents, avortés ou développés en rameaux et en ramules; mais sur les rhizomes et à la partie souterraine des tiges, on remarque deux séries de bourgeons immédiatement superposées et non pas alternes. La série inférieure donne naissance aux racines qui sont grêles, souvent très-longues et ramifiées sans ordre (c'est là l'unique exception à la loi qui, chez les *Equisetum*, dispose tout par verticilles, voy. *Hist. nat. des Equisétacées de France* par J. Duval-Jouve, Paris, 1864, p. 5 et suiv.). La série supérieure donne lieu aux tubercules et aux tiges aériennes et verticales. Les tubercules sont ovoïdes ou pyriformes, solitaires ou aggrégés en chapelet et constituent des réservoirs de fécule, terminés au sommet par une gaîne rudimentaire, comme les entrenœuds dont ils ne diffèrent que par l'accumulation de la substance nutritive qu'ils renferment, puisque dans beaucoup de cas ils sont susceptibles de se prolonger sous la forme de véritables tiges.

Les organes reproducteurs, disposés en épis terminaux, consistent en supports verticillés et alternant d'un verticille à l'autre. Ces supports peltés au sommet ou *clypéoles* retiennent inférieurement les sporanges qui sont ovoïdes-allongés et renferment les spores qu'ils mettent en liberté en s'ouvrant par une double fente longitudinale. Les spores, petites, arrondies, munies d'élatères ou filaments élastiques d'abord enroulés en spirale autour d'elles, puis se déroulant avec rapidité et favorisant ainsi leur dissémination, les spores, comme chez les fougères et beaucoup de Cryptogames, ne reproduisent pas immédiatement la plante mère. Par une sorte de génération alternante, leur développement donne lieu à un *prothalle* ou *sporonyme*, expansion cellulaire aux contours vagues, munie de radicelles à la base, diversement lobée et laciniée, et produisant, soit par monœcie, soit par diœcie, les anthéridies et les archégones. Les premières en forme d'urne ou de poche, situées à l'extrémité des lobes en partie frangés du *prothallium*, contiennent les anthérozoaires ; les secondes, disposées vers la base de l'organe, sont semblables à une bouteille à long col. Du contact de l'anthérozoïde avec l'archégone naît enfin la plante nouvelle, tandis que la production intérimaire se flétrit et disparaît rapidement.

Toutes les parties que nous venons de décrire ne sauraient évidemment se retrouver à l'état fossile, mais on en connaît assez pour qu'il soit permis d'affirmer que, dès le keuper, il existait des *Equisetum*, conformés absolument comme les nôtres et n'en différant que par une taille généralement beaucoup plus élevée. Les tiges et parties vaginales, comme on le conçoit très-bien, sont les organes les plus répandus ; presque toujours écrasées ou à l'état d'empreintes, elles n'en conservent pas moins leur physionomie caractéristique. Mais les tiges d'*Equisetum*, étant fistuleuses, il est souvent arrivé que le sédiment en pénétrant dans la cavité intérieure s'est moulé sur les parois, de manière à reproduire en relief une tige striée ou cannelée, divisée par des nœuds qui correspondent aux diaphragmes, mais privée de gaînes et plus analogue aux tiges de Calamites qu'à celles des vrais *Equisetum*. De là une confusion qui a fait donner à tort aux seconds le nom générique des premières et prolongé l'existence des Calamites bien au delà du terme après lequel ce type avait cessé de se montrer. Nous adoptons pleinement en cela l'opinion de M. Schimper qui repousse les Calamariées en dehors des temps secondaires et n'admet plus de véritables Calamites à partir du Trias; à plus forte raison ce genre a-t-il été absent du Lias et de l'Oolithe.

Les bourgeons, les bases amincies des tiges vers le point où elles s'insèrent sur les rhizomes, les parties terminales et les gaînes emboîtées l'une dans l'autre, et à divers degrés d'évolution, s'observent à l'état fossile, où cependant les rameaux verticillés, pareils à ceux qui garnissent en grand nombre la plupart des *Equisetum* actuels, sont extrêmement rares, sinon inconnus, dans le terrain secondaire. M. Schimper suppose, il est vrai, que les tiges aériennes de l'*Equisetum arenaceum*, la plus grande espèce de l'ancien monde, se terminait par une couronne de ramules; cependant, ces prétendus ramules n'ont jamais été retrouvés en place; aucune trace de bourgeons ni de cicatrices d'insertion ne se montre sur les tiges garnies de gaînes, et l'on est en droit de supposer qu'à l'exemple de plusieurs *Equisetum* actuels les espèces secondaires ne présentaient que des tiges nues ou munies de ramules peu nombreux.

Les portions souterraines, c'est-à-dire les rhizomes et les parties inférieures des tiges, munies de radiculus, se rencontrent aussi à l'état fossile et n'offrent rien que de très-conforme à ce qui existe actuellement chez les *Equisetum*. On observe même assez fréquemment les tubercules ou renflements féculents, soit solitaires, soit agrégés en chapelet, tantôt gonflés comme dans l'état frais, tantôt ridés et flétris, ainsi qu'il leur arrive, lorsqu'ils ont fourni à la plante la substance nutritive qu'ils renferment. Les tubercules fossiles sont aisément reconnaissables et leur dimension qui dépasse parfois la grosseur d'un œuf de poule est en rapport avec la taille gigantesque de plusieurs des anciennes espèces.

Les épis fructificateurs sont très-rares ; il en existe pourtant des exemples, et comme ceux des *Equisetum* actuels ils sont formés de verticilles serrés de supports peltés au sommet et hexagones sur les bords, par suite de leur compression mutuelle. L'organisation intérieure, parfois visible, ne manifeste dans la disposition des vaisseaux et des lacunes aucune divergence appréciable, relativement à ce qui existe dans les tiges vivantes.

Il semblerait donc, d'après tout ce qui précède, que les rapports des *Equisetum* secondaires avec ceux de nos jours fussent faciles à déterminer, et cependant il serait téméraire d'affirmer que les premiers aient réellement appartenu à quelqu'une des sections entre lesquelles le genre se trouve maintenant divisé. Divers indices tendraient plutôt à faire croire que les prêles primitives étaient douées de caractères intermédiaires et ambigus, sans rapport direct avec ceux qui distinguent les sections actuellement établies.

M. Milde, dans sa monographie des Équisétacées, s'est fondé principalement sur des considérations tirées de la forme et de la disposition des stomates pour partager l'ensemble du groupe en deux sous-genres, les *Equisetum* proprement dits et les *Hippochæte.* Ces sortes de caractères ne sont guère observables chez les espèces fossiles ; toutefois, comme les *Equisetum* sont propres aux régions froides et tempérées, et les *Hippochœte* répandus au contraire dans les pays chauds; comme de plus ceux-ci comprennent les plus grandes espèces, et que la section *Monosticha* renferme des formes à tiges dépourvues de rameaux, comme les tiges fossiles, il serait naturel de rapprocher celles-ci des *Hippochœte* de cette section ; cependant, les épis fructificateurs, ovales et obtus chez les *Equisetum*, sont apiculés chez les *Hippochœte*, et ces mêmes organes paraissent avoir été arrondis et sub-globuleux dans l'*Equisetum Munsteri.* Il est donc probable que les *Equisetum* jurassiques, si leurs divers organes pouvaient être connus et analysés, viendraient se ranger dans une section particulière, distincte des sections du monde actuel, ou mieux encore serviraient à les rejoindre et à combler les vides qui les séparent.

Les prêles n'ont jamais été plus grandioses que dans le Keuper, le Lias et l'Oolithe. M. Schimper, calculant, d'après le nombre des gaînes contenues dans un bourgeon et la longueur présumée des entre-nœuds, évalue à 8 ou 10 mètres au moins la hauteur des espèces principales. C'étaient de véritables colonnes rapidement développées et bientôt remplacées par d'autres, à la façon des Bambous. Elles couvraient sans doute d'une forêt serrée les parties basses, sablonneuses ou limoneuses, naturellement humides ou fréquemment inondées; en qualité de plantes sociales, elles excluaient les autres essences, et leur absence des localités riches en Fougères et en Cycadées fait voir qu'elles recherchaient de préférence certaines stations et les occupaient d'une façon à peu près exclusive. Leurs espèces, qui reparaissent sur un grand nombre de points à la fois, étaient très-diffuses, mais assez peu variées et par conséquent peu nombreuses ; bornées d'ailleurs à un espace de temps assez court, chacunes d'elles n'ont jamais eu qu'une durée limitée, et leur présence est généralement caractéristique pour les étages qui en renferment les débris.

N° 1. **Equisetum arenaceum.**

Pl. 26, fig. 1-2.

— Bronn, *Jahrb. d. Minéral.*, 1829.
— Heer, *Urw. d. Schweiz*, p. 49, fig. 27.
— Schimper, *Traité de Pal. vég.*, I, p. 270, pl. 9, 10 et 11.

Diagnose. — *E. rhizomate caulibusque robustissimis centim. 6-8-14 diametro metientibus, tuberculis ovatis centim. 6-8 longis, 5-7 crassis, basi radiatim sulcatis, caulibus pro tempore e gemmis subterraneis vaginarum evolutione assurgentibus, elatis saltem 8-10 metralibus lævibus omnino nudis vel superne solum ramosis, internodiis inferioribus abbreviatis, superioribus plus minusve elongatis semipedalibus, vaginis alte productis in caulibus crassioribus centum costatis et ultra, costis planis apicem versus sensim angustatis in dentem lanceolatam processu membranaceo subulato tandem deciduo apiculatam excurrentibus ; spica ovata circiter 25 millim. diametro metiente, scutellis penta-hexagonis millim. 3-4 latis.*

Calamites arenaceus, Brongniart, *Hist. des vég. foss.*, I, p. 138, pl. 26, fig. 3, 4, 5 (Excl. specim. aliis).
— — Jæger, *Pflanzenverst.*, tab. 1-5.
Equisetites arenaceus, Schenk, *Beitr. z. Flora d. Keupers und d. rhät. Format.*, p. 9, tab. 7.
— — Schœnlein, *Abbild. von. foss. pfl. aus dem keuper frankens*, p. 10, tab. 1, fig. 7-8, tab. 2, fig. 1 et 2, 4 et 5, tab. 3, 4, 5, fig. 36, tab. 6, fig. 2 et 4, tab. 8, fig. 8 a.
Equisetites Bronnii, Sternb., *Fl. d. Vorw.*, II, p. 46, tab. 21, fig. 1-5, tab. 30, fig. 4-5, tab. 31, fig. 4-6.

— — Jæger, *Pflanzenverst.*, tab. 4, fig. 5 et 98,
— — Unger, *gen. sp. pl. foss.*
Equisetites schlœnleinii, Sternb., *l. c.* p. 45.
Equisetites cuspidatus, Presl, *in Sternb. fl. d. Vorwelt.* II, p. 107, tab. 31, fig. 1, 2, 5, 8,
Equisetites acutus, *id. loc.* tab. 31, fig. 3,
Equisetites sinsheimicus, Presl, *l. c.* p. 107, tab. 30, fig. 2,
Equisetum columnare (ex-parte), Brongn. *Hist. des vég. foss.*, I, p. 115, pl. 13, fig. 5, (fig. 1 et 2, excl.)

L'*Equisetum arenaceum* est la plus grande espèce du Keuper et peut-être de tout le genre. Ses tiges mesuraient un diamètre de 13 à 14 centimètres au moins, dans l'exemplaire que nous figurons, Pl. 26, fig. 1, et qui provient de la partie supérieure des Marnes irisées de Couches-les-Mines, près d'Autun. Parfaitement conforme aux spécimens si variés et si remarquables des environs de Stuttgardt et du canton de Bâle, figurés par Sternberg, Schœnlein et dernièrement par M. Schimper, cet échantillon ne laisse aucun doute sur la présence de cette espèce caractéristique, aux environs d'Autun, vers la fin du Keuper; nous verrons plus loin que dès le commencement du Rhétien, dans la même localité, l'*Equisetum Münsteri* avait succédé à l'*E. arenaceum*, comme espèce dominante ; cependant, parmi les espèces recueillies par M. Pellat dans les grès d'Antulles, nous en avons remarqué une qui nous semble devoir être réunie à l'*E. arenaceum*, dont elle présente les caractères, bien qu'elle soit un peu fruste et ne consiste qu'en un fragment des plus incomplets.

Cet échantillon que nous figurons, Pl. 26, fig. 2, comprend seulement une portion de gaîne, continue par la base, à ce qu'il semble, avec un lambeau de tige dont on ne voit pas la terminaison. La gaîne est haute de 3 centimètres environ, conservée sur une étendue en largeur de

4 centimètres et parcourue par des stries ou sillons séparés par autant de côtes planes ou à peine convexes, plutôt déprimées sur leur milieu, et terminées par un sommet tronqué, sans doute par suite de la chute ou du repli des dents, conformément à ce que montre la figure 1, pl. 4, de Schœnlein. Cette ressemblance nous paraît faite pour entraîner la conviction et donner à penser que l'espèce keupérienne a prolongé son existence jusque dans l'étage immédiatement postérieur. Cependant, il convient d'ajouter que la partie vaginale serait ici proportionnellement plus haute que dans la plupart des exemplaires de l'*E. arenaceum*, tandis que les côtes paraissent plus étroites, plus multipliées et séparées l'une de l'autre par des sillons plus minces. Du reste ces sillons, comme on le remarque dans l'*E. arenaceum*, se prolongent inférieurement sur la tige, en s'affaiblissant peu à peu. L'*E. arenaceum*, ainsi qu'il est facile d'en juger par l'exemplaire de Couches-les-Mines, fig. 1, qui se rapporte vraisemblablement à une tige en voie de développement, s'élevait en donnant lieu à des fûts cylindriques, lisses à la surface, faiblement sillonnés, parfois cependant crevassés longitudinalement, immédiatement au-dessous des gaînes. Celles-ci, hautes de 2 centimètres sur notre principale empreinte, étaient pourvues de crêtes légèrement convexes, séparées par autant de sillons et extrêmement nombreuses (80 à 100 et jusqu'à 120); leur sommet aboutissait à des dents en forme de créneaux anguleux, pointues et acuminées, amincies à leur extrémité supérieure en une pointe scarieuse, subulée et très-fine, mais promptement caduque. Les entre-nœuds étaient étroits à la base des tiges, et s'espaçaient de plus en plus

(1) Voy. *Abbild.*, tab. 4 fig. 1, et Schimper *Traité de pal. vég.*, I, pl. 9, fig. 1.

en se rapprochant de la partie supérieure; celle-ci se terminait sans doute par un épis ovale-obtus, dont M. Heer a figuré un fragment.

Rapports et différences. — La plupart des auteurs, selon la remarque de M. Schimper, ont confondu l'*E. arenaceum* avec l'*E. columnare* de l'Oolithe du Yorkshire, auquel il ressemble effectivement beaucoup. La distance verticale qui sépare les deux espèces rend cependant leur identification peu vraisemblable. D'après M. Schimper, qui a eu occasion de comparer les spécimens d'Allemagne à ceux d'Angleterre, l'*Equisetum* des marnes irisées aurait des gaînes plus longues, composées de parties plus nombreuses, présentant des dents plus allongées et terminées par une pointe plus longuement effilée (1).

Localités. — Couches-les-Mines, près d'Autun, dans un lit de marne grisâtre bitumineuse, partie supérieure des marnes irisées. Antulles, près de Couches-les-Mines, étage Rhétien.

M. Schimper a signalé cette espèce en France à Balbronn (Bas-Rhin), à Moyen-Vic (Meurthe), à Corcelles (Haute-Saône); ces localités sont rapportées par lui à la Lettenkohle ou étage du Keuper inférieur.

En dehors de France, l'*E. arenaceum* abonde dans le Keuper inférieur et moyen, à Sinsheim et à Horrenberg près de Wiesloch, dans le grand-duché de Bade, à Neue-Welt près de Bâle, dans le Wurtemberg, aux environs de Stuttgardt, et dans beaucoup de localités de Franconie, auprès de Wurtzbourg, de Kitzingen, de Schweinfurt, de Thurnau, à Fulda, etc.

Explication des figures. — Pl. 26, fig. 1, portion écra-

(1) Voy., Pl. 30, un échantillon de cette espèce, figuré comme terme de comparaison.

sée d'une tige en voie de développement de l'*E. arenaceum*, munie de gaînes, avec des entre-nœuds très-courts. Les gaînes comptaient au moins 80 feuilles ou segments soudés, dans leur pourtour. L'échantillon est figuré de grandeur naturelle, d'après une empreinte moulée dont l'original fait partie de la collection de la faculté des sciences de Dijon. — Fig. 2, fragment de tige comprimée surmonté d'une gaîne, grandeur naturelle, d'après un échantillon recueilli par M. Pellat dans les grès d'Antulles et faisant partie de sa collection.

N° 2. **Equisetum Münsteri.**

Pl. 27, 28, fig. 1 et 29.

— Brongniart, *Tab. des genres de vég. foss.* p. 46.

— Schimper, *Traité de Pal. vég.*, I, p. 269, pl. 8, fig. 3-4 et 6-7.

Diagnose. — *E. rhizomate leviter costato-angulato interdum sublævi cylindrico remotius articulato innovationum insertionibus infra articulos sæpe cicatrisato, vaginis destructis vel semidestructis; gemmis subterraneis vaginis acute dentatis dense imbricatis constantibus, e basi angustata sursum cylindricis, primum confertim articulatis in caules aerios plus minusve elongatos postea evolutis; caulibus elatis remote plerumque articulatis* 7-10-15 *millim. latis, nudis aut vage hinc inde ramosis* (*ramis adscendentibus*), *sulcato-costatis* (8-14 *plerumque* 10 *costatis*), *costis sulco demissiore ab alterutra discretis dispositione columnarum striaturas exacte referentibus, costarum carinis in caule acutis in vaginas dentesque sursum decurrentibus sensim depressioribus tandemque fere nullis; vaginis cylindricis rarius subampliatis, costis vaginarum minime expressis, quandoque sulco carinali leviter exaratis, sulco commissurali angus tissime lineari paullo sursum ampliato, dentibus lanceolatis angulatis plus minusve acuminatis, plerumque acute angulatis, juvenilibus tenuiter apiculatis postea muticis ; spica fructifera ad caulis apicem terminali, primum globosa vaginaque ultima basi involucrata, sporosis autem tempore exserta ovata, scutellis compressione mutua lateraliter hexagonulis dorso umbonulatis in series plurimas ordinatis constante.*

Equisetites Münsteri, Sternberg, *Fl. d. Vorw.*, II, p. 43, tab. 16, fig. 1-5, 9.
— — Unger, *Gen. et. sp. foss.*, p. 56.
— — Ettingshausen, *Calam. foss.*, p. 90, tab. 9, fig. 1-4.
— — Schenk, *Foss. Fl. d. grenzck. Keuper und. Lias. frankens.*, p. 14-19, tab. 2, fig. 3-9, tab. 3 fig. 1-12.
Equisetites hœflianus, rœssertianus, moniliformis, Presl, *in Sternb. Fl. d. Vorw.*, II, p. 106, tab. 32, fig. 9-12.
Equisetites attenuatus, Fr. Braun, *Flora*, 1847 (ex parte).
Calamites liaso-keuperianus, id., *ibid.*

Cette espèce caractérise l'étage Rhétien et s'y trouve, à ce qu'il semble, exclusivement confinée. Sternberg et après lui MM. Schenk et Schimper, ont donné des descriptions et des figures très-exactes des diverses parties de la plante ; mais les beaux exemplaires recueillis par M. Pellat, dans les arkoses des environs d'Autun, et dont nos figures reproduisent les principaux, la feront encore mieux connaître, en sorte qu'il est aisé de se rendre compte des points par lesquels elle se rapprochait ou s'écartait des *Equisetum* vivants.

Les scrupules qui dernièrement encore portaient M. Schenk à préférer le terme d'*Equisetites*, comme moins affirmatif, doivent être résolûment écartés ; déjà, M. Brongniart, dans son tableau des genres de végétaux fossiles, avait proposé de réunir l'*Equisetites Münsteri* aux vrais *Equisetum*, et M. Schimper a adopté cette opinion dans son traité de paléontologie végétale. Un examen attentif de l'espèce rhétienne amène nécessairement à ce résultat, bien que peut-être elle ne rentre directement dans aucune des sections actuelles du genre *Equisetum*.

Les tiges aériennes, par lesquelles nous commencerons notre description, sont bien plus minces que celles de l'*E. arenaceum*, dont elles se distinguent à première vue. Les plus épaisses n'excèdent pas en diamètre 12 à 14 millimètres, et encore cette dimension s'observe seulement sur les exemplaires comprimés du rhétien de Franconie.

Les spécimens de M. Pellat, ensevelis dans un sable très-fin, ont un diamètre moyen de 7 à 8 millimètres seulement qui excède à peine 1 centimètre pour les plus gros. Cependant, certaines parties, et spécialement celles que nous considérons comme se rapportant aux rhizomes, mesurent 15 millimètres en diamètre, en sorte que l'on doit conclure que, tout compensé, l'espèce présente en France les mêmes dimensions qu'en Allemagne. Les tiges dont les entre-nœuds mesurent une étendue de 5 à 6 centimètres au moins et atteignent souvent un décimètre ou même plus, sont cannelées longitudinalement, c'est-à-dire sillonnées de côtes dessinant une saillie anguleuse et séparées par autant de dépressions dont le diagramme reproduit par notre fig. 6, Pl. 29, donne très-exactement le contour. Les côtes et les dépressions ou vallécules, lorsque la saillie des premières et le creux des secondes n'ont pas été déformés par la compression, se compensent à peu près et donnent à l'ensemble des tiges un aspect que l'on ne saurait mieux comparer qu'à celui d'un fût de colonne cannelée. Dans les blocs de grès des environs d'Autun, Pl. 27, fig. 1, et 28, fig. 1, on voit pêle-mêle des cylindres creux et cannelés qui correspondent à l'extérieur des tiges ou des parties vaginales, des cylindres pleins, également cannelés, encore en place dans les creux, qui reproduisent le moule interne des tiges avec l'empreinte des diaphragmes, et enfin des parties cylindriques lisses, anguleuses, finement striées, qui paraissent se rapporter au moule interne des rhizomes ou tiges souterraines. La fig. 1, Pl. 28, permet de constater cette disposition ; plusieurs tiges s'y montrent dirigées dans le même sens et situées les unes à côté des autres. Les parties creuses sont cannelées comme les parties pleines et cylindriques, mais dans certain cas le moule plein a pu se détacher et laisser voir un creux marqué parfois d'une empreinte de gaîne à qui il a été facile de restituer son aspect par le moulage (voy. une restauration de ce genre, Pl. 29, fig. 4). Dans d'autres cas, le cylindre plein est demeuré enchâssé dans la roche ; il présente alors, au lieu de gaîne, la trace bien visible d'un rétrécissement qui revêt toute l'apparence d'un nœud et correspond aux cloisons intérieures ou diaphragmes. Ainsi, nous avons à la fois sous les yeux et pour les mêmes tiges le moule de la cavité intérieure et celui des parties externes, et nous sommes assurés en même temps que les cannelures de la surface se répétaient à l'intérieur, mais en sens inverse. La fig. 1, Pl. 27, offre un nouvel exemple du moulage des parties intérieures. On y reconnaît une tige cylindrique très-mince qui se trouve munie de deux nœuds ou diaphragmes, séparés l'un de l'autre par un intervalle de 5 centimètres.

Les cannelures sont très-bien marquées dans ce spécimen, comme chez les précédents, bien qu'il soit impossible de ne pas le rapporter au moule intérieur d'une tige. Pour admettre la possibilité d'un pareil moulage, il faut croire que le sédiment, originairement formé d'un sable des plus fins, a pu s'introduire à travers les nœuds, dont les cloisons auraient éte entr'ouvertes, circonstance qui ne saurait surprendre à cause de la consistance très-lâche du tissu celluleux qui compose l'organe.

Nous devons encore observer, en ce qui concerne la forme des cannelures caulinaires, que les figures de M. Schenk ne rendent leurs caractères que très-imparfaitement. Dans l'*Equisetum Münsteri*, ce ne sont pas les parties saillantes qui sont larges, mais au contraire les dépressions intermédiaires; sur les empreintes, les proportions se trouvent renversées et les parties creuses prennent une apparence bombée. Nous avons pu vérifier par l'examen d'échantillons provenant de Franconie que les figures de M. Schenk correspondaient à des empreintes, ce qui explique leur parfaite ressemblance avec les parties creuses des exemplaires autunois.

Les tiges de l'*E. Munsteri* étaient sans doute nues ou presque nues ; elles ne présentent jamais de rameaux caulinaires verticillés et sont même très-rarement ramifiées. Les ramifications, lorsqu'elles existent, se rapportent aux parties inférieures des tiges, qui produisaient sans doute, comme chez les *E. variegatum*, Schl., et *Scirpoides*, Mich., des rameaux ascendants, disposés solitairement ou par paires vers le bas de la plante (Voyez fig. 9, Pl. 29, une tige ramifiée et grossie de la première de ces deux espèces). Les figures 11 et 12, Pl. 29, représentent un bourgeon latéral ainsi accolé à un nœud muni d'une gaîne que terminent 14 dents acuminées. Le diamètre de ce tronçon qui ne mesure pas moins de 15 millimètres semble marquer qu'il se rapporte à la base d'une plante; la hauteur de la gaîne dépasse un peu son diamètre transversal ;

elle est renflée légèrement vers son milieu, pourvue de côtes et de sillons commissuraux. Les côtes à peine relevées laissent voir la trace d'un sillon médian carénal; elles se prolongent jusque dans les dents qui sont acuminées et quelques-unes terminées par une pointe finement mucronée. Les sillons commissuraux, à peine visibles vers la base, se prononcent ensuite davantage et vont aboutir en s'élargissant à l'angle des sinus.

Les gaînes caulinaires, dont nous figurons plusieurs spécimens (Pl. 28, fig. 4 et 3, 4 et 5, Pl. 29), sont tout à fait continues avec la partie des tiges, constituant l'entrenœud, qui leur est immédiatement inférieure. Aucun anneau circulaire, aucun bourrelet ne les en distingue, et elles ont dû ne s'en détacher librement dans aucun cas. On reconnaît aisément que les cannelures de la tige s'émoussent en se prolongeant sur les gaînes dont la surface n'est occupée que par de faibles sillons. Les côtes, toujours peu prononcées, s'amincissent en pénétrant dans les lacinies, et les sillons commissuraux, invisibles vers la base des gaînes vont en s'élargissant jusqu'au point où les dents deviennent distinctes. Ce point est lui-même difficile à préciser, mais on peut s'assurer à l'aide d'une loupe que les dents ne sont réellement libres de toute adhérence mutuelle que sur une faible partie de leur étendue, 2 millim. au plus, la profondeur du sillon commissural faisant croire à une séparation, là où elle n'existe pas encore. Les dents sont au nombre de 10 ordinairement, mais ce nombre s'élève parfois à 12 ou même 14, et le dernier est celui qui se présente le plus souvent dans les échantillons d'Allemagne, généralement plus forts que ceux d'Autun. Cependant, les figures 2 et 4, Pl. 16, et 9, Pl. 33, de la deuxième partie du grand ouvrage de Sternberg, comparées aux nôtres, font ressortir une telle conformité dans l'ensemble des caractères, que l'on ne saurait hésiter à regarder tous ces exemplaires comme ayant fait partie de la même espèce.

Poursuivons notre examen : les tiges aériennes ne sont pas les seules parties que nous ayons à décrire; nous connaissons encore les rhizomes ou tiges souterraines et horizontales. Nous rapportons effectivement et sans hésitation aux rhizomes les deux fragments remarquables, reproduits, Pl. 27, fig. 2 et 3, et dont nous devons la communication à M. Pellat. Ce sont peut-être là des moules internes, peut-être aussi des moulages directement opérés sur le creux laissé par l'ancien organe, dans le sédiment, après sa destruction. Quoi qu'il en soit de cette circonstance, le grand diamètre du spécimen le mieux conservé (fig. 2) est d'un centimètre environ; il est faiblement comprimé, cylindroïde, prismatique, émoussé sur les angles, muni d'une articulation et portant en-dessous des cicatrices correspondant au point d'attache de tubercules ou de tiges aériennes. L'autre spécimen (fig. 3) porte aussi des traces d'articulation et des cicatrices d'insertion; il est, comme le premier, irrégulièrement costulé ou plutôt prismatique. Ces caractères sont ceux des rhizomes d'*Equisetum ;* M. Duval-Jouve, dans sa belle Monographie, remarque qu'ils se composent d'articles ou entre-nœuds, ayant toujours une forme prismatique, à faces égales en largeur, un peu convexes et dès lors à angles émoussés. Il faut remarquer l'extrême ressemblance, sauf la dimension, de celui de nos deux fragments de rhizomes dont la conservation laisse le moins à désirer avec un exemplaire de l'*E. Mongeotii*, Brongt., figuré par M. Schimper (1), et qui sans doute

(1) *Traité de pal. vég.*, I, Pl. 12 fig. 1.

représente le rhizome de cette espèce triasique, plutôt que l'extrémité supérieure d'une tige, comme le marque notre savant ami. Nous croyons enfin pouvoir rapporter à la base d'une tige aérienne, au point où ces tiges sont insérées sur les rhizomes et s'élèvent dans une direction opposée à celle que suivent ces derniers, une empreinte reproduite Pl. 29, fig. 7, d'après un moulage. Ici l'on voit distinctement sur un corps cylindrique et irrégulier, qui se prolonge au sein de la roche en donnant lieu à une cavité tortueuse, se placer une gaîne un peu évasée, dentée au sommet, munie de côtes peu prononcées, sur lesquelles on aperçoit cependant la trace d'un faible sillon carénal, et entourant une tige cannelée comme les précédentes dont le prolongement supérieur se trouve interrompu.

Les tubercules féculents de l'*E. Munsteri* n'ont pas été encore signalés, du moins à notre connaissance; mais la coupe transverse des nœuds ou diaphragmes a été observée en Allemagne et figurée par M. Schimper à qui nous empruntons la figure 8 de notre Planche 29 qui représente un de ces nœuds provenant d'une plante d'assez grande taille. Des empreintes tout à fait pareilles et accompagnées de lambeaux de gaînes ont été figurées par M. Schenk (1) qui les considère comme représentant des cicatrices d'insertion des rameaux; mais il n'existe chez aucun *Equisetum* de cicatrice d'une dimension égale à celle des tiges qui les portent, et il est bien plus naturel d'y reconnaître l'empreinte des nœuds eux-mêmes, comprimés, écrasés et encore accompagnés de leur gaîne comme d'une collerette. La fréquence de ces sortes d'empreintes montre que les tiges de l'*E. Münsteri* se désarticulaient aisément à l'endroit des nœuds, tandis que les gaînes

(1) *Fl. d. Grenz. tab.* 3, fig. 7, 8, 9 et tab. 2, fig. 4.

persistaient autour du diaphragme, après la chute de l'entre-nœud supérieur.

A en juger par la longueur des entre-nœuds (1 décimètre environ), les tiges de l'*E. Münsteri* atteignaient au moins 60 centimètres et probablement dépassaient un mètre de hauteur, si l'on en juge par le nombre de gaînes emboîtées qui figurent dans les empreintes de bourgeons. La figure 2, Pl. 29, extraite de l'ouvrage de M. Schimper, qui l'a empruntée lui-même à Sternberg en la rectifiant sur l'original trouvé aux environs de Bayreuth, représente l'extrémité supérieure d'une jeune tige, un peu plus forte que les nôtres, dont le développement n'est pas encore achevé. On voit les gaînes successivement plus rapprochées à mesure que l'on s'avance vers le sommet, se toucher enfin et donner lieu à un bourgeon pointu, composé au moins de 6 à 8 gaînes emboîtées dont les supérieures sont entièrement conniventes. M. Schenk et avant lui Sternberg (1) ont figuré des bourgeons de la même espèce encore moins avancés; ils sont petits, atténués en cornet vers la base; ils comprennent un certain nombre de gaînes étroitement imbriquées et emboîtées, les supérieures débordant sur les inférieures; le prolongement ordinairement mutilé laisse voir dans certains cas un bourgeon terminal, ainsi que le montre la figure 12 c, tab. 32 de l'ouvrage de Sternberg. Il est évident que ces bourgeons se rapportent, non plus à la sommité d'une tige achevant de se développer, comme celle que nous figurons, mais aux parties les plus inférieures voisines du point de leur insertion, c'est-à-dire à des bourgeons commençant leur évolution.

Les tiges de l'*E. Münsteri*, après s'être allongées plus ou

(1) Voy. *Fl. d. Grenzsch.*, tab. 3, fig..., et Sternberg, *Fl. d. Vorw.*, II, tab. 32, fig. 12.

moins, donnaient enfin naissance à leur extrémité supérieure à un épi fructificateur. C'est ce que prouve la figure 1 de notre Planche 29, empruntée au grand ouvrage de M. Schimper (1) qui a eu soin de rectifier sur l'exemplaire original le dessin primitif de Sternberg (2). Ces épis terminaient les tiges principales et non pas les ramules verticillés dont la plante était, selon toute probabilité, entièrement dépourvue. Le diamètre de la tige spicifère que nous figurons et qui égale ou même dépasse celui des spécimens d'Autun le prouve suffisamment. L'épi paraît globuleux dans cet exemplaire ; il est entouré à la base par la dernière gaîne dont les dents lui composent une sorte d'involucre qui cache le pédoncule. Mais c'est là sans doute un organe imparfaitement développé; on doit admettre qu'en s'allongeant, il dégageait sa base et prenait enfin une forme ovalaire; c'est ce qui résulte en effet des belles figures données par M. Schenk (3). Ces figures nous montrent des épis bien plus allongés, dont le rachis épais et fusiforme présente sur sa face des lignes de cicatrices correspondant à l'insertion des verticilles de feuilles fertiles ou réceptacles peltoïdes. Ces derniers organes, encore en place, à ce qu'il semble, et caractérisés par leurs *scutelles* ou *clypéoles* hexa-pentagonales, par suite de la compression mutuelle de leurs bords, sont bien visibles sur le pourtour, vers le sommet et à la surface même de l'empreinte. L'épi globuleux que nous figurons à la suite de M. Schimper nous montre ces mêmes organes plus serrés l'un contre l'autre, à cause de leur état moins avancé de développement, et formant une sorte de mosaïque à carreaux exactement con-

(1) *Traité de pal. vég.*, I, Pl. 8, fig. 3 *a*.
(2) Sternberg, *Fl. d. Vorw.*, II, tab. 16, fig. 5.
(3) *Fl. d. Grenzsch.*, tab. 3, fig. 12 et 13.

nivents, la plupart à six pans. La figure 1ª de la même planche nous les représente grossis et permet de saisir leur forme, ainsi que le bouton convexe qui occupe le centre de chaque clypéole.

Rapports et différences. — L'*E. Münsteri* se distingue aisément de la plupart des espèces fossiles du même genre par l'aspect des larges cannelures de ses tiges. Ses dimensions relativement faibles empêchent de le confondre avec les formes gigantesques du Trias et de l'Oolithe. M. Schimper a fait ressortir avec raison l'analogie de l'*E. Münsteri* avec l'*E. rajmahalense* Oldh. (1), soit à cause de la disposition des stries, soit par la dimension absolument pareille des nœuds ou diaphragmes. Mais les fragments représentés par l'auteur anglais sont trop incomplets pour que l'on puisse songer à pousser plus loin ce rapprochement. Une des deux espèces de la région véronaise que M. de Zigno a figurées dans sa grande flore oolithique (2), l'*E. Bunburyanum*, ressemble un peu à l'*E. Münsteri* par ses dimensions; mais les gaînes sont bien différentes, pourvues de dents petites et plus nombreuses. La comparaison de l'*E. Münsteri* avec les espèces actuelles ne nous amène qu'à des conclusions incertaines relativement à la place qu'il occuperait auprès de celles-ci. Cependant nous pouvons affirmer qu'il n'avait rien de commun avec les espèces à tiges *dimorphes*, ni avec celles qui portent des verticilles très-fournis de rameaux autour des nœuds, ce qui exclut l'idée d'un rapprochement avec un grand nombre d'espèces, particulièrement avec tous les *Equiseta heterophyadica*, plusieurs des *homaphyadica* de Milde, ainsi qu'avec les *E. pleiosticha* de la section *Hippochæte* du même auteur. Parmi les *Hippochæte* grou-

(1) *Paleont indica*, *Fl. of the Rajmahal series*, Pl. 2, fig. 2-5.
(2) *Fl. foss. oolith.*, I, p. 62, tab. 3, fig. 2, 4-6, tab. 4 et 5.

pés par M. Milde sous les noms d'*E. ambigua* et *monosticha*, les affinités sont plus fréquentes et plus naturelles; cependant il faut encore en retrancher les *Equisetum* mexicains : *E. myriochœtum* Schl. et Cham. et *mexicanum* Milde, à verticilles de rameaux très-nombreux, et les espèces à gaînes tronquées, comme l'*E. hyemale* et l'*E. robustum* A. Br. Après toutes ces éliminations, c'est seulement aux *Equiseta trachyodonta*, particulièrement aux *E. trachyodon* A. Br., et *variegatum* Schl., qu'il est possible de comparer l'*E. Münsteri*, malgré la différence de proportions qui e très-marquée. Ce sont là deux espèces européennes do la seconde habite également le nord de l'Asie et ''Amérique septentrionale. Nous en avons figuré les tiges faiblement grossies (Pl. 29, fig. 9) et les gaînes plus fortement amplifiées (Pl. 29, fig. 9[a]), pour permettre d'apprécier le degré de cette analogie. Il faut observer en dernier lieu que chez les *Hippochœte* l'épi fructificateur est mucroné au sommet par le prolongement de l'axe en une pointe plus ou moins aiguë; c'est là un caractère dont on n'observe aucune trace chez les épis fossiles, et dont l'absence doit faire admettre que l'*E. Münsteri* formerait, s'il était vivant, une section spéciale à côté de celles qui divisent aujourd'hui le genre *Equisetum*.

Localités. — Antulles, près de Couches-les-Mines, aux environs d'Autun, base de l'étage Rhétien, coll. de M. Pellat; la Malardière près de Couches-les-Mines, coll. de M. Dumortier. En dehors de France, l'*E. Münsteri* abonde dans les schistes argilo-bitumineux du Rhétien de Franconie, près de Bayreuth, à Bamberg, Kumblach, Erlangen près d'Adelshausen, dans le grand-duché de Bade; à Waidhofen en Autriche, et en Hanovre.

Explication des figures. — Pl. 27, fig. 1, moule interne d'une tige d'*Equisetum Münsteri* montrant un entre-nœud complet, muni de son diaphragme à chaque extrémité ; à côté, on observe l'empreinte d'une gaîne surmontée d'un lambeau de tige, grandeur naturelle. Fig. 2 et 3, fragments de rhizome ou tige souterraine de la même espèce ; on distingue sur chacun des deux spécimens la marque d'une articulation, et au-dessous des traces de cicatrices qui se rapportent à l'insertion des tiges aériennes ou des tubercules, grandeur naturelle. Fig. 4, gaîne ou partie vaginale d'après une empreinte moulée; 4[a] le même organe grossi pour montrer la forme des dents et la disposition des carènes. — Pl. 28, fig. 1, plusieurs tiges de l'*Equisetum Münsteri* réunies sur la même pierre et couchées à peu près dans la même direction; les parties creuses correspondent à l'empreinte de la surface extérieure des tiges et les parties pleines au moule des cavités intérieures, grandeur naturelle. — Pl. 29, fig. 1, tige fertile de l'*Equisetum Münsteri* terminée supérieurement par un épi fructificateur de forme globuleuse non encore entièrement développé, d'après une figure empruntée au Traité de paléontologie végétale de M. Schimper, grandeur naturelle; fig. 1[a], plusieurs scutelles contiguës, grossies. Fig. 2, tige en voie de développement de la même espèce, d'après une empreinte des environs de Bayreuth, dessinée par M. Schimper, grandeur naturelle. Fig. 3, empreinte d'une partie vaginale de la même espèce, grandeur naturelle. Fig. 4, tige restaurée, d'après un moule, de la même espèce, grandeur naturelle. Fig. 5, partie vaginale d'après une empreinte moulée, grandeur naturelle. Fig. 6, diagramme ou coupe transversale d'une tige d'*Equisetum Münsteri*, grandeur naturelle. Fig. 7, base d'une tige de la même espèce, munie de sa gaîne, s'élevant verticalement sur un rhizome, grandeur naturelle. Fig. 8, nœud ou diaphragme d'une tige vue de face, d'après une figure empruntée à l'ouvrage de M. Schimper, grandeur naturelle. Fig. 9, portion de tige ramifiée et légèrement grossie de l'*Equisetum variegatum* Schl., pour servir de terme de comparaison avec les tiges fossiles dont le mode de ramification était analogue. La figure 9ª représente, sous un fort grossissement, une gaîne de la même espèce. Fig. 11, diaphragme accompagné de sa gaîne et muni d'un bourgeon latéral solitaire de l'*Equisetum Münsteri*, grandeur naturelle.

N° 3. **Equisetum Pellati.**

Pl. 28, fig. 2-5 et 29, fig. 10.

DIAGNOSE. — *E. caulibus robustis* 1 — 2 *centim. crassis secus internodia lævioribus, intus regulariter* 20 — 26 *sulcato-costulatis; vaginis cylindricis sulcatis* 20 — 26 *dentatis, dentibus firmis parvulis triangulatis apice scarioso acuminatis, vaginæ partibus sulco carinali latissimo carinisque lateralibus singulis sursum in dentes abeuntibus instructis, costis ad basin vaginarum expressioribus etiam in caule deorsum decurrentibus mox demissioribus, sulcis autem commissuralibus minime perspicuis angustissimis sursum prope marginem paullulum ampliatis.*

Il existe un petit nombre de fragments de cette espèce qui nous paraît nouvelle et distincte de la précédente. Les figures 2 et 3, Pl. 28, représentent un tronçon de tige cylindrique, avec un nœud bien marqué et au-dessus une gaîne encore en place. Cette tige, légèrement comprimée, mesure 23 millimètres sur son plus grand diamètre, et 17 seulement sur le plus petit, ce qui lui assigne une épaisseur de 2 centimètres environ. Une autre tige, beaucoup plus mince (Pl. 29, fig. 10), puisque son épaisseur n'excède pas un centimètre, paraît devoir être rangée dans la même espèce que la première, dont elle offre tous les caractères. La figure 10, Pl. 29, représente cette seconde tige encore engagée dans sa gangue, mais elle a pu en être détachée, et l'empreinte fort nette qu'elle a laissée dans le grès a permis, en la moulant, de tracer les deux dessins grossis, reproduits par les figures 4 et 4[a], Pl. 28, qui traduisent fort exactement la structure caractéristique des gaînes. Les sillons transverses et circulaires qui, sur les deux tiges en relief, marquent l'endroit des diaphragmes, sont peut-être l'effet du moulage des parois intérieures, après la destruction de la cloison; ce sillon, en tout cas, ne se montre pas lorsque l'on moule les parties creuses de l'empreinte, dans le but de reconstituer l'apparence originaire de l'organe. Il se peut aussi que l'anneau diaphragmatique, plus résistant que le reste des tiges, ait survécu partiellement à leur destruction, de manière à laisser un léger vide en rapport avec la place qu'il occupait et où le sédiment de remplissage n'aurait pu s'introduire. Quoi qu'il en soit, les tiges de cette espèce, probablement plus robustes que celles de l'*Equisetum Münsteri*, sont striées différemment; les stries sont plus nombreuses, 20 à 26, plus inégales et surtout marquées sur les gaînes et sur la zone caulinaire contiguë et inférieure aux diaphragmes. Les gaînes ont une autre proportion que celles de l'*Equisetum Münsteri;* elles sont plus larges que hautes, et munies de dents beaucoup plus nombreuses, 20 à 26, plus petites, triangulaires et finement acuminées au sommet. A ces dents correspond une disposition des côtes et des sillons intermédiaires qui les séparent, très-éloignée de celle que nous avons observée chez l'*Equisetum Münsteri*. Ici, au lieu d'une côte médiane plus ou moins saillante et marquée d'un faible sillon carénal, on distingue un sillon carénal large et profond qui s'étale sur les gaînes, se prolonge inférieurement le long de la tige et ne s'efface qu'après avoir pénétré dans les dents. Des deux côtés de cette dépression médiane se présente une carène latérale plus étroite qu'elle ; cette carène vient aboutir en haut à l'un des bords de chaque dent et se réunit inférieurement à la carène de la dent voisine pour former une côte saillante qui se prolonge ensuite sur la tige. Sur la partie dorsale des deux carènes latérales réunies, on n'aperçoit dans le bas aucune trace de sillon commissural. Ce sillon se montre un peu plus haut comme un faible linéament qui s'élargit un peu avant d'atteindre le sinus qui sépare chaque dent. La disposition que nous venons de décrire nous paraît très-rare, sinon inconnue, dans les *Equisetum* actuels, chez qui d'ailleurs elle n'est jamais aussi prononcée.

Nous rapportons à la même espèce un moule interne, marqué de stries longitudinales serrées et régulières, analogue à ceux que l'on a souvent décrits sous le nom de *Calamites* et en particulier au *Calamites Gumbeli* Schenk (1) (*Calamites liaso-keuperianus*, Fr. Br. — Ettingsh.). Mais l'*Equisetum Gumbeli* Schimp., à qui nous avons songé à réunir le nôtre à cause de l'extrême ressemblance présentée par l'échantillon dans la disposition des stries, est construit sur des proportions bien supérieures, tandis que les dimensions du spécimen d'Autun le rangent naturellement auprès de l'*Equisetum Pellati*. Il en figurerait le moule interne dont les cannelures se trouveraient en parfait rapport de nombre avec les stries ou carènes extérieures.

(1) *Foss. Fl. v. Grenzsch. d. Keup und Lias frankem*, p. 10, tab. 1, fig. 8-10. — Schimper, *Traité de pal. vég.*, I, p. 269. — Ettingsh. *Calamar. foss*, p. 80.

Rapports et différences. — La taille plus forte, le nombre, l'aspect et la direction des cannelures, des sillons, des carènes et des dents vaginales empêchent de confondre cette espèce avec l'*Equisetum Münsteri;* elle se rapprocherait plutôt de l'*Equisetum* des Alpes vénitiennes décrit par M. de Zigno sous le nom d'*Equisetum Bunburyanum;* mais les sillons caulinaires de celui-ci paraissent être différemment disposés et les gaînes sont plus lisses. D'ailleurs il serait invraisemblable d'admettre, sans preuve décisive, que la même espèce ait pu se perpétuer depuis le Rhétien jusque dans l'Oxfordien.

Localité. — Antulles, près de Couches-les-Mines, base de l'étage Rhétien; coll. de M. Pellat.

Explication des figures. — Pl. 28, fig. 2, tronçon de tige presque cylindrique de l'*Equisetum Pellati*, marquée d'un sillon circulaire qui correspond au diaphragme et surmonté de sa gaîne, grandeur naturelle. Fig. 3, même tronçon vu par l'autre face, grandeur naturelle. Fig. 4, partie vaginale de la même espèce, d'après une empreinte moulée et grossie; 4ª même organe sous un plus fort grossissement. Fig. 5, moule interne de la même espèce, grandeur naturelle. — Pl. 29, fig. 10, autre tige de la même espèce surmontée d'une gaîne, grandeur naturelle.

N° 4. **Equisetum Duvalii.**

Pl. 30, fig. 1-4.

Diagnose. — *E. caulis elatis simplicibus vel a basi solitarie ramosis* 15-16 *millim. circiter crassis lævibus breviter articulatis, vaginis cylindricis adpressis,* 1 *centim. circiter altis,* 15 - 18 - 20 *dentatis, dentibus lineari-acuminatis apice subulatis, sinu obtusissimo vel linea recta ab alterutra separatis, vaginæ partibus costis demissioribus in dentes abeuntibus sulcisque commissuralibus sursum prope marginem ampliatis deorsum sensim angustioribus nec in caulem infra decurrentibus instructis; spica fructifera ad apicem caulium fertilium terminali, ut videtur, globosa vaginaque superiori basi involucrata.*

La découverte de cette remarquable espèce est due à M. le docteur Bleicher, qui a bien voulu nous la communiquer, ainsi que plusieurs autres débris de plantes rencontrés par lui sur le plateau du Larzac, entre la Cavalerie et Saint-Jean du Bruel, près du village de Liquisse, dans une formation d'eau douce ou plutôt d'embouchure, riche en coquilles fluviatiles lacustres et terrestres : mélanies, néritines, paludines, corbules, cyclas, limnée, auricules, etc., avec débris de poissons (*Lepidotus*) et de ptérodactyles. Cette formation, qui comprend des calcaires marneux à la base et des lignites vers le sommet, est surmontée d'un lambeau d'Oxfordien avec *Ammonites biplex* et repose sur la dolomie et les calcaires siliceux de l'Oolithe inférieure; elle se range donc très-naturellement sur l'horizon du Bathonien. Les schistes bitumineux et ligniteux ont fourni, en fait de végétaux, des fragments de fougères et des folioles de cycadées : l'*Equisetum* que nous allons décrire, et que nous dédions à M. Duval-Jouve, auteur d'une savante monographie des Équisétacées, provient des calcaires marneux jaunâtres et irrégulièrement fissiles qui servent de support au groupe des lignites. Ses tiges aplaties et couchées dans le sédiment ont donné lieu à des empreintes susceptibles d'être moulées, et dont les caractères deviennent alors très-nettement visibles. Leur diamètre apparent le plus ordinaire est de 16 à 18 millimètres ; cependant un des exemplaires représentés (Pl. 30, fig. 4) est beaucoup plus mince, bien qu'il se rapporte visiblement à la même espèce que les trois autres (même planche, fig. 1, 2 et 3). Les gaînes sont appliquées contre les tiges et continues avec elles inférieurement, en sorte qu'il est fort difficile de constater le point de leur insertion sur les nœuds et qu'elles semblent se recouvrir mutuellement. Cependant, avec une attention un peu suivie, on découvre ou plutôt on devine que ces gaînes, relativement courtes, mesuraient en hauteur un centimètre au plus ou même moins, en sorte que les dents qui surmontent chacun de ces organes se terminent généralement à la base même de la gaîne immédiatement supérieure. La partie des tiges que les gaînes laissent à découvert était lisse ou seulement rayée de stries longitudinales à peine visibles; les gaînes elles-mêmes n'étaient parcourues que par des côtes unies, toutes planes ou occupées par un sillon carénal très-peu sensible, aboutissant directement aux dents au nombre de 18 environ, de 20 au plus, de 12 à 14 au moins, si l'on considère la petite tige (fig. 4). Nos figures 1ᵃ et 4ᵃ représentent ces gaînes grossies et permettent de saisir la disposition des carènes, des dents qui les terminent et des sillons commissuraux qui les séparent. Ceux-ci s'arrêtent inférieurement au point où se terminent les gaînes, sans se prolonger sur la tige, comme on le remarque dans l'*Equisetum columnare* Brngt. (voy. Pl. 30, fig. 5, une tige de cette espèce reproduite comme terme de comparaison); ils se rétrécissent insensiblement dans cette direction et vont au contraire en s'élargissant peu à peu jusqu'au bord supérieur de la gaîne pour s'y terminer au fond d'un sinus obtus et large ou même limité par une ligne droite. Les dents, étroites dès la base et insensiblement acuminées, finissent en une pointe subulée. Des quatre exemplaires figurés par nous sur la Planche 30, celui que reproduit la figure 1 n'est terminé dans aucun sens; il en est de même de la petite tige (fig. 4) qui se rapporte sans doute à un ramule latéral. La figure 3 représente un tronçon de tige qui laisse voir à sa base un bourgeon solitaire sur le point de se développer, où l'on distingue vaguement des gaînes emboîtées l'une dans l'autre. Ainsi cette espèce, à l'exemple de la plupart de ses congénères de l'époque secondaire, n'aurait possédé que des tiges simples, solitaires, ou réunies en petit nombre et émettant parfois des tiges secondaires à côté des principales, sans présenter jamais toutefois des ramules verticillés régulièrement autour des nœuds, à l'exemple de l'*Equisetum Telmateja* actuel. Le spécimen, fig. 2, est encore plus intéressant, s'il se rapporte, comme nous sommes disposés à l'admettre, à une tige fertile, mutilée à la base, non encore complétement développée, couverte de gaînes d'autant plus rapprochées que l'on s'avance vers la terminaison supérieure qui consiste en un corps globuleux, entouré à la base par la dernière gaîne qui lui sert d'involucre. Ce corps globuleux, auquel le moulage a rendu une partie de son ancien relief, laisse voir vaguement la trace des clypéoles serrés qui portaient inférieurement les sporanges. Par sa forme, sa position, son aspect, et la façon dont la gaîne lui sert d'involucre, cette portion terminale ressemble trop à un épi fructificateur d'*Equisetum*, en voie de développement, et à ceux de l'*Equisetum Münsteri* en particulier, pour que nous ayons hésité à le signaler, tout en reconnaissant que le mauvais état de l'empreinte empêche d'en saisir les détails et de les décrire avec précision. Nous avons fait ce qui était possible en le dessinant avec le plus grand soin, d'après un moule.

RAPPORTS ET DIFFÉRRENCES. — Il est impossible de confondre

l'*Equisetum Duvalii*, soit avec l'*E. Münsteri* Brongn., dont les tiges sont striées-cannelées et les dents des gaînes au nombre de 8 à 14 seulement, soit avec l'*E. arenaceum*, dont les proportions, pour ainsi dire gigantesques, diffèrent si fort, et qui d'ailleurs se rapportent à un niveau géognostique séparé de celui auquel appartient notre espèce par toute l'épaisseur du Lias. Il est plus nécessaire de la rapprocher avec soin des formes de l'Oolithe, dont elle a été contemporaine, et particulièrement des *Equisetum columnare* Brngt. (emend.) et *Veronense* Zigno, à qui on pourrait être tenté de la réunir.

Le premier de ces deux *Equisetum* (1) a été confondu à tort dès l'origine avec l'*Equisetum arenaceum* Brongn. (*Calamites arenaceus* Brongn., *Hist. des vég. foss.*, I, p. 138, Pl. 26, fig. 3, 4, 5), malgré la distance verticale qui les sépare, malgré aussi des caractères distinctifs suffisants, dont il est aisé de se rendre compte en jetant les yeux sur notre figure 5, Pl. 30, dont le dessin est dû à notre excellent ami M. Schimper, et qui a été tracé sur un exemplaire d'*E. columnare*, provenant de l'Oolithe de Brora (Écosse). Ce dessin montre que les gaînes de l'*E. columnare*, dont les dimensions ordinaires dépassent de beaucoup celles de notre *E. Duvalii*, ont des dents finement acuminées, séparées l'une de l'autre par des sinus étroitement anguleux et des sillons commissuraux prolongés inférieurement sur la tige, bien au-dessous du rebord saillant qui correspond au diaphragme. Rien de tout cela n'existe dans l'*E. Duvalii*, dont les tiges lisses ne montrent nulle part le vestige d'un rebord trahissant à l'extérieur l'endroit d'où partent les gaînes, tandis que les dents se trouvent séparées l'une de

(1) Voy. Brongniart, *Hist. des vég. foss.*, I, p. 115, Pl. 13, fig. 1-4, et comp. avec Schimper, *Traité de pal. vég.*, I, p. 266.

l'autre par des sinus, non pas étroits, mais au contraire très-largement ouverts.

L'*Equisetum veronense* Zigno se rapprocherait davantage du nôtre par ce dernier caractère, ainsi que par le nombre des dents, la hauteur des gaînes et la dimension des tiges; il est facile d'en juger par notre figure 6, Pl. 30, qui est empruntée à l'ouvrage de M. de Zigno (1). Cependant les entre-nœuds de l'espèce italienne sont deux ou trois fois plus écartés, les tiges distinctement sillonnées de légères cannelures, et la place des diaphragmes constamment marquée chez elle par un léger rebord en saillie. Ces divergences, qu'une comparaison attentive des figures respectives fait encore mieux ressortir, nous ont empêché de songer à la réunion des deux espèces, bien que l'*E. veronense* ait été sans doute un proche voisin de notre *Equisetum Duvalii*.

Localités. — Liquisse, sur le plateau du Larzac, entre la Cavalerie et Saint-Jean du Bruel; La Verrerie (Gard); dans un étage d'eau douce sous-oxfordien, probablement bathonien.

Explication des figures. — Pl. 30, fig. 1, portion de tige de l'*E. Duvalii*, présentant une série d'entre-nœuds munis de leur gaîne, d'après une empreinte moulée, grandeur naturelle; fig. 1ª, une gaîne isolée, légèrement grossie pour montrer la disposition des carènes et des sillons commissuraux ainsi que celle des dents. Fig. 2, portion terminale d'une tige de la même espèce en voie de développement, montrant au sommet un épi fructificateur encore engagé dans la gaîne qui lui sert d'involucre, d'après une empreinte moulée, grandeur naturelle. Fig. 3, portion d'une tige de la même espèce, présentant à l'extrême base un bourgeon latéral non en-

(1) *Fl. form. ool.*, I, Pl. 6, fig. 2 et 4.

core développé, d'après une empreinte moulée, grandeur naturelle. Fig. 4, autre tige plus petite de la même espèce, grandeur naturelle ; fig. 4[a], gaîne isolée grossie. — Fig. 5, *Equisetum columnare* Brngt. (emend.), portion de tige d'après un exemplaire provenant de Brora (Écosse), dessiné par M. Schimper et communiqué par lui, grandeur naturelle. — Fig. 6, *Equisetum veronense* Zigno, portion de tige avec deux nœuds surmontés de leurs gaînes, grandeur naturelle, d'après une figure empruntée à l'ouvrage de M. de Zigno; fig. 6[a], gaîne isolée, grossie, d'après le même auteur.

FOUGÈRES.

La classe des Fougères ou Filicinées a tenu longtemps le premier rang parmi les plantes terrestres, et si elle a perdu ensuite cette prépondérance, on peut dire que c'est plutôt par suite du développement excessif des phanérogames, d'abord absentes ou faiblement représentées, que par une moindre fécondité des types qu'elle a successivement renfermés. Les Fougères offrent, à travers les diverses périodes, ce spectacle singulier d'avoir constamment changé en donnant lieu à des séries de formes dont les plus nouvelles se sont toujours développées aux dépens des plus anciennes, en entraînant l'exclusion ou tout au moins l'amoindrissement relatif de celles-ci.

Il est fort douteux que la classe des Fougères soit aujourd'hui plus restreinte que par le passé, si l'on considère en elle le nombre absolu des espèces, et cette réflexion s'applique même au temps des houilles, qui marque l'époque de la plus grande splendeur du groupe.

Mais alors, il faut le dire, les Fougères couvraient de leur foule pressée presque tout le sol terrestre ; elles multipliaient à l'infini leurs individus, sinon leurs espèces, et régnaient incontestablement.

Aujourd'hui ces mêmes plantes n'obtiennent qu'une part restreinte dans l'ensemble général ; fréquentes là surtout où l'ombre des grands végétaux leur constitue un abri, elles dominent seulement dans certaines régions insulaires ou montagneuses, au sein des vallées profondes, à l'ombre des forêts, particulièrement dans les stations où l'humidité réunie à une température très-égale les couvre d'un manteau de brumes et les protége contre les rayons directs du soleil. La chaleur favorise leur essor, mais plus que la chaleur l'égalité d'un climat humide leur est favorable. Leurs racines fibreuses pénètrent dans les fissures ; elles aiment les sols détritiques et légers; elles fréquentent les lieux tourbeux, riches en humus et envahis par la mousse, les vieux troncs et les substances végétales décomposées. Du reste, les Fougères, plantes ordinairement délicates, comptent aussi des espèces robustes, cosmopolites et sociales ; elles s'adaptent en définitive à des conditions très-diverses, et par là sans doute s'explique le secret de leur durée étonnante et de la variété sans cesse renouvelée de leurs types. Leur tige ou rhizome est le plus souvent oblique et souterrain; dans d'autres cas, épigé et rampant, il serpente ou s'enroule à la surface des autres végétaux. Cette tige constitue parfois une souche à racines fibreuses et fasciculées; plus rarement enfin elle s'élève verticalement et se termine par un faisceau de frondes, tandis que des radicules aériennes descendent de toutes parts et servent à étançonner le stipe qu'elles entourent et qui lui-même cesse de toucher directement le sol à mesure qu'il s'allonge. Les anciennes frondes, en se détachant, laissent alors, au point correspondant à leur insertion, des cicatrices discoïdes dont la disposition en quinconce offre une parfaite régularité. Ces cicatrices, plus ou moins ovalaires et dont la forme est caractéristique, s'agrandissent et s'écartent dans le sens vertical, à mesure que la tige croît, mais elles conservent invariablement les mêmes dimensions proportionnelles. L'accroissement des tiges ayant lieu surtout de bas en haut, ces cicatrices ne se déforment pas par suite d'une extension transversale; elles n'offrent rien d'engaînant; elles ne sont ni emboîtées ni même contiguës, et diffèrent par là de ce que montrent les Monocotylédones et aussi les Cycadées, chez qui ces divers effets se produisent toujours plus ou moins par suite de l'extension en diamètre des tiges. La disposition des faisceaux vasculaires à la surface des cicatrices foliaires, ainsi qu'à l'intérieur des tiges et des pétioles, n'est pas moins caractéristique. Ils forment par leur réunion des anneaux interrompus ou plutôt des rubans diversement repliés et constituent une ou plusieurs rangées concentriques entourant une zone parenchymateuse centrale, qui renferme aussi un certain nombre de faisceaux, mais qui se détruit avec l'âge. A l'intérieur des pétioles, les faisceaux vasculaires, toujours moins compliqués, affectent aussi une disposition régulière; dans les rhizomes minces ils se réduisent souvent à un seul faisceau qui devient central.

Les feuilles des Fougères ou frondes affectent une grande variété de formes. Rarement simples et entières, elles sont presque toujours diversement incisées et lobées, et présentent tous les degrés de combinaison dans le mode de découpure du limbe. Celui-ci, le plus ordinairement continu le long des côtes ou rachis qu'il accompagne d'une bordure de largeur très-variable, semblerait marquer dans la plupart des Fougères l'existence de feuilles simples en réalité, malgré la complication des lobes qui les divisent. Cependant, on observe aussi des folioles articulées à leur base sur le rachis commun et des rachis secondaires, eux-même articulés sur l'axe principal et se détachant naturellement de celui-ci. Quoique les frondes de Fougères soient généralement constituées par un axe central le long duquel sont disposés des axes secondaires, on observe quelquefois aussi, soit dans l'ordre actuel (*Gleichenia*), soit surtout chez les fossiles des terrains anciens (*Sphenopteris dichotoma* Alth.; — *Geinitzii* Gœpp.; — *pimpinellifolia* Gœpp.; — *tridactylites* Brngt., etc.), des frondes divisées par bifurcation. Les tiges elles-mêmes présentent parfois cette structure qui est ordinairement accidentelle, mais qui semble pour certaines catégories d'espèces, comme celles du Dévonien supérieur, devenir normale et caractéristique.

La vernation des frondes est généralement convolutée ou repliée en crosse, non-seulement du sommet à la base, mais de façon à ce que les bords du limbe et les axes secondaires soient aussi repliés sur eux-mêmes, le long de l'axe principal. Cependant, quelque universelle que soit cette structure, elle souffre certaines exceptions et n'existe pas chez les Ophioglossées, qui se rangent auprès des Fougères, assez loin cependant pour constituer aux yeux de la plupart des ptéridographes une classe distincte ou mieux un groupe à part marquant une liaison vers les Rhizocarpées.

Les caractères fournis par la nervation ont une importance considérable, dès qu'il s'agit d'espèces fossiles dont le classement rationnel est presque uniquement basé sur leur considération. Malheureusement, ces caractères, quelles que soient leur saillie et leur apparente fixité, sont rarement, chez les Fougères, en rapport exact avec ceux qui sont tirés des organes fructificateurs et qui tiennent évidemment le premier rang. L'observation démontre que les mêmes combinaisons de nervures, et par conséquent de forme extérieure et de découpure, puisque celles-ci dépendent inévitablement des premières, se montrent dans des genres et des tribus entièrement séparés. Aussi, c'est principalement aux organes reproducteurs que l'on a eu recours avec raison pour établir les divisions fondamentales de la classe des Fougères.

Ces organes consistent, comme on le sait, en sporanges ou capsules portées sur les frondes, presque toujours fixées à la face inférieure du limbe foliacé. Tantôt les capsules couvrent la fronde entière, ou occupent certaines parties de cet organe qui se trouve modifié par leur présence, tantôt elles se groupent suivant des modes très-variés. Les groupements, *acervi*, prennent le nom de sores, *sori*, et les capsules s'y montrent tantôt nues, tantôt recouvertes d'un tégument, protégées par le bord replié ou contracté des pinnules, ou bien elles sont insérées sur un réceptacle, entourées d'un involucre soit ouvert, soit fermé comme une boîte, situées au fond d'une urne, environnées de paillettes, soudées entre elles ou enfin réunies en nombre déterminé. Sous le rapport du mode de déhiscence, les capsules, sessiles ou plus ou moins pédicellées, globuleuses ou ovalaires, sont tantôt pourvues et tantôt dépourvues d'un anneau complet ou incomplet, central ou excentrique, dont la contraction entraîne le déchirement des parois et la dispersion des séminules, *sporulæ;* celles-ci, en se développant, donnent lieu, comme chez les *Equisetum*, à un *prothallium* qui porte les anthérozoïdes et les archégones, et d'où sort enfin la jeune plante.

C'est en s'aidant de toutes ces différences de structure que l'on est parvenu à opérer le classement des Fougères vivantes et à les partager en groupes de valeur très-inégale, puisque l'immense majorité d'entre elles fait partie de la famille des Polypodiacées.

Les *Polypodiacées* se distinguent par leurs capsules groupées suivant des modes très-divers à la surface inférieure des frondes et partagées par un anneau disposé verticalement en deux parties égales. Les groupes de capsules, étendus à la totalité de la surface foliaire, ou limités et formant des *sores*, sont tantôt nus, tantôt protégés par un tégument. Les formes arborescentes sont rares parmi les Polypodiacées et presque entièrement limitées à la tribu des Dicksoniées.

Les tribus sont au nombre de six principales, qui sont :

1° Les *Acrostichées*, chez qui les capsules couvrent toute la surface inférieure des frondes fertiles ;

2° Les *Polypodiées*, chez qui les capsules sont groupées en sores toujours dépourvues de tégument ;

3° Les *Ptéridées*, chez qui les capsules sont groupées en sores marginales recouvertes d'un tégument provenant du bord replié de la fronde ;

4° Les *Aspléniées*, dont les sores allongées et couvertes d'un tégument suivent une direction parallèle aux nervures le long desquelles elles sont placées ;

5° Les *Aspidiées*, dont les sores arrondies sont couvertes d'un tégument circulaire et situées vers le milieu du parcours des veines ;

6° Les *Dicksoniées*, chez qui les sores sont terminales, c'est-à-dire situées à l'extrémité supérieure des veines et ordinairement recouvertes d'un tégument ou d'un réceptacle s'ouvrant vers l'extérieur.

Cette dernière tribu renferme de grandes Fougères, en majorité tropicales, et confine les Aspléniées et les Ptéridées par les *Davallia*, tandis que les genres *Dicksonia* et *Balantium* la rapprochent des Cyathées et des Marattiées. Du reste, rien de plus confus vers leurs limites réciproques, toujours embarrassées de types d'affinité incertaine, que ces tribus dont la réalité ne s'affirme que par les groupes normaux qui servent de centre à chacune d'elles.

Auprès des Polypodiacées et comme une tribu annexe, selon les uns, comme une famille distincte, selon d'autres, viennent se placer les *Cyathées*, qui comptent au moins 200 espèces, dont les deux tiers américaines, et renferment la presque totalité des Fougères arborescentes. Le caractère décisif du groupe est de présenter des capsules partagées par un anneau vertical en deux portions un peu inégales; ces capsules sont en outre insérées sur un axe ou réceptacle, tantôt nu, tantôt accompagné d'un tégument en forme de boîte, de soucoupe, de calice, de capsule, partant de la base de l'axe et servant d'involucre aux sporanges.

Non-seulement la récurrence des formes est très-prononcée chez les Cyathées, si on les compare aux Polypodiacées, mais elles se lient à celles-ci par les *Alsophila*, de manière à constituer une chaîne dont les anneaux les plus éloignés se rattachent pourtant les uns aux autres par une ou plusieurs séries d'anneaux intermédiaires. Les familles suivantes sont visiblement plus tranchées, plus isolées; séparées l'une de l'autre par des intervalles plus marqués, elles sont aussi moins nombreuses et parfois réduites à un genre unique. Ce sont :

1° Les *Hyménophyllées*, dont le limbe foliacé est formé, comme dans les mousses et les lycopodes, d'une seule lame de tissu cellulaire, parcourue par des nervures qui portent à leur extrémité des réceptacles en godet, qu'elles traversent en donnant lieu à une colonne centrale sur laquelle s'insèrent des capsules arrondies et entourées d'un anneau disposé horizontalement;

2° Les *Gleichéniées*, dont les capsules, sessiles et groupées par quatre à la face inférieure des feuilles, ont un anneau large, disposé à la façon d'un turban. Les frondes des Gleichéniées sont souvent divisées par bifurcation ;

3° Les *Marattiées*, dont les capsules dépourvues d'anneau sont soudées sur une double rangée contiguë ou disposées en cercle, et s'ouvrent par un pore du côté intérieur. Plusieurs sont arborescentes ou de grande taille ;

4° Les *Osmundées*, chez qui la partie supérieure des frondes fertiles, transformée par la fructification et réduite aux seules nervures, se charge de capsules munies d'un anneau très- incomplet et s'ouvrant par une fente située sur le côté antérieur ;

5° Les *Schizées* ou *Lygodiées*, groupe formé d'un petit nombre de genres de physionomie très-variée, chez qui les capsules, en forme de coques bivalves à la maturité et pourvues d'un anneau disposé en calotte, sont rangées en série simple, double ou multiple le long du bord des segments ou sur les portions contractées des frondes ou encore sous des téguments bracteïformes, imbriqués et distiques placés à l'extrémité des nervures prolongées au delà de la marge des folioles.

Toutes ces divisions, si l'on s'attache seulement à la physionomie, renferment souvent des formes hétérogènes réunies, comme nous l'avons dit, par la seule considération des organes reproducteurs; mais n'en est-il pas de même pour les Algues et même pour les Conifères, où certains groupes comprennent des formes très-diverses, tandis que chacune de ces formes prise en particulier paraît être une répétition parallèle de celles qui caractérisent les autres groupes? Ne trouve-t-on pas de ces récurrences parfois étonnantes à chaque pas que l'on fait dans l'étude des Dicotylédones, et ce phénomène ne semble-t-il pas une consé quence nécessaire de l'évolution des groupes de végétaux qui, au lieu de rester stationnaires ou de reculer, n'ont cessé de produire dans chaque période de nouveaux types destinés à remplacer les types antérieurs, en s'étendant et se ramifiant à leur tour?

C'est donc bien vainement que l'on chercherait à trouver un mode de classification assez parfait pour s'appuyer également sur les caractères tirés des organes reproducteurs et sur ceux de la nervation. Tous les essais tendant à ce but ont échoué jusqu'ici. Les organes reproducteurs sont les seuls qui puissent, en effet, révéler la structure intime des plantes et servir à fonder entre elles des rapports vrais; les caractères basés sur la disposition des nervures n'ont au contraire qu'une fixité apparente et souvent trompeuse. Dans les limites d'un même groupe, on les voit se plier à une foule de modifications qui les altèrent et leur permettent de passer avec une extrême facilité d'un système à un autre; ils épuisent, pour ainsi dire, la série entière des combinaisons, et chez eux l'ordonnance la plus simple conduit insensiblement à l'ordonnance la plus compliquée, à l'aide d'une série de nuances intermédiaires et de transitions ménagées qui échappent le plus souvent à l'analyse. C'est là ce que l'on observe dans les genres compactes, comme les *Polypodium*, *Pteris*, *Aspidium*, *Cyathea*, etc.; mais on n'aurait, dans ces mêmes genres, qu'à supprimer un certain nombre d'intermédiaires pour opérer la juxtaposition d'un assemblage de formes sans liens réciproques apparents, c'est là effectivement ce qu'il est naturel d'admettre pour le passé, et la destruction par l'effet du temps d'une quantité de termes ne doit pas être étrangère à l'existence de ces rapprochements forcés que la physionomie extérieure semble repousser, mais que l'étude des organes essentiels justifie et dont la paléontologie seule parviendra peut-être donner la clef.

Appliquons ces principes aux Fougères fossiles. On a recueilli d'elles des tiges (*Caulopteris*, *Protopteris*), des rhizomes (*Rhizomopteris* Schimp.), des pétioles (*Rachiopteris* Schimp.), de jeunes frondes enroulées (*Spiropteris* Schimp.); on a pu même étudier la structure intérieure de plusieurs tiges anciennes, surtout de celles du terrain permien qui sont connues sous le nom de *Psaronius*. On conçoit cependant que ces organes n'aient donné lieu qu'à des assimilations fort vagues et aient dû forcément être décrits en autant de genres séparés, sans que l'on pût même soupçonner la nature des frondes qui leur appartenaient autrefois. On trouve plus ordinairement, et de manière à faire mieux connaître l'aspect des anciennes espèces, des portions plus ou moins considérables de leurs frondes dont la nervation est presque toujours visible et qui sont parfois accompagnées de vestiges des fructifications. Mais lorsque ces derniers organes se montrent, il est le plus souvent difficile de saisir en eux autre chose que l'emplacement et la forme des groupes de capsules ou sores. Dans l'immense majorité des cas, le mode exact de l'insertion des capsules, la structure de chacune d'elles, la présence et la nature de l'anneau, c'est-à-dire les caractères les plus essentiels échappent entièrement ou sont trop vaguement perceptibles pour permettre d'asseoir un jugement. Dans les cas très-rares où il devient possible d'analyser ces sortes de caractères, on se trouve dans bien des cas en présence de combinaisons qui ne semblent correspondre d'une façon précise à aucune de celles que comprend la nature actuelle, et, en s'éloignant dans le passé, on arrive finalement à reconnaître ou que les groupes fossiles les plus importants ont disparu sans laisser de représentants directs, ou que ces groupes ont une tendance à se rapprocher des tribus les plus exceptionnelles existant chez les Fougères vivantes.

Cette marche, en rapport complet avec celle des principales séries de végétaux considérés dans leur passé historique, a été souvent méconnue, ou plutôt il a existé dès l'origine des recherches paléophytologiques une tendance à ne pas en tenir compte. Par suite, il s'est établi deux écoles très-différentes par leurs procédés et les résultats auxquels elles ont conduit leurs adeptes; mais l'une d'elles, à la tête de laquelle s'est placé dès l'abord le savant Ad. Brongniart, est pour nous la seule vraie, tandis que l'autre, représentée en premier lieu par Gœppert, et dernièrement par M. d'Ettingshausen, nous paraît entraîner à des erreurs inévitables par la fausse apparence qu'elle se plaît à donner aux faits relatifs aux anciennes flores, en les travestissant plus ou moins.

En effet, au lieu de chercher à saisir ce que pouvaient être en réalité les Fougères du monde primitif, on a tenté une foule de rapprochements superficiels, uniquement basés sur la physionomie extérieure, et une certaine conformité dans le dessin de la nervation. Sur la foi d'aussi douteuses affinités, on s'est attaché à donner aux Fougères fossiles, sans distinction d'étages ni de période, des noms tirés de celles de nos jours; finalement, on est venu à les assimiler entièrement à celles-ci, comme si l'ancienne existence des genres que nous avons encore sous les yeux pouvait être admise sans preuve directe et décisive, alors que tant d'indices amènent à croire le contraire. C'est dans cet ordre d'idées que les genres *Gleichenites*, *Hymenophyllites*, *Asplenites*, *Aspidites*, *Cyatheites*, *Polypodites*, etc., avaient été fondés primitivement par Gœppert. Cette pensée d'identification absolue entre les Fougères fossiles de toutes les époques et les nôtres a été abandonnée par l'auteur lui-même dans un ouvrage postérieur demeuré malheureusement inachevé (1). La classification proposée depuis par M. Unger dans son *Synopsis* et généralement adoptée en Allemagne, paraît être un compromis des idées de M. Brongniart, que nous exposerons tout à l'heure, et de celles de Gœppert, en sorte que, tout en suivant les grandes divisions établies par l'auteur français et en constituant un certain nombre de genres fossiles, très-légitimement séparés de ceux qui existent maintenant, on voit reparaître à côté de ceux-ci les *Hymenophyllites*, *Polypodites*, *Asplenites*, *Cyatheites*, *Hemitelites*, *Acrostichites*, etc.; bien plus, un certain nombre d'espèces se trouvent distribuées dans les Gleichéniacées, Schizéacées, Danæacées, Marattaciées, et englobées ainsi sans preuve assurée, souvent même sur les indices les plus douteux, dans les familles actuelles qui portent ce nom.

M. d'Ettingshausen a été encore plus loin, et dans le grand ouvrage accompagné de planches nombreuses qu'il a publié dernièrement, il s'est proposé pour but d'exposer les bases fondamentales de la classification des Fougères, d'après la nervation. Il a voulu en même temps appliquer ces principes à la détermination des espèces fossiles par la comparaison de ces dernières avec les Fougères vivantes.

M. d'Ettingshausen, remarquons-le, n'a rien changé à la délimitation des tribus et des genres, telle qu'elle a été comprise par les meilleurs ptéridographes, entre autres par Presl, Fée et Mettenius. Les grands genres renferment toujours plusieurs types de nervation; mais ces types sont disposés par l'auteur de manière à constituer autant

(1) *Die Gattungen foss. Pflanz. vergl. mit dem. d. Jetzw.* Bonn, 1841.

de sous-genres qui se suivent dans un ordre régulier et systématique, dont l'exposé fait le plus grand honneur au savant qui les a conçus. Toutefois, lorsque le même auteur applique cette méthode aux espèces anciennes, la plupart imparfaitement connues, et les fait rentrer dans les mêmes cadres que les espèces vivantes et le même ordre de classement, en les désignant sous des noms de genres destinés dans sa pensée à devenir définitifs, il commet évidemment la plus grande des erreurs. La marche suivie par l'auteur se conçoit tant qu'il s'agit d'espèces tertiaires, plus ou moins alliées des nôtres et probablement congénères de celles-ci ; mais, à mesure que l'on s'éloigne vers le passé, l'obscurité augmente, les liens se relâchent et les assimilations génériques deviennent improbables, à moins qu'elles ne reposent sur des preuves directes.

Leur admission à *priori* entraînerait en effet cette conséquence, en contradiction avec tout l'ensemble des faits paléontologiques, que le monde des Fougères aurait été dans tous les temps composé à peu près des mêmes éléments que dans la période récente. L'esprit, à moins d'être aveuglé par une idée préconçue, ne saurait croire à l'existence de la plupart des genres modernes dès l'époque carbonifère, ni même dans le Trias et le Jurassique. Les Polypodiacées se sont certainement montrées dans cette dernière période ; mais à quel moment précis faut-il reporter leur première apparition ? les genres qu'elles ont d'abord compris étaient-ils pareils en tout ou en partie aux nôtres ? certains d'entre eux ne formaient-ils pas des tribus ou des familles distinctes de celles qui composent maintenant les Polypodiacées ? Ce sont là les questions qu'il faudrait pouvoir résoudre en premier lieu et que l'on méconnaît entièrement, lorsque l'on se base sur des analogies partielles pour les trancher en formulant des identités de genres en réalité chimériques.

Revenons aux vrais principes, à ceux qui peuvent seuls nous servir de guide dans cet obscur labyrinthe, c'est-à-dire aux idées émises autrefois par M. Brongniart et auxquelles récemment encore adhérait M. Schimper, dans son *Traité de paléontologie*. Ces idées consistent à se servir (en l'absence de moyens plus sûrs et sans repousser ceux que fournit la fructification lorsqu'elle se laisse voir) de l'examen de la nervation comme d'un moyen artificiel et provisoire, mais le seul dont on dispose en réalité, pour grouper les formes qui se rapprochent par ce côté dans des genres qui ne sauraient être définitifs, mais qui ont l'avantage de constituer des cadres méthodiques et souvent de respecter des affinités réelles, sans rien préjuger sur le fond même de la question.

C'est ainsi que M. Brongniart, dans son *Histoire des végétaux fossiles*, et plus tard dans le *Dictionnaire d'histoire naturelle* de d'Orbigny (1), avait fondé sur la seule considération des nervures les genres *Neuropteris, Cyclopteris, Odontopteris, Sphenopteris, Pecopteris,* qui ont subsisté malgré bien des découvertes postérieures et sont même devenus le type d'autant de familles particulières.

Toutefois, ces genres et plusieurs autres qu'il serait inutile de mentionner ici ont été conçus primitivement en vue de la flore houillère, objet principal des préoccupations de M. Brongniart, et ce n'est pour ainsi dire que par extension qu'on y a également rapporté les espèces des autres terrains, lorsqu'elles se rangeaient sans trop d'effort à côté des premières. On a même désigné quelque-

(1) *Tab. des genres de vég. foss.*, p. 16 et suiv.

fois des noms de *Pecopteris* et de *Sphenopteris* des espèces tertiaires qui ont été avec plus de raison attribuées depuis à des genres vivants. La flore tertiaire se rapproche tellement de la nôtre, qu'il est difficile d'admettre qu'elle ait pu comprendre des formes congénères de celles des houilles; mais la question se complique extrêmement, lorsqu'il est question du terrain jurassique, sorte de moyen âge également éloigné des temps primitifs comme de l'âge moderne. Si, d'une part, on peut croire sans invraisemblance que les types paléozoïques aient prolongé leur existence jusque dans cette période, rien ne s'oppose de l'autre à ce que l'on y place la première origine des types actuels, ou enfin que l'on suppose l'ensemble des Fougères d'alors composé en majorité de types spéciaux, également distincts des types carbonifères et de ceux de nos jours. La vérité est probablement entre ces opinions extrêmes; elle est en tous cas difficile à saisir; elle se réduit à des indices épars que nous devons mettre un soin particulier à rechercher et à analyser.

Nous savons, à n'en pouvoir douter, que vers le milieu et même dès le début des temps tertiaires, la classe des Fougères se trouvait composée des mêmes divisions qu'aujourd'hui, et que chacune de ces divisions était représentée par les mêmes genres, combinés à peu près dans les mêmes proportions, non-seulement chez les Polypodiacées, mais dans les tribus ou familles plus ou moins éloignées de celles-ci, qui cependant ont très-bien pu occuper dès lors une place relativement plus considérable.

Les genres *Pteris*, *Woodwardtia*, *Aspidium*, *Lindsæa* et plusieurs autres se montrent dans le miocène inférieur de Suisse ou dans le midi de la France; plus anciennement, on observe à Sézanne des *Blechnum*, *Adiantum*, *Asplenium*;

on a pu même constater parmi ces derniers l'existence des sous-genres *Athyrium* et *Diplazium*. Il en est de même des autres tribus : la présence des *Alsophila*, *Cyathea*, *Hemitelia* dans les travertins de Sézanne atteste qu'à l'époque où se formait ce dépôt les Cyathées étaient fixées dans leurs principaux traits.

Les *Lygodium* observés dans le Miocène inférieur, dans l'Éocène des gypses d'Aix et dans la Craie blanche d'Aix-la-Chapelle, font voir la même chose pour les Lygodiées. Les *Osmunda Heerii* Gaud. et *Polybotrya* Schimp. (*Filicites polybotrya* Brongn.), témoignent de l'existence des Osmundées.

On pourrait citer l'*Ophioglossum eocenum* Massal., du Tertiaire de Vérone, comme exemple des Ophioglossées, et la Craie d'Aix-la-Chapelle renferme de vrais *Gleichenia* semblables à ceux du monde actuel par leur aspect, leur mode de partition, l'ordre et la disposition des sores.

Dans la Craie, période assez mal connue, il est vrai, un changement manifeste se laisse voir par rapport à ce qui aura lieu plus tard. Les genres actuels de Polypodiacées s'effacent, s'amoindrissent, ou du moins deviennent rares et incertains ; ceux qui appartiennent à d'autres tribus, subordonnées aux Polypodiacées dans l'ordre actuel, se montrent au contraire fréquemment, et leur importance relative grandit de plus en plus.

Enfin, on remarque une foule de types évidemment éteints et plus ou moins différents de ceux que nous connaissons. Ainsi, à Aix-la-Chapelle, à Moletein, à Niederschaena, à Kome dans le Groënland, on rencontre seulement, en fait de genres actuels, des *Gleichenia*, des *Lygodium*, peut-être des *Danæa* (*Danæites firmus* Heer, *D. Schlotheimii* Deb. et Ettingsh.), mais il ne s'est encore trouvé aucune espèce qui puisse être rapportée avec certitude à un genre vivant de Polypodiacée, tandis que l'on reconnaît l'existence d'une foule de types différents de ceux que nous connaissons et se rattachant soit aux Cyathées, soit aux Polypodiacées elles-mêmes. Quelle est la vraie signification et la place réelle de ces types spéciaux qui peuplent les divers étages du terrain secondaire? Quelle est la part à faire aux Polypodiacées parmi eux et quelle est celle des autres tribus? ne révèlent-ils pas l'existence de groupes intermédiaires servant à combler les vides qui séparent l'une de l'autre les divisions actuelles? Bien des indices conduisent à penser que cette dernière conjecture est la plus rapprochée de la vérité, et beaucoup de ces genres anciens, sans rentrer dans le cadre des Polypodiacées actuelles, paraissent se relier à cette famille par des liens plus ou moins étroits. Nous serons confirmés dans cette pensée en continuant notre marche par l'observation de ceux des genres jurassiques dont l'appareil fructificateur est le mieux connu.

Les Fougères jurassiques que l'extrême analogie de tous leurs caractères visibles autorise de rapporter à des genres encore vivants sont : 1° des *Gleichenia* (*Gleichenia elegans*, Zigno, *Fl. ool.*, I, p. 193, Pl. 10; — *Gleichenia bindrabunensis* Schimp., *Oldh. pal. ind. Foss. Fl.*, p. 45, tab. 25 et 26) ; 2° des *Angiopteris* (*Angiopteridium Münsteri* Schimp., *Traité de pal. vég.*, I, p. 603, Pl. 38, fig. 1-6; — *A. Hœrense* Schimp., *ibid.*, fig. 7) ; 3° des *Danæa* (*Danæopsis marantacea* Heer). Ces genres attestent en premier lieu la présence répétée des tribus les plus exceptionnelles de l'ordre actuel ; mais il ne faudrait pas en conclure que les Polypodiacées fussent alors absentes ou faiblement représentées ; ce serait une exagération contraire à la réalité. Il existait parmi elles des types de deux sortes : les uns susceptibles de se ranger sans trop d'effort dans les divisions existantes ; ce sont les *Thaumatopteris*, *Dictyophyllum* et *Clathropteris*, qui diffèrent à peine des *Drynaria*. Les autres sont des Polypodiacées dont le caractère ambigu et pour ainsi dire mixte se laisse aisément entrevoir et qui dans tous les cas n'ont avec les genres actuels que de lointaines et obscures affinités. Il en est ainsi des genres *Andriana* Fr. Braun, *Selenocarpus* Schenk, *Laccopteris* Presl., qui sont les mieux connus ; la forme des capsules, la direction et la structure de l'anneau vertical multiradié et complet qui les entoure n'ont rien chez eux qui s'écarte de ce que l'on voit chez les Polypodiacées, tandis que le mode de groupement des sporanges réunies en nombre déterminé et dans un ordre régulier, autour d'un point central ou sur un axe, rappelle ce qui a lieu chez les *Mertensia* et les *Alsophila*. D'autres genres, et en première ligne les *Gutbiera* Presl., ont des capsules renfermées sous un couvercle arrondi, d'abord clos, puis ouvert au centre et qui reporte l'esprit vers les *Cyathea* et les *Mattonia*.

Tous ces genres possèdent d'ailleurs le caractère commun d'avoir des frondes à segments palmés ou digités, ordonnance aussi fréquente chez les Fougères jurassiques qu'elle est rare maintenant. Cette disposition est loin cependant d'être elle-même universelle ; les frondes pinnées redeviennent abondantes dans l'Oolithe, et parmi celles-ci, le nombre des genres dont la fructification demeure inconnue ou dont les sores, quoique visibles, ne livrent pas le secret de leur structure, est tellement prépondérant par rapport aux autres, qu'il faut bien se résigner à choisir un mode de classement basé sur la nervation et la forme extérieure. Mais en choisissant ce parti, on se trouve aussitôt en présence de nouvelles difficultés ; en effet, si les types actuels sont à peu près absents, sauf en ce qui concerne les Gleichéniées, les Marattiées, les Hyménophyllées ? et les Polypodiées proprement dites, de la Flore ptéridologique du Jura, les cadres de classification conçus en vue de la Flore carbonifère sont eux-mêmes très-loin de suffire, et il devient nécessaire d'en établir de spéciaux pour le temps dont il s'agit. Rien de mieux, il est vrai, que de ranger parmi les *Sphenopteris*, les *Pecopteris*, les *Odontopteris* celles des Fougères jurassiques qu'aucun trait bien sensible n'écarte des types paléozoïques ainsi dénommés, et nous agirons de cette façon pour un certain nombre d'espèces des dépôts français; il serait inutile effectivement de créer des noms à part, là où les divergences ne sont pas appréciables. Il en est autrement des types jurassiques proprement dits, de ceux qui se distinguent des types antérieurs et qui depuis ont cessé de se montrer ; il faut bien s'efforcer de les grouper de la façon la plus naturelle ; et d'un autre côté nous comprenons les difficultés peut-être insurmontables, attachées à une classification de cette nature. Heureusement qu'il doit suffire à la nôtre de s'adapter aux espèces françaises, les seules que nous ayons à considérer ici ; notre tâche se trouvera ainsi sensiblement allégée, puisque nous laisserons de côté une foule de genres mal connus ou d'affinité incertaine, par la raison qu'ils n'ont pas été encore observés en France. Il est vrai que le sol français a fourni de son côté un certain nombre de types soit nouveaux, soit absents des autres régions. En faisant la part exacte de ces diverses considérations, nous voyons se dégager de l'ensemble de nos Fougères, en dehors des *Sphenopteris* et *Pecopteris*, quatre groupes bien tranchés qui sont : 1° les espèces à nervures réticulées et à segments ordinairement palmés ou digités, correspondant aux *Dictyoptéridées* de M. Schimper ; 2° les espèces à frondes pinnées et coriaces, sur lesquelles nous reviendrons tout à l'heure ; 3° les espèces à frondes tantôt simples, tantôt pinnées, à segments rubanés et à bords entiers, dont les nervures secondaires, simples ou dichotomes, sont disposées le long d'une côte médiane dans une direction d'abord oblique, puis transversale, les veines demeurant parallèles entre elles ; ce sont les *Tæniopteridées* de divers auteurs, auxquelles nous conserverons ce nom ; 4° les espèces à frondes flabellées, à segments dichotomes, à nervures longitudinales ; ces dernières plantes ne sont peut-être pas même des Fougères ; elles paraissent, du moins en ce qui concerne quelques-unes d'entre elles, se rattacher aux Marsiléacées ; c'est à nos yeux un motif de plus pour les grouper à part sous la dénomination des *Chiroptéridées.*

Les espèces à frondes pinnées et coriaces que nous avons mentionnées en deuxième lieu doivent nous arrêter un instant. Elles ont été jusqu'ici le sujet de beaucoup de confusion, soit parce que leurs espèces ont été successivement reportées d'un genre dans un autre, soit parce que leur structure, imparfaitement observée, les a fait prendre pour ce qu'elles n'étaient pas. C'est ainsi que certaines Fougères coriaces rappellent assez les Cycadées, pour que l'on ait voulu parfois les attribuer à ce dernier groupe, tandis que les formes à pinnules dépourvues de nervures secondaires étaient réunies à tort à celles qui présentent une nervation caractéristique, lorsque celle-ci se trouvait accidentellement invisible. En réalité, les Fougères jurassiques *coriaces* nous paraissent se partager assez naturellement en trois groupes, l'un plus particulièrement développé dans le Lias, les deux autres exclusivement oolithiques. Le premier a pour caractère de présenter dans chaque pinnule des nervures secondaires très-obliques ou toutes longitudinales, naissant en partie au moins directement du rachis ; la nervure médiane, lorsqu'elle existe, se termine avant le sommet ; les pinnules adhèrent par la base au rachis et sont souvent confluentes entre elles. Nous donnerons à ce groupe le nom d'*Odontoptéridées*, à cause de son affinité présumée avec les *Odontopteris* des terrains carbonifère et permien. Le second groupe présente des pinnules plus ou moins rétrécies à la base, toujours cependant un peu décurrentes sur un rachis étroitement ailé. Chaque pinnule n'est parcourue que par une seule nervure médiane ou par un petit nombre de nervures parties de la base, très-peu visibles ou tout à fait nulles. Ces Fougères composeront pour nous le groupe des *Pachyptéridées*, dont le genre *Pachypteris* de Brongniart reste le type. Dans le troisième groupe enfin les pinnules coriaces, adhérentes par la base, non rétrécies et souvent confluentes, sont repliées le long des bords ou cernées d'un bourrelet marginal ; la nervation est tantôt réduite à la seule médiane et tantôt pinnée ; ce sera le groupe des *Lomatoptéridées*.

Voici, d'après ce qui précède, le tableau des divisions adoptées par nous :

1° *Sphénoptéridées*. Nervures pinnées, à divisions plus ou moins obliques et divergentes dans une pinnule rétrécie à la base et incisée ou lobée sur les bords.

2° *Pécoptéridées*. Nervures pinnées simples ou bifurquées, disposées des deux côtés d'une nervure médiane prolongée jusque vers le sommet des pinnules adhérentes par la base au rachis et souvent entre elles.

3° *Dictyoptéridées.* Frondes le plus souvent palmées ou digitées ; nervures secondaires réticulées ; fructification en sores arrondies et généralement dépourvues de tégument, comme chez les Polypodiées.

4° *Odontoptéridées.* Pinnules coriaces plus ou moins adhérentes par la base au rachis, sans médiane ou pourvues d'une médiane disparaissant avant le sommet, nervures secondaires très-obliques ou longitudinales, naissant, en partie au moins, directement du rachis.

5° *Pachyptéridées.* Pinnules coriaces, plus ou moins rétrécies à la base, plus rarement insérées par toute leur base, décurrentes sur le rachis étroitement ailé, nervure médiane unique ou plusieurs longitudinales partant obliquement de la base, ou point de nervures visibles.

6° *Lomatoptéridées.* Pinnules coriaces adhérentes par toute la base et souvent confluentes entre elles, nervure médiane unique on émettant des veines pinnées simples et bifurquées, repli marginal ou bourrelet cernant le bord des pinnules.

7° *Tæniopteridées.* Frondes ou segments des frondes largement linéaires, à bords entiers, parallèles et ordinairement marginés, nervures secondaires simples ou bifurquées, parallèles entre elles, obliquement émises par la côte médiane, puis transversales et demeurant parallèles jusqu'à la marge.

8° *Chiroptéridées.* Frondes flabellées à segments divergents, irrégulièrement incisés sur les bords ou laciniés-dichotomes ; nervures longitudinales simples ou ramifiées.

* **Sphenopterideæ.** — *Frondes pinnatæ, bi-tripinnatæ, pinnulæ basi contractæ, plerumque incisolobatæ, lobis inferioribus majoribus; nervatio pinnata, venis e nervo medio ortis plus minusve obliquis divergentibus subflabellatisve, in lobos lobulosque pergentibus.*

PREMIER GENRE. — SPHENOPTERIS.

Sphenopteris, Brongn., *Hist. des vég. foss.*, I, p. 169.
— Gœpp., *Gatt. foss.*, Pl. 1, p. 67.
— Unger, *Gen. et Sp. pl. foss.*, p. 107.
— Schimper, *Traité de pal. vég.*, I, p. 371.

Diagnose. — *Frondes repetito-pinnatisectæ, pinnulæ basi restrictæ plus minusve incisæ, lobis divergentibus, inferioribus maximis simplicibus vel lobulatis dentatisque, nervatio vage pinnata venulis simplicibus vel repetito-furcatis plus minusve divergentibus in lobos lobulosque decurrentibus.*

Histoire et définition.—La nervation, le mode d'incisure et l'aspect des divisions de la fronde, dans ce genre fossile, rappellent surtout les *Asplenium,* les *Davallia, Cheilanthes, Gymnogramme,* les *Dicksonia,* les *Aneimia* et certains *Cyathea* du monde actuel. On ne saurait admettre que les espèces qu'il renferme aient autrefois composé un grand genre naturel, mais elles sont au moins reliées par une physionomie commune qui permet de les distinguer sans trop de peine. Cependant, M. Brongniart a remarqué, il y a déjà longtemps, que la nervation des *Sphenopteris* ne différait pas essentiellement de celle des *Pecopteris,* et que l'on pouvait arriver du premier de ces genres au second à l'aide d'une série de transitions ménagées. Le plus grand nombre des *Sphenopteris* appartient au terrain houiller; les espèces jurassiques que nous attribuons à ce genre s'y rangent naturellement par leurs caractères de forme et de nervation, tandis que l'absence de fructifications empêche de préciser leur véritable place.

N° 1. Sphenopteris Pellati.

Pl. 31, fig. 1.

Diagnose. — *S. fronde bi-tripinnata, rachi primaria gracili, secundariis angulo fere recto patentibus alternis, pinnis linearibus subcontiguis, pinnulis oblongo-lanceolatis pinnatim partitis lobatisque, laciniis inferis basi parum constrictis ovato-oblongis obtusis superne confluentibus, fere omnibus simplicissimis uninerviis rarissime sub-lobulatis, nervis pinnatis alterne ramosis, venis plerumque simplicibus rarissime furcatis.*

La découverte de cette jolie espèce est due à M. Pellat; rien de plus délicat et de plus finement découpé que le fragment que nous figurons et qui paraît se rapporter à la portion terminale d'une fronde. Cette portion est bipinnée; le rachis principal est mince et grêle; les latéraux s'écartent à angle droit; ils sont alternes et donnent lieu à des pennes linéaires, contiguës par les bords. Les pinnules sont nombreuses, assez peu obliques, longues au plus de 4 à 5 millimètres, rétrécies à la base et lancéolées ; elles sont divisées en lobes disposés dans un ordre alterne, oblongs, obtus au sommet, faiblement rétrécis à leur base, au moins les inférieurs de chaque pinnule, qui sont aussi les plus développés. Les supérieurs sont confluents et le terminal est tantôt simple et pareil aux autres, tantôt sinué. Ces segments sont presque toujours parcourus dans leur milieu par une seule veine issue de la nervure médiane, un peu flexueuse, qui occupe chaque pinnule. Plus rarement, les veines se montrent bifurquées. La consistance de la fronde a dû être ferme, sinon coriace, ainsi que le marque la teinte foncée de la substance foliacée qui recouvre encore, à l'état charbonneux, certaines parties de l'empreinte; les autres correspondent à un léger creux du sédiment calcaire dont la dureté et la finesse sont très-grandes.

Rapports et différences. — Cette espèce rentre dans la section des *Sphenopteris Dicksonioides* de Schimper (1). Elle se rapproche particulièrement du *Sph. hymenophylloides* de Brongniart (2) par les segments entiers et non tridentés de ses pinnules; mais elle nous paraît encore plus voisine d'une espèce du terrain houiller de Sarrebruck, le *Sph. Schlotheimii* Brongn. (3), dont les frondes sont cependant plus divisées, étant tri- et même quadripinnées, tandis que les segments principaux sont moins allongés et pourvus de pinnules moins nombreuses et plus rapidement décroissantes. Enfin, il faut encore citer, comme plus ou moins analogue à notre *Sphenopteris Pellati*, le *Pecopteris athyrioides* Brongn. (*Sphenopteris athyrioides* Gœpp., Schimp.), de l'Oolithe de Whitby (4), que M. Brongniart considère comme faisant le passage des *Pecopteris* aux *Sphenopteris*. Cependant la ressemblance est déjà plus éloignée, quoique l'affinité de physionomie soit encore sensible.

Les rapports avec les espèces vivantes sont trop vagues pour que l'on y insiste beaucoup. Cependant, ils existent dans une certaine mesure avec les Dicksoniées, vis-à-vis des genres *Humata* (*H. affinis* Mett.) et *davallia* (*D. canariensis* J. Sm.).

(1) Voy. *Traité de Pal. vég.*, I, p. 394.
(2) *Hist. des vég. foss.*, I, Pl. 56, fig. 4.
(3) *Ibid.*, p. 193, Pl. 51.
(4) *Ibid.*, p. 360, Pl. 126.

LOCALITÉ. — Creys (Isère), étage kimméridgien ; coll. de M. Pellat.

DESCRIPTION DES FIGURES. — Pl. 31, fig. 1, portion terminale d'une fronde de *Sphenopteris Pellati*, grandeur naturelle ; fig. 1ª et 1ᵇ pinnules de la même espèce grossies pour montrer les détails de la nervation.

N° 2. **Sphenopteris Michelinii.**

Pl. 31, fig. 2.

— Pomel, *Amtl. Bericht üb. d. funfundzw. Versamml. d. Geselstsch. Deutsch. naturforsch. in Aach.*, p. 338.

DIAGNOSE. — *S. frondibus pinnatim compositis, pinnulis approximatis, inferioribus discretis satque distantibus majoribus mox decrescentibus basi late cuneatis incisolobatis lobis obtusis simplicibusque, supremis sinuatis aut integriusculis plus minusve confluentibus, nervatione pinnata, venis obliquissimis pluries furcatodivisis.*

La première description de cette espèce est due à M. Pomel. Il n'en existe, à notre connaissance, qu'un seul exemplaire provenant des calcaires lithographiques de Châteauroux ; c'est celui que nous publions ; il consiste en un segment de fronde, dont la longueur n'excède pas 25 millimètres. Le rachis est mince et garni de pinnules qui paraissent plus développées sur un des bords que sur l'autre. La longueur de la plus grande, qui est aussi la plus inférieure, n'excède pas 6 millimètres au plus. Ces premières pinnules sont distinctes et lobées, mais leur dimension décroît assez rapidement, et les plus élevées sont contiguës, sinuées ou même entièreset enfin confluentes. Les pinnules les mieux développées, ainsi que le montre la figure 2ª, Pl. 31, sont larges par la base qui est rétrécie en un coin très-obtus et partagées en lobes assez peu profonds, disposés en angle obtus ou même arrondis, au nombre de deux de chaque côté, ceux du côté supérieur étant un peu plus développés que les autres et le terminal court, arrondi, entier ou faiblement sinué. La nervation se compose dans chaque pinnule (voy. la fig. 2^b, Pl. 31) d'une médiane flexueuse qui donne naissance à des veines latérales, très-obliquement dirigées, plusieurs fois ramifiées. Chaque lobe est ainsi occupé par plusieurs veinules, quoique ses bords soient parfaitement entiers.

Cette nervation ressemble à celle des *Aneimia* et l'espèce se range très-naturellement dans la section des *Sphenopteris-aneimioides* de M. Schimper (1).

Rapports et différences. — Le *Sphenopteris Michelinii* se rapproche de plusieurs espèces du terrain houiller, mais plus particulièrement du *Sphenopteris latifolia* Brongn. (2), dont les proportions sont pourtant bien plus grandes, et encore plus peut-être du *Sphenopteris acutifolia* Brongn. (3), espèce très-voisine du reste de la précédente que M. d'Ettingshausen compare à l'*Aneimia fulva* Sw. Cette analogie est pourtant trop peu précise, à notre sens, pour justifier une assimilation générique, comme l'a proposé le savant autrichien; les espèces en question ressemblent plus encore à certains *Mohria;* quant à la nôtre, il est certain qu'elle rappelle par la forme, le mode d'incisure et la nervation de ses pinnules, plusieurs *Aneimia* et entre autres une espèce de Corrientes (Brésil), rapportée par d'Orbigny. Il est impossible selon nous de rien affirmer au delà.

(1) *Traité de Pal. vég.*, I, p. 399.
(2) *Hist. des vég. foss.*, I, p. 205, Pl. 57, fig. 1-4.
(3) *Ibid.*, p. 205, Pl. 57, fig. 5.

LOCALITÉ. — Calcaires lithographiques de Châteauroux (Indre), étage corallien supérieur; ancienne collection Michelin, actuellement au Muséum de Paris.

EXPLICATION DES FIGURES. — Pl. 31, fig. 2, segment de fronde du *Sphenopteris Michelinii*, grandeur naturelle; fig. 2^a, le même faiblement grossi; 2^b, pinnule isolée, grossie, pour montrer les détails de la nervation.

N° 3. **Sphenopteris minutifolia.**

Pl. 32, fig. 3-4.

DIAGNOSE. — *S. frondibus petiolatis coriaceis bipinnatis, pinnis primariis a basi ad frondis apicem sensim decrescentibus linearibus alternis, pinnulis minutis numerosis basi constrictis tripartitis trilobatisve, lobis cuneatis medio sursum late rotundato, margine sinuato obscure crenulatis, pinnulis superioribus pinnæ cujuslibet simpliciusculis lobatosinuatis tandem integris confluentibusque, nervulis e nervo pinnularum medio mox evanido emergentibus pluries dichotome divisis in lobos lobulosque divergentibus.*

Nos dessins donnent une idée fort nette de cette jolie espèce dont la figure 3, Pl. 32, représente une fronde à laquelle il ne manque, pour être complète, que l'extrémité supérieure.

Mais cette lacune se trouve parfaitement suppléée par un des échantillons fig. 4 qui se rapporte justement à cette partie. Les détails grossis de la nervation, reproduits fidèlement par la figure 3^a, font voir que l'espèce appartient certainement au groupe des *Sphenopteris* et qu'elle vient même très-naturellement se ranger dans la section des *Sphenopteris-gymnogrammides* de Schimper. La dimension de la fronde, en y comprenant le pétiole long lui-même de

3 centimètres, n'excède pas un décimètre au plus. Elle est bipinnée et se compose de pennes ou segments principaux presque contigus, alternes, étalés à angle droit, dont les inférieurs sont les plus développés, tandis que les supérieurs diminuent insensiblement de manière à constituer une longue pointe lancéolée. Le nombre total des segments s'élevait à plus de 20; mais, à mesure que l'on se rapproche du sommet de l'organe, ils se réduisent peu à peu à l'apparence et à la dimension de simples pinnules, d'abord lobées, puis sinuées et finalement entières. Le même mouvement existe sur les pennes de la base, qui sont les mieux développées; les pinnules qu'elles portent, distinctement trilobées dans la partie inférieure du segment, deviennent adhérentes et enfin confluentes vers l'extrémité opposée. On peut dire que cette espèce offre l'aspect de certains *Asplenium* bipinnés comme l'*A. rutaceum* Mett., tandis que les pennes et les pinnules considérées à part rappellent par leur forme, leur mode de dentelure et leur nervation l'*A. Petrarchæ* D. C., espèce à fronde simplement ailée, indigène, mais partout assez rare, dans la région méditerranéenne.

La consistance du *Sphenopteris minutifolia* a dû être coriace, ce dont il est facile de juger par l'épaisseur de la lame carbonisée qui recouvre l'empreinte. La nervation n'est visible que sur quelques points où la matière correspondant à la substance même des anciennes frondes a disparu. On peut juger en même temps que les veines étaient peu visibles et comme perdues dans l'épaisseur du parenchyme. Les pinnules des segments voisins de l'extrémité supérieure sont simples, entières ou légèrement sinuées, mais toujours obliques et dirigées de manière à tourner vers le dehors leur face convexe.

A mesure que l'on se rapproche de la base de la fronde, ces mêmes pinnules deviennent dentées, puis lobées et enfin les plus développées, que représente notre figure 3ª, sont rétrécies en pétiole à leur origine et partagées en trois lobes dont le médian est plus grand, plus élargi et arrondi au sommet que les latéraux, mais qui tous également sont cunéiformes et faiblement crénelés à leur bord supérieur. La nervure médiane donne lieu dans chaque pinnule à des veines divergentes, plusieurs fois bifurquées, qui s'étalent en divergeant dans les lobes. Les rachis sont minces; le principal porte un sillon médian longitudinal qui se prolonge distinctement sur le pétiole; ce dernier organe est un peu recourbé et tronqué carrément à la base.

RAPPORTS ET DIFFÉRENCES. — Nous avons remarqué la liaison de cette espèce avec les *Sphenopteris gymnogrammides* de Schimper; mais les espèces comprises dans cette division sont généralement d'une taille bien plus élevée. La faible dimension du *Sphenopteris minutifolia* le distingue en effet de la plupart de ses congénères à folioles trilobées ou tripartites, spécialement des *Sph. latifolia* Brngt. et *rigida* Brngt (1). Ce dernier serait à tout prendre celui qui avoisinerait le plus notre espèce; mais ses frondes, distinctement tripinnées, lui communiquent un aspect très-différent (2). Comparé aux espèces vivantes, le *Sph. minutifolia* présente de l'analogie, non-seulement avec certains *Asplenium*, comme nous l'avons déjà remarqué, mais encore avec plusieurs Fougères des genres *Cheilanthes* (*Ch. moritziania* Kunze, Mexique et Colombie), *Notochlæna*, *Hypolepis* (*H. nigrescens* Presl.), etc., mais aucun

(1) Brongniart, *Hist. des vég. foss.*, I, p. 205, Pl. 57, fig. 1-4.
(2) Id., *ibid.*, p. 201, Pl. 53, fig. 4.

de ces rapprochements n'est assez étroit pour entraîner la supposition d'une affinité générique entre ces espèces et l'empreinte fossile que nous venons de décrire.

LOCALITÉ. — Creys (Isère), étage kimméridgien inférieur, muséum d'histoire naturelle de Lyon.

DESCRIPTION DES FIGURES. — Planche 32, fig. 3, fronde presque complète de *Sphenopteris minutifolia*, grandeur naturelle; fig. 3[a], plusieurs pinnules grossies de la même espèce pour montrer les détails de la nervation. Fig. 4, *a* et *b*, deux fragments de fronde de la même espèce, situés sur la même plaque, grandeur naturelle; *a* représente la sommité d'une fronde, *b* se rapporte à la portion médiane inférieure d'une autre fronde.

DEUXIÈME GENRE. — CONIOPTERIS.

Coniopteris, Brongniart, *Tab. des genres de vég. foss.*, p. 20 (non Schimper, *Traité de Pal. vég.*, I, p. 418).

DIAGNOSE. — *Frondes bi-vel-tripinnatim partitæ, steriles et fertiles dimorphæ; pinnulæ steriles basi restrictæ plus minusve lobato-incisæ lobis integris aut dentatis, nervatio pinnata nervulis utrinque e nervo medio emissis in lobos pergentibus simplicibus aut sæpius venulosis; pinnulæ fertiles* (*Tympanophora* Lindl. et Hutt.) *contractæ ad nervulos reductæ soros receptaculiformes clavato-reniformes terminalesque et illis Dicksoniarum Davalliarumque non absimiles præbentes.*

Pecopteris, § 6 *Sphenopteroides*, Brongn., *Hist. des vég. foss.*, I, p. 356.
Sphenopteris (ex parte), Presl, *In Sternb. Vers.*, II.
— Zigno, *Fl. foss. oolith.*, I, p. 80.
— Bumburg, *Foss. fl. of Scarb.*

(*Quart. Journ. of geol. soc.*, VII, p. 180, tab. 12, fig. 1, a et b).
Sphenopteris-Dicksonioides (ex parte), Schimp., *Traité de pal. vég.*, I, p. 394.
Tympanophora (ex parte), Lindl. et Hutt., *Foss. fl. Gr. Brit.*, III, p. 170.
— Pomel, *l. c.*, p. 335 (Quoad, *T. confertam*).
Hymenophyllites (ex parte), Zigno, *l. c.*, I, p. 86.

Histoire et définition. — L'observation des portions fertiles des frondes du *Pecopteris Murrayana* de Brongniart, reconnues identiques avec le *Tympanophora racemosa* de Lindley et Hutton, la ressemblance du *T. simplex* des mêmes auteurs avec les pinnules fructifères des *Microlepia*, enfin, la découverte d'une espèce de Scarborough, publiée par M. Bunbury sous le nom de *Sphenopteris nephrocarpa* et reproduisant la plupart des caractères du *Dicksonia coniifolia*, tout en laissant voir la différence des pinnules fertiles et stériles réunies sur la même plante, toutes ces considérations justifient l'emploi que nous faisons d'une dénomination générique, proposée, il y a déjà longtemps, par M. Brongniart pour des espèces intermédiaires par la forme et la nervation de leurs pinnules stériles aux *Pecopteris* et aux *Sphenopteris*, tandis que l'apparence de leurs organes fructificateurs les range auprès des Davalliées et des Dicksoniées. Comme il est impossible de songer à attribuer avec certitude ces espèces à quelqu'un des genres actuels de l'une de ces deux tribus et qu'elles paraissent pourtant liées par une physionomie et des caractères communs, nous avons choisi de préférence, pour les désigner, le terme générique de *Coniopteris*, en l'appliquant, comme le proposait M. Brongniart, aux *Pecopteris-sphenopteroides* de cet auteur et en prenant pour type du genre le *Pecopteris Mur-*

rayana, Brongn. (*Hist. des vég. foss.* I, p. 126) dont le *Tympanophora racemosa*. Lindl. et Hutt. (*Foss. Fl.*, p. 170) représente les parties fructifiées. Le genre *Coniopteris* ainsi constitué comprend des espèces à pinnules stériles, plus ou moins rétrécies à la base, lobées, denticulées sur les bords et pourvues d'une nervation pinnée ; les fructifications, en forme de clou, de rein ou de coin, plus ou moins élargies au sommet, sont disposées vers l'extrémité des nervures secondaires qu'elles terminent ; le limbe contracté a disparu en tout ou en partie, et la pinnule, dans les portions fertiles des frondes, se trouve presque réduite aux seules mesures élargies en clou et servant de support aux sores. — Ces organes disposés en forme de réceptacle, de texture évidemment coriace, sont généralement rangés deux par deux de chaque côté de la médiane.

Rapports et différences. — Ce genre correspond en grande partie aux *Hymenophyllites* de M. de Zigno. Le savant italien figure dans son grand ouvrage (1), sous le nom d'*Hymenophyllites Leckenbyi*, une remarquable espèce des calcaires oolithiques de Rovère, dont les frondes fertiles ont une évidente affinité avec le *Tympanophora racemosa* Lindl. et Hutt. Il est bien peu probable que ces espèces aient jamais rien eu de commun avec les Hyménophyllées dont les frondes par leur structure transparente, leur mode de partition et la disposition même de leurs réceptacles sporangifères diffèrent totalement de ce qui existe chez nos *Coniopteris*. La dénomination générique employée par M. de Zigno doit par cela même être rejetée comme impropre. On observe chez les *Microlepia* (*M. tenuifolia* Mett., *M. aculeata* Mett., *M. Schimperi* Mett.), chez les *Davallia* (*D. tri-*

(1) *Fl. foss. oolith.*, I, p. 95, tab. 9, fig. 3, 4, 5 et 14, fig. 1.

chomanoides Blume) et chez plusieurs *Dicksonia*, des caractères visibles, trop conformes à ceux que nous signalons, pour ne pas entraîner l'idée d'une parenté quelconque de l'ancien groupe avec l'ensemble de ceux que nous venons de citer. Le genre *Coniopteris* de M. Sckenk, adopté après lui par M. Schimper, a été conçu à un point de vue trop différent du nôtre, pour pouvoir englober les mêmes espèces ; le nom seul a été emprunté à M. Brongniart. On y a compris des espèces dont les sores, généralement inframarginales et arrondies, rappellent de loin celles des *Davallia*, ou peut-être se rattachent aux *Gymnogrammes*, mais n'ont rien de commun avec les lobes en coin des *Tympanophora*. Il est même difficile de saisir, en consultant les figures de Schenk (1), comment sa figure 8 peut avoir appartenu à la même espèce que ses figures 6 et 7, tellement la forme des pinnules diffère des deux parts. M. Schimper restreint ses *Coniopteris* à la formation rhétique, tandis que les nôtres se rencontrent surtout dans l'Oolithe et ont été rangés par cet auteur parmi ses *Sphenopteris Dicksonioides*. Il est plutôt naturel de leur conserver la dénomination proposée en premier lieu par M. Brongniart, au lieu de la transporter à des espèces que ce savant n'avait pas en vue.

Localités. — Le genre *Coniopteris*, tel que nous le concevons, a été surtout observé dans la formation oolithique ; dans l'Yorkshire, à Scarborough ; dans les Alpes vénitiennes ; en France, il n'a été encore signalé que dans le Corallien de Verdun.

(1) *Fl. d. Grenzsch.*, tab. 6, fig. 6-8.

N° 1. Coniopteris conferta.

Pl. 31, fig. 3.

DIAGNOSE. — *C. fronde saltem bipinnata, pinnis (fertilibus) ambitu elongato-linearibus alterne pinnatis, pinnulis plerumque trilobatis, lobis coriaceis late cuneatis apice dilatato incrassatoque truncatis simplicibus vel bifidis partitisque.*

Tympanophora conferta, Pomel, *l. c.*, p. 335.

Il n'existe qu'une penne isolée de cette espèce dont les frondes étaient sans doute bipinnées, comme celles de presque tous ses congénères ; ce fragment, qui dénote une portion fructifiée, est long d'environ 4 centimètres et détaché du rachis principal, à l'exemple des empreintes de Tympanophora reproduites dans le *Fossil Flora* de Lindley. Le rachis partiel est assez fort et porte une double rangée de pinnules fort courtes et dont l'importance décroît peu à peu à mesure que l'on se rapproche de l'extrémité supérieure de l'organe. La consistance coriace de ces pinnules ressort de la profondeur relative de l'empreinte qu'elles ont produite; elles se composent généralement de trois lobes ou segments, deux latéraux et le terminal qui n'est guère plus grand, mais qui est tantôt simple, tantôt bifide ou même profondément bipartite. La forme de ces lobes est très-caractéristique; ils sont supportés par une base étroite et dilatés vers le haut en un coin évasé et tronqué au sommet. Ce sommet est aussi plus épais que la partie étroite et basilaire. Vers l'extrémité de la penne, les pinnules diminuent ; elles ne présentent plus que deux lobes, et les dernières sont simples, mais toujours cunéiformes. On ne distingue aucun autre détail.

Rapports et différences. — Bien que voisine du *Tympanophora racemosa* Lindl. (*Coniopteris Murrayana* Brngt.), cette espèce s'en distingue aisément par des dimensions plus grandes, des segments moins nombreux (3 au lieu de 6). Elle est encore plus éloignée de l'*Hymenophyllites Leckenbyi* de Zigno. Parmi les Davalliacées actuelles, c'est surtout avec les *Microlepia* (*M. aculeata* Mett., *M. flexuosa* Mett., *M. tenuifolia* Mett.) qu'il est naturel de la comparer.

Localité. — Environs de Verdun, étage corallien, collection de M. Moreau.

Explication des figures. — Pl. 31, fig. 3. Segment de fronde de *Coniopteris conferta* Sap., grandeur naturelle; fig. 3ª, même empreinte grossie pour montrer la forme et la disposition des pinnules.

TROISIÈME GENRE. — STENOPTERIS.

Diagnose. — *Frons coriacea pinnatim partita segmentis saltem primariis oppositis, pinnæ pinnulæque ad costam mediam sæpissime reductæ, pinnulis ultimis linearibus integris uninerviis rariusve obtussime lobato-sinuatis et tunc plurinerviis venulis e costa media obliquissime orientibus ; fructificatio ignota.*

Histoire et définition. — Nous proposons le nom de *Stenopteris* pour désigner un type de Fougère jurassique des plus singuliers et que son isolement au milieu des formes vivantes ou fossiles, connues jusqu'à présent, rend d'autant plus digne d'attention que la beauté des empreintes venues jusqu'à nous révèle des frondes d'une vigueur et d'une dimension peu communes.

Sans insister sur des caractères dont la description ferait double emploi avec celle de l'espèce unique que nous rapportons à ce nouveau genre, on peut dire qu'il se distingue par une texture évidemment coriace, par un mode de partition plusieurs fois pinné à segments de divers ordres étroitement linéaires, réduits presque à la seule côte médiane accompagnée d'une mince bordure, enfin par l'opposition constante des segments principaux et secondaires, disposition toujours rare chez les Fougères vivantes et même chez les fossiles. Cette opposition jointe à la présence d'une nervure ou côte médiane unique dans presque tous les segments, nous avait d'abord engagé à placer cette curieuse Fougère, avec quelque doute, à côté du *Pachypteris lanceolata* de Brongniart, qui présente ces mêmes caractères, mais la découverte récente d'un nouvel exemplaire, provenant comme les premiers du Kimmeridgien inférieur des environs de Lyon, nous a déterminé à modifier ce premier jugement. Cette empreinte recueillie par M. Falsan montre effectivement des pinnules dont le limbe légèrement dilaté vers le milieu, tantôt entier, tantôt sinué ou même obtusément lobulé sur l'un des bords est parcouru par une ou plusieurs nervures très-obliquement émises le long de la médiane et s'étendant à côté d'elle de manière à diverger légèrement dans la partie dilatée. Dès lors, cette nervation, quelque singulière qu'elle puisse paraître, reporte plutôt l'esprit vers les Sphénoptéridées. Effectivement, il suffit de réduire à des proportions de plus en plus étroites le nombre des nervures qui parcourent obliquement les pinnules de certaines Sphénoptéridées, particulièrement de l'*Eremopterisæ artemisifolia* Schimp (1). (*Sphenopteris artemisiæ*-

(1) Schimper, *Traité de pal. vég.*, I, p. 416.

folia Brngt.) (1), pour produire une forme analogue à celle que nous allons décrire. Celle-ci constitue un type tout à fait spécial, mais que l'on peut sans trop d'anomalie ranger dans la même famille que les *Sphenopteris* et les genres qui leur sont alliés.

Rapports et différences. — Le genre *Stenopteris* ne saurait être rapproché que de quelques rares *Polypodium* (*P. Friedrichsthalianum* Kunze,) et d'un très-petit nombre d'Asplenium à lobes linéaires et subuninerviés, comme l'*A. rutæfolium* Kunze. Mais il est bien plus naturel d'admettre que cet ancien genre est éteint depuis longtemps et que son mode de fructification, s'il venait à être découvert un jour, révélerait une combinaison d'une nature toute spéciale dans un ordre qui en comprend une si grande variété.

Localités. — Le genre *Stenopteris* se trouve limité jusqu'ici au seul Kimméridgien, à moins qu'on ne fût disposé à y comprendre le *Sphenopteris*? (*Hymenophyllites*) *macrophylla* Brongn. de l'Oolithe du Yorkshire, dont nous ne connaissons qu'un seul fragment trop incomplet pour donner lieu à une opinion décisive.

N° 1. **Stenopteris desmomera.**

Pl. 32, fig. 1-2 et 33, fig. 1.

Diagnose. — *S. fronde maxima coriacea, pinnatim composita bi-tripinnata, segmentis primariis oppositis, remote pinnatisectis, laciniis seu pinnulis stricte plerumque linearibus, apice obtusis integerrimis uninerviis in rachin anguste alatam oblique insertis decurrentibusque oppositis suboppositisve minime confluentibus, pinnis autem sursum in appendicem linearem elon-*

(1) Brongniart, *Hist. des vég. foss.*, I, p. 176, Pl. 46 et 47.

gatissimum simplicem aut rarius 1 — 2 *lobulatum terminatis, superioribus vero ultimisque ad apicem frondium, ut videtur, spectantibus, sensim decrescentibus, quandoque in laminam paullulum dilatatam margineque anteriori sinuato-lobulatam, expansis et tunc venulis paucioribus obliquissime e costa media ortis, in lobulos divergentibus simplicibus furcatisve præter nervum medium percursis.*

Sphenopteris macrophylla,	Pomel, *l. c.*, p. 338 (non Brongniart, *Hist. des vég. foss.*, I, p. 212, Pl. 58, fig. 3, nec Sternb., *Vers. Fl. d. Vorw.*, II, p. 63).
Hymenophyllites macrophyllus (ex parte),	Brongniart, *Tab. des genres de vég. foss.*, p. 20 et 105 (non Gœppert, *Syst. fil. foss.*, p. 262, nec Unger, *Gen. et sp. pl. foss.*, p. 131).
— —	Zigno, *Fl. foss. oolith.*, I, p. 57.

En comparant les magnifiques exemplaires de Morestel et du lac d'Armaille, reproduits sur nos planches 32 et 33 avec la figure 3, Pl. 58, du grand ouvrage de M. Brongniart, il devient vraisemblable que la forme kimmeridgienne dénommée par nous *Stenopteris desmomera* ne doit pas être identifiée spécifiquement avec celle de Stonesfield signalée il y a bien des années par M. Brongniart sous le nom de *Sphenopteris? macrophylla.* Non seulement ces deux espèces sont loin d'appartenir au même horizon géognostique, mais les segments et les pinnules, constamment opposés dans les frondes que nous allons décrire, sont au contraire visiblement alternes dans le fragment provenant du Yorkshire, sur la vraie nature duquel nous n'avons pas du reste à nous prononcer. La Fougère dont il est ici question, loin d'offrir l'aspect et la consistance d'une Hyménophyllée, avait des frondes évidemment coriaces, ce que dénote l'épaisseur de la substance charbonnée qui recouvre en partie l'empreinte fig. 1, Pl. 32. Ces frondes étaient certainement bipinnées, probablement même tripinnées et remarquables par la régularité de leur mode de partition. Leurs segments de premier et de second ordre, ainsi que la plupart des pinnules, se trouvent insérés sur le rachis dans un ordre opposé ou subopposé. Les spécimens reproduits par nos figures, particulièrement celui de la planche 33, ne sont peut-être que de simples fragments latéraux; dans ce cas ils dénoteraient l'existence d'une fronde de la plus grande dimension. Quoi qu'il en soit de cette circonstance, la plus considérable des trois empreintes (voy. Pl. 33, fig. 1), présente, au-dessus d'un segment détaché et couché en travers et d'un autre qui paraît hors paire, six paires successives de segments secondaires, opposés deux par deux et séparés par un intervalle de 2 centimètres environ qui reste à peu près le même de la base à l'extrémité supérieure de la fronde. Un des segments manque par accident, un autre se trouve mutilé à une certaine hauteur; la plupart des autres sont à peu près intacts. Les plus développés sont ceux du milieu; ils décroissent à partir de la quatrième paire; enfin, au-dessus d'eux, on rencontre les deux derniers qui sont simples et accompagnent le segment terminal qui est linéaire et semblable aux latéraux. Ces derniers segments n'ont rien de confluent, et les segments inférieurs latéraux se terminent de la même façon que le principal. Les pinnules ou segments de dernier ordre sont toujours parfaitement distincts ; ce sont des pinnules étroites, linéaires, quelquefois très-longues, terminées par un sommet obtus et décurrentes à la base sur un rachis étroitement ailé. Elles sont parfois un peu retrécies inférieurement, mais le plus souvent elles conservent la même largeur de la base au sommet. Ces pinnules, toujours obliques, ainsi qu'on peut le voir par notre figure, sont distinctement uninerviées et toujours simples ; leur bord semble avoir été légèrement replié en dessous, comme il arrive souvent aux frondes à lobes étroits et coriaces. Chaque segment est terminé, à l'exemple de la fronde elle-même, par un appendice linéaire, plus ou moins prolongé, qui ne diffère des autres pinnules que par ses dimensions parfois considérables et aussi par les lobules isolés et courts auxquels il donne lieu quelquefois. Les rachis, qu'une bordure étroite semble partout accompagner, ont dû être relativement minces ou au moins perdus dans l'épaisseur du parenchyme ; du reste, comme l'empreinte que nous décrivons ici correspond à la face supérieure d'une fronde, ils offrent peu de saillie et se présentent sous l'aspect d'un léger sillon longitudinal. La figure 2, Pl. 32, reproduit un autre spécimen, recueilli dernièrement par M. Falsan dans les couches du lac d'Armaille et qui se rapporte visiblement à la même espèce que le précédent, il dénote seulement une forme plus grêle, à segments encore plus étroits, plus allongés, opposés le long du rachis principal, mais à pinnules assez souvent alternes ou développées uniquement sur le côté antérieur des rachis secondaires. Les segments supérieurs sont tout à fait simples, entiers et remarquables par leur longueur qui atteint presque un décimètre.

La côte médiane est seule visible dans tous, et sans la

découverte d'un troisième exemplaire (Pl. 32, fig. 1) provenant de la même localité que le précédent, on aurait dû admettre que les dernières subdivisions des frondes de cette espèce ne présentaient jamais qu'une nervure médiane unique. L'examen de cet exemplaire nous permet au contraire de constater une particularité de nervation qui justifie le classement de notre genre *Stenopteris* parmi les Sphénoptéridées. Il se rapporte sans doute à la sommité d'une fronde ; le rachis principal est épais, muni de segments presque tous opposés, décroissant de la base au sommet de l'empreinte : les plus élevés, simples et entiers, ne sont pas tous également linéaires, mais plutôt faiblement dilatés vers le milieu, tandis que les inférieurs portent le long de leur bord antérieur un ou deux lobules arrondis, peu saillants ou même pareils à des sinuosités. Or, il est facile de vérifier par l'examen de l'empreinte laissée par l'ancienne fronde dans les feuillets calcaréo-marneux du lac d'Armaille que le long de la côte médiane de chaque segment il existe encore une ou plusieurs nervules très-obliquement émises, qui divergent légèrement dans la partie lobée ou simplement dilatée des segments et s'étendent jusque dans les lobules et les sinuosités ; c'est ce que fait voir notre figure 1ª, Pl. 32, qui représente la nervation grossie de l'un des segments. Tels sont en définitive les caractères singuliers de cette Fougère, isolée comme type et remarquable aussi bien par la taille présumée de ses frondes que par l'étrangeté de la forme dont elles étaient revêtues.

Rapports et différences. — En admettant la distinction, au moins spécifique, de cette espèce et du *Sphenopteris?* (*Hymenophyllites*) *macrophylla* Brngt., on ne saurait la confondre avec aucune autre, ni même la rapprocher avec un peu de vraisemblance d'aucune forme fossile connue. On peut dire seulement que les *Sphenopteris artemisiæfolia* Brngt. (1) et *stricta* Brngt. (2), ont comme elle leurs segments secondaires le plus souvent opposés, ce qui leur donne avec la nôtre quelque ressemblance. Parmi les Fougères vivantes, aucune ne présente à la fois des segments de divers ordres généralement opposés et uninerviés. Les *Polypodium* de la section *Adenophorus* et un petit nombre d'*Asplenium* offriraient seuls quelques points analogiques ; mais il ne serait nullement impossible qu'au lieu d'une Fougère nous eussions en réalité sous les yeux une Cycadée d'un type éteint constituant, à l'exemple des *Bowenia* et des *Stangeria* actuels, un genre anomal à frondes plusieurs fois pinnées. Si l'on adoptait ce point de vue, nullement invraisemblable en ce sens que par son aspect général notre *Stenopteris* est plus analogue aux Cycadées qu'aux Fougères elles-mêmes, ce type viendrait se ranger non loin des *Cycas* proprement dits qu'il rappelle par le mode de partition et la forme de ses segments, leur opposition, leur décurrence, enfin leur structure uninerviée et la bordure parenchymateuse qui les accompagne. On pourrait encore, dans un ordre d'idées encore plus problématique, faire ressortir la ressemblance qui existe entre les frondes du *Stenopteris desmomera* et les feuilles de certains *Grevillea* ; mais rien n'autorise à penser que la classe des Dicotylédones, représentée par des végétaux analogues aux Protéacées du monde actuel, se soit montrée en Europe à une époque aussi reculée que celle du Kimméridgien. La nécessité de ne pas s'avancer sans preuve ou du moins sans un indice sérieux sur un terrain glissant et où tout se rédui-

(1) Brongniart, *Hist. des vég. foss.*, I, p. 176, Pl. 56 et 57.
(2) *Id.*, *ibid.* p. 203, Pl. 48, fig. 2.

rait à des conjectures nous oblige à attendre et à réserver la question. Avouons cependant que la paléontologie réserve sans doute à ses adeptes des solutions plus inattendues encore que celles que nous laissons entrevoir ici.

Localités. — Morestel, près de Lyon, calcaires lithographiques; schistes calcaréo-marneux et bitumineux du lac d'Armaille (Ain), étage kimmeridgien inférieur, zone à *Ostrœa virgula*.

Explication des figures. — Pl. 32, fig. 1. — Sommité d'une fronde de *Stenopteris desmomera*, grandeur naturelle, d'après un exemplaire découvert par M. Falsan dans le gisement du lac d'Armaille en 1871 ; fig. 1ª, pinnule grossie pour montrer la nervation ; fig. 2, partie supérieure d'une autre fronde de la même espèce, même provenance, grandeur naturelle. — Pl. 33, fig. 1, fronde ou portion de fronde de la même espèce, grandeur naturelle, d'après un exemplaire recueilli à Morestel par M. Lortet en 1835 et faisant partie de la collection du Muséum de Paris, grandeur naturelle.

** **Pecopterideæ**. — *Frondes pinnatim partitæ, pinnulæ plus minusve basi cum rachi aut inter se cohærentes integræ aut inciso-lobatæ, nervatio pinnata venis e nervo medio pinnularum ortis sub angulo plus minusve aperto, rarius obliquo, emissis simplicibus furcatisve.*

QUATRIÈME GENRE. — CLADOPHLEBIS.

Cladophlebis, Brongn., *Tab. des genres de vég. foss.*, p. 25.

Diagnose. — *Frons pinnatim divisa, pinnulæ ab alterutra discretæ vel vix inter se cohærentes rachi tota basi adnatæ aut plus minusve contractæ subque auriculatæ integræ rariusve dentatæ; nervuli e nervo medio orti apicem versus attenuati vel evanidi primum obliqui, dein curvati furcatoque divisi.*

Pecopteris § 3 *Neuropteroides*,	Brongn., *Hist. des vég. foss.*, I, p. 320.
Pecopteridis Neuropteridisque Sp.,	Lindl. et Hutt., *Foss. fl. of Great Brit.*
Pecopteris (ex parte),	Zigno, *Fl. foss. oolith.*
Desmophlebis (ex parte),	Brongn., *Tab. des genres de vég. foss.*, p. 103.
Asplenites (ex parte),	Schenk, *Foss. fl. d. Grenzsch*, p. 49.
Pecopteris-Asplenides (ex parte),	Schimper, *Traité de Paléont. vég.*, I, p.521.
Alethopteris (ex parte),	Schimper, *ibid.*, p. 554.

Histoire et définition. — M. Brongniart a désigné sous ce nom un groupe d'espèces détachées des *Pecopteris* proprement dits et manifestant une tendance plus ou moins accusée vers les *Neuropteris*. Les pinnules des *Cladophlebis* sont distinctes quoique contiguës, mais plus ou moins adhérentes au rachis commun par leur base, quelquefois même retrécies et subauriculées inférieurement. Ces pinnules sont entières ou dentées et présentent une nervure médiane qui s'affaiblit plus ou moins ou même devient rameuse avant d'atteindre le sommet. Les nervures latérales sont émises obliquement et une ou plusieurs fois ramifiées-dichotomes; elles se recourbent en arc et donnent lieu à des veinules dont la direction devient presque perpendiculaire à la marge, au point où elles l'atteignent. Les espèces qui offrent cette nervation caractéristique et dont les frondes sont pinnées on bipinées se montrent principalement dans le terrain jurassique. La Flore oolithique du Yorkshire en renferme une assez nombreuse série d'espèces, dont quelques-unes remarquables soit par leur beauté, soit par le rôle éminent qu'elles ont joué. Leur faciès généralement uniforme donne à penser qu'elles ont dû faire partie d'un même genre, que l'absence de tout vestige de fructifications empêche de pouvoir définir. Cependant des traces de sores allongées, recouvertes d'un tégument ? et analogues par conséquent à celle des *Asplenium* ont été observées chez l'*Asplenites Rœsserti* que son étroite affinité avec les *Cladophlebis Whitbyensis* Brongn., *nebbennis* Brngt., et *tenuis* Brngt., oblige de placer dans le même groupe que ces derniers. Plusieurs espèces du terrain houiller y ont été également rapportées, mais ce dernier rapprochement n'est basé que sur la conformité des caractères tirés de la nervation. La plupart des *Cladophlebis* ont été compris par M. Schimper dans son genre *Alethopteris*, tandis que le *Cladophlebis Rœsserti* que l'on ne saurait séparer des premiers a pris place parmi les *Pecopteris* dans la section *Asplenides*.

Rapports et différences. — Les *Cladophlebis* doivent être placés à côté des *Pecopteris* dont ils se distinguent à peine par leurs nervures secondaires plus obliques, plus ramifiées et des pinnules souvent contractées à la base ou adhérentes au rachis, mais libres entre elles et non décurrentes. Cette même adhérence et la présence bien marquée d'une nervure médiane empêche de les confondre avec les *Neuropteris;* enfin si l'on considère les genres actuels, on trouvera peu d'espèces susceptibles d'être comparées aux *Cladophlebis*, excepté dans les genres *Pteris*, *Cheilanthes* et *Gymnogramme*.

Localités. — Le genre *Cladophlebis*, fondé uniquement sur la nervation, et par conséquent artificiel a été signalé dans le Carbonifère ; une espèce triasique, le C. *Sultziana*,

Brongn., se lie visiblement aux formes jurassiques, qui se montrent dès le Rhétien et sont particulièrement développées dans l'Oolithe de Scarborough et de Whitby qui en compte à elle seule neuf espèces.

N° 1. Cladophlebis Rœsserti.

Pl. 31, fig. 4.

DIAGNOSE. — *C. fronde bipinnata, pinnis ambitu lanceolato-linearibus acuminatis pinnatifidis partitisque, pinnulis basi tota adnatis contiguis, cæterum liberis triangularibus subfalcatis integris plus minusve acutis, nervo medio sensim decrescente, lateralibus plus minusve obliquis, furcato-divisis; soris, ut adsunt, oblongis indusiatis?*

Alethopteris Rœsserti,	Presl., *In Sternb. Fl. d. Vorw.*, II, p. 145, tab. 33.
Desmophlebis Rœsserti,	Brongn., *Tab. des genres de vég. foss.*, p. 103.
Asplenites Rœsserti,	Schenk, *Foss. Fl. d. Grenzsch.*, p. 49, tab. 7, fig. 6-7 et tab. 10, fig. 1-4.
Pecopteris (Asplenioides) Rœsserti,	Schimp., *Traité de Pal. vég.*, I, p. 527.
Pecopteris Agardhiana,	Pomel, *l. c.*, p. 339 (non Brongniart).
Pecopteris Whitbyensis,	Braun in *Münster Beitr.*, VI, p. 28.
— —	Brongniart, *Tab. des genres de vég. foss.*, p. 103.
Pecopteris Braunii,	Münst., *In Bronn und Leonh. Jahr. f. mineral.*, etc., 1836, p. 512.

L'échantillon que M. Pomel a bien voulu nous communiquer de son *Pecopteris Agardhiana*, espèce que ce savant n'a jamais figurée, démontre qu'elle ne diffère pas de l'*Asple-*

nites Rœsserti Schenk, que son extrême affinité avec le *Cladophlebis Whitbyensis* Brongn., nous engage à placer dans le même groupe que celui-ci. Il est vrai que d'après les figures de M. Schenk les veines de l'*Asplenites Rœsserti* seraient simplement dichotomes, tandis que celles des *Cladophlebis* et du *C. Whitbyensis* en particulier sont généralement deux fois dichotomes (1). Cependant le nom générique de *Desmophlebis* appliqué par M. Brongniart à notre espèce semble impliquer pour elle une nervation moins simple, puisque chez les *Desmophlebis* les veines secondaires sont pinnées et comme fasciculées près de leur origine d'une façon analogue à ce que montrent certains *Diplazium*. Du reste, la nervation de l'exemplaire de Hettanges que nous figurons est à peu près invisible; il consiste en trois pinnules disposées de chaque côté d'un rachis commun, adhérentes par leur base et subopposées.

Après un examen attentif de cette petite empreinte, jusqu'à présent unique, elle nous a paru identique avec l'*Asplenites Rœsserti*, tel que M. Schenk l'a figuré à la planche 10, fig. 1, de son ouvrage sur la Flore du Rhétien de Franconie. L'auteur allemand pense que la dimension des frondes de cette espèce annonce une Fougère arborescente.

Rapports et différences. — Si l'on fait abstraction de la nervation, sur laquelle il est d'ailleurs possible de conserver des doutes, le *Cladophlebis Rœsserti* ne saurait être distingué du *Cladophlebis Whitbyensis* et se rapproche également beaucoup des *C. tenuis* Brngt., *recentior* Brongt., et du *Pecopteris Nebbensis* Brong., qui tous ne sont peut-

(1) Du moins si l'on s'en rapporte à la figure de M. Brongniart, dans son *Hist. des vég. foss.*; celle du *Fossil Flora* en diffère à plusieurs égards.

être que des variétés du premier. Ces espèces réunies ont formé sans doute un groupe compacte et naturel, mais les vestiges de sores allongées, observés par M. Schenk sur un seul des nombreux exemplaires qu'il a eus entre les mains et figurés par lui, Pl. 7, fig. 7 de son ouvrage, sont loin de suffire, à cause de leur manque de netteté, pour autoriser un rapprochement de ce groupe avec les *Asplenium* actuels. Ses véritables liens analogiques demeurent forcément douteux.

LOCALITÉS. — Hettanges près de Metz, zone à *Ammonites angulatus*, Coll. de M. Pomel; très-rare. En dehors de la France, cette espèce est répandue dans tout le Rhétien d'Allemagne, où elle est représentée par de très-beaux exemplaires.

EXPLICATION DES FIGURES. — Pl. 31, fig. 4, fragment de penne du *Cladophlebis Rœsserti*, grandeur naturelle.

N° 2. **Cladophlebis breviloba.**

Pl. 34, fig. 1.

DIAGNOSE. — *C. fronde pinnatim composita; pinnis alternis ambitu linearibus obtuse sensim acuminatis; pinnulis ovatis obtusis vel subrotundatis integris basi adnatis, sed plus minusve contractis obtuseque auriculatis, nervo pinnularum medio sensim decrescente pinnatinervio, venis lateralibus dichotome ramosis, inferioribus obtuse emissis pluriesque dichotomis, superioribus gradatim obliquioribus furcatoque divisis aut simplicibus.*

L'espèce consiste en une portion assez considérable de la terminaison supérieure d'une fronde. Les segments disposés dans un ordre alterne de chaque côté d'un rachis principal assez fort, mesurent 2 centimètres et demi chez les plus longs ; ils diminuent successivement, et les plus élevés, sans devenir jamais confluents, se réduisent à n'avoir plus que 2 à 3 millimètres d'étendue. Le contour de ces segments est linéaire-allongé ; ils sont atténués, mais obtus au sommet et garnis d'une double rangée de pinnules alternes, courtes, arrondies ou très-obtuses, presque contiguës, adhérentes à la base, mais contractées plus ou moins à cet endroit et terminées inférieurement par une courbe rentrante. La nervure médiane est relativement épaisse à l'origine ; mais elle diminue rapidement d'épaisseur et se perd en se ramifiant avant le sommet. Les nervures latérales, très-difficiles à apercevoir, sont une ou deux fois bifurquées à la partie inférieure des lobes et émises sous un angle très-ouvert ; elles deviennent successivement plus obliques, en se rapprochant du sommet qui est arrondi ou très-obtusément atténué. La plupart sont bifurquées, quelques-unes paraissent tout à fait simples. Aucune trace de sores ne se laisse voir sur cette empreinte fidèlement représentée par notre figure 1, Pl. 30, et jusqu'à présent unique.

Rapports et différences. — On peut comparer cette espèce au *C. undulata* Brongn. (*Neuropteris undulata* Lindl. et Hutt., Pl. 83, — *Sphenopteris undulata* Ung., Gen. et Sp., p. 118). Les différents noms imposés successivement à cette espèce de Scarborough, marquent bien qu'elle ne rentre nettement dans aucun de ces groupes, mais elle se range au contraire naturellement parmi les *Cladophlebis* de Brongniart, à qui cette ambiguïté de caractères sert justement de note distinctive. Le *Cladophlebis undulata* diffère spécifiquement de notre *C. breviloba* par ses pinnules plus ovales, plus allongées, plus distantes, plus distinctement rétrécies en pétiole et pourvues de nervures autrement disposées. Le *C. breviloba* se rapproche également du *Cl. Sultziania* Brongn., dont la nervation est cependant tout à fait différente, à cause de ses veines divisées à l'aide de deux dichotomies successives. Il est bien plus voisin encore du *Cladophlebis* (*Sphenopteris*) *obtusifolia* Andr., du Lias de Steierdorf. Ici, la ressemblance de la plupart des caractères est frappante ; seulement, les pinnules, plus régulièrement ovales, ont une base moins large, plus atténuée et plus rétrécie. Il semblerait toutefois que l'espèce de Verdun soit directement issue de celle du Dannat qui appartient à une formation bien antérieure, au Lias inférieur. Nous ne découvrons parmi les espèces vivantes aucune analogie assez frappante pour mériter d'être signalée, en dehors du genre *Gymnogramme*.

LOCALITÉ. — Sommedieu, près de Verdun, étage corallien, coll. de M. Moreau ; très-rare.

EXPLICATION DES FIGURES. — Pl. 34, fig. 1, portion terminale d'une fronde de *Cladophlebis breviloba*, grandeur naturelle ; fig. 1[a], segment du même échantillon faiblement grossi ; fig. 1[b], deux pinnules grossies pour montrer la disposition des nervures.

*** **Dictyopterideæ.** — *Frondes sæpius palmatipartitæ, segmentis pedatim ex apice petioli radiantibus, venæ inter se rete areolatum efficientes ; sori, ut adsunt, punctiformes, nudi, in pagina frondis inferiori seriati aut numerosissime sparsi.*

CINQUIÈME GENRE. — MICRODICTYON.

DIAGNOSE. — *Frons pinnata vel saltem frondis segmenta*

pinnatipartita, pinnis linearibus elongatis ; nervi e costa primaria pinnularum orti sub angulo aperto emissi, dein arcuatim njuncti, areolas secus nervum medium seriatas efformantes, intus reticulum sorosque rotundos puncto medio solitarie affixos includentes, extus venulas pluries furcato-divisas inter seque varie anastomosatas marginem usque integerrimum emittentes.

Phlebopteris? (ex parte), Brongniart, *Hist. des vég. foss.*, I, p. 372.

Histoire et définition. — Nous comprenons dans ce nouveau genre certaines Fougères jurassiques qui, si l'on s'en rapporte aux définitions les plus généralement admises, ne paraissent devoir rentrer ni dans les *Phlebopteris* proprement dits, ni dans les *Thaumatopteris*, bien qu'elles se rapprochent à la fois de ces deux groupes et des *Polypodium* actuels. Pour éviter une confusion regrettable et n'inscrire sous chaque type que les seules formes qui en ont fait évidemment partie, nous préférons de beaucoup une dénomination nouvelle, qui permet au moins de décrire exactement les caractères observés, à une assimilation hasardée. Nos *Microdictyon* ne consistent, il est vrai, que dans un petit nombre de fragments de pinnules, mais ils se font remarquer, comme l'indique l'étymologie de leur nom, par la finesse et la complexité de leur réseau veineux. Leurs nervures secondaires, ou du moins celles qui partent de la côte médiane des segments, toujours de forme linéaire et entiers sur les bords, sont d'abord émises à angle droit, puis se recourbent et s'anastomosent de manière à circonscrire des mailles ou aréoles disposées en une série unique de chaque côté de la médiane. Ces aréoles de premier ordre ne sont pas vides à l'intérieur ; elles renferment un réseau très-fin qui sert de point d'attache à une sore arrondie, peut-être nue, peut-être operculée, située au centre de l'aréole, tandis que dans les vrais *Phlebopteris* les sores sont placées à l'extrémité de petites veinules libres, extérieures par rapport aux arcs des anastomoses. De plus, chez nos *Microdictyon*, les aréoles émettent vers l'extérieur des veines soit simples, soit une ou plusieurs fois bifurquées, toujours reliées entre elles par anostomoses plus ou moins variées. Malgré la faible étendue des fragments, d'après lesquels il est établi, le genre *Microdictyon* est donc aisé à définir et nous allons voir que l'on ne saurait le confondre avec aucun autre.

Rapports et différences. — Les *Microdictyon* se distinguent des *Phlebopteris* proprement dits par leur réseau veineux de second ordre encadré dans les aréoles principales, ainsi que par l'anastomose des nervules émises extérieurement aux aréoles, enfin par la sore unique assise au milieu de ces aréoles et constituant une double rangée le long de la nervure médiane des segments. Ce genre diffère des *Thaumatopteris*, auxquels il ressemble évidemment beaucoup, par la disposition des sores qui forment de chaque côté de la médiane une série simple, au lieu de se trouver disposées sans ordre et très-nombreuses à la face inférieure des frondes. On ne saurait non plus le confondre ni avec les *Woodwardites* dont il s'éloigne par son mode de fructification, ni avec les *Hemitelites* dont il s'écarte par le dessin du réseau veineux. Si l'on interroge les Fougères du monde actuel, c'est principalement parmi les *Polypodium*, dans les sous-genres *Phymatodes* Presl, *Drynaria* Presl, *Pleopelis* Presl, que l'on observe des formes voisines du type des *Microdictyon* par la disposition aréolée des nervures et la situation des sores. Il est donc probable que ce groupe viendrait se placer dans la tribu des Polypodiées si la véritable nature de ses fructifications était mieux connue ; mais il est impossible de parvenir à ce résultat à l'aide des seuls lambeaux que nous allons décrire, et de décider si la sore était nue ou munie d'un réceptacle ou d'un opercule comme chez les Cyathées. Il nous paraît cependant plus raisonnable d'admettre qu'à l'exemple des *Thaumatopteris* et des *Clathropteris*, dont les affinités sont maintenant bien connues, les *Microdictyon* étaient de vrais Polypodiées, à moins que l'on ne voulût admettre l'existence de groupes mixtes, aujourd'hui éteints, servant autrefois de lien entre les diverses familles qui se partagent la classe des Fougères.

Localités. — Le genre *Microdictyon* paraît limité à l'Oolithe ; il n'est encore connu que par des fragments découverts par M. le docteur Bleicher dans un terrain lignitifère, sous-oxfordien, avec mélange de coquilles terrestres, lacustres et marines, qui s'étend dans les départements du Lot, de l'Aveyron et du Gard, et doit être placé sur l'horizon du Bathonien (1).

(1) M. le docteur Bleicher veut bien nous communiquer les observations suivantes qui lui ont été transmises par M. Sandberger à propos de la Faune de cette formation fluvio-marine, dont le vrai caractère exigera de longues études avant d'être précisé. Les lits qui renferment les empreintes de *Microdictyon*, associées à des débris de Cycadées appartenant aux genres *Otozamites* et *Sphenozamites*, ont offert à M. Sandberger quatre espèces nouvelles dont trois lacustres, *Bythinia trochulus*, *Cyrena lyrata*. *Cypris avena* et une marine *Cardinia obolus*. Le reste de la faune marine, comprenant jusqu'ici vingt espèces, est évidemment bathonien ; quant aux calcaires marneux inférieurs où se rencontre l'*Equisetum Duvalii* Sap., ils sont principalement caractérisés par la présence des espèces suivantes : *Alaria trifida* Phillipp., *Trigonia bathonica* Lyell, *Arca tenuitexta* Morr., *Ceromya concentrica* Sow., *Unicardium varicosum* Sow. — M. Bleicher a recueilli depuis dans ces mêmes calcaires marneux un *Cidaris* associé aux *Equisetum* et aux *Microdictyon* auprès de Milhaud (Gard). C'est là un mélange et des plus étonnants de

N° 1. Microdictyon rutenicum.

Pl. 33, fig. 2-4; 35, fig. 3, et 44, fig. 5.

Diagnose. — *M. frondibus verosimiliter pinnatisectis, segmentis pinnulisve elongatis linearibus margine integris obtuse sursum terminatis, nervis secondariis sub angulo recto e costa media valide expressa orientibus inter se arcuatim conjunctis, intus reticulum tenue sorumque rotundum puncto centrali affixum includentibus, extus venulas varie furcato-anastomosatas emittentibus; soris secus nervum medium utrinque uniserialibus.*

La découverte des fragments assez nombreux de pinnules que nous rapportons à cette espèce est due au zèle de M. le docteur Bleicher qui a bien voulu nous les communiquer. Les uns proviennent de Liquisse, sur le plateau du Larzac (Aveyron), les autres des environs de Milhaud (Gard). — A la première de ces localités se rapportent nos figures 2, 3 et 4, Pl. 33; les détails grossis (fig. 2ª, 3ª et 4ª) que nous joignons à chacune de ces figures permettent de saisir tous les détails de la nervation et d'en apprécier le caractère. La plus grande largeur des segments ou pinnules n'excédait pas 6 à 8 millimètres au plus : le bord est toujours parfaitement entier et le contour linéaire. Une nervure ou côte médiane, ordinairement très-nette et relativement épaisse, partage exactement l'organe dans le sens longitudinal, et émet de chaque côté, sous un angle droit, des nervures secondaires qui se recourbent vers le

corps organisés marins et d'eau douce, et l'on doit sans doute y reconnaître le signe indicatif d'un dépôt d'embouchure, contemporain de ceux du Yorkshire, mais infiniment moins riche que ces derniers en végétaux terrestres.

milieu de l'espace qui s'étend entre la médiane et le bord, de manière à dessiner, en se rejoignant, un arc légèrement flexueux, tantôt plus ou moins surbaissé, tantôt un peu en ogive. Ces arcs circonscrivent, de chaque côté de la côte médiane, une rangée de mailles ou grandes aréoles analogues à celles des *Thaumatopteris*, mais qui ne sont pas accompagnées à l'extérieur d'une seconde rangée d'aréoles décroissantes, comme dans ce genre, ni vides à l'intérieur, comme chez les *Phlebopteris* proprement dits. Les veinules émises à l'extérieur ne sont pas non plus libres, comme dans le dernier de ces groupes ; elles sont flexueuses, la plupart bifurquées, mais toujours anastomosées entre elles, de manière à constituer un réseau dont la loupe seule permet de reconnaître la disposition, à cause de sa grande finesse. Le réseau veineux qui occupe l'intérieur des grandes mailles est également très-fin. Il est formé d'une veine repliée sur elle-même de manière à donner lieu à une cellule centrale, flanquée de plusieurs autres rayonnant autour d'elle ; telle est la disposition que l'on remarque sur les figures grossies 2ª et 3ª, Pl. 33 ; mais les fragments représentés par ces figures se rapportent à des portions stériles ; la figure 4, même planche, grossie en 4ª, montre au contraire un fragment de pinnule probablement fertile. Sur ce fragment, la disposition des nervures est la même, seulement la partie centrale du réseau veineux qui occupe l'intérieur de chaque grande maille se trouve colorée en brun, et le milieu de cette partie laisse voir un point en forme d'aréole ou de cellule, encore plus foncé que tout le reste, qui semble correspondre, soit au sore elle-même, soit à son point d'attache, tandis que la macule qui entoure ce point correspondrait à un réceptacle ou à un tégument protecteur. Ce n'est là toutefois qu'une vue conjecturale que ne suffit pas à résoudre l'examen des spécimens provenant de Milhaud, reproduits par notre figure 5, Pl. 44, dont la conservation est cependant fort belle. Ils consistent en plusieurs fragments de pinnules jetés l'un sur l'autre dans le plus grand désordre et montrant, les uns la face inférieure, occupée par des traces de fructifications, les autres plus petits, la face supérieure où les veinules devaient tracer de légers sillons, l'épaisseur relative de la couche charbonneuse, démontrent la consistance coriace de ces pinnules, dont les bords étaient repliés légèrement en dessous, et la côte médiane très-saillante; le réseau veineux, dont la conservation est parfaite, est d'une finesse excessive; les mailles principales sont disposées comme dans les exemplaires précédents, mais les veinules émises vers l'extérieur et dont les anastomoses variées donnent lieu à un réseau à mailles généralement hexagones paraissent encore plus déliées; le réseau enfermé dans l'intérieur des grandes mailles est figuré sous un assez fort grossissement par notre figure 5[b], Pl. 44; le milieu est toujours occupé par une aréole ou petite maille centrale, hexagonale dans son contour, plus foncée et un peu plus en saillie que celles qui l'entourent et marquée elle-même d'un point médian encore plus obscur. — C'est là certainement l'emplacement des fructifications et la partie foncée correspond sans doute, soit au sore elle-même, soit à son point d'attache persistant à la face inférieure des frondes, après la chute des sporanges; mais il est impossible d'affirmer rien au delà.

Rapports et différences. — En considérant le *M. rutenicum* comme voisin des Polypodiées actuelles, il doit être comparé au *Polypodium salicifolium* Wild. (*Pleopeltis salicifolia* Presl, *Phlebodium salicifolium* J. Schmith), de l'Amérique intertropicale, dont les frondes sont cependant simples, tandis que celles de l'espèce fossile étaient vraisemblablement pinnatisèques. Parmi les espèces fossiles, le *M. rutenicum* se rapproche surtout de plusieurs *Thaumatopteris;* mais nous avons déjà insisté sur les différences qui séparent les *Microdictyon* des Fougères de ce groupe caractéristique de l'Infra-Lias, dont ils semblent remplir le rôle dans l'Oolithe inférieure.

Localités. — Formation lacustre et fluvio-marine sous-oxfordienne du plateau du Larzac, schistes bitumineux de la partie moyenne près de Liquisse (Aveyron) ; même formation à Milhaud (Gard) ; étage bathonien.

Explication des figures. — Pl. 33, fig. 2, fragment de pinnule stérile de *Microdictyon rutenicum*, grandeur naturelle, 2^a, même fragment grossi pour montrer les détails de la nervation; fig. 3, autre fragment stérile de la même espèce, grandeur naturelle, 3^a, le même grossi; fig. 4, fragment de pinnule fertile de la même espèce, grandeur naturelle ; 4^a, même fragment grossi pour montrer les détails de la nervation et l'emplacement des sores. — Pl. 35, fig. 3, fragment de penne, grandeur naturelle ; 3^a, le même grossi. — Pl. 44, fig. 5, plusieurs pinnules de *Microdictyon rutenicum*, jetées sans ordre, la plupart fertiles, d'après un échantillon provenant de Milhaud (Gard), grandeur naturelle; 5^a, un des fragments grossis pour montrer la disposition du réseau veineux et celle des sores ; 5^b, portion détachée, vue sous son plus fort grossissement, pour montrer le dessin exact du réseau veineux et la forme de l'emplacement correspondant aux sores.

N° 2. Microdictyon Woodwardianum.

Pl. 33, fig. 5-7.

DIAGNOSE. — *M. frondibus pinnatis, segmentis sterilibus plus minusve elongatis linearibus margine integerrimis, nervis secundariis sub angulo aperto e costa media orientibus numerosis mox conjuncto-areolatis, extus venulas multiplices plerumque furcatas inter se varie anastomosatas demum liberas et ad marginem usque decurrentes emittentibus; areolis, in speciminibus fertilibus, majoribus soros rotundos puncto centrali affixos juxta nervum medium in seriem utrinque ordinatos includentibus.*

Cette espèce nous paraît différente, quoique congénère, de la précédente ; elle a été recueillie comme elle par M. le docteur Bleicher dans les lignites mêmes de la formation du plateau de Larzac. La faible étendue des fragments et le peu de netteté des empreintes qui se détachent à peine sur le fond charbonneux de la roche rendent leur étude des plus difficiles. Cependant, l'exactitude scrupuleuse des figures grossies que nous donnons, Pl. 33, fig. 5a, 6a et 7a, permet de décrire l'espèce avec soin et fait reconnaître en elle des caractères fort intéressants. A première vue, il semble que l'on ait sous les yeux un *Woodwardia;* mais, outre que les pennes ou segments ne semblent pas avoir été décurrents sur le rachis, ainsi qu'il résulte de la figure 5, cette analogie est plus apparente que réelle, puisque le fragment de fronde fertile, fig. 7, qu'il est difficile de ne pas réunir aux deux autres, malgré certaines divergences sur lesquelles nous reviendrons bientôt, révèle un mode de fructification sans rapport avec celui qui distingue les *Voodwardia* actuels.

Les portions stériles sont représentées par deux lambeaux, fig. 5 et 6, dont le plus grand mesure une longueur totale de 1 1/2 centimètre, sur une largeur de 6 millimètres. Ce dernier semble tenir à un fragment de rachis sur lequel il est inséré, sans que l'on puisse distinguer bien clairement s'il y adhère par le milieu seulement ou par la base tout entière. L'examen de la nervation rend cependant la première de ces hypothèses plus vraisemblable que l'autre. Une nervure médiane assez mince partage longitudinalement ce segment dont les bords sont entiers et le contour linéaire, sauf la base qui montre une légère dilatation en forme de lobes obtus. Les nervures latérales sont nombreuses, fines, disposées des deux côtés de la médiane et émises sous un angle moins ouvert que dans l'espèce précédente ; elles se replient en arc et donnent lieu, non pas à de larges aréoles, comme celles du *M. rutenicum*, mais à de petites mailles contiguës qui se prolongent vers l'extérieur en émettant des veinules une ou deux fois bifurquées, anastomosées entre elles à la base, presque toujours libres à leur sommet, et qui s'étendent vers le bord en suivant une direction transverse, sans s'infléchir et se contourner comme dans l'espèce précédente. Ainsi, les mailles sont plus petites, les veines plus nombreuses et le réseau qu'elles forment moins compliqué. Ces différences, que nos dessins (voy. fig. 5ª) rendent très-appréciables, suffisent à la distinction des deux espèces. Le petit fragment fig. 7, grossi en *a*, porte la trace bien visible de sores arrondies, enfermées solitairement, comme chez le *M. rutenicum*, dans les mailles qui accompagnent la nervure médiane ; seulement, il est nécessaire de faire observer que l'empreinte en question reproduit la face supérieure d'une fronde, et que, par conséquent, au lieu de montrer les sores elles-mêmes, il ne laisse voir que la saillie occasionnée sur l'autre face du limbe par la présence de ces organes, c'est-à-dire en réalité leur forme générale et leur emplacement. S'il n'en était pas ainsi, on devrait admettre que chacun d'eux était operculé et muni au sommet d'une ouverture, à peu près comme chez les *Mattonia* et dans le genre fossile *Gulbiera* Presl. Ici, le bouton situé au centre de la sore pourrait bien correspondre au point d'attache, et, à l'aide d'une loupe, on discerne quelques veinules qui viendraient aboutir à ce point central. Dès lors il s'agirait d'une structure semblable en réalité à celle que nous avons remarquée chez les *Microdictyon rutenicum;* seulement les aréoles ou mailles accompagnant la nervure médiane seraient un peu plus larges et plus régulièrement espacées sur les portions fertiles de la fronde que sur les autres, et la sore arrondie qu'elles renferment occuperait tout l'espace circonscrit par elles. Les veines, tantôt simples, tantôt bifurquées, souvent libres, d'autres fois, reliées entre elles par des anastomoses, que les aréoles sorigères émettent vers l'extérieur, affectent dans la pinnule fertile la même disposition que celles des parties stériles ; il nous paraît donc très-naturel d'admettre que tous ces fragments se rapportent à une seule et même espèce.

Rapports et différences. — Il est impossible de ne pas faire ressortir l'analogie des portions stériles de cette espèce avec le *Phlebopteris affinis* Schenk, de la formation rhétique (1), et encore plus avec le *Phl. Schouvii* Brgnt (2). Les fructifications du *Phl. affinis* diffèrent par leur situation à l'extrémité de veines simples, extérieures par rapport aux arcs qui circonscrivent les mailles ; mais les sores

(1) Schimper, *Traité de pal. vég.*, I, p. 626, Pl. 39, fig 14-16.
(2) Brongniart, *Hist. des vég. foss.*, I, p. 372, Pl. 132, fig. 4.

du *Phl. Schouvii*, d'après les figures très-peu nettes données par M. Brongniart, seraient disposées comme les nôtres le long de la médiane, arrondies et marquées d'un pore ou point central (voy. *l. c.* Pl. 132, fig. 5ª); en sorte qu'il serait possible d'admettre une sorte d'affinité générique entre cette espèce et la nôtre, avec d'autant plus de raison que le *Phl. Schouvii* est rapporté, avec doute, il est vrai, à l'Oolithe de Bornholm par M. Brongniart et inscrit avec doute par M. Schimper parmi les vrais *Phlebopteris.* L'examen d'une série d'échantillons plus complets que ceux que nous figurons serait indispensable pour arriver à une solution; on peut dire cependant que l'ordonnance des parties fructifiées et la forme des pennes révèlent une affinité très-sensible entre nos *Microdictyon*, le *Phlebopteris Schouvii* et les *Phl. polypodioides* Brngt. et *propinqua* Brngt. (*Phl. contigua* Lindl. et Hutt., *Foss. Fl.*, III, tab. 144) (1), espèces de l'Oolithe de Scarborough. Ces rapports, aujourd'hui mal définis, décideront quelque jour, lorsque leur vraie nature aura été déterminée, de la position réelle des espèces chez qui ils se manifestent. Aujourd'hui, plongés forcément dans le doute, nous nous bornons à enregistrer de nouveaux documents, malheureusement bien imparfaits.

Localité. — Formation sous-oxfordienne, fluvio-marine du plateau du Larzac, dans les lignites exploités près de Liquisse (Aveyron); étage bathonien.

Explication des figures. — Pl. 33, fig. 5, fragment de penne stérile du *Microdictyon Woodwardianum*, montrant la base du segment et une portion du rachis sur lequel il est inséré, grandeur naturelle; fig. 5ª, même

(1) *Hist. des vég. foss.*, I, p. 372, Pl. 83, fig. 1, et Pl. 132, fig. 1, et 133 fig. 2.

fragment grossi pour faire voir la nervation. Fig. 6, autre fragment d'une penne de la même espèce, grandeur naturelle; 6[a], le même grossi. Fig. 7, fragment d'une penne fertile de la même espèce avec la trace des sores, grandeur naturelle; 7[a], le même grossi montrant les détails du réseau veineux, la forme et la disposition des appareils fructificateurs.

SIXIÈME GENRE. — THAUMATOPTERIS.

Thaumatopteris, Gœppert, *Gen. pl. foss.*, I, p. 1.
— Brongniart, *Tab. des genres de vég. foss.*, p. 31.
— Unger, *Gen. et sp. pl. foss.*, p. 139.
— Schenk, *Foss. Fl. d. Grenzsch.*, p. 69.
— Schimper, *Traité de Pal. vég.*, I, p. 629.

Diagnose. — *Frondes steriles fertilesque conformes pedato-digitatæ, segmentis lobatis pinnatifidisque; lobi segmentorum plurimi integerrimi vel dentato-crenati; costæ primariæ nervos in lobos emittentes, nervi autem tertiarii angulo subrecto secus secundarios emissi mox curvati, anastomosati et in areolas biseriatas soluti, venulæ tenuissimæ rete subtilius primario inclusum efformantes; — sori per totam paginam frondis inferiorem in acervos multiplices glomerati; capsulæ annulo multiarticulato verticali subcompleto circumducti sporas læves tetraedricas includentes* (Schimper).

Phlebopteris, Münst., *In Bronn et Leonh. Jahr.*, 1836, p. 511.

Histoire et définition. — Ce genre est maintenant bien connu, grâce aux publications successives de Gœppert, de Schenk et en dernier lieu de M. Schimper; des frondes presque complètes et la présence des organes de la fructification permettent de le décrire avec autant de sûreté que s'il s'agissait d'un genre actuel. Nous empruntons aux auteurs que nous venons de citer la plupart des détails qui suivent.

Les frondes des *Thaumatopteris* sont digitées-pédées ; les segments disposés par trois ou par cinq au sommet d'un long pétiole forment autant de pennes allongées, lobées pinnatifides, à lobes plus ou moins étroits et profondément incisés selon les espèces. Le rachis principal est ailé et les lobes adhèrent par conséquent entre eux au moyen d'une bordure continue; chacun de ces lobes est pourvu d'une nervure médiane le long de laquelle sont disposées des nervures latérales, qui d'abord émises sous un angle très-ouvert, se recourbent bientôt, se replient et s'anastomosent de manière à donner lieu à trois rangées de mailles irrégulièrement hexagones et décroissantes, dont l'intérieur est occupé par un réseau veineux d'une grande finesse.

La figure 1 de notre planche 35, que nous empruntons au bel ouvrage de M. Schimper et qui représente le *Thaumatopteris Münsteri*, permet de juger de l'aspect des frondes de ce genre. Les lobes sont ici très-courts; c'est la variété α *abbreviata* Gœpp., qui constitue peut-être une espèce à part. Ces mêmes lobes s'allongent au contraire dans les autres variétés, particulièrement dans la variété γ *longissima* Gœpp. dont nous donnons aussi une figure empruntée à l'ouvrage de M. Schenk, Pl. 36, fig. 2; ils sont linéaires, étendus à angle droit et plus ou moins crénelés chez le *Thaumatopteris Brauniana* Popp. Les sores, dans ce genre, sont dispersées sans ordre apparent sur toute la surface inférieure des pinnules; chacune des sores en particulier est formée par une réunion de cinq à dix capsules agglomérées, assez rapprochées et même confluentes de manière à rappeler le mode de fructification des Acrostichées. Chaque capsule est entourée, comme chez les Polypodiacées, d'un anneau circulaire, vertical, multi-articulé et presque complet; nous avons reproduit, d'après M. Schenk, sur notre planche 36, fig. 3, le fragment d'une pinnule fertile grossie de *Thaumat opteris Brauniana* montrant la disposition des sores, tandis que la figure 4 représente la nervation grossie d'une pinnule stérile de la même espèce. Les sporanges grossis du *Th. Münsteri* sont reproduits par la figure 5, et la figure 6 représente un spore de la même espèce vu sous un très-fort grossissement; il paraît tetraédrique, subglobuleux et lisse à la surface.

Rapports et différences. Les *Thaumatopteris* ressemblent aux *Laccopteris* et aux *Andriana* par la forme extérieure de leurs frondes. Mais il se séparent de ces deux genres par leur nervation réticulée et la disposition de leurs sores, caractères qui les rangent évidemment à côté des *Dictyophyllum* et des *Clathropteris*, et, si l'on considère la nature actuelle, auprès des Polypodiéesavec une tendance vers les Acrostichées, à cause de la disposition sans ordre des glomérules de sporanges sur toute la surface des portions fertiles. Cependant, cette même particularité se montre chez les *Microsorium*, genre actuel de la tribu des Polypodiées, voisin des *Drynaria* par la nervation et chez qui toutes les parties des nervilles du réseau veineux sont susceptibles indifféremment de devenir prolifères. Si l'on considère seulement la forme allongée des lobes et la disposition du réseau vaineux, les *Thaumatopteris* paraissent se rapprocher des *Phymatodes* de Presl ou *Drynaria* pinnatifides à segments étroits et allongés, ainsi que des *Pleopeltis*; mais ici les sores sont largement arrondies et disposées en série double ou simple de chaque côté de la nervure médiane de chaque segment.

LOCALITÉS. — Le genre *Thaumatopteris* se trouve limité au Rhétien et au Lias inférieur; il n'a pas été encore observé dans d'autres terrains.

EXPLICATION DES FIGURES. — Pl. 35, fig. 1, fronde presque entière du *Thaumatopteris Münsteri* Var., *abbreviata* Gœpp., d'après un exemplaire de la formation rhétique de Bayreuth figuré par M. Schimper, *Traité de pal. vég.*, I, Pl. 40, fig. 7. — Pl. 36, fig. 3, partie supérieure d'un segment de fronde du *Thaumatopteris Münsteri* Var. *longissima* Gœpp. d'après un exemplaire de la Theta près de Bayreuth, figuré successivement par MM. Schenk et Schimper; fig. 3, portion d'une pinnule fertile du *Thaumatopteris Brauniana*, Popp., assez fortement grossie, d'après M. Schenk; fig. 4, portion d'une pinnule stérile de la même espèce, assez fortement grossie pour montrer la disposition des nervures; fig. 5, groupe de capsules ou sores du *Thaumatopteris Munsteri*, très-fortement grossi, d'après Schenk; fig, 6, sporule de la même espèce, sous un très-fort grossissement, d'après le même auteur.

N° 1. **Thaumatopteris exilis.**

Pl. 35, fig. 2.

DIAGNOSE. — *T. frondium segmentis gracilibus pinnatipartitis, rachi primaria anguste alata, lobis stricte linearibus integris alterne emissis patentibus, nervo loborum medio tenui, venis lateralibus mox curvatis flexuosis in areolarum series duplices solutis, venulis insuper tenuissimis rete minutum intra areolas efformantibus.*

Il n'existe qu'un fragment mutilé de cette espèce qui nous paraît distincte de celles du Rhétien d'Allemagne, tandis que la parfaite conformité du réseau veineux et du mode de partition de la fronde oblige de la rapporter au groupe des *Thaumatopteris*. Malheureusement les lobes sont tous mutilés ; on n'aperçoit que leur origine et la forme étroitement linéaire de leur contour.

Rapports et différences. — Les lobes de cette espèce sont plus étroits que ceux des variétés *elongata* et *longissima* du *Thaumatopteris Münsteri* et paraissent entiers sur les bords, ce qui les distingue de ceux du *Th. Brauniana*, outre que le rachis principal est accompagné d'une bordure étroite qui disparaît dans les variétés à lobes entiers de cette dernière espèce. La nervation de notre *Th. exilis*, qui est visible et que la figure 2[a], Pl. 35, représente sous un assez fort grossissement, laisse voir également des différences sensibles avec le réseau veineux du *T. Brauniana*, que nous avons reproduit, Pl. 36, fig. 4, d'après Schenk, comme terme de comparaison entre les deux espèces. L'état fragmentaire de l'empreinte de Hettanges ne nous permet pas de plus longs détails à son sujet.

Localité. — Grès de Hettanges (Moselle), Lias inférieur, zone à *Ammonites angulatus;* Coll. du Muséum de Paris et celle de M. Terquem (musée de la ville de Metz).

Explication des figures. — Pl. 35, fig. 2, fragment d'une fronde de *Thaumatopteris exilis* Sap., grandeur naturelle ; fig. 2[a], pinnule grossie de la même espèce pour montrer les détails de la nervation.

SEPTIÈME GENRE. — DICTYOPHYLLUM.

Dictyophyllum, Lindl. et Hutt., *Fossil Fl. of gr. Brit.*, tab. 104.
— Schenk, *Foss. Fl. d. Grenzsch*, p. 75.
— Schimper, *Traité de Pal. vég.*, I, p. 632.

Diagnose. — *Frondes steriles fertilibus conformes, verosi-*

militer profunde geminatim pedato-partitæ, segmentis primariis pinnatifidis lobatisque, lobis rachi semper alata perpendicularibus nervo e costa segmentorum primariorum orto medio percursis, tum integris tum grosse dentatis incisisque; nervuli e nervis mediis progressi curvato-anastomosati, in rete flexuosum areolasque areis hexagonulis majoribus inclusas undique soluti; sori per totam paginam frondis inferiorem sparsi, sporangiis majusculis annulo completo multiarticulato circumductis præditi; sporæ tetraedricæ globosæ læes (Schimper).

Camptopteris, Presl, in *Sternb. Beitr.*, II, p. 168 (ex parte).
— Brongn., *Tab. des genres de vég. foss.*, p. 31.
Diplodictyon, Fr. Braun, in *Munst. Beitr.*, VI, p. 14.

Histoire et définition. — Dans ce genre, qui s'éloigne beaucoup de ceux du monde actuel, les frondes, géminées au sommet d'un long pétiole, à peu près comme chez le *Dipteris conjugata*, étaient partagées en longs segments plus ou moins profondément divisés-palmatisèques et pédés. Des côtes médianes parcouraient les segments et émettaient sous un angle généralement très-ouvert des nervures qui se rendaient dans les lobes et les lacinies secondaires. Une bordure large et continue garnissait les rachis principaux et secondaires, et les lobes n'étaient jamais assez profonds pour donner lieu à de véritables pennes, en sorte que chacun des segments, considéré à part (et c'est presque toujours dans cet état qu'on les observe à l'état fossile), revêt assez bien les apparences d'une feuille dicotylédone pinnatifide, comme le sont celles de certains chênes. Cette ressemblance s'accroît encore par une aparente conformité dans la nervation; celle-ci effectivement se compose de veines naissant le long des divers axes sous un angle très-ouvert, se repliant l'une vers l'autre et s'anastomosant de manière à former, à l'aide de veinules flexueuses et ramifiées, un réseau composé de mailles polygonales qui se résolvent elles-mêmes en aréoles plus petites dont la finesse est extrême.

Aucune Fougère ne retrace plus fidèlement le réseau des feuilles dicotylédones ; aucune ne revêt de physionomie plus distincte de celle qui caractérise généralement ces sortes de plantes. Aussi, Lindley, en imposant le nom générique de *Dictyophyllum* à la première espèce, découverte dans l'Oolithe du Yorkshire, avait-il cru reconnaître en elle une feuille de Phanérogame. L'observation des sores, dont la disposition est pareille à ce qui existe dans le genre précédent, est venue confirmer l'attribution au groupe des Fougères des *Dictyophyllum*, souvent aussi appelés *Camptopteris*. Ces sores, dont notre figure 3 [a], Pl. 34, empruntée à l'ouvrage de M. Schenk, représente l'ordonnance, sont disposées sans ordre sur toute la face inférieure des frondes fertiles. Elles ne comprennent chacune qu'un petit nombre de capsules et ces capsules sont grandes comparativement, pourvues d'un anneau complet, multiarticulé, et renfermant des spores tétraèdres-arrondis et lisses. Les frondes bien conservées sont extrêmement rares à l'état fossile. Notre figure 3, Pl. 34, représente un bel exemplaire du *Dictyophyllum acutilobum* Schenk, emprunté à l'ouvrage de cet auteur et qui donne une idée suffisante de l'ensemble d'une fronde. Les *Dictyophyllum*, depuis que M. Schenk et après lui M. Schimper ont réservé le nom de *Camptopteris* à des espèces keupériennes (*C. serrata* Kurr, et *C. quercifolia* Schenk), sont limités au terrain jurassique et fréquents seulement dans le Rhétien. Une seule espèce, fort rare et d'un aspect tout à fait spécial, se montre dans l'Oolithe du Yorkshire; le genre disparaît ensuite et ne possède aucun représentant direct dans la nature vivante.

Rapports et différences. — La liaison de ce genre avec le précédent est des plus intimes. Des deux parts, l'ordonnance pédée-digitée, la disposition des sores, la forme même des capsules sont à peu près pareilles; c'est uniquement par l'aspect et le mode de partition des frondes, par les lobes plus larges, le limbe plus développé, mais surtout par le réseau veineux à mailles plus grandes et plus compliquées, que les *Dictyophyllum* se distinguent et doivent occuper une place à part, au moins comme sous-genre, dans un groupe qui se range tout entier parmi les Polypodiées. Les *Drynaria* pour le mode de nervation, les *Microsorium* pour la fructification, les *Dipteris* pour le mode de partition offrent les points de comparaison les plus marqués. Les *Dictyophyllum*, s'ils existaient encore, constitueraient un groupe allié à ceux-ci de très-près, et ne s'en écartant pas plus qu'ils ne s'éloignent les uns des autres.

Localités. — Schistes marneux du Rhétien de Franconie, Hart aux environs de Bayreuth, Strullendorf près de Bamberg, Veitlahm près de Kulmbach; Hœr en Scanie; grès du Lias inférieur à Coburg, Halberstadt, Quetlinburg (Allemagne); Steierdorf (Bannat); Schambelen (Suisse); Hettange (Moselle), d'après M. Schimper. — Le *Dictyophyllum rugosum* Lindl. et Hutt. est particulier au grès charbonneux de Scarborough.

Explication des figures. — Pl. 34, fig. 3, fronde presque complète du *Dictyophyllum acutilobum* Schenk, grandeur naturelle, d'après une figure empruntée à l'ouvrage de M. Schenk; fig. 3 a, segment grossi pour montrer la disposition des sores à la face inférieure d'une fronde fertile, d'après une figure empruntée au même auteur.

N° 1. **Dictyophyllum Nilsoni.**

Pl. 34, fig. 2.

Dictyophyllum Nilsoni, Schenk, *Foss. Fl. d. Grenzsch.*, p. 80, tab. 19, fig. 6-7.
— — Schimper, *Traité de Pal. vég.*, I, p. 634.

DIAGNOSE. — *D. frondis bipartitæ segmentis primariis pedato-laciniatis, grosse dentatis, lobis late lanceolatis sursum subfalcatis, nervo incisurarum medio ad apicem provecto, venis venulisque varie curvato-anastomosatis, rete areolis ambitu flexuosis delineatum formantibus.*

Phlebopteris Nilsonii,	Brongniart, *Hist. vég. foss.*, I, p. 376, Pl. 132, fig. 2.
Camptopteris Nilsonii,	Presl., in *Sternb. Vers.*, II, p. 168.
— —	Germar, *Palæontog.*, I, p. 119, tab. 14, fig. 1-3.
— —	Andræ, *Foss. Fl. v. Steierdorf*, p. 34, tab. 10, fig. 3.
— *crenata* et *biloba*,	Presl, *l. c.*, II, p. 168.
Quercites lobatus,	Berger, *Coburg. Vers.*, p. 29, tab. 4, fig. 1-3-7.
Filicites.....	Hissing, *Leth. Succ.*, tab. 38, fig. 1.
Phyllites.....,	Sternb., *Fl. d. Voswelt*, I, p. 41 tab. 42, fig. 2.

Un seul lambeau de pinnule, reproduit fig. 2, Pl. 34, est tout ce que nous connaissons de cette espèce en France. Ce fragment suffit cependant, à cause de la conformité des caractères de la nervation, pour faire constater l'identité de l'espèce à laquelle il appartient avec le *Dictyophyllum Nilsoni*, qui caractérise les grès de l'Infra-Lias. M. Schimper, qui a pu faire une comparaison attentive des divers échantillons de cette espèce observés soit en Allemagne, soit en France, la range à côté du *Dictyophyllum acutilobum* que représente notre figure 3, Pl. 34, à qui il serait même tenté de la réunir. Nous n'insisterons pas davantage sur une forme dont nous avons dû signaler la présence en France, mais dont nous possédons un trop petit fragment pour avoir la pensée de la décrire avec certitude. L'empreinte que reproduit notre figure 2 se rapporte à la portion médiane ou inférieure de l'un des segments principaux, au-dessus du point où ils commencent à être lobés; c'est du moins ce qui paraît être le plus vraisemblable.

Localités. — Trémont, près de Lamarche (Vosges), grès de l'étage rhétien, en même temps que le *Clathropteris platyphylla;* Coll. du Muséum de Paris. M. Schimper signale de plus cette espèce à Hettanges dans les grès infra-liasiques, d'où cependant nous ne l'avons pas reçu. En dehors de France, elle se rencontre, non-seulement dans les grès de Hör en Scanie, mais encore dans les grès du Lias inférieur d'Allemagne, à Coburg, à Halberstadt, à Quetlinburg, à Steierdorf dans le Bannat et à Scnambelen en Suisse. Il serait à souhaiter que cette espèce ou du moins le genre dont elle fait partie fût recherché avec soin dans les localités françaises qui font partie soit de la zone à *Avicula contorta*, soit de l'Infralias proprement dit.

Explication des figures. — Pl. 34, fig. 2, fragment de fronde du *Dictyophyllum Nilsoni?* grandeur naturelle.

HUITIÈME GENRE. — CLATHROPTERIS.

Clathropteris, Brongniart, *Hist. des vég. foss.*, I, p. 279.
— Schenk, *Fl. d. Grenzsch.*, p. 81.
— Schimper, *Traité de Pal. vég.*, I, p. 635.

DIAGNOSE. — *Frondes pinnatipartitæ vel palmato-lobatæ plus minusve profunde inciso-digitatæ quandoque maximæ laciniis pedalibus et ultra præditæ; segmenta laciniæve primariæ pinnatinerviæ, nervis secundariis e costa media ortis sub angulo plus minusve aperto prodeuntibus parallelis ad marginem integrum lobatumve pergentibus, nervis tertiariis transversis areolas rectangulas efformantibus, venulis insuper in rete areolis quadratis polygonulisque minutissime delineatum tandem solutis; sori per totam paginam inferiorem frondium fertilium sparsi; sporangia rotundata annulo multiarticulato cincta; sporæ tetrædricæ verrucosæ.*

Camptopteris (ex parte), Gœppert, *Gen. pl. foss.*, p. 119.
— Presl, in *Sternb.*. *Fl. d. Vorw.*, II, p. 168.
— Unger, *Gen. et Sp. pl. foss.*, p. 162.

HISTOIRE ET DÉFINITION. — Voici un des genres les plus curieux de l'ancienne flore et celui qui caractérise le mieux la végétation infra-liasique, dont il ne franchit pas les limites. Les *Clathropteris* portaient des frondes de la plus grande dimension, ce qui fait que l'on n'en possède presque jamais que des fragments et que la reconstitution de l'ensemble est toujours difficile, sauf par la combinaison attentive d'un grand nombre d'échantillons ou encore par la découverte de frondes ayant appartenu à de jeunes sujets. Les frondes, palmées chez le *Cl. platyphylla*, présentent au contraire un limbe pinnatifide dans le *Cl. meniscioides*, à moins que l'on ne veuille supposer que la portion pinnatifide de cette espèce représente le segment d'une fronde composée, dont la dimension irait alors à plus d'un mètre. Mais il semble plus naturel d'admettre que le genre *Clathropteris* comprenait à la fois des espèces à frondes palmées et d'autres à limbe incisé-pinnatifide.

Cette supposition n'a rien qui puisse choquer, lorsque l'on songe aux *Dipteris*, si voisins des *Drynaria*, et pourtant si différents d'aspect au premier abord.

Ce qui signale les *Clathropteris*, c'est leur mode de nervation si uniforme et si nettement caractéristique. Chez eux, les nervures secondaires, celles qui partent de la côte moyenne des segments principaux, sont toujours équidistantes et parallèles entre elles; elles s'étendent jusqu'au bord, que celui-ci soit entier ou denté, et donnent lieu à des intervalles ou bandes partagés en espaces carrés par des nervures tertiaires, disposées perpendiculairement sur les secondaires. Ces nervures étaient saillantes sur la page intérieure, et la fronde se trouve ainsi partagée en des séries de carrés marqués en relief ou en creux sur les empreintes, mais correspondant à autant de gaufrures disposées en sens inverse sur l'une ou l'autre face des anciennes frondes. Chacune de ces aires principales se trouve divisée par des veines de divers ordres, toujours dirigées perpendiculairement les unes sur les autres ou repliées et anastomosées, en une suite d'aréoles décroissantes dont le réseau fin, lorsqu'il est visible dans tous ses détails, retrace fidèlement la nervation de certaines feuilles dicotylédones, spécialement de celles des Tiliacées et des Artocarpées. En réalité, la nervation des *Clathropteris* reproduit celle des *Drynaria*, surtout du *D. quercifolia* Bory, et l'observation des parties fructifiées des anciennes frondes est venue confirmer ce rapprochement qui est assez étroit pour faire croire à une identité générique des espèces fossiles avec celles qui leur correspondent dans l'ordre actuel.

Celles-ci habitent particulièrement les régions tropicales : robustes, souvent coriaces et opaques, elles croissent sur les vieux troncs à l'ombre des grandes forêts. Les sores des *Clathropteris* étaient éparses et très-nombreuses sur toute la face inférieure des frondes; la figure 3 de notre planche 37, empruntée à l'ouvrage de M. Schenk et faiblement grossie, laisse voir cette disposition. Chaque sore comprenait un assez petit nombre de capsules; ces dernières sont représentées, fig. 4, sous un fort grossissement et groupées au nombre de 12 environ. Elles étaient ovales-arrondies et entourées sur les côtés par un anneau multi-articulé qui paraît avoir été complet. Les spores étaient de forme tétragone et couverts d'aspérités verruqueuses, ainsi que l'on peut en juger par le dessin de M. Schenk que reproduit notre figure 5, Pl. 37, et qui représente un de ces spores fortement grossis.

Rapports et différences. — Le genre *Clathropteris*, fondé par Brongniart, il y a plus de 40 ans, se distingue très-aisément par les aréoles carrées, disposées régulièrement dans l'intervalle des nervures secondaires, des *Phlebopteris*, *Thaumatopteris* et *Dictyophyllum* chez lesquels on remarque une ordonnance différente du réseau veineux. Cependant, on ne saurait nier que ces deux derniers genres ne se lient étroitement aux *Clathropteris* par leur mode de fructification qui les range tous également dans la tribu des Polypodiées, à côté des *Microsorium* Link., des *Drynaria* Bory, et des *Dipteris* Reinw. Les spores verruqueux des *Clathropteris* se séparent d'ailleurs nettement des spores lisses des *Thaumatopteris* et des *Dictyophyllum*. La différence est plus difficile à préciser avec les *Camptopteris* de Schenk et de Schimper, Fougères keupériennes dont la nervation n'est pas visible, mais que la disposition palmée-digitée de leurs frondes, formées de segments allongés-pinnatifides très-nombreux et divisés presque jusqu'à la base, rapproche bien plus des *Thaumatopteris*.

Bien que l'affinité des *Clathropteris* avec les genres actuels de Polypodiées ne soit nullement douteuse par elle-même, le degré de cette affinité n'en reste pas moins obscur, lorsque l'on cherche à le préciser. L'ordonnance du réseau veineux, la disposition et la forme des sores obligent de ne les comparer qu'à une petite portion des *Drynaria* de Fée, après retranchement des sous-genres *Pleopeltis* Humb. et Bompl., *Phymatodes* Presl. C'est avec le seul groupe dont le *Drynaria quercifolia* Bory est le type que les *Clathropteris* montrent une ressemblance que confirme, en dehors même de la conformité du réseau veineux, la présence des sores dispersées en grand nombre sur la face inférieure des frondes.

L'analogie nous a paru digne de remarque avec le *Drynaria Gaudichaudi* Mett., des Iles Fidji, probablement identique au *D. pinnata* Fée. Ici, les frondes sont pinnées et les pennes se détachent aisément du rachis principal, mais l'espèce vivante la plus ressemblante, à cause de la dimension des segments, de leur consistance coriace, de leur aspect gaufré et de la multitude des sores répandues à profusion et assises sur les dernières ramifications des veines, c'est le *Drynaria quercifolia* Bory, qui habite les Indes, les Moluques, et rappelle beaucoup le *Clathropteris meniscioides* de Brongniart, sauf la dimension des lobes qui est généralement plus grande chez l'espèce fossile.

Cependant, la forme palmée ne se montre pas chez

les vrais *Drynaria*, et de plus ils présentent, à la base des frondes fertiles, des frondes primaires et stériles, généralement sessiles, à limbe moins divisé et à nervation composée d'un réseau de veines plus flexueuses. Ces frondes diffèrent beaucoup des autres, et si elles avaient existé chez les *Clathropteris*, on en rencontrerait probablement des vestiges. M. Brongniart avait supposé d'abord que les *Dictyophyllum* pouvaient bien correspondre aux frondes stériles des *Clathropteris*, mais la découverte de la fructification du premier de ces genres a détruit cette opinion; il n'y aurait cependant rien d'improbable à considérer le singulier genre *Protorrhipis* Andræ, de Steierdorf dans le Bannat, comme représentant peut-être les frondes primaires des *Clathropteris*.

A côté des *Drynaria* on observe dans la nature vivante le curieux genre *Microsorium* Link. (Fée, *Gen. Fil.*, p. 267, Pl. 20, fig. 1), chez qui la parfaite conformité du réseau veineux et la disposition des sores éparses en très-grand nombre et placées indifféremment sur toutes les parties du trajet des anastomoses doivent faire reconnaître un type allié de près aux *Clathropteris*. La liaison de ceux-ci avec le *Dipteris conjugata* Reinw. n'est pas moins évidente, elle tient surtout à l'ordonnance bipartite des frondes de ce genre indien, divisées en segments palmés-laciniés, dentés sur les bords. Cette ordonnance ainsi que la forme des dentelures et les détails même de la nervation, joints à la distribution des sores, offrent de grands rapports avec ce qui a lieu chez les *Clathropteris* à frondes palmées (*C. platyphylla*, voy. Pl. 36, fig. 1, et 37 fig. 1 et 2); mais dans le genre actuel, les segments, au lieu d'être occupés par une médiane pinnatinerve, présentent des nervures longitudinales, ramifiées-dichotomes; sous ce dernier rapport, le lien analogique devient très-faible. On constaterait une liaison encore plus éloignée, en s'attachant à d'autres groupes, comme les *Bathmium* Link. (*B. trifoliatum* Sw.) qui ne font déjà plus partie des Polypodiées proprement dits. En réunissant ces divers indices, il nous paraît plus que probable que les *Clathropteris*, sans rentrer précisément dans aucun des genres actuels, doivent occuper une place voisine du groupe des *Drynaria* et constituer non loin de ceux-ci un sous-genre au même titre que les *Microsorium*, les *Dipteris*, les *Pleopeltis*, les *Phymatodes* et les *Drynaria* proprement dits, au même titre aussi que les *Thaumatopteris*, les *Dictyophyllum*, les *Camptopteris*, qui tous également ont dû faire partie de la tribu des Polypodiées.

LOCALITÉS. — On a découvert le genre *Clathropteris* dans la plupart des localités qui se rattachent soit au Rhétien, soit à l'Infra-Lias, c'est-à-dire à la partie du Lias, inférieure à la zone à *Gryphæa arcuata*, en France, en Allemagne, en Autriche, ainsi que dans la Suède méridionale à Hör en Scanie où M. Brongniart découvrit le *C. meniscioides* et put dessiner sur le grès même des empreintes dont les pinnules mesuraient plus de 1 pied et demi de long et n'étaient pas complètes. Les principaux gisements d'Allemagne appartiennent au Rhétien des environs de Bayreuth, Forscheim, Kulm, Bamberg ou au grès infra-liasique de Coburg, Quetlinburg, Halberstadt, Wilmsdorf en Silésie ; nous avons cité Steierdorf dans le Bannat; nous mentionnerons les localités françaises en décrivant l'espèce principale.

N° 1. Clathropteris platyphylla.

Pl. 36, fig. 1; Pl. 37, 38, 39 et 40, fig. 1.

Clathropteris platyphylla, Brongn., *Tab. des genres de vég. foss.*, p. 32.
— — Schenk, *Foss. Fl. d. Grenzsch.*, p. 81, tab. 16, fig. 2-9 et tab. 17.
— — Schimper, *Traité de Pal. vég.*, I, p. 636, pl. 42, fig. 1-3.

Diagnose. — *C. fronde longe petiolata palmato-pluripartita, segmentis plus minusve profunde divisis quandoque subdigitatis, in plantis juvenilibus minus numerosis, in annosis autem late expansis, margine grosse dentatis incisoque crenatis aut serratis, costa in segmento quolibet media unica valida subtus fortiter expressa penninervia, nervis secundariis e costa media ortis suboppositis alternisve angulo tum acutiore tum apertiore aut fere recto emissis, inter se parallelis, in dentes crenasque decurrentibus, tertiariis clathratis areas rectangulas plus minusve quadratas aut parallelogrammas cum secundariis efficientibus, nervis quaterni quinariique ordinis, angulo recto, aliis super aliis, in rete demum areolis quadratis flexuoseque pentagonulis solutis; soris rotundis ubique sparsis sporangia* 6-12 *ferentibus, sporis tetraedricis verrucosis.*

Clathropteris meniscioides, Brongn., *Hist. des vég. foss.*, I, Pl. 134, fig. 3.
— — Unger, *Gen. et Sp. pl. foss.*, p. 163 (ex parte).
— — Brauns, *In Palæontog.*, IX, p. 52, tab. 13, fig. 9-10.
Clathropteris minor, Fr. Braun, *Verz.*, p. 98 (*plantæ juvenilis frons*).
Camptopteris platyphylla, Gœppert, *Gen. pl. foss.*, V-VI, tab. 18-19.
— — Unger, *Gen. et sp. pl. foss.*, p. 162.

Camptopteris fagifolia et *C. planifolia*, Brauns, *In Palæontog.*, IX, p. 55, tab. 14, fig. 3 a et 3 b.
Juglandites castaneæfolius, Berg., *Coburg. Verst.*, p. 29, tab. 4, fig. 2-7.

Les frondes de cette espèce mesuraient jusqu'à deux pieds de long dans les plantes adultes, selon M. Schenk; leur limbe palmatifide s'étalait alors comme un large éventail au sommet d'un élégant pétiole et se divisait en segments au nombre de 7 à 9, soudés inférieurement, libres ensuite, puis dentés à crénelures larges et obtuses, ou même lobés à la façon des feuilles de chêne, atténués au sommet qui se prolongeait plus ou moins. Les nervures ou côtes primaires rayonnaient comme chez le *Cecropia* et certains *Aralia* du sommet du pétiole, et chacune d'elles s'engageait dans un des lobes et le parcourait de la base au sommet. Notre figure 1, Pl. 36, empruntée à l'ouvrage de Schenk, montre cette disposition des nervures principales au point où elles se détachaient du pétiole; on voit que toutes ne partaient pas du même endroit; mais que les deux latérales, plus fortes que les médianes, émettaient vers l'extérieur des branches qui rappellent la forme pédée et servent de lien entre ce dernier mode de partition et celui qui est propre aux *Dictyophyllum*. Quoi qu'il en soit, chaque segment est occupé par une seule nervure médiane d'où sortent, sous un angle de 45 degrés environ, dans la plupart des échantillons d'Allemagne, des nervures secondaires qui vont s'engager dans les dents marginales. Ces dents sont de larges crénelures plus ou moins accusées, devenant parfois de véritables lobes, qui garnissent surtout la partie moyenne des segments. Ces segments sont rétrécis et à bords entiers dans leur partie inférieure, du moins si l'on consulte l'ouvrage de M. Schenk. Les frondes des plantes jeunes et imparfaitement développées sont d'une dimension bien moindre et quelquefois tout à fait naines.

Notre figure 1, Pl. 37, est une des plus petites empreintes connues; M. Schenk la rattache pourtant à la même espèce. La figure 2 de la même planche reproduit, toujours d'après le même auteur, une fronde de moyenne grandeur, qui a sans doute appartenu à une jeune plante, et dont les segments profondément divisés sont réduits à quatre et irrégulièrement disposés au sommet du pétiole. Les crénelures sont aussi plus espacées et moins prononcées, tandis que dans d'autres exemplaires elles prennent l'apparence de véritables lobes. Le réseau veineux est ordinairement bien conservé dans cette espèce; il se compose, d'après le savant auteur dont nous suivons les indications, d'un réseau à grandes mailles hexa-pentagonales dans la partie inférieure du limbe. Dans les segments au contraire, l'intervalle qui s'étend entre les nervures secondaires est divisé par les tertiaires en quadrilatères un peu moins larges que hauts, divisés eux-mêmes, à l'aide de veines dirigées en sens inverse, en carrés plus petits renfermant enfin un réseau veineux à aréoles trapézoïdes ou hexagonales.

Nous avons parlé précédemment des sores et des capsules, ainsi que des spores, observés dans cette espèce; nous n'y reviendrons pas; nous dirons seulement que sur les frondes fertiles la partie des segments qui avoisine la côte médiane est celle où les capsules se trouvent accumulées avec plus d'abondance ; elles deviennent plus rares ou disparaissent tout à fait vers les bords.

Telle est l'espèce si répandue en Allemagne, dans le Rhétien, comme dans le Lias inférieur. Nous y rapportons sans hésitation une empreinte du plateau d'Auxy, près d'Autun, fig. 1 et 2, Pl. 38, qui appartient à la face inférieure d'une fronde. La forme et la dimension des aréoles carrées, la direction assez oblique des nervures secondaires concordent tellement avec la figure originale donnée par M. Schimper (1) et qui provient du musée de Stuttgardt, ainsi qu'avec les figures 5 et 6, Pl. 16, de l'ouvrage de Schenk et avec celle du mémoire de Brauns sur les plantes fossiles du grès de Seinstedt (2), que cette assimilation ne peut faire l'objet d'un doute. Notre empreinte laisse voir en creux les aires carrées qui étaient au contraire gaufrées et légèrement saillantes, et comme bullées, dans la fronde originale. C'est cet aspect primitif, et le seul réel, que nous avons rétabli par un moulage et que reproduit la figure 2. On voit que la côte médiane, saillante à la page inférieure, se dessinait ici comme un léger sillon et qu'il en était de même pour les nervures de 2e et de 3e ordre. La surface des carrés était au contraire relevée, mais la trace du réseau veineux y était fort peu visible, et la fronde était lisse et glabre, peut-être vernissée à la surface. Les dents marginales ne se remarquent pas sur cet échantillon qui se trouve mutilé des deux côtés. Un échantillon de Frémontrey (Vosges), que nous avons eu l'occasion de voir dans la collection du Muséum, appartient sans doute à ce même type. Nous remarquons au contraire des différences assez sensibles dans la plupart des empreintes recueillies à la Coudre, près de Couches-les-Mines, par M. Pellat. Ces différences sont peut-être l'indice de l'existence d'une espèce distincte ou au moins d'une variété remarquable par la beauté de sa nervation et la grandeur des segments de sa fronde; mais comme aucun des échantillons qui nous ont

(1) *Traité de Pal. vég.*, I, Pl. 42, fig. 1.

(2) *Der Sandstein bis Seinstedt unweit d. Falsk. und d. in ihm Vorkom-pflanz*, von Dr D. Brauns.

été communiqués ne laisse entrevoir la configuration générale de la fronde, nous nous contenterons de les décrire avec un peu plus de détails, en les désignant sous le nom provisoire de *Clathropteris platyphylla*, var. α *expansa*.

Les segments de cette forme sont très-larges et dénotent des frondes d'une plus grande étendue que celles du type ordinaire d'Allemagne. On peut en juger en consultant les figures 3 et 4, pl. 38, et 1, pl. 39. La largeur des segments varie entre 6 et 8 centimètres; la figure 3, pl. 38, représente un segment encore plus large, puisqu'il atteint un diamètre de 9 centimètres et qu'il en mesurait au moins 10, si l'on tient compte de la mutilation des bords. La nervation est admirablement distincte sur cette empreinte qui correspond à la face inférieure et dont la côte moyenne était large, saillante et semble tronquée inférieurement par suite d'un accident. Les carrés primaires sont divisés par des veines transverses en carrés secondaires, subdivisés eux-mêmes en plus petites aréoles de même forme; mais il est facile de reconnaître, en consultant sur notre planche 39 les détails grossis de la nervation que les mailles du réseau sont souvent dessinées par des lignes flexueuses ou irrégulières et anguleuses, de sorte que l'ensemble de cette nervation s'éloigne par bien des traits de celle du *Clathropteris platyphylla*, telle que Schenk et Schimper l'ont représentée dans leurs ouvrages respectifs (1). La figure 1, pl. 39, montre l'aspect véritable de cette empreinte, à laquelle un moulage a rendu son relief et dont la fig. 1ᵃ, même planche, reproduit le réseau veineux sous un assez fort grossissement. La figure 1, pl. 40, représente une portion considérable d'un segment

(1) Voy. *Foss. Fl. V. Grenzsch*, Pl. 17, fig. 8 et *Traité de pal. vég.* I, Pl. 42, fig. 5.

de fronde, mutilé d'un côté, mais intact de l'autre, pourvu de crénelures faiblement prononcées, et distinctement ourlé par une nervure marginale qui cerne partout le bord. Cet exemplaire se rapporte également à la face inférieure; les nervures de divers ordres s'y dessinent en saillie, tandis que les aires carrées y formaient des gaufrures. La figure 4, pl. 38, dessinée sur un moule qui lui restitue son véritable aspect, correspond au contraire à la face supérieure; ce dernier aspect est assez différent de celui qui est offert par la figure 2 de la même planche pour que l'on saisisse aisément les caractères de la variété que nous décrivons. Les nervures secondaires, chez celle-ci, s'écartent de la médiane sous un angle très-ouvert, presque droit, comme chez le *C. meniscioides*. Les aires carrées sont plus étroites dans le sens transversal, plus nombreuses, plus capricieusement subdivisées en réseau que dans le type ordinaire d'Allemagne et dans celui que reproduit la fig. 2, pl. 38. Les crénelures sont plus larges et moins saillantes que dans la plupart des exemplaires figurés par Schenk; enfin le réseau veineux, bien plus visible, dessine des linéaments et des gaufrures dont la saillie semble plus prononcée. Cependant tous ces caractères différentiels réunis n'ont rien d'assez décisif pour dépasser la valeur de ceux que présenterait une simple variété locale, et c'est seulement à ce titre que nous avons voulu insister sur eux.

Rapports et différences. — Le *Clathropteris platyphylla* se distingue aisément du *C. meniscioides* par ses frondes palmées à lobes divergents et dentés sur les bords, tandis que le *C. meniscioides* présente des frondes pinnatiséques à lobes entiers et à nervures secondaires s'écartant de la médiane sous un angle droit ou très-ouvert. Ce dernier caractère se montre, il est vrai, dans la variété que nous venons de décrire sous le nom d'*expansa*. Mais celle-ci est alliée de trop près au *C. platyphylla* pour concevoir l'idée de l'en séparer avant d'avoir observé la conformation générale des frondes.

LOCALITÉS. — Le *Clathropteris platyphylla* a été recueilli surtout dans l'Est de la France, dans les grès et arkoses de la base du Rhétien, aux environs d'Autun, particulièrement à Auxy, par M. Pellat, à Pouilly près d'Auxerre (Yonne) par M. de Bonnaud, à Frémontrey (Vosges) par M. Ed. Richard qui en a envoyé des échantillons au Muséum de Paris (n° 951), au mont Saint-Étienne (Vosges), près de Lamarche (n° 949 de la coll. du Muséum), au ravin de Saint-Phlin, près Nancy (Meurthe) par M. Levallois, ingénieur en chef des mines. Cette espèce se montre également aux environs de Mende (Lozère), dans l'Infralias, ainsi qu'à Hettanges, près de Metz, dans la zone à *Ammonites angulatus;* notre variété *expansa* provient de la Coudre près de Couches-les-Mines, aux environs d'Autun.

EXPLICATION DES FIGURES. — Pl. 36, fig. 1, base d'une fronde de *Clathropteris platyphylla*, pour montrer l'origine et la distribution des principales nervures, d'après une figure empruntée à l'ouvrage de M. Schenk, grandeur naturelle. — Pl. 37, fig. 1, fronde de très-petite dimension du *Clathropteris platyphylla*, provenant d'une très-jeune plante, d'après une figure empruntée à M. Schenk, grandeur naturelle; fig. 2, fronde presque entière de la même espèce, probablement détachée d'une jeune plante, montrant la disposition des nervures principales et l'origine du pétiole, d'après une figure du même auteur, grandeur naturelle; fig. 3, portion d'une fronde fertile, faiblement grossie, pour montrer la disposition des sores; fig. 4, capsules agglomérées vues sous un fort grossissement ; fig. 5, spore très-grossie ; ces trois figures sont empruntées à l'ouvrage de M. Schenk. — Pl. 38, fig. 1, segment de fronde de *Clathropteris platyphylla* vu par-dessus, grandeur naturelle ; fig. 2, même exemplaire moulé, pour montrer l'aspect de l'ancienne fronde, grandeur naturelle ; fig. 3, empreinte d'un segment de fronde du *Clathropteris platyphylla*, var. α *expansa*, vu par-dessous, grandeur naturelle ; fig. 4, autre segment de la même variété, entier sur les bords et vu par-dessus, d'après une empreinte moulée, grandeur naturelle. — Pl. 39, fig. 1, segment de fronde de la même variété, vu par-dessous, d'après une empreinte moulée, pour montrer l'aspect de l'ancien organe, grandeur naturelle, fig. 1ª, détails de la nervation grossis. — Pl. 40, fig. 1, segment de fronde de la même variété, vu par-dessous, grandeur naturelle. Les exemplaires figurés sur les planches 38, 39 et 40 proviennent tous des environs d'Autun et font partie de la collection de M. Pellat.

**** **Odontopterideæ**. — *Frondes pinnatæ vel bi-tripinnatæ, pinnis pinnatilobatis partitisque, pinnulæ basi adnatæ vel decurrentes, nervis omnibus e costa pinnarum æqualiter ortis vel etiam partim e costa partim e nervo pinnularum medio obliquissime penninervio moxque in venulas soluto prodeuntibus.*

NEUVIÈME GENRE. — THINNFELDIA.

Thinnfeldia, Ettingshausen (ex parte, mutatoque sensu), *Begr. neu. art. d. Lias und Ool. fl.*, p. 4, tab. 1, fig. 8.
— Schenk, *Foss. Fl. von Grenzsch.*, p. 105.
— Schimper, *Traité de Pal. vég.*, I, p. 494.

Diagnose. — *Frons coriacea segmentis pinnatifidis parti-*

tisque, laciniæ alternæ vel oppositæ basi decurrentes confluentesque plus minusve polymorphæ elongatæ aut abreviatæ integræ sinuatæ vel rarius incisæ ; nervuli e nervo medio ante opicem pinnularum soluto obliquissime progressi complures divergentes plerumque dichotomi, partim etiam ad basin pinnularum decurrentium e rachi directe exorientes.

Kirkneria, Fr. Braun, *in Münst. Beitr. z. Urg. d. pflanz.*, thelf. VII.
Pachypteris, Andreæ, *Fl. v. Steierdorf*, p. 43.
Neuropteris, F. Braun, *Vers.*

Histoire et définition. — M. d'Ettingshausen, en fondant le genre *Thinnfeldia*, croyait y reconnaître une Conifère à rameaux phyllodés, analogue aux *Phyllocladus*. M. Schenk, se basant sur des caractères tirés de la forme et de la disposition des stomates et des cellules épidermiques, a signalé dans ce même groupe une prétendue affinité avec les Cycadées et spécialement avec le type du *Stangeria* Moore. Aucune de ces opinions n'est soutenable; elles s'appuyent sur l'importance exagérée de certains détails qui ne sauraient prévaloir contre l'ensemble des caractères. L'aspect des différentes parties de la fronde, leur mode de partition, la nervation, la forme des rachis et du pétiole dénotent certainement dans ce type une fougère de texture coriace et plus ou moins éloignée des nôtres, comme la plupart de celles des temps jurassiques. C'est ce qu'avait parfaitement compris M. F. Braun, en signalant le premier les *Thinnfeldia*, sans les décrire pourtant, sous le nom de *Kirkneria*. Quoique cette dénomination générique n'ait pas été définitivement adoptée, il est juste de dire que la manière de voir du savant qui l'avait proposée s'est trouvée plus tard la seule réelle.

Les *Thinnfeldia* se distinguent surtout par l'obliquité de leurs veines ramifiées-dichotomes, émises le long de la nervure médiane de chaque pinnule. Cette nervure, très-nette à son origine, va en s'affaiblissant et se perd avant le sommet du lobe en se ramifiant comme chez les *Neuropteris.* Le bord des segments est entier et leur texture coriace. Plus ou moins allongés, selon les espèces, incisés jusqu'au rachis à leur côté supérieur, souvent tronqués obliquement et toujours plus ou moins rétrécis à la base, ces segments deviennent confluents vers l'extrémité de la penne, décurrents ou même sinués et irrégulièrement lobés inférieurement, de manière à rendre le rachis principal ailé ou accompagné d'une bordure. Dans cette partie, il existe toujours des veines sorties directement du rachis et qui suivent la même marche que les autres. Les *Thinnfeldia* sont des fougères très-polymorphes, de taille moyenne ou petite, simplement pinnées ou pinnatifides et qui ont sans doute occupé une grande place dans la végétation des divers étages du Rhétien et de l'Infralias. Elles ne se montrent pas avant et disparaissent, à ce qu'il paraît, immédiatement après.

Rapports et différences. — L'existence d'une nervure médiane, plus ou moins développée, d'où sortent la plupart des veines secondaires, sépare les *Thinnfeldia* des *Ctenopteris* et des *Odontopteris,* en dehors du faciès tout particulier que revêtent ces fougères. Elles se rapprochent aussi à divers égards des *Pachypteris* et des *Dichopteris,* types coriaces dont la nervation n'est pas toujours apparente et qui remplacent les *Thinnfeldia* dans l'Oolithe inférieure. Cependant les pinnules des *Pachypteris* sont opposées et uninerviées, celles des *Dichopteris* manquent de médiane et sont toutes longitudinales; chez les *Scleropteris* enfin les nervures sont invisibles, ou si elles existent la branche-mère longe le côté dorsal des pinnules souvent incisées sur le bord antérieur. Nous verrons qu'aucun de ces genres ne saurait être confondu avec celui des *Thinnfeldia*, si l'on a soin de bien fixer les caractères différentiels de chacun d'eux.

Parmi les genres actuels, il en est très-peu de réellement assimilables aux *Thinnfeldia ;* les formes les plus rapprochées en apparence se montrent chez les *Aneimia* (*A. Raddiana* Link., Brésil ; *A. Villosa* Humb. et Bompl., Am. équatoriale ; *A. Adiantifolia* Sw., Colombie); il en existe d'autres en plus petit nombre dans les genres *Microlepia*, *Davallia*, *Asplenium*, *Gymnogramme*, particulièrement chez ces derniers. Ce serait pourtant une illusion que de vouloir supposer qu'il puisse exister des analogues directs du type des *Thinnfeldia*, vraisemblablement éteint et au sujet duquel l'absence de tout vestige de fructification empêche d'avancer même des conjectures.

LOCALITÉS. — Le genre *Thinnfeldia* est très-répandu dans le Rhétien d'Allemagne, à Eckersdorf aux environs de Bayreuth, à Steierdorf dans le Bannat; en France, dans l'Infralias de Mende et à Hettanges (Moselle), dans la zone à *Ammonites angulatus*.

N° 1. **Thinnfeldia rhomboidalis.**

Pl. 43, fig. 1-2 et 4-8.

Thinnfeldia rhomboidalis, Ettingshausen, *Begr. ein. neu. art. d. Lias und Oolith. fl.*, p. 2, tab. 1, fig. 4-7.
— — Schenk, *Foss. Fl. v. Grensch.*, p. 116, tab. 27, fig. 1-8.
— — Schimp., *Traité de pal. vég.*, I, p. 496, Pl. 44, fig. 1.

DIAGNOSE. — *T. fronde, ut videtur, bipinnata, pinnis pri-*

mariis petiolatis pinnatipartitis apice pinnatifidis obtusis, laciniis alternis plerumque patentibus aut plus minusve obliquis ovato et oblongo-rhomboideis basi in rachin anguste alatam decurrentibus, sursum inter se et cum lobo terminali confluentibus, margine repando-sinuatis.

Kirkneria ovata, K. mutabilis, K. trapezoidalis, Fr. Braun, *Beitr.*, VII, tab. 2 et 3, fig. 7-9.

M. Schenk, dans son bel ouvrage sur la Flore de l'étage rhétien de Franconie, et M. Fr. Braun, dans sa monographie du genre *Kirkneria*, ont figuré de beaux spécimens de cette espèce. Les frondes sont bipinnées, mais on rencontre presque toujours les pennes isolées, et peut-être que ces organes qui sont distinctement et assez longuement pétiolés se détachaient naturellement du rachis principal. La structure bipinnée ressort de l'examen de l'une des empreintes figurées par Schenk (1). Les rachis partiels étaient épais, sillonnnés et accompagnés d'une bordure continue fort étroite provenant de la décurrence des pinnules ou lacinies. Celles-ci affectent des formes très-variées. Normalement, elles sont ovales-oblongues, sub-rhomboïdales, obliquement tronquées jusqu'à la nervure médiane à leur base antérieure, sinuées et décurrentes inférieurement. C'est ce que montrent les fragments fig. 1 et 2 de notre planche 43, qui concordent bien avec les figures 4 et 5, pl. 28, de l'ouvrage de Schenk. Notre figure 4 se rapporte bien au même type, mais déjà les pinnules sont devenues plus obliques, plus allongées et plus obtuses. Il en est de même pour les figures 5 et 6, même planche, que nous rapportons avec plus de doute à la même espèce, mais dont l'analogie est évidente avec les figures 2 et 3, pl. 27,

(1) *L. c.*, tab. II, fig. 6.

de l'ouvrage de Schenk, identiques elles-mêmes avec la fig. 2, pl. 2, du mémoire de Fr. Braun. Cette figure se rapporte au *Kirkneria ovata* de ce dernier auteur que MM. Schenk et Schimper réunissent au *Th. rhomboidalis*. La figure 7 de notre planche 43 se rapporte à la portion d'une penne voisine de son sommet ; les pinnules y deviennent confluentes, et le limbe s'élargit ; il est découpé sur les bords en sinuosités peu profondes et laisse entrevoir une terminaison très-obtuse. Cette empreinte que nous n'osons séparer des précédentes offre une grande ressemblance avec la figure 8, pl. 3, du mémoire précité de Fr. Braun, attribuée par lui à son *Kirkneria mutabilis* et transportée à tort par Schenk dans le genre *Dichopteris*, sous le nom de *D. incisa*, tandis que M. Schimper la réunit au *Thinnfeldia laciniata* Schenk, espèce à feuilles simples, dont l'existence dans le terrain de Mende n'aurait rien que de naturel ; mais il est impossible de l'établir sur d'aussi petits fragments. La figure 8 de notre planche 43 nous semble plus explicite ; c'est une penne détachée, pétiolée et intacte à la base ; elle est garnie de pinnules courtes, adhérentes, un peu dilatées et très-obtuses au sommet ; la nervure médiane de chaque pinnule est à peine développée ; elle est pourtant visible. Cet échantillon offre les plus grands rapports avec la figure 1, pl. 2 du mémoire de Fr. Braun (*Kirkneria ovata*), reproduite par Schenk (1) et attribuée par lui au *Thinnfeldia rhomboidalis*. La forme des pinnules de notre échantillon le rapproche encore plus de la figure 6 de ce dernier auteur (2) qui montre une penne encore rattachée au rachis principal. Il nous semble difficile d'après tous ces indices de ne pas

(1) Fl. d. Grenzsch., tab. XXVII, fig. 1.
(2) *Ibid.*, tab. XXVII, fig. 6.

admettre l'existence du *Thinnfeldia rhomboidalis* dans l'Infralias des environs de Mende.

Rapports et différences. — Le *Th. rhomboidalis* diffère du *Th. recurrens* par des lacinies plus courtes, moins allongées et non atténuées en un sommet acuminé. Celles du *Th. obtusa* sont au contraire allongées et terminées d'une façon obtuse, tandis que le *Th. saligna* présente des frondes simples, entières ou irrégulièrement lobées.

Localités. — Calcaires bleus près de Mende, Lozère, zone à *Ammonites angulatus*, reçu en communication par l'intermédiaire de M. Fabre, garde général des forêts.

Explication des figures. — Pl. 43, fig. 1 et 2, segments de fronde du *Thinnfeldia rhomboidalis* Ettingsh., grandeur naturelle; fig. 4, autre segment dont les lobes affectent une terminaison plus obtuse ; fig. 5 et 6, autres segments attribués avec doute à la même espèce; fig. 7, fragment d'une penne à un endroit rapproché de sa terminaison supérieure; fig. 8, autre segment rapporté à la même espèce et muni de lobes très-obtus. Ces empreintes sont toutes figurées avec leur grandeur naturelle.

N° 2. **Thinnfeldia obtusa.**

Pl. 43 , fig. 3.

Thinnfeldia obtusa, Schenk, *Foss. Fl. d. Grenzsch.*, p. 115, tab. 26, fig. 6-8.
— — Schimper, *Traité de Pal. vég.*, I, p. 496.

Diagnose. — *T. frondis laciniis alternis subalternisque patentibus distantibus oblongo-linearibus obtusis basi inferiori decurrente plus minusve auriculatis, basi antica usque ad nervum medium excisis, nervo laciniarum medio primum fortiter ex-*

presso paulatim attenuato sursum ante apicem soluto ibique penninervio, nervulis insuper plurimis e rachi in alas basilares excurrentibus.

Nous figurons un très-bel exemplaire de cette espèce, signalée en France par notre ami M. Schimper et recueillie dans l'Infralias de Mende par M. Fabre, garde général des forêts, à qui nous devons la communication de l'échantillon original. Les segments sont alternes, étalés, un peu obliques, distants, linéaires-oblongs, faiblement atténués et obtus au sommet. Incisés sur leur côté antérieur jusqu'à la côte médiane du segment, ils sont décurrents, sinués et subauriculés inférieurement. Les nervures secondaires sortent, dans une direction très-oblique, d'une médiane fortement prononcée à son origine, mais qui s'affaiblit et disparaît avant le sommet des segments. D'autres nervures issues du rachis s'étendent dans le même sens que les premières; toutes sont bifurquées-dichotomes, très-nombreuses et atteignent le bord qui est cerné par un ourlet marginal et parfaitement entier. Les segments sont loin d'être égaux ; les supérieurs étaient d'un tiers au moins plus longs que ceux de la base; du reste, l'empreinte est mutilée à ses deux extrémités. Il est fort possible que les échantillons, fig. 5 et 6, pl. 43, aient appartenu à cette espèce plutôt qu'à la précédente. Mais la polymorphie inhérente au genre *Thinnfeldia* sera longtemps un obstacle à la délimitation des espèces dont il est composé.

Rapports et différences. — La terminaison obtuse des segments allongés et sublinéaires, non acuminés ni trapézoïdes, constitue le caractère différentiel le plus saillant, on peut dire le seul au moyen duquel on distingue le *Thinnfeldia obtusa* des *Th. decurrens* et *rhomboidalis*. Les segments toujours entiers le séparent de l'espèce suivante, mais ce caractère n'est pas toujours facile à discerner, puisque celle-ci, comme nous allons le voir, présente des segments entiers, oblongs et obtus à la partie supérieure des frondes. C'est cette particularité qui a porté M. Schimper à indiquer le *Thinnfeldia obtusa* dans la flore des grès de Hettanges où en réalité il n'existe pas, au moins à notre connaissance.

LOCALITÉ. — Calcaires bleus infraliasiques des environs de Mende (Lozère), zone à *Ammonites angulatus ?* ; coll. de M. Fabre.

EXPLICATION DES FIGURES. — Pl. 43, fig. 3, portion de fronde du *Thinnfeldia obtusa* Schenk, grandeur naturelle, d'après un dessin communiqué par M. Schimper et exécuté sur l'original.

N° 3. **Thinnfeldia incisa.**

Pl. 41, fig. 3-4 et 42, fig. 1-3.

DIAGNOSE. — *T. fronde rigide coriacea pinnata vel bipinnata, segmentis lanceolato-oblongis linearibus semipatentibus basi angustatis apice lanceolatis deorsum stricte decurrentibus, inferioribus grosse serrato-lobatis, superioribus integris ; nervo medio longe ante apicem laciniarum soluto obliquissime penninervio, nervis secundariis immersis ægre perspicuis plerumque furcatis.*

Thinnfeldia obtusa (ex parte), Schimper, *Traité de Pal. vég.*, I, p. 496.

Nous devons à la bienveillance de M. Schimper la connaissance de cette nouvelle et curieuse espèce et à M. Terquem la communication des échantillons originaux, dont la collection du Muséum de Paris possède des doubles. Les segments entiers, oblongs, obtus, de quelques-unes de ces empreintes qui se rapportent à l'extrémité supérieure des frondes leur donnent une assez grande ressemblance avec le *Thinnfeldia obtusa* Schenk (1). C'est ce qui avait engagé M. Schimper à signaler la présence de cette dernière espèce dans les grès de Hettanges. L'échantillon remarquable, trouvé en dernier lieu et reproduit sur notre planche 42, fig. 1 et 2, lève pour nous tous les doutes et nous montre un *Thinnfeldia* très- différent de tous ceux que nous connaissions jusqu'ici. Cette forme est à celles que nous venons de décrire et aux autres espèces du groupe ce que l'*Odontopteris crenulata* Brongn. est aux *Odontopt. Brardii*, *minor* et *Schlotheimii;* ses caractères sont de plus très-nets.

Il est difficile de savoir si les frondes étaient plusieurs fois pinnées, mais la texture coriace et rigide des portions conservées n'est pas douteuse. Les segments sont lancéolés-oblongs, retrécis à la base, mais légèrement décurrents à leur côté inférieur ; ils sont écartés, diminuant de dimension à mesure qu'ils se rapprochent de la terminaison supérieure, mais nullement confluents entre eux et parfaitement entiers (voy. fig. 3 et 4, pl. 41); ceux de la base au contraire dont la forme générale est à peu près la même sont très-nettement incisés à lobules étroits, pointus, distants et un peu recourbés en faux. Le lobe terminal est assez grand, lancéolé-obtus et sinué légèrement. La nervation, bien distincte sur cette empreinte, comprend une médiane nettement exprimée à son origine, successivement atténuée, puis disparaissant bien avant le sommet (voy. fig. 2ª, pl. 42). Elle donnait naissance à des veines secondaires extrêmement obliques, presque longitudinales dans le haut et le plus souvent bifurquées ; quelques-unes des plus inférieures paraissent sortir directement du rachis.

(1) Pour se rendre compte de cette ressemblance, il faut comparer les figures 3 et 4, pl. 41, avec les figures 3 et 4, pl. 43.

Il n'y a donc pas de doute touchant l'attribution de cette espèce au genre *Thinnfeldia*. Des deux autres échantillons que nous figurons, l'un dont la figure 3, pl. 41, montre l'empreinte et la figure 4, même planche, l'aspect primitif restauré d'après un moule, ne présente que des segments entiers, plus larges, moins écartés, mais conformés comme ceux de l'exemplaire précédent ; de plus le segment le plus inférieur laisse voir distinctement deux dents le long de sa marge extérieure, ce qui suffit, selon nous, pour motiver l'attribution que nous en faisons. L'autre échantillon, fig. 3, pl. 42, représente une empreinte plus douteuse et plus difficile à classer. Les segments sont ici tout à fait étalés, plusieurs paraissent lobulés ou du moins fortement sinués vers la base. Il nous semble en l'état que l'on ne saurait sans invraisemblance la séparer des autres et dans notre idée elle serait le fragment latéral d'une fronde bipinnée dont les empreintes décrites plus haut représenteraient les portions terminales.

Rapports et différences. — Le *Thinnfeldia incisa* diffère par ses segments lobulés de tous les autres *Thinnfeldia* ; il se rapproche plutôt de l'*Odontopteris crenulata* Brongn., dont les lacinies ont cependant une toute autre forme. Il présente une ressemblance, qu'il est impossible de ne pas faire ressortir avec le *Sphenopteris oxydata* Gœpp. (1), espèce du Permien de Nieder-Rathen, dans le comté de Glatz. Il n'est pas sans analogie non plus avec le *Ctenopteris Itieri* dont les segments se terminent par un lobe sinué, plus grand que les pinnules latérales; mais celles-ci ne sauraient être assimilées aux dents peu profondes de notre *Th. incisa*. Parmi les Fougères actuelles, c'est surtont avec les *Gymnogramme* que cette espèce peut être comparée ; il faut citer

(1) Voy. Gœppert, *Foss. Fl. d. Perm. form.*, p. 91, tab. 12, fig. 1-2.

particulièrement le *G. calomelanos* Kaulf., de l'Amérique tropicale ; elle rappelle aussi, dans une autre tribu, le *Microlepia cystopteroides* Presl, de Guatemala.

Localité. — Grès de Hettanges (Moselle), zone infraliasique à *Ammonites angulatus;* coll. de M. Terquem (musée de Metz), et du muséum de Paris.

Explication des figures. — Pl. 41, fig. 3, portion terminale d'une fronde ou d'un segment de fronde de *Thinnfeldia incisa*, d'après un dessin communiqué par M. Schimper, grandeur naturelle ; fig. 4, même empreinte restaurée d'après un moule qui montre l'aspect de l'ancien organe vu par-dessus. — Pl. 42, fig. 1, portion terminale d'une autre fronde de la même espèce, grandeur naturelle, d'après un dessin, conforme à l'échantillon original, communiqué par M. Schimper ; la substance même de la fronde, qui est vue par-dessus, est presque intégralement conservée et correspond aux parties noirâtres de la figure ; il est facile de juger de la texture coriace de l'ancienne fronde par l'épaisseur du résidu charbonneux ; fig. 2, même échantillon dessiné au trait pour rendre exactement le contour des lobes et la disposition des nervures ; fig. 2ᵃ, pinnule isolée grossie pour montrer les détails de la nervation ; fig. 3, fragment d'une penne latérale de la même espèce, d'après un exemplaire communiqué par M. Terquem, grandeur naturelle.

DIXIÈME GENRE. — CTENOPTERIS.

Ctenopteris, Brongniart, *in litteris.*

Diagnose. — *Frons pinnata vel bi-tripinnata, pinnæ elongato-lineares pinnatipartitæ basi exappendiculatæ, pinnulæ basi tota adnatæ decurrentes inter se liberæ versus apicem pinna-*

rum plus minusve confluentes, nervi omnes costa exorientes simplices furcatique divergentes, nervo medio nullo, nervulis mediis dense quandoque fasciculatis ; fructificatio ignota.

Odontopteris (ex parte), Gœppert, *Syst. fil. foss.*, p. 219.
Cycadopteris, Schimper (non Zigno), *Traité de pal. vég.*, I, p. 487.

Histoire et définition. — Nous désignons, d'après le conseil de M. Brongniart, sous le nom de *Ctenopteris*, un type jurassique assez mal apprécié jusqu'ici et qui nous paraît représenter les *Odontopteris* à l'époque du Lias et de l'Oolithe ; il se pourrait même qu'il ne fût qu'un prolongement de ce groupe remarquable dont la présence caractérise non-seulement la flore carbonifère, mais aussi celle du terrain permien. La liaison est trop intime entre nos *Ctenopteris* et les *Odontopteris* proprement dits pour ne pas admettre l'existence d'une parenté réciproque dont nous essayerons plus loin d'apprécier le degré.

Les *Ctenopteris*, dont l'espèce principale est une de celles qui caractérisent le mieux la partie inférieure du Lias, présentent des frondes plusieurs fois pinnées, de texture évidemment coriace, munies de pinnules distinctes jusqu'à la base, mais adhérentes par cette base entière au rachis auquel elles sont attachées ; les nervures, souvent peu visibles, parce qu'elles disparaissent dans l'épaisseur du parenchyme, sont toutes longitudinales et naissent également de la côte médiane des segments pour s'étendre ensuite dans les pinnules en divergeant légèrement, elles sont indifféremment simples ou bifurquées et les moyennes de chaque pinnule sont en même temps les plus développées, mais on ne distingue chez elles aucun vertige d'une médiane proprement dite. La fructification est inconnue jusqu'ici.

Rapports et différences.— Les *Odontopteris* paléozoïques s'écartent des *Ctenopteris* jurassiques par la consistance présumée membraneuse de leurs frondes, mais surtout par la présence à peu près constante chez eux d'une pinnule différente des autres, située à la base de chaque segment; ce dernier caractère qui emprunte à sa constance une assez grande valeur ne s'observe pas chez les *Ctenopteris*. Il est impossible de ne pas faire remarquer à quel point l'*Anotopteris distans*, Schimp. (*Neuropteris distans* Presl), du Keuper moyen de Stuttgard rappelle par son aspect et par tous les détails visibles de sa nervation le type des *Ctenopteris ;* c'est là une sorte de lien entre ce genre et celui des *Odontopteris* dont les espèces se montrent surtout dans le Permien. Le nom de *Cycadopteris*, proposé par M. Schimper, avait été choisi en vue de faire ressortir une autre particularité du groupe qui nous occupe et que sa consistance coriace, sa nervation, comme la forme de ses incisures, ont souvent porté à ranger à tort parmi les Cycadées. Cependant, le terme de *Cycadopteris* ayant été appliqué par M. de Zigno à un genre tout différent de Fougère, des terrains oolithiques de Vénétie, il était impossible, à cause du droit de priorité de l'auteur italien, de conserver à l'*Odontopteris cycadea* de Berger la dénomination, d'ailleurs si exacte, adoptée par M. Schimper ; celle de *Ctenopteris* n'exprime pas moins bien la physionomie de ce genre curieux dont les affinités véritables demeurent d'autant plus obscures que le mode de fructification en est encore inconnu. Toutefois, il n'existe plus de doute au sujet de la nature *ptéridologique* du groupe, et les pennes détachées ne sauraient être confondues avec les vrais *Pterophyllum,* ainsi que le démontrent l'absence de pétiole, la diminution graduelle des pinnules soudées légèrement à la base et la disposition même des nervures. Les *Ctenopteris* se distinguent des *Thinnfeldia* par leurs pinnules non rétrécies à la base et l'absence de toute nervure médiane ; des *Dichopteris* et des *Scleropteris* par des pinnules non contractées en pétiole, plutôt légèrement soudées entre elles ou décurrentes à leur côté inférieur. Il faut avouer pourtant qu'il est difficile de marquer nettement la différence entre les *Ctenopteris* et les *Dichopteris* de M. de Zigno. Une espèce de ce dernier genre, le *Dichopteris microphylla*, a présenté des sores arrondis, disposés en séries longitudinales recouvrant toute la face inférieure des pinnules qui sont oblongues, arrondies au sommet, légèrement resserrées à la base et adhérentes au rachis. Malheureusement, la nervation n'est pas visible dans cette espèce qui rappelle l'*Acrostichites Williamsonis*, Gœpp., et pourrait bien en avoir été congénère. Rien ne prouve que les *Dichopteris visianica*, *angustifolia* et *rhomboidalis*, qui sont les principales espèces du genre, et sur lesquelles l'auteur s'est basé pour l'établir, aient été pourvus du même mode de fructification que le *Dichopteris microphylla*, sauf la bifurcation présumée, et en réalité probable, d'après l'échantillon figuré, du rachis principal ; mais ce dernier caractère qui a fourni à M. de Zigno la dénomination de *Dichopteris* peut avoir été accidentel, ainsi qu'on le remarque chez beaucoup de Fougères vivantes ; il cesserait dès lors d'être l'indice d'une affinité générique entre les espèces qui le présentent. Il est certain que les *Dichopteris visianica*, *rhomboidalis* et *longifolia* (ces deux derniers et peut-être tous les trois ne forment sans doute qu'une espèce) reproduisent fidèlement la nervation des *Ctenopteris*, c'est-à-dire des nervures longitudinales sortant plusieurs ensemble du rachis pour s'engager dans des pinnules adnées à la base, libres et même légèrement contractées inférieurement, mais plus ou moins décurrentes et soudées entre elles par leur extrême base. Si l'on fait donc abstraction des fructifications, rien de plus naturel que de considérer les *Dichopteris* comme représentant dans l'Oolithe des Alpes vénitiennes les *Ctenopteris* du Lias, tout en observant que leur physionomie les lie étroitement aux *Pachypteris* et aux *Scleropteris* vers lesquels ils semblent opérer un passage. L'incertitude qui règne forcément au sujet de la signification véritable de tous ces types, si imparfaitement connus jusqu'ici, ne permet de rien affirmer de plus décisif à leur égard.

N° 1. **Ctenopteris cycadea.**

Pl. 40, fig. 2-5 et 41, fig. 1-2.

Ctenopteris cycadea, Brongn., *in litt.*

DIAGNOSE. — *C. fronde bipinnata, pinnis pinnatipartitis, pinnulis infima basi unitis, oblongis obtusis obliquis sæpe subincurvis coriaceis integerrimis subtusque margine sæpius revolutis, nervis fere semper immersis, omnibus e rachi exorientibus leviter inter se divergentibus apice furcatis.*

Filicites cycadea,	Brongniart, *Hist. des vég. foss.*, I, p. 387, pl. 129, fig. 2-3.
Odontopteris cycadea,	Berger, *Verst. d. Coburg. Geg.*, p. 23 et 27, pl. 3, fig. 2-3.
— —	Unger, *Gen. et sp. pl. foss.*, p. 92.
— —	Brauns, *Palæontog.* IX, p. 51, tab. 13, fig. 5.
Odontopteris Bergeri,	Gœppert, *Syst. fil. foss.*, p. 219.
Cycadopteris Bergeri,	Schimper, *Traité de Pal. vég.*, I, p. 487.
Filicites Agardhiana,	Brongniart, *in Ann. sc. nat.*, IV, p. 218, pl. 12, fig. 3.

Cette espèce caractérise très-nettement l'Infralias et particulièrement la zone à *Ammonites angulatus*. Elle est fréquente dans le grès de Hettanges où ses pennes se montrent en fragments plus ou moins entiers, mais, jusqu'ici du moins, n'ont point été trouvées réunies au rachis principal, soit que ces pennes aient été naturellement caduques, soit qu'elles aient été fragiles. Cette dernière supposition s'accorderait avec la texture évidemment coriace de ces organes. Une belle figure de M. Brongniart, exécutée sur un dessin communiqué à ce savant par M. Partsch et reproduisant un échantillon de Waithofen en Autriche, nous montre les pennes dans leur position normale, c'est-à-dire espacées régulièrement et attachées plusieurs ensemble le long d'un rachis principal d'où elles s'écartent sous un angle très-ouvert (1). Les frondes étaient donc bipinnées et atteignaient sans doute à de très-grandes dimensions. Les pennes régulièrement pinnatipartites étaient garnies de pinnules coriaces, oblongues, obliques ou légèrement recourbées en faux, entières sur les bords, obtuses ou même sub-tronquées au sommet, très-rapprochées ou même contiguës, mais libres, sauf à l'extrême base par laquelle elles étaient soudées ensemble sur une très-faible étendue. Cette soudure, à peine distincte vers le bas des pennes, se trouve un peu plus prononcée à leur extrémité supérieure où par conséquent les pinnules se montrent légèrement confluentes; elles reproduisent du reste à cet égard, avec une exacte fidélité, le mode de terminaison propre aux pennes de l'*Odontopteris Brardii*. On reconnaît aisément que les deux faces des pinnules étaient loin de se ressembler, et en s'aidant d'un moulage, que la netteté des empreintes de Hettanges rend facile, on reconstitue l'aspect des anciennes frondes. La face supérieure, dont la figure 2, pl. 40, offre un très-bel exemple, était convexe, tandis que sur la

(1) Voy. Brongniart, *His . des vég. foss.*, I, pl. 129, fig. 3.

face opposée, fig. 2, pl. 41, les pinnules forment un creux cerné par les bords légèrement repliés. Les nervures sont le plus ordinairement invisibles, immergées dans l'épaisseur du parenchyme. Elles se montrent dans d'autres cas sous la forme de linéaments saillants, et partent toutes de la côte principale au nombre de 5 à 7. Elles s'étendent longitudinalement d'un bout à l'autre de la pinnule, tantôt simples, tantôt bifurquées et souvent dès la base. On ne distingue parmi elles aucune trace de médiane. Cependant, la nervure longitudinale qui correspond au milieu de chaque pinnule est plus forte, surtout vers la base, que celles qui l'accompagnent; elle s'étend plus loin et paraît plusieurs fois ramifiée, ce qui a bien pu lui donner l'apparence d'une médiane dans certains cas.

Rapports et différences. — Il est impossible de ne pas remarquer le rapport que présente la fronde du *Ctenopteris cycadea*, fig. 2, pl. 40, avec celle de l'*Odontopteris Brardii*, telle que M. Brongniart l'a figurée, pl. 76, de son grand ouvrage. La disposition est la même des deux parts; seulement les pinnules de l'espèce jurassique sont plus obtuses et moins recourbées au sommet. C'est de cette espèce et encore plus de l'*Odontopteris obtusa*, Brongn. (*Hist. des vég. foss.*, I, pl. 78, fig. 4), réuni par M. Schimper à l'*O. lingulata*, Gœpp., que le *Ctenopteris cycadea* nous paraît surtout se rapprocher; mais l'absence de tout développement de la pinnule inférieure de chaque segment constitue un caractère différentiel assez important pour motiver la distinction générique que nous avons adoptée. Le *Ctenopteris cycadea* ne saurait être confondu avec aucune autre Fougère jurassique, mais il serait possible que certains *Pterophyllum* d'attribution incertaine, particulièrement les *Pterophyllum crassinerve* et *Münsteri* (*Pterozamites*, Schimp., *Traité de pal.*

vég., II, p. 145 et 146) ne fussent autre chose que des fragments du *Ctenopteris cycadea*: du moins les figures 5 et surtout la figure 9, pl. 39, de l'ouvrage de Schenk (1), porteraient à le croire, tellement elles reproduisent le faciès de la fougère de Hettanges. On pourrait en conclure au moins qu'il y a eu confusion partielle entre des types si voisins en apparence ; en réalité, la nervation du *Ctenopteris cycadea* s'écarte trop de celle qui caractérise les vrais *Pterophyllum* pour ne pas fournir un moyen de discerner l'un de l'autre ces deux types.

Localités. — Grès de Hettanges (Moselle), zone à *Ammonites angulatus*, Coll. du muséum de Paris, de l'École normale et du musée de Metz (M. Terquem). En dehors de France, l'espèce a été signalée dans le Rhétien de Seinstedt, à Hör en Scanie, aux environs de Coburg, d'Halbestadt, de Quetlinburg, dans le grès infraliasique.

Explication des figures. — Pl. 40, fig. 2, fragment de penne vu par-dessus avec la trace distincte des nervures, d'après un exemplaire moulé appartenant à la collection de l'école normale, grandeur naturelle; fig. 3, 4 et 5, autres fragments de penne, vus par dessous, grandeur naturelle. — Pl. 41, fig. 1, penne presque entière, coll. du muséum de Paris, envoi de M. Terquem en 1857 ; fig. 2, même exemplaire moulé pour montrer l'aspect véritable de l'ancien organe, grandeur naturelle.

N° 2. **Ctenopteris Itieri.**

Pl. 44, fig. 1-3.

Diagnose. — *C. fronde mediocri rigide coriacea rachi valida deorsumque petiolo subincurvo 3 1/2 centim. longo instructa, bipinnata, pinnis breviter productis pinnatilobatis par-*

(1) *Foss. Fl. v. Grenzsch.*, pl. 39, fig. 5-6 et 9.

titisque, pinnulis utrinque 3-4 oblongis obliquis apice obtusatis basi parum restricta costæ pinnarum adnatis cæterum inter se discretis, inferioribus pinnæ cujusque dilatatis basi latiore rachi inde alata sive secundaria sive primaria adhærentibus, superioribus vero cum terminali maxima dilatata subsinuata obtusissimeque oblonga quandoque confluentibus; nervo medio in pinnulis nullo, nervulis e rachi secundario exorientibus, dehinc pluribus in pinnulas lobosque pergentibus, simplicibus furcatisve, in lobum terminalem obliquissime e costa media paulo ante apicem evanida progressis.

Pecopteris Itieri ? Pomel, *Matériaux pour servir à la flore fossile jurass. de la France* (*in Amtl. Ber. ub. d. funfundz. Vers. d. Ges. Deutsch. naturforsch.*, etc., p. 337).

Il est probable, sinon certain, que cette curieuse espèce, dont je dois la communication à M. Itier, est la même que M. Pomel avait dédié à ce savant dans son essai sur la *Flore jurassique de France ;* sa description très-courte et un peu confuse s'applique assez bien effectivement à la plante que nous allons décrire et la provenance est à peu près celle qu'il indique.

La fronde est presque entière, robuste, roide, coriace, haute seulement de 13 centimètres en y comprenant le pétiole. Celui-ci est épais et un peu recourbé à la base qui est tronquée carrément. Le rachis principal est épais relativement ; il devait être cylindrique et n'est pas canaliculé ; il est tordu, probablement brisé vers les deux tiers de sa hauteur, et l'extrémité manque ; mais on peut juger que l'organe ne se prolongeait guère au delà de la partie mutilée. C'était une fronde d'une dimension plus que médiocre, mais peut-être a-t-elle fait partie d'une plante jeune ou imparfaitement développée, ce que l'on pourrait induire de l'avortement partiel des pennes sur tout un côté de l'organe. Les pennes ou segments primaires sont alternes, sub-érigés, très-courts relativement, puisque la longueur des plus développés n'excède pas 2 1/2 centimètres. Leur forme est très-caractéristique. Sur un rachis partiel très-mince, surtout en comparant son épaisseur à celle du rachis principal, on observe de chaque côté 2 à 3 et jusqu'à 4 pinnules obliques, oblongues, entières, faiblement rétrécies à la base et arrondies au sommet, libres entre elles, mais adnées au rachis et séparées par des sinus arrondis très-étroits. La plus élevée de ces pinnules est plus ou moins confluente avec le lobe terminal qui est grand, ovale-allongé, un peu sinué vers son milieu et arrondi ou très-obtus à l'extrémité. Ce lobe terminal égale à peu près par sa dimension tout le reste du segment ; son étendue proportionnelle augmente à mesure que l'on se rapproche du sommet de la fronde, tandis que le nombre des pinnules tend à diminuer. Le dernier segment visible ne compte plus qu'un seul lobe et les plus élevés devaient être tout à fait simples. Si au lieu de considérer le sommet des pennes, on observe leur base, on voit à la partie inférieure de chacune d'elles s'étaler une pinnule ou lobe différent des autres, ayant une base très-large, séparé d'eux par un plus grand intervalle et adhérent, soit au point de jonction des deux rachis, soit plus bas au rachis principal lui-même qui se trouve muni d'une appendice qui le rend ailé. Cet appendice en forme d'auricule se montre également dans un genre oolithique que nous examinerons plus loin, celui des *Lomatopteris* de M. Schimper. On l'observe, quoique rarement, chez quelques Fougères actuelles, mais la façon dont il est ici disposé rappelle encore mieux ce qui existe chez les *Odontopteris* paléozoïques, où la pinnule inférieure de chaque penne se distingue des autres par une forme et un développement tout particuliers.

Il nous reste à examiner le mode de nervation de cette plante ; ce mode est très-difficile à saisir à cause de la texture coriace du tissu foliacé. On distingue très-bien la côte de chaque segment ; on la voit se prolonger jusque dans le lobe terminal, et s'y perdre avant le sommet, en émettant des nervures très-obliques comme celles des *Neuropteris ;* sur les pinnules latérales au contraire, il n'existe aucune trace de médiane, mais quelques-unes d'entre elles montrent le dessin veineux que notre figure 1ª, pl. 43, représente grossi et qui range fort naturellement cette espèce parmi les *Ctenopteris ;* chaque pinnule reçoit en effet directement de la côte médiane ou du rachis lui-même plusieurs nervures longitudinales, la plupart bifurquées vers le milieu de leur parcours, les autres demeurant simples. Une deuxième empreinte, fig. 2, pl. 44, provient du même gisement que la première ; elle semble représenter la fronde d'une jeune plante de la même espèce.

Un troisième exemplaire, intermédiaire pour la dimension entre les deux précédents, nous a été envoyé par M. Falsan qui l'a recueilli lui-même dans les schistes du lac d'Armaille. Il représente (voy. fig. 3, pl. 44) une fronde presque entière, mutilée seulement au sommet par une brisure. Cet accident ainsi répété témoigne sans doute de la consistance fragile de l'ancienne espèce. Les pennes sont courtes, pinnatifides à partir du milieu de l'organe et décurrentes inférieurement sur le rachis qui porte le lobe hors-paire que nous avons déjà signalé. Chacune de ces pennes, sauf les segments inférieurs qui sont indivis et contigus, se termine par un lobe obtus et allongé. La nervation, difficile à percevoir, ne diffère pas de celle que nous avons signalée en décrivant le grand échantillon. Toutefois, les lobes sont plus larges et moins profondément incisés, et la ressemblance de cette fronde avec celles du *Lomatopteris Dumortieri* qui appartient au même horizon ne saurait échapper, malgré la distance qu'un système de nervation tout à fait différent met entre les deux types.

Rapports et différences. — L'espèce la plus voisine nous paraît être l'*Odontopteris Schlotheimi* Brngt., dont les pinnules sont cependant plus larges et plus arrondies. Il faut citer encore un fragment rapporté par M. Brongniart à l'*Odontopt. obtusa* et constituant peut-être une espèce distincte (1). Il représente l'extrémité supérieure d'un segment d'*Odontopteris* avec le lobe terminal élargi, oblong et obtus, très-analogue aux segments de l'espèce jurassique. L'analogie de notre espèce avec le *Thinnfeldia obtusa* est déjà plus éloignée. Les petits lobes isolés, en forme d'auricules, attachés au rachis principal, se retrouvent, comme nous l'avons remarqué chez les *Lomatopteris*, mais les pinnules de ceux-ci sont repliées en dessous le long du bord et pourvues d'une nervure médiane distincte. Parmi les Fougères actuelles, ce sont les *Gymnogramme* qui offrent le plus de points de contact, mais cette affinité est encore bien indirecte.

Localités. — Orbagnoux (Ain), collection de M. Itier; schistes du lac d'Armaille, coll. de M. Falsan ; étage kimméridgien inférieur. M. Pomel indique son *Pecopteris Itieri* à Seyssel, localité qui se range sur le même horizon géognostique que les précédentes ; ce savant a eu sans doute en vue la même plante et peut-être le même échantillon.

Explication des figures. — Pl. 44, fig. 1, fronde de

(1) Voy. *Hist. des vég. foss.*, I, pl. 78, fig. 3.

Ctenopteris Itieri, Sap., grandeur naturelle ; 1ᵃ, nervation grossie ; fig. 2, fronde d'une plante très-jeune, grandeur naturelle ; fig. 3, autre fronde de la même espèce, d'après un exemplaire provenant du lac d'Armaille, grandeur naturelle.

N° 3. **Ctenopteris grandis.**

Pl. 44, fig. 4.

DIAGNOSE. — *C. frondis verosimiliter bipinnatæ pinnis validis profunde pinnatifidis, pinnulis suboppositis obtuse lanceolatis erectiusculis distantibus integerrimis basi decurrentibus nervis plurimis longitudinabus e rachi valida anguste alata oblique ortis tenuibus immersis dichotomeque divisis.*

Nous ne connaissons cette espèce que par un seul fragment remarquable par ses proportions et dénotant une fronde coriace, probablement bipinnée, à segments principaux pourvus d'un rachis sillonné longitudinalement et divisés en lacinies ou pinnules sub-opposées, allongées-obtuses, obliquement insérées, adnées par toute leur base et étroitement décurrentes inférieurement. Les plus grandes de ces pinnules mesurent environ 3 centimètres. Malgré la mutilation de plusieurs d'entre elles, il semble que sur un des côtés du segment elles soient plus développées que sur l'autre, ce qui marquerait une fronde bipinnée. Les deux dernières pinnules, dont la terminaison nous est dérobée par le bord de la pierre paraissent avoir été confluentes. Leur nervation est très-peu distincte ; on voit pourtant en se servant d'une loupe qu'elle se compose de veines égales et longitudinales sorties directement du rachis, parcourant la pinnule de la base au sommet et plus ou moins ramifiées-dichotomes. Tous ces caractères rangent très-naturellement cette espèce dans le genre *Ctenopteris*. Elle retrace sur une grande échelle la forme caractéristique des *Dicho-pteris* de M. Zigno.

Rapports et différences. — Le *C. grandis* se distingue surtout par l'obliquité de ses pinnules dont la forme lancéolée et la disposition sub-opposée rappellent évidemment à la pensée le *Pachypteris lanceolata*, Brongn.; la taille de ce dernier est cependant beaucoup plus petite et ses pinnules présentent une nervure médiane caractéristique dont notre espèce ne garde aucune trace. L'analogie avec les *Scleropteris* dont il va être question est encore plus étroite ; elle est peut-être basée sur des rapports réels, mais il faudrait pour trancher la question des matériaux plus complets que ceux dont nous disposons. Rien de plus obscur en l'état que la nature du lien apparent qui relie plusieurs des types de Fougères jurassiques, dont nous ne possédons que des frondes, souvent même de simples débris.

Localité. — Tonnerre, étage Corallien ; très-rare.

Explication des figures. — Pl. 44, fig. 4, segment de fronde du *Ctenopteris grandis*, Sap., grandeur naturelle.

***** **Pachypterideæ**. — *Frondes pinnatim compositæ pinnulis sæpe oppositis basi constricta plus minusve subpetiolatis uninerviis vel enerviis aut nervulis immersis pluribus e basi constricta emergentibus, nervatio immersa plerumque imperspicua, fructificatio ignota vel peculiaris longeque ab illa ævi nostri stirpium discreta.*

ONZIÈME GENRE. — SCLEROPTERIS.

Diagnose. — *Frons rigide coriacea bi-tripinnata, pinnis pinnatipartitis, pinnulis basi plus minusve constrictis in rachin angustissime alatam latere inferiori decurrentibus integris vel antice incisis lobulatisque ; nervatio immersa, sæpius imperspicua, ut manifesta fit, e nervulis paucioribus a basi ramosis latere dorsali pinnularum oblique prodeuntibus constans.*

Loxopteris (ex parte),	Pomel (non Brongniart, *Tab. des genres*, p. 21), *Mat. p. servir à la flore jur. de la France, in Amtl. Bericht. ub. d. 25 Vers. Deutsch. naturf. in Aachen*, 1849, p. 336.
— —	Schimper, *Traité de pal. vég.*, I, p. 486.
— —	Zigno, *Fl. foss. form. ool.*, I, p. 100.
Dichopteris (ex parte),	Zigno, *l. c.*, p. 113. *Enn. Fil. foss. form. oolith.*, p. 23.
Pachypteris (saltem ex parte),	Brongniart, *Hist. des vég. foss.*, I, p. 166.
— —	Schimper, *Traité de Pal. vég.*, I, p. 492.
Sphenopteris (ex parte),	Phillips, *Ill. of. geol. Yorks*, p. 153.
— —	Pomel, *l. c.*, p. 337 et 338.

Histoire et définition. — Nous proposons ce nouveau genre pour y comprendre des espèces assez mal connues et encore plus mal décrites jusqu'à présent, ballottées successivement à travers plusieurs genres, confondues à tort soit entre elles, soit avec les formes étrangères et qui paraissent confiner à la fois aux *Pachypteris* de M. Brongniart et aux *Dichopteris* de M. de Zigno. Les *Scleropteris* forment, pour ainsi dire, la transition entre les *Ctenopteris* et les *Pachypteris*, si toutefois ce dernier genre n'est pas destiné à disparaître totalement. Leurs nervules, généralement peu visibles, consistent en veines longitudinales sortant non pas directement du rachis, mais plutôt d'une branche mère, ramifiée dès la base de la pinnule et s'appuyant sur son côté dorsal pour projeter, vers le côté antérieur, des rameaux une ou plusieurs fois dichotomes. Les pinnules, plus ou moins rétrécies à la base, sub-opposées et étroitement décurrentes ne diffèrent en réalité de celles des vrais *Pachypteris* que par l'absence d'une nervure médiane unique. M. de Zigno, cherchant à éclaircir le même sujet, a très-bien prouvé, dans ses généralités sur les *Dichopteris*, que le *Sphenopteris lanceolata* de Phillips et le *Neuropteris lævigata* du même auteur ne sauraient être admis comme simples synonymes des *Pachypteris lanceolata* et *ovata* de Brongniart, sans explication ; puisque les caractères tirés de la nervation différaient totalement des deux parts, en adoptant du moins la manière de voir des auteurs. Cette démonstration est d'autant plus concluante que M. de Zigno donne la figure des deux espèces de Phillips, d'après des dessins obtenus directement du savant anglais et confrontés par lui avec les échantillons originaux. Il résulte de l'examen de ces figures de M. de Zigno, que nous reproduisons (planches 45, fig. 2 et 46, fig. 3) à côté des dessins originaux de M. Brongniart (1) (planches 45 , fig. 1 et 46 , fig. 2), que les pinnules des échantillons de Phillips, bien que ressemblant beaucoup à celles des espèces de *Pachypteris* à qui ces échantillons ont été réunis, s'en écartent en ceci que, au lieu d'être *uninerviées*, elles sont parcourues par plusieurs nervures longitudinales, disposées à peu près comme celles des *Ctenopteris*, sauf qu'elles partent en divergeant de la base même de la pinnule, au lieu de sortir directement et isolément du rachis. Une distinction radicale séparerait donc ces types regardés longtemps comme synonymes, s'il

(1) Ces dessins ainsi qu'une foule de documents précieux relatifs à la végétation de l'époque jurassique nous ont été confiés par l'illustre professeur avec un désintéressement complet et dans l'unique but de favoriser l'avancement de la science. Qu'il accepte la vive expression de notre reconnaissance.

n'existait encore à leur égard une grave difficulté que nous devons exposer, sinon résoudre entièrement. On doit reconnaître, en effet, que si, d'une part, il existe une remarquable analogie de forme et d'aspect entre les deux figures représentant le *Sphenopteris lanceolata* de Phillips (Pl. 45, fig. 2) et le *Pachypteris lanceolata* de Brongniart (pl. 45, fig. 1), d'autre part, l'échantillon jusqu'à présent unique du *Pachypteris ovata* de Brongniart (Pl. 46, fig. 2) offre un si grand rapport, *jusque dans les moindres détails*, avec l'échantillon type du *Neuropteris lævigata* de Phillips, figuré par M. de Zigno et par nous (pl. 46, fig. 3), qu'il est impossible de ne pas admettre qu'il s'agisse réellement d'un seul et même échantillon, ou mieux encore des deux côtés de la même empreinte. S'il en est véritablement ainsi, il y aurait eu erreur de la part de l'un des auteurs, relativement à la nervation des espèces publiées par eux, il y a plus de 35 ans. Nous aurions été disposé à nous fier à cet égard au sens pratique et à la longue expérience de M. Brongniart ; mais il faut dire que l'éminent professeur n'a plus revu les espèces en question depuis le voyage qu'il fit en Angleterre lors de la publication de son Prodrome, c'est-à-dire avant 1830, et, en décrivant son *Pachypteris ovata*, il a soin de dire que *la nervure moyenne est très-peu marquée et disparaît vers l'extrémité des pinnules dans le parenchyme épais de ces feuilles dont la surface était très-lisse*. Il est donc très-admissible que cette nervation, si difficile à saisir, se soit trouvée plus distincte sur la contre-empreinte de l'échantillon qu'avait en vue M. Brongniart, contre-empreinte qui correspondrait au *Neuropteris lævigata*. Si l'on adopte ces conclusions, le *Pachypteris ovata*, Brongt. disparaît de la nomenclature et le genre dont il faisait partie se trouve réduit au seul *Pa-*

chypteris lanceolata qui lui-même donne lieu à des doutes du même genre. Quoi qu'il en soit de cette dernière question, les espèces de Phillips nous paraissent aussi mal placées dans les *Dichopteris* que chez les *Pachypteris ;* leurs pinnules rétrécies à la base et parfois incisées les rangent très-naturellement dans notre genre *Scleropteris,* dont les caractères sont les suivants : les frondes sont bi ou tripinnées, roides, coriaces, divisées en pennes ou segments alternes, étalés, souvent contigus, allongés-linéaires et profondément pinnatifides. Les pinnules ou dernières subdivisions du limbe sont insérées un peu obliquement sur un rachis étroitement ailé ; leur forme est ovale-oblongue ou lancéolée ; elles sont rétrécies à la base et décurrentes sur leur côté inférieur. La texture de ces pinnules est très-coriace et leur nervation très-peu visible. Lorsque l'on réussit à l'entrevoir, on constate qu'elle se compose de veines longitudinales peu nombreuses, ramifiées dès la base et sortant d'une branche mère plus rapprochée du côté dorsal de la pinnule que de l'autre. Ce qui prouve l'existence de ces nervules, même lorsqu'elles demeurent invisibles, c'est que les pinnules les plus développées se montrent presque toujours incisées-lobulées et que cette disposition ne se concevrait pas si elles étaient uninerviées ou tout à fait sans nervures. D'après cette considération, nous n'hésitons pas à inscrire parmi les *Scleropteris* plusieurs échantillons recueillis dans le Yorskire et que nous reproduisons pl. 45, fig. 3, d'après un dessin de M. Williamson, dont nous devons la communication à M. Brongniart. Ces échantillons, visiblement identiques avec le *Sphenopteris lanceolata*, Phillips, et peut-être avec le *Pachypteris lanceolata* de Brongniart, présentent des pinnules obliques, le plus souvent sub-opposées et lancéolées, fréquemment incisées à leur bord antérieur, absolument comme le sont celles de l'espèce de Verdun que nous allons décrire. Comme d'ailleurs l'espèce du Yorshire se distingue de celle du Corallien de la Meuse par la proportion double au moins de ses pinnules, nous proposons de lui appliquer le nom de *Scleropteris Phillipsii* qui tranche toutes les difficultés, en évitant de nouvelles confusions. Le genre *Scleropteris* ainsi défini est particulier à l'Oolithe, il se montre successivement dans le Bathonien, le Corallien et le Kimméridgien.

Rapports et différences. — Les *Scleropteris* paraissent tenir de près aux *Ctenopteris*. Ils se lient particulièrement aux *Dichopteris* de M. de Zigno, dont ils diffèrent à peine. Cependant les pinnules de ces deux genres ne sont jamais lobulées, ni aussi distinctement retrécies à la base. De plus, la nervation, le plus souvent invisible, il est vrai, sert à distinguer les *Scleropteris* des *Pachypteris* proprement dits (si toutefois ce genre n'est pas destiné à disparaître) et des *Lomatopteris*. Comparés aux Fougères vivantes, les *Scleropteris* reproduisent le port et l'aspect des *Adenophorus* Gaud., genre de Polypodiée des îles Sandwich. Les pinnules de ce genre ont absolument la forme de celles des espèces fossiles ; mais elles sont uninerviées et portent au sommet de cette nervure unique un sore arrondi, dont les *Scleropteris* n'ont offert jusqu'ici aucun vestige.

Explication des figures. — Pl. 45, fig. 1, *Pachypteris lanceolata* Brngt., d'après le dessin original de l'auteur ; 1ᵃ, pinnule grossie de la même espèce avec la trace d'une nervure médiane unique, d'après le dessin original de l'auteur. Fig. 2, fragment de fronde du *Scleropteris Phillipsii* Sap. (*Sphenopteris lanceolata* Phillips), d'après un dessin de M. Phillips communiqué à M. de Zigno et emprunté à l'ouvrage de ce dernier auteur. Fig. 3, trois fragments de pennes de la même espèce, d'après un dessin original de M. Williamson, communiqué par ce savant à M. Brongniart de qui nous le tenons, grandeur naturelle ; 3ª, pinnules grossies, d'après le même dessin. — Pl. 46, fig. 2, *Pachypteris ovata* Brongniart, d'après le dessin original de l'auteur; fig. 3, portion de fronde du *Scleropteris lævigata* Sap. (*Neuropteris lævigata* Phillips, *Dichopteris lævigata* Zigno), d'après un dessin de M. Phillips, communiqué à M. de Zigno et emprunté à l'ouvrage de ce dernier auteur. L'identité du *Scleropteris lævigata* Sap. avec le *Pachypteris ovata* Brngt. ressort de la comparaison des échantillons fig. 2 et 3 qui reproduisent évidemment l'empreinte et la contre-empreinte d'un seul et même exemplaire.

N° 1. — **Scleropteris Pomelii.**

Pl. 46, fig. 1, et 47, fig. 1 et 2.

Diagnose. — *S. frondibus bipinnatis, pinnis ambitu linearibus elongatis quandoque patentibus rigide coriaceis pinnatisectis, rachi anguste alata, pinnulis seu segmentis ultimis minutis acute lanceolatis vel lineari-lanceolatis plus minusve obliquis alternis suboppositisque sæpius integris rarius antice bilobulatis, summis tandem confluentibus, nervulis immersis fere semper imperspicuis.*

Sphenopteris pennatula, Pom., *Mat. p. servir à la conn. de la fl. foss. des ter. jurass. de la France (in Amtl. Ber. ub. d. 25 Vers. d. Gesells. Deutsch. naturf. in Aach.,* 1847), p. 332.

— — Zigno, *Fl. foss. form. oolith.*, I, p. 84.

Sphenopteris angusta ?,	Pomel, *l. c.*, p. 337.
— —	Zigno, *l. c.*, I, p. 82.
Pecopteris ctenis,	Pomel, *l. c.*, p. 339.
— —	Zigno, *l. c.*, I, p. 147.
Loxopteris elegans ?	Pomel, *l. c.*, p. 336.
— —	Zigno, *l. c.*, I, p. 100.
— —	Schimper, *Traité de Pal. vég.*, I, p. 486.

Cette espèce a été décrite par M. Pomel sous des noms très-différents. Il est vrai que sa nervation est très-difficile à observer et que les segments et les pinnules elles-mêmes changent de forme, suivant qu'on les considère à la base ou vers le sommet des frondes. Le grain oolithique de la roche est encore un obstacle à la bonne conservation des empreintes. Nous devons à M. Pomel la communication des échantillons d'après lesquels il avait décrit le *Sphenopteris pennatula* et le *Pecopteris ctenis;* leur examen nous a convaincu de l'identité de ces deux espèces, et il en est probablement de même du *Sphenopteris angusta* et du *Loxopteris elegans*, bien que la diagnose de celui-ci entraîne des doutes que toutes nos recherches n'ont pu dissiper. Il nous semble naturel en tous cas de substituer aux différentes dénominations employées par M. Pomel le nom même de cet auteur à qui est dû la première connaissance du type que nous décrivons.

Les frondes du *Scleropteris Pomelii* sont de médiocre dimension, bipinnées, d'aspect rigide et de consistance visiblement coriace. Les rachis secondaires, particularité qui se présente aussi chez le *Scleropteris Phillipsii* (voy. Pl. 46, fig. 3) sont assez souvent dépouillés partiellement de leurs pinnules, qui reposant sur une base étroite se détachaient facilement, lorsque la fronde était desséchée. La fig. 1 de notre planche 47 en est une démonstration suffisante. Les rachis secondaires, tantôt alternes, tantôt subopposés s'étendaient sous un angle très-ouvert; ils étaient minces, comparés au rachis principal qui paraît sillonné longitudinalement sur le milieu, et toujours étroitement ailés, en sorte que l'on peut rigoureusement les dire plutôt pinnatifides que véritablement pinnés; les pinnules sont fort petites, très-nombreuses, plus ou moins obliques, le plus souvent entières et lancéolées, d'autres fois presque linéaires et subovales, presque toujours aiguës au sommet et resserrées à la base qui constitue une sorte de pétiole. Elles sont décurrentes à leur côté inférieur et plutôt sinuées-arrondies ou même incisées-bilobulées sur leur côté antérieur, quelquefois aussi sur l'autre bord, immédiatement au-dessous du sommet. Ces différences sont fidèlement reproduites par nos figures grossies, pl. 46, fig. 1[a] et 1[b]. Les pinnules ne deviennent un peu confluentes qu'à l'extrémité supérieure des pennes qui se terminent par un lobe obtus. Les pennes ne sont pas confluentes sur le rachis principal, elles demeurent distinctes et lobulées jusqu'au sommet le plus élevé de la fronde. La consistance des pinnules était lisse à la surface et les nervures, immergées dans l'épaisseur du parenchyme, demeurent le plus souvent invisibles, ou plutôt on les entrevoit, sans qu'elles paraissent jamais assez distinctes pour permettre de les dessiner, ce que l'on doit peut-être attribuer à la grossièreté de la roche.

Rapports et différences. — Il est facile de constater que notre *Scleropteris Pomelii*, comparé au *Scl. Phillipsii* (*Sphenopteris lanceolata* Phillips) s'en distingue par la dimension bien moindre de ses pinnules qui de plus sont généralement moins allongées et moins atténuées vers la base. Le *Scleropteris Pomelii* ne saurait pas davantage être confondu avec les deux espèces suivantes, comme nous le ferons ressortir en décrivant celles-ci. Son analogie avec l'*Adenophorus bipinnatus* Gaud. est étroite, ainsi que nous l'avons remarqué, et de plus les pinnules de cette espèce sont parfois lobulées, comme celles de la Fougère fossile ; mais les pennes de celle-ci sont bien plus étalées et moins grêles. Nous avons vu d'ailleurs que la nervation et le mode de fructification, dont le type ancien ne présente aucune trace, apportaient des éléments de dissemblance encore plus sensibles.

LOCALITÉ. — Environs de Verdun (Meuse); étage corallien ; coll. de M. Moreau et de M. Pomel, à Oran.

EXPLICATION DES FIGURES.— Pl. 46, fig. 1, partie supérieure d'une fronde de *Scleropteris Pomelii*, grandeur naturelle; 1[a] et 1[b], plusieurs pinnules grossies de la même fronde. — Pl. 47, fig. 1, parties moyenne et supérieure d'une autre fronde de la même espèce ; 1[a], pinnules grossies de la même fronde. Fig. 2, fragment de fronde de la même espèce, d'après un échantillon communiqué par M. Pomel, grandeur naturelle.

N° 2. — Scleropteris compacta.

Pl. 48, fig. 3 et 51, fig. 8.

DIAGNOSE. — *S. frondibus coriaceis bipinnatis ambitu primum œquilatis demum apice sensim attenuatis breviterque apiculatis, pennis multiplicibus expansis plerumque oppositis stricte linearibus obtuse sensim attenuatis pinnatipartitis lobatisque, pinnulis plus minusve obliquis ovato-rotundatis arcte adpressis contiguis imbricatisque, pinnula basilari antica cujusque pinnœ cœteris majore sœpeque unilobulata, nervulis immersis e latere dorsalis basis restrictæ pinnularum oblique emergentibus pluries furcato-ramosis.*

Nous devons à M. Lortet la connaissance de cette espèce dont un bel échantillon fait partie de la collection du Muséum de Lyon (Pl. 48, fig. 3). Il se rapporte à la partie supérieure d'une fronde bipinnée, dont il est impossible d'ailleurs d'évaluer la véritable dimension. Les pennes ou segments latéraux, longs dans le bas de 3 1/2 à 4 centimètres au plus, sont très-nombreux, généralement opposés, étalés presque à angle droit, linéaires, insensiblement atténués, mais toujours plus ou moins obtus au sommet; égaux ou subégaux entre eux jusque vers le dernier tiers de l'empreinte, ces segments diminuent ensuite d'une façon assez brusque et donnent lieu à un sommet atténué en pointe, en passant peu à peu à l'état de pinnules sinuées, puis de lobes entiers, aboutissant enfin à un dernier lobule plus petit que tous les autres, qui termine la fronde. Chaque penne considérée à part, dans les parties où elles atteignent leur plus grand développement, est constituée par un axe le long duquel s'insèrent des pinnules obliques, c'est-à-dire dirigées en avant, appliquée contre l'axe par leur bord antérieur, généralement convexe, tandis que le côté dorsal est plus ou moins échancré. Les pinnules que notre fig. 3ᵃ, pl. 48, représente grossies sont ovales-obtuses, arrondies au sommet, retrécies à la base et attachées au rachis par une sorte de pétiole; elles sont penchées en avant, très-serrées et même imbriquées, c'est-à-dire se recouvrant mutuellement dans beaucoup de cas; presque toutes sont entières. Elles diminuent insensiblement de dimension de la base au sommet des segments dont le lobe terminal, fort petit, n'a rien qui le distingue des latéraux. Dans la direction opposée, on remarque que la pinnule la plus inférieure de chaque segment, sur le côté antérieur, est notablement plus grande que la suivante et que cette même pinnule est le plus souvent munie d'un lobe pointu, disposition qui se retrouve plus ou moins chez toutes les espèces du groupe, comme une conséquence nécessaire du mode de nervation qui lui est propre. — Nous avons depuis reçu en communication de M. A. Falsan, un second exemplaire de la même espèce, provenant d'Armaille; nous le figurons, pl. 51, fig. 8. Ce sont deux sommités de fronde, couchées côte à côte et mutilées ou plutôt interrompues inférieurement par une cassure de l'échantillon. Tous les caractères sur lesquels nous venons d'insister sont visibles sur cet échantillon, dont l'état de conservation est fort beau et le contour ainsi que la nervation des pinnules parfaitement visibles, comme le montre la figure grossie 8ª.

Rapports et différences. — Au premier abord, on serait tenté de confondre cette espèce avec le *Scleropteris Pomelii* dont elle a l'aspect et jusqu'à un certain point la forme. Elle en diffère pourtant, non-seulement par sa terminaison apiculée, mais par des pennes plus étroitement linéaires, plus constamment opposées, à pinnules moins étalées, plus serrées, arrondies et non pas lancéolées, ainsi que par le développement proportionnel de la pinnule inférieure de chaque segment. La nervation, presque toujours cachée dans le *Scleropteris Pomelii*, devient ici beaucoup plus visible. Il est vrai que les plaques calcaréo-marneuses de Creys sont d'un grain plus fin que la roche oolithique de Verdun.

Localité. — Creys (Isère); étage kimméridgien inférieur; coll. du muséum d'histoire naturelle de Lyon. — Lac d'Armaille, M. Falsan.

Explication des figures. — Pl. 48, fig. 3, portion moyenne et terminale d'une fronde de *Scleropteris compacta*, grandeur naturelle; 3ᵃ, plusieurs pinnules grossies de la même espèce pour montrer les détails de la nervation. — Pl. 51, fig. 8, deux sommités de fronde de la même espèce, grandeur naturelle; 8ᵃ, plusieurs pinnules grossies.

N° 3. — **Scleropteris dissecta.**

Pl. 48, fig. 1.

Diagnose. — *S. frondibus coriaceis latioribus tripinnatis, rachi primaria medio tenuiter carinata, secundariis alternis gracilibus late expansis pinnulas multiplices lineari-lanceolatas tenuiter acuminatas a basi ad summum segmentorum longe sensim durescentes nec inter se confluentes gerentibus, pinnulis autem in lobos ovato-obtusatos aut subspathulatos plerumque integros rarissime sinuatos lobulatosve partitis, lobis pinnularum basi plus minusve discretis vel rachi adnatis decurrentibusque, supremis confluentibus; nervulis sæpissime immersis, paucioribus e basi restricta emergentibus dehinc divergentibus.*

La fronde de cette espèce, qui fait partie comme la précédente de la collection du muséum de Lyon, s'en écarte certainement par sa disposition tripinnée ou plutôt bipinnée à pinnules lobées-pinnatisèques. Elle constitue une forme évidemment distincte, mais faisant partie au même titre que celles que nous venons de décrire ou de mentionner du genre *Scleropteris*. La belle empreinte reproduite par notre figure 1, pl. 48, représente la partie moyenne d'une fronde d'assez grande taille et large relativement, peut-être même d'un segment de fronde, dont les dimensions auraient alors été des plus considérables. La texture est coriace et le rachis principal garni de pennes ou segments principaux nombreux et contigus, disposés dans un ordre alterne et largement étalés. Les pinnules ou segments de second ordre, généralement opposés, d'autres fois alternes ou subalternes, sont insérés sous un angle très-ouvert le long des rachis secondaires, nombreux et insensiblement décroissants vers le tiers supérieur des segments dont la terminaison supérieure est longuement acuminée. Les pinnules, considérées à part, se subdivisent, comme le montrent les figures 1ª et 1ᵇ, en un certain nombre de lobes ou pinnules de troisième ordre; la forme de leur contour général est lancéolée-linéaire, insensiblement atténuée de la base, qui est sessile ou subsessile, jusqu'au sommet qui se prolonge plus ou moins en une pointe, tantôt obtuse (fig. 1ª), tantôt finement acuminée (fig. 1ᵇ). Les lobes sont d'autant plus distincts, d'autant plus profondément incisés et retrécis à la base, toujours cependant plus ou moins décurrente, qu'ils sont plus inférieurs; dans la direction opposée au contraire, ces mêmes lobes deviennent promptement adnés, soudés entre eux et finalement confluents. Leur forme est ovale, toujours obtuse, plus ou moins arrondie, plus ou moins spatulée pour les inférieurs, tandis que les supérieurs adnés entre eux deviennent confluents et enfin semblables à de simples crénelures obliques; presque toujours entiers, ils se montrent exceptionnellement sinués ou lobulés à leur côté antérieur qui est convexe, tandis que le côté dorsal est toujours plus ou moins décurrent, en sorte que, malgré le retrécissement de leur base, ces lobes ne constituent jamais de véritables pinnules. La nervation, cachée dans l'épaisseur d'un parenchyme de texture cartilagineuse, demeure presque toujours invisible; on l'entrevoit pourtant quelquefois, ainsi que les figures 1[a] et 1[b] le font voir et dans ce cas elle offre les mêmes caractères que chez les autres *Scleropteris*, tout en se rapprochant peut-être davantage de celle des *Ctenopteris* et surtout des *Dichopteris* de l'Oolithe des Alpes vénitiennes. Du reste, la parfaite conformité du mode d'incisure des segments de second ordre range si naturellement cette espèce parmi les *Scleropteris*, qu'il est impossible d'accorder au degré plus grand de complexité dans le mode de partition de ses frondes une autre valeur que celle qui résulte d'une divergence purement spécifique.

Rapports et différences. — Les frondes tripinnées distinguent cette espèce des autres *Scleropteris* connus jusqu'à présent; on peut dire encore que les dernières subdivisions du limbe sont plus arrondies et plus obtuses chez elle que chez le *S. Pomelii*, moins obliques, moins contiguës, plus ovales et moins rétrécies en spatule à la base que dans le *Scleropteris compacta*. Aucune autre espèce fossile, en dehors des *Scleropteris*, ne saurait être confondue avec cette forme remarquable, ni rapprochée d'elle, même de loin, avec vraisemblance.

Localité. — Creys (Isère), étage kimméridgien inférieur; coll. du Muséum de la ville de Lyon.

Explication des figures. — Pl. 48, fig. 1, partie moyenne d'une fronde de *Scleropteris dissecta*, grandeur naturelle, d'après une empreinte communiquée par M. Lortet; 1[a], pinnule grossie de la même espèce avec des traces de la nervation; 1[b], autre pinnule également grossie, avec le lobe basilaire lobulé sur le côté antérieur et sinué sur l'autre.

DOUZIÈME GENRE. — STACHYPTERIS.

Stachypteris, Pomel, *l. c.*, p. 337.
— Zigno, *Fl. foss. form. oolith.*, I, p. 218.
— Schimper, *Traité de Pal. vég.*, I, p. 586.

DIAGNOSE. — *Frons bi-tripinnata parvula segmentis inferioribus sæpe cæteris productioribus, pinnæ ultimæ pinnatifidæ partitæque, pinnulæ coriaceæ minutæ basi adnatæ vel plus minusve restrictæ confluentes aut distinctæ enerviæ vel uninerviæ, nervulis cæterum, si adsint, immersis ; fructificatio constans e pinnulis contractis inter se coalitis supra convexo-bullatis subtus concavis marginibusque revolutis sporangia intus inclusa foventibus spicas elongatas squamis distiche ordinatis conflatas mentiens, summis pinnarum pinnularumque rachibus inserta.*

Pachypteris (ex parte), Brongniart, *Tab. des genres de vég. foss.*, p. 34 et 105.

HISTOIRE ET DÉFINITION. — Le genre *Stachypteris* a été fondé par M. Pomel, en 1847, pour y comprendre des Fougères de Verdun et de Châteauroux chez lesquelles les parties de la fructification sont apparentes dans plusieurs cas et situées à l'extrémité supérieure des segments principaux ou secondaires. Ces organes, dans l'opinion de M. Pomel, consistaient en épis formés d'écailles distiques imbriquées, et l'auteur les compare aux organes reproducteurs des *Lygodium*, en faisant remarquer avec raison toutefois que chez les *Lygodium* l'axe qui porte les sporanges n'est qu'un prolongement des nervures secondaires qui font saillie en dehors du limbe de la pinnulé, tandis qu'ici les rachis eux-mêmes supportent à leur sommet l'appareil fructificateur. Cette différence essentielle et l'impossibilité d'observer l'emplacement et la structure des sporanges engageaient M. Pomel à admettre l'existence probable d'un genre éteint dont les organes fructificateurs auraient été conformés extérieurement comme ceux des *Lygodium* et disposés au sommet des rachis comme chez les Osmundacées. L'analogie avec les *Schizaea* et les *Mohria* ne pouvait paraître que plus éloignée. Le mérite de M. Pomel a été de signaler et de décrire le premier un genre de Fougères des plus curieux, parmi ceux qui caractérisent la série jurassique française. Ce genre est inconnu à l'étranger, il n'a même jamais été figuré, et sans M. Pomel qui attira sur lui l'attention, il y a près de 20 ans, il aurait peut-être passé inaperçu. Il faut dire encore que l'assimilation proposée par le savant français, bien que selon nous elle ne soit pas admissible, avait pour elle l'apparence. Il existe en effet une assez grande conformité extérieure entre les parties fructifiées des *Stachypteris* et les axes sporangifères des *Lygodium ;* et si les premiers ne portent pas de vrais épis, leurs appareils reproducteurs en reproduisent assez bien l'aspect; cela suffit pour justifier la dénomination générique proposée par M. Pomel et que nous conservons.

Les *Stachypteris* étaient des plantes de faible dimension; quelques-unes de leurs espèces pourraient même figurer parmi les Fougères fossiles les plus petites connues; leur consistance était coriace, leur limbe très-divisé; il était presque toujours tripinné et les dernières pinnules étaient incisées ou lobulées dans certaines espèces, mais à lobes toujours entiers. Leur apparence était grêle, leurs rachis de divers ordres très-minces, leurs segments espacés, alternes, tantôt divergents, tantôt ascendants; mais presque toujours les segments inférieurs étaient plus développés que les autres, et leur fronde manifestait une tendance à devenir triangulaire appendiculée ou même pédée à la base. Les pinnules étaient ovales-oblongues ou arrondies, selon les espèces, plus ou moins rétrécies à la base, libres entre elles ou confluentes, presque toujours terminées d'une façon obtuse. Les portions fructifiées, bien visibles, avaient la forme d'un épi court, dense et sub-quadrangulaire ou encore d'un chaton en voie de développement. Elles se montrent toujours soit au sommet des pennes secondaires ou tertiaires, soit au sommet des principaux segments seulement, et paraissent formées, non pas d'écailles distiques et imbriquées, comme le croyait M. Pomel, mais de pinnules contractées, contiguës et visiblement soudées entre elles; chacune d'elles demeurait cependant distincte, les points commissuraux étant marqués par de légers sillons séparant autant de coques ou parties bombées, en sorte que l'ensemble, sans doute protégé en dessous par un repli marginal continu, constituait une boîte creuse et allongée, partagée en autant de petits compartiments qu'il existait de pinnules primitives, soudées en un seul organe destiné à contenir les capsules. A la maturité, les parois du tégument protecteur s'écartaient longitudinalement; les bords de la pinnule contractée et fertile n'avaient rien de plat, comme chez les *Pteris*, mais la marge festonnée et repliée a dû présenter une certaine épaisseur, comme chez les Cheilanthées; c'est ce que laisse voir clairement notre figure 2ª, pl. 45, qui représente ces organes sous un assez fort grossissement et avec leur relief originaire, rétabli d'après un moulage.

Rapports et différences. — La consistance coriace des frondes, la forme des pinnules et l'absence de toute nervation apparente avaient porté M. Brongniart à ranger une des espèces de ce groupe, dont la fructification lui était inconnue, parmi les *Pachypteris*. Mais elles constituent certainement un genre à part, très-nettement caractérisé et l'un des mieux connus, au moins par son apparence extérieure. Le port, le mode de partition des frondes, la forme même des pinnules rappellent les Cheilanthées et particulièrement les *Cheilanthes microphylla* Sw., *micropteris* Sw., *viscosa* Lam., *lendigera* Mart., enfin le *Cheilanthes arabica* (? *Pellæa arabica* Fée), dont les frondes sont délicates, tantôt pinnées, tantôt pédées et triangulaires. Si les parties fertiles et contractées de ces espèces se trouvaient restreintes aux seules pinnules terminales, leur analogie avec les *Stachypteris* serait tout à fait remarquable ; car, ainsi qu'on le remarque dans le genre fossile, les parties fertiles des *Cheilanthes* sont allongées, festonnées et repliées le long des bords. Dans le *Pellæa arabica*, on observe un tégument crispé-ondulé, qui naît du bord replié des lobes et couvre toute la face inférieure. Parmi les genres plus ou moins alliés aux *Cheilanthes* proprement dits, le genre *Onychium* Kaulf. doit être aussi rapproché des *Stachypteris*. Chez les *Onychium*, il est vrai, les pinnules stériles sont incisées à lobes cunéiformes, linéaires et divergents et se rattachent par conséquent au type des *Sphenopteris*, mais les fructifères sont limitées à certaines parties modifiées, et presque toujours ce sont les sommets des segments qui se contractent en une pinnule allongée, à bords repliés en dessous et donnant lieu à un tégument qui s'étend jusqu'à la nervure médiane et recouvre les sporanges. C'est donc là une structure très-analogue à celle dont nous constatons l'existence chez les *Stachypteris*, et l'on pourrait dire de ceux-ci qu'ils ont les pinnules des *Cheilanthes* jointes à un mode de fructification très-voisin de celui des *Onychium*. Ce genre est propre au Corallien et au Kimméridgien. Il a dû fréquenter les endroits secs, chauds et pierreux, comme les types qui s'en rapprochent dans la nature actuelle et que l'on observe en Arabie, en Abyssinie, au Cap et aussi dans l'Amérique tropicale, le Népaul et les Philippines. Il faut encore remarquer que le genre *Cheilanthes* n'a pas quitté notre continent et que le *Ch. odora* Sw., Fougère distinguée par la délicatesse et la fragilité de ses frondes, habite aujourd'hui les fentes de rochers exposées au midi, dans la région méditerranéenne.

N° 1. Stachypteris spicans.

Pl. 49, fig. 2-6.

Stachypteris spicans, Pomel, *l. c.*, p. 336.
— — Zigno, *Enn. filic. form. oolith.*, p. 40; *Fl. foss. form. oolith.*, I, p. 211.
— — Schimper, *Traité de Pal. vég.*, I, p. 587.

Diagnose. — *S. frondibus bipinnatis, pinnis secundariis alternis, gracilibus plus minusve obliquis vel patentibus, tertiariis simpliciter pinnatis, pinnulis oblongis obtusis basi plerumque angustatis discretis nec confluentibus enerviis aut uninerviis; pinnarum terminalium lateraliumque summis rachibus fructificatione contractis, pinnulis coalitis bullatisque in appendicem spiciformem breviter elongatum, marginibus subtus revolutis crenato-sinuatum commutatis.*

Pachypteris microphylla, Brongt., *Tab. des genres de vég. foss.*, p. 34 et 105.
Stachypteris pulchra, Pomel, *l. c.*, p. 337.

Les frondes de cette espèce, la mieux connue de tout le genre, sont élégantes, élancées dans leur petite taille et faciles à reconnaître aux caractères suivants : elles sont tripinnées à rachis principal mince, cylindrique, pourvu de rameaux alternes, linéaires par leur contour général, plus ou moins prolongés et garnis de pennes ou de segments de second ordre, alternes comme les précédents, oblongs et eux-mêmes pinnés. Les pinnules sont menues, ovales, oblongues, obtuses, rétrécies à la base, alternes ou sub-opposées, susceptibles de devenir caduques et nullement confluentes au sommet des pennes qui se terminent par une pinnule semblable à toutes les autres.

On doit rapporter à cette espèce un exemplaire stérile que nous reproduisons, pl. 49, fig. 1, et qui appartient à la collection du muséum de Paris, où il figure sous le nom de *Pachypteris? delicatula* Ad. Brongniart. La forme des pinnules et la disposition des segments identifient cet exemplaire avec la belle empreinte fertile, pl. 49, fig. 2, dont nous devons la connaissance à M. Moreau. Celle-ci représente une fronde tripinnée dont le rachis principal est brisé, tandis que près de lui quatre pennes se trouvent rangées dans leur situation normale. Elles sont un peu plus obliques que celles de l'exemplaire, fig. [illegible], longeus de 3 à 4 centimètres, alternes et pourvues de pinnules également alternes dont la plupart, surtout les supérieures, sont visiblement fertiles. Nos figures 2[a], [b] et [c], 3 et 4 représentent ces pinnules fertiles sous divers aspects et à plusieurs degrés de grossissement. La figure 2[a] a été dessinée d'après un moule exact qui a rendu aux anciens organes leur forme et leur relief. On voit que les pinnules les plus inférieures de chaque segment ne sont pas transformées; au-dessus des deux premières paires, les pinnules, encore distinctes, se trouvent évidemment soudées par les bords, bien que le relief et le contour de chacune d'elles restent visibles. Ainsi soudées entre elles, ces pinnulesc omposent un organe faussement spiciforme, obtus au sommet, auquel un rebord marginal donne de l'épaisseur. Les pinnules soudées sont au nombre de 10 à 12, les supérieures peu distinctes, les moyennes et inférieures comme bullées et la marge festonnée, comme si l'ensemble de l'organe consistait en autant de coques contiguës et soudées qu'il existe de pinnules transformées. Il est impossible de conjecturer l'ordre et le mode d'insertion des sporanges à l'intérieur de ces organes singuliers qui rappellent les portions fertiles et contractées des *Cheilanthes* et des *Struthiopteris*. Nous rangeons dans la même espèce la figure 5 exécutée d'après un dessin de M. Moreau qui pourrait bien avoir été légèrement grossi ; nous y rapportons également le *Stachypteris pulchra* (pl. 49, fig. 6) de M. Pomel, que ce savant a recueilli dans les calcaires lithographiques de Châteauroux, mais qui ne se distingue en réalité par aucun caractère saisissable des exemplaires de Verdun. L'échantillon consiste dans l'extrémité supérieure d'une penne de premier ordre avec trois pinnules fertiles, l'une terminale et deux latérales alternes. Les parties soudées et contractées sont peut-être un peu plus courtes et plus obtuses que dans le *Stachypteris spicans* de la Meuse, mais la disposition est la même et d'ailleurs la faible étendue de l'empreinte empêche de préciser l'existence d'autres caractères différentiels.

Rapports et différences. — Les pinnules libres, rétrécies à la base, jamais confluentes, et la disposition des organes fructificateurs au sommet des pinnules latérales, aussi bien qu'à l'extrémité des segments principaux, distinguent bien cette remarquable espèce des suivantes. Elle ressemble plus que les autres du même genre aux *Cheilanthes* proprement dits, particulièrement au *Ch. microphylla*, Sw.

Localités. — Environs de Verdun, étage corallien, calcaires blancs, Urufle; calcaires blancs supérieurs, Sommedieue; coll. du muséum de Paris et de M. Moreau. Calcaires lithographiques de Châteauroux (Indre), étage corallien supérieur, coll. de M. Pomel et de la ville d'Oran.

Explication des figures. — Pl. 49, fig. 1, portion stérile d'une fronde *Stachypteris spicans* Pom., grandeur naturelle, d'après un échantillon de la collection du muséum de Paris, n° 897, provenant des calcaires blancs d'Urufle et envoyé par M. Moreau en 1837. Fig. 2, portion supérieure d'une fronde fertile de *Stachypteris spicans* Pom., grandeur naturelle, d'après un exemplaire provenant de Sommedieue, communiqué par M. Moreau et appartenant à sa collection; fig. 2ª, portion de rachis garni de pinnules fructifiées du même exemplaire, vu sous un assez fort grossissement d'après une empreinte moulée pour montrer l'aspect en relief des anciens organes; fig. 2ᶜ et 2ᵇ, portions fructifiées grossies de la même fronde. Fig. 3 et 4, autres fragments des portions fertiles de la même fronde sous un assez faible grossissement. Fig. 5, fragment d'une fronde fertile de la même espèce, d'après un dessin communiqué à M. Ad. Brongniart par M. Moreau en 1837. Fig. 6, fragment d'une portion fertile de *Stachypteris spicans* (*Stachypteris pulchra*, Pom.) recueilli par M. Pomel dans les calcaires lithographiques de Châteauroux et communiqué par lui, grandeur naturelle; fig. 6ª, même fragment grossi; fig. 6ᵇ, même fragment grossi d'après une empreinte moulée.

N° 2. Stachypteris litophylla.

Pl. 50, fig. 1-5.

Stachypteris litophylla, Pomel, *l. c.*, p. 337.
— — Zigno, *Fl. ool.*, I, p. 211.
— — Schimper, *Traité de Pal. vég.*, I, p. 587.

Diagnose. — *S. frondibus tri (quadri) pinnatis, rachibus plus minusve strictis flexuosis cylindricisque, secundariis obliquis, inferioribus frondis cujusque productioribus ad formam triangularem tendentibus, pinnulis oblongis pinnatifidis lobatisque rarius bipinnatipartitis, lobis vel pinnulis ovatis rotundisque inter se confluentibus; pinnarum primarii ordinis (nec pinnularum) summis apicibus fructificatione contractis in appendicem pinnulis inter se coalitis efformatum plus minusve elongatum obtusatumque productis.*

Cette seconde espèce est probablement celle que M. Pomel a désignée sous le nom de *S. litophylla*, bien que sa diagnose ne soit pas assez claire pour enlever toute incertitude à cet égard. En tous cas, ses caractères, alors sans doute imparfaitement connus, sont faciles à préciser d'après la série d'échantillons dont nous devons la communication à M. Moreau. Les rachis principaux et secondaires sont minces, grêles, quelquefois flexueux. Ils paraissent avoir été cylindriques; ils sont insérés obliquement et dans un ordre alterne. Les rameaux inférieurs, plus développés que les autres, impriment à la fronde une tendance manifeste vers la forme triangulaire. Les pinnules ou subdivisions sont oblongues, plus ou moins développées suivant les parties de la fronde où on les examine, tantôt simplement pinnatilobées, tantôt, mais plus rarement, pinnées à segments pinnatifides. Dans tous les cas, les lobes ou pinnules sont ovales ou arrondis, plus ou moins profondément incisés, mais toujours confluents; de plus ces pinnules vers l'extrémité des segments ne sont jamais rétrécies en coin ni tout à fait distinctes et susceptibles de se détacher comme celles de l'espèce précédente; en suivant ces lobes de bas en haut on les voit se réduire peu à peu à l'état de simples incisures ou même de festons obtus.

La figure 4, pl. 50, représente une fronde stérile, ayant sans doute appartenu à une jeune plante, et qui se rapporte peut-être à l'exemplaire d'après lequel M. Pomel a établi son *St. litophylla*. Le pétiole est long de 3 centimètres environ, quoique la fronde entière n'en mesure que 8; la forme triangulaire est visible, les pennes inférieures, plus développées que les suivantes, portant à leur base des pinnules bipinnées; les pennes supérieures décroissent rapidement, elles sont alternes, peu nombreuses, au nombre de 4 à 5 paires et les plus élevées ressemblent à de simples pinnules. Les pinnules de cet échantillon rappellent assez bien par leur forme celles du *St. spicans*; cependant, la figure 4ª, qui représente une pinnule grossie, laisse voir des lobes confluents et arrondis pareils à ceux des empreintes que nous allons décrire.

Les figures 1, 2, 3, 5, pl. 50, représentent des portions plus ou moins considérables de frondes, évidemment supérieures par leur dimension à celle dont nous venons de parler et à l'état adulte, puisque deux d'entre elles montrent des parties fructifiées. Ici, les pinnules sont toujours composées de lobes arrondis, plus ou moins incisés, mais confluents entre eux et décurrents. Plus le lobe est distinct, plus il paraît arrondi, et le terminal de chaque pinnule résulte souvent de deux ou plusieurs lobules réunis. Les fructifications se montrent en *aa*, disposées solitairement au sommet des rachis secondaires; elles consistent en un appendice allongé et obtus, composé de pinnules soudées par les bords et repliées en dessous. La structure de ces organes ne diffère pas essentiellement de celle des parties correspondantes du *St. spicans*, mais leur disposition toujours solitaire et terminale les distingue très-nettement de celles-ci.

Rapports et différences. — Nous venons de préciser les différences qui séparent le *St. litophylla* du *St. spicans*. La confluence des pinnules et la disposition solitaire des organes fructificateurs à l'extrémité des pennes ou rachis secondaires constituent les deux principales. La forme triangulaire des frondes et de plus grandes dimensions distinguent cette espèce de la suivante dont elle serait sans cela très-voisine. Parmi les Fougères actuelles du groupe des Cheilanthés, le *St. litophylla* rappelle les *Cheilanthes* à fronde triangulaire et par la forme des pinnules le *Cheilanthes* (*Myriopteris*) *lendigera*, Sw. Son port et la position des parties fructifiées lui donnent aussi une ressemblance assez étroite avec l'*Onychium aureum*, Kaulf.

Localités. — Environs de Verdun et Saint-Michel, étage corallien inférieur; coll. de M. Moreau et du musée de Strasbourg.

Explication des figures. — Pl. 50, fig. 1, portion supérieure d'une fronde de *Stachypteris litophylla* des environs de Verdun, d'après un exemplaire communiqué par M. Moreau et faisant partie de sa collection, grandeur naturelle, on distingue en *a* un appareil fructificateur; fig. 1[a], segment grossi de la même empreinte. Fig. 2, portion d'une fronde de la même espèce, d'après un exemplaire de Sommedieue communiqué par M. Moreau (nº 1016 de sa collection), grandeur naturelle. Fig. 3, autre fragment de fronde de la même espèce, grandeur naturelle, d'après un exemplaire de Gibbomeix (n° 397), de la collection de M. Moreau; on distingue en *aa* deux appareils fructificateurs ; fig. 3ª, portion de la même empreinte grossie. Fig. 4, fronde presque entière de *St. litophylla*, grandeur naturelle ; d'après un exemplaire de Verdun appartenant à la collection de M. Moreau. Fig. 5, autre fragment de fronde de la même espèce, d'après un dessin de M. Moreau communiqué à M. Brongniart en 1837, grandeur naturelle.

N° 3. **Stachypteris minuta.**

Pl. 51, fig. 1.

DIAGNOSE. — *S. frondibus tripinnatis ambitu elongatis sursum gradatim descrescentibus, segmentis primariis alternis patentibus breviusculis, secundariis oblongis pinnatipartitis, pinnulis obovatis enerviis rotundisque basi restrictis, superioribus cum terminali paullo majore confluentibus ; fructificatione ignota.*

Nous rapportons au même groupe que les espèces précédentes une empreinte d'Orbagnoux (Ain) dont la découverte est due à M. Itier. Ici la fronde est tripinnée, mais les segments inférieurs ne manifestent pas de tendance à dépasser les autres ; ils sont alternes, étalés presque à angle droit, assez courts et divisés en pinnules ou segments de second ordre qui se partagent eux-mêmes en lobes à peine visibles à l'œil nu, mais dont notre figure 2ª reproduit la forme sous un assez fort grossissement. Ces pinnules sont obovales, arrondies au sommet et sur leur pourtour, rétrécies à la base, distinctes entre elles, mais presque contiguës. La plus élevée de chaque pinnule devient seule confluente avec la pinnule terminale qui paraît généralement plus arrondie que les autres. On n'aperçoit aucune trace de nervures.

Rapports et différences. — La petitesse de la fronde, la délicatesse des découpures, la disposition des segments principaux distinguent cette espèce et empêchent qu'on ne la confonde avec celle de Saint-Michel. Elle paraît pourtant en avoir été congénère, ainsi que l'analogie dans le mode d'incisure des segments donne droit de l'admettre. Parmi les formes actuelles la plus voisine nous semble le *Cheilanthes lendigera* et aussi le *Myriopteris gracilis*, Fée.

Localité. — Orbagnoux (Ain), Kimméridgien inférieur, coll. de M. Jules Itier ; très-rare.

Explication des figures. — Pl. 51, fig. 1, fragment de fronde de *Stachypteris minuta*, grandeur naturelle; 1[a], plusieurs pinnules grossies.

****** **Lomatopterideæ.** — *Frondes coriaceæ, pinnatipartitæ, pinnæ simplices lobatimque divisæ margine crasso aut subtus revoluto circumcirca præcinctæ, pinnulis lobisque basi tota adnatis plerumque et inter se confluentibus, pinnæ pinnulæque valide costatæ, costæ ante apicem evanidæ tum simplices tum pinnatinerviæ, nervulis simplicibus furcatisve.*

TREIZIÈME GENRE. — LOMATOPTERIS.

Lomatopteris, Schimper *(emend.)*, *Traité de Pal. vég.*, I, p. 472 (*excl. Cycadopteride*).

Diagnose. — *Frons coriacea pinnata pinnis in rachin plus minusve alato-appendiculatam decurrentibus sæpius lobatis incisoque crenatis, loborum crenarumque marginibus subtus un-*

dique reflexis, nervo in pinnula segmentove ultimo quolibet unico ante apicem attenuato evanidoque, nervulis aliis extra medium nullis.

Histoire et définition. — M. Schimper, en fondant ce genre, avait en vue l'*Odontopteris ? jurensis* de Kurr (*Neuroptersi limbata*, Quenst), Fougère remarquable qui caractérise le Corallien supérieur de Nussplingen et de Schnaitham, dans le Wurtemberg, et qui est certainement congénère des espèces décrites ci-après. Mais notre savant ami a cru devoir réunir au *Lomatopteris jurensis* les *Cycadopteris* de M. de Zigno qui, non-seulement s'en écartent d'une manière sensible, mais doivent, selon nous, être classés dans un genre distinct, quoique voisin des *Lomatopteris*.

L'examen de la nervation, dont l'ordonnance diffère totalement dans les deux cas, justifie notre manière de voir.

Les *Lomatopteris* sont des Fougères oolithiques, pinnatipartites ou bipinnées, à pinnules adhérentes au rachis et souvent entre elles, plus ou moins confluentes au sommet des segments qui sont eux-mêmes décurrents sur le rachis principal, ailé et appendiculé comme celui des *Callipteris* et *Odontopteris*. Les *Lomatopteris* rappellent surtout la physionomie du premier de ces deux genres; mais, d'une part, le bord des lobes et des segments est toujours cerné par un repli marginal continu dont l'analogie avec celui des Cheilanthées ne saurait échapper et, de l'autre, on ne distingue jamais dans les segments, et lorsque les segments sont incisés, dans les lobes et les pinnules, toujours adhérentes par la base, qu'une seule côte ou nervure médiane. Cette nervure médiane unique est épaisse, fortement prononcée inférieurement, mais elle diminue peu à peu dans la direction opposée et se termine avant le sommet. Nous avons pu nous assurer que cette nervure n'était réellement accompagnée d'aucune autre, en examinant au microscope le tissu foliacé réduit à l'état de pellicule translucide de l'une de nos espèces. A l'aide d'un faible grossissement, on distingue très-nettement la côte moyenne de chaque pinnule et l'on voit qu'aucune veine secondaire ne s'en détache pour s'étendre à travers le limbe. Dans ces résidus, le parenchyme celluleux et d'apparence corné qui garnissait l'intervalle situé entre les deux épidermes se trouve réduit à l'état de poussière amorphe, mais la couche épidermique conserve son organisation. A l'aide d'une macération un peu prolongée, elle se détache et reprend de la transparence et de l'élasticité. C'est ainsi que nous avons pu dessiner les cellules de l'épiderme, ainsi que la forme et la disposition des stomates dont nos figures 5 et 6, pl. 51, reproduisent l'ordonnance sous un grossissement d'environ 100 fois. Le grossissement de la figure 5 est un peu moindre que celui de la figure 6, mais dans les deux cas la composition de la trame cellulaire est la même ; les cellules, disposées sans ordre, sont un peu allongées, trapézoïdes ou penta-hexagonales, et leur réunion donne lieu à une sorte de mosaïque irrégulière. Les stomates sont irrégulièrement disséminées et cernées d'une rangée de cellules ordinairement plus petites, au nombre de 8, 9 et jusqu'à 12. Cette structure est évidemment très-analogue à celle qui distingue les *Thinnfeldia* dont la surface épiderdermique a été représentée par de nombreux spécimens dans l'ouvrage de M. Schenk (1). Du reste, si l'on se basait uniquement sur les figures de ce savant, plusieurs autres genres de Fougères, comme les *Laccopteris*, manifesteraient la même conformité; la plus étroite de toutes se-

(1) *Flora d. Grenzsch. des Keupers und Lias Frankens*, von Dr Aug. Schenk, *passim*.

rait même fournie par un *Tœniopteris* de Hettanges ou par le *Thaumatopteris Brauniana*, le texte ne s'expliquant pas clairement au sujet de l'attribution de la figure 8, pl. 25, dont la ressemblance avec celles que nous donnons ne saurait d'ailleurs être méconnue. M. Schenk, selon nous, a apprécié avec une visible exagération les caractères fournis par la forme et la disposition des cellules de l'épiderme. En faisant ressortir ces caractères qui varient d'un genre à l'autre et dépendent surtout de la consistance plus ou moins ferme des anciens organes, il a tantôt rapproché des Cycadées de véritables Fougères et tantôt réuni aux Fougères de vraies Cycadées, comme les *Otozamites*. La vérité est que ces caractères n'ont rien d'absolu et que des plantes analogues par la consistance des organes foliacés, mais distinctes par l'ordre et même par la classe, peuvent paraître très-voisines, si l'on s'attache à considérer en elles la seule structure de l'épiderme.

La consistance épaisse des *Lomatopteris* ne saurait être douteuse, pas plus que leur attribution à la classe des Fougères. Le repli marginal qui cerne leurs pinnules paraît être au premier abord un indice de fructification ; cependant, malgré le remarquable état de conservation de certains spécimens, nous n'avons pu retrouver aucun vestige de sores, ni de sporanges, sous le repli marginal encore visible. Il est juste de remarquer que chez plusieurs Cheilanthées (genres *Myriopteris*, F., *Plecosaurus*, F., *Eriosorus*, F., *Notochlæna*), le repli marginal des lobes n'est pas en rapport nécessaire avec les sporanges auxquels il sert de tégument ou qu'il protége indirectement ; il peut dès lors se présenter dans les parties stériles aussi bien que dans les fertiles. Il en a été peut-être ainsi pour les *Lomatopteris*, et leur mode de fructification nous demeure en réalité inconnu, malgré la particularité de structure caractéristique du repli marginal des pinnules.

Rapports et différences. — L'existence d'une nervure ou côte médiane unique dans chaque lobe empêche de confondre les *Lomatopteris* avec la plupart des genres de Fougères fossiles. Les pennes décurrentes sur un rachis ailé, l'adhérence des pinnules à leur base, leur soudure mutuelle et leur confluence les séparent des *Pachypteris*. Évidemment voisins des *Cycadopteris*, avec qui M. Schimper a eu tort cependant de les confondre, les *Lomatopteris* s'en distinguent et par l'absence de nervures secondaires dans chaque pinnule et aussi par le repli marginal, remplacé chez le premier de ces genres, ainsi que nous avons pu nous en assurer, par un ourlet cartilagineux où viennent se perdre les veines sorties de la médiane. Les *Lomatopteris* ainsi délimités ont un grand rapport apparent avec les Cheilanthées, soit à cause du repli constant de la marge, soit par le mode de partition des frondes et le contour même des segments et des lobes. Les genres *Myriopteris*, F., *Plecosorus*, F., *Jamesonia*, Hook. et Grev., *Nothochlœna* R. Br., surtout les deux premiers, nous paraissent les plus analogues. Chez eux aussi, la texture est coriace, les veines latérales sont invisibles ou même nulles, les pinnules sont repliées en dessous, indépendamment de la position des capsules qui occupent toute la face inférieure, tantôt nues ou imparfaitement protégées, tantôt sous-cuticulaires et soulevant pour paraître au jour l'épiderme des lobes qui leur sert de tégument. C'est un appareil fructificateur de cette nature dont M. de Zigno a cru reconnaître l'existence chez les *Cycadopteris*, ainsi que nous l'expliquerons plus loin.

Les *Lomatopteris* forment un genre exclusivement oolithique ; ils se montrent en France dès la base de la grande Oolithe, et persistent jusque dans le kimméridgien ; ils ont ensuite disparu et ne paraissent avoir aucun représentant direct dans la nature vivante, bien que leur place soit marquée, ainsi que nous l'avons dit plus haut, non loin de la tribu des Cheilanthées.

N° 1. — Lomatopteris Moretiana.

Pl. 51, fig. 4-6 et 52, fig. 1-5.

DIAGNOSE. — *L. frondibus verosimiliter coriaceis ambitu lato linearibus basin apicemque versus longe sensim attenuatis, rachi subtus crassa supra autem graciliore donatis, pinnatisque, pinnis patentibus obliquioribusve numerosis alternis plus minusve approximatis crenato-pinnatifidis partitisque in rachin alato-appendiculatam basi plerumque decurrentibus, supremis simpliciusculis tandem vix confluentibus, pinnulis in pinnis frondium mediis plurimis* (*ex utroque latere* 8-12) *basi costæ mediæ adnatis inter se plus minusve coalitis demum ad apicem pinnarum confluentibus breviter obtusis rotundatisque omnibus margine subtus revolutis, costa media pinnarum supra vix expressa subtus prominula sensim attenuata nervulos simplices in pinnulas lobosque emittente, nervulis pinnularum simplicissimis basi crassiusculis apice deficientibus sæpe immersis in pagina superiori vix perspicuis.*

Pecopteris Moretiana,	Brongniart, *Tab. des genres de vég. foss.*, p. 105.
— —	Zigno, *Fl. foss. oolith.*, I, p. 149.
Pachypteris sp.	Brongniart, *l. c.*, p. 34.
Cycadopteris Brauniana (ex parte),	Zigno, *l. c.*, I, p. 155. (*Quoad specimina gallica ad Chanay relata*).

Lomatopteris jurensis (ex parte), Schimper, *Traité de Paléontol. vég.* I, p. 473 *(Quoad specimina gallica loco dicto Etrochey tributa).*

La dimension des frondes paraît être des plus variables dans cette espèce. Les moindres de ces organes ne mesurent guère plus de 15 centimètres de long, tandis que nous avons observé, chez M. Jules Beaudoin, à Châtillon, un exemplaire (Pl. 52, fig. 1 et 2) qui dépasse 30 centimètres et n'est pas terminé inférieurement. Le plus souvent on ne recueille que des fragments plus ou moins complets, garnis de pennes nombreuses, rapprochées ou même contiguës. Ces pennes, tantôt étalées à angle droit, tantôt un peu obliques, conservent à peu près la même dimension dans une portion considérable des frondes; elles diminuent ensuite graduellement, en se rapprochant, soit de la base, soit de l'extrémité supérieure; elles sont souvent irrégulièrement développées ou avortées, et dans ce cas les frondes se trouvent dégarnies à certains endroits où de simples lobes tiennent la place des segments. Ces irrégularités sont visibles sur la grande fronde de la collection Beaudoin (Pl. 52, fig. 1 et 2). La figure 4 de la même planche montre la décroissance graduelle des segments vers le bas des frondes, tandis que la figure 2 fait voir le mode de terminaison supérieure. Cette dernière figure présente, vers le haut, des segments dont les pinnules se réduisent à n'être plus que des sinuosités; les plus élevés mesurent à peine une longueur de quelques millimètres; ils ne paraissent pas confluents. Les pennes les plus développées sont longues de 2 à 4 centimètres, selon les exemplaires; elles sont lobées-pinnatifides: les pinnules, adhérentes par la base, courtes, arrondies, uninerviées et confluentes vers le sommet, sont au nombre de 6 à 12; alternes ou subopposées, elles sont disposées des deux côtés d'un rachis ou côte moyenne qui n'est indiquée que par un sillon très-fin à la page supérieure des frondes. Le rachis principal est lui-même très-mince de ce côté; les pennes sont insérées sur lui de manière à le recouvrir en partie; elles sont décurrentes à leur base, et le rachis se montre le plus souvent ailé, l'espace qui sépare chaque penne, à l'endroit de son insertion, étant occupé par un lobe ou pinnule, pareil aux autres, adhérent soit au rachis principal, soit en partie sur lui et en partie sur le rachis secondaire. Les pinnules et la fronde elle-même ont un aspect uni, lorsque l'on s'attache aux empreintes correspondant à la face supérieure (Pl. 51, fig. 4, et 52, fig. 3). Celles qui se rapportent à la face opposée (Pl. 52, fig. 5) ont un aspect bien différent; un repli visible de la marge, sous la forme d'un ourlet étroit et continu, cerne le contour de tous les lobes; le rachis principal est large et un peu convexe; les secondaires sont saillants, mais assez minces relativement au premier; ils s'effacent avant d'atteindre l'extrémité supérieure des segments dont le lobe terminal, sinué ou festonné, est toujours obtus, quelquefois arrondi et dilaté. On distingue sur le milieu de chaque pinnule une nervure médiane unique peu saillante, souvent même peu distincte. dont notre figure 5[a], pl. 52, qui représente plusieurs pinnules grossies, montre la disposition.

Rapports et différences. — Cette espèce a été confondue par M. Schimper avec son *Lomatopteris jurensis* (*Odontopteris jurensis*, Kurr), mais il suffit, en dehors même de la différence des niveaux géognostiques respectifs, de comparer nos figures avec celles que nous reproduisons pl. 55, fig. 1-4, et qui ont été dessinées d'après les échantillons originaux du musée de Stuttgart, pour constater une différence spécifique très-marquée entre ceux-ci et les exemplaires d'Etrochey. Le *Lomatopteris jurensis*, Schimp., a des frondes plus robustes, plus variables, à lobes plus allongés, plus obovales, moins régulièrement incisés et surtout plus obliques. Nous pensons encore que la dimension plus allongée des pennes et le nombre plus considérable des pinnules ou lobes distinguent cette espèce des deux suivantes qui l'accompagnent dans le calcaire de la Côte-d'Or; mais ce sont là peut-être aussi des formes d'un type variable, tellement il est difficile de saisir la limite qui les sépare les unes des autres.

Localités. — Etrochey, près de Châtillon-sur-Seine (Côte-d'Or), étage bathonien supérieur ou Cornbrash; coll. de M. Jules Beaudoin, de M. E. Flouest et la nôtre; coll. du muséum de Paris, envoi de M. le colonel Moret, à qui l'espèce a été dédiée par M. Ad. Brongniart sous le nom de *Pecopteris Moretiana*. — Saint-Éloi au nord de Poitiers (Vienne), étage oxfordien inférieur, coll. de M. de Longuemar (Pl. 51, fig. 4).

Explication des figures. — Pl. 51, fig. 4, partie médiane d'une fronde de *Lomatopteris Moretiana*, vue par-dessus, d'après un exemplaire moulé provenant des environs de Poitiers (Vienne) et appartenant à M. de Longuemar; fig. 5 et 6, cellules du tissu épidermique avec les stomates, vues sous un grossissement d'environ 100 fois, dessinées au microscope d'après les résidus des anciennes frondes de *Lomatopteris Moretiana*, réduits à l'état de lamelles cornées, mais ayant conservé une partie de leur organisation, et spécialement celle des deux épidermes. — Pl. 52, fig. 1 et 2, parties moyenne et supérieure d'une grande fronde de la même espèce, faisant partie de la collection de M. Jules Beaudoin à Chatillon-sur-Seine et provenant d'Etrochey (Côte-d'Or); la figure 1 représente la base et la figure 2 la terminaison supérieure d'une même empreinte, continue dans l'échantillon original. Fig. 3, fronde de la même espèce, vue par-dessus, grandeur naturelle, d'après un exemplaire de la collection de M. Jules Beaudoin. Fig. 4, parties moyenne et inférieure d'une autre fronde de la même espèce vue par-dessus, d'après un échantillon de la même collection. Fig. 5, partie médiane d'une fronde de la même espèce, vue par-dessous, grandeur naturelle ; fig. 5ª, plusieurs pinnules grossies pour montrer la disposition de la nervure unique, existant dans chacune d'elles.

N° 2. — **Lomatopteris burgundiaca.**

Pl. 54, fig. 1-4.

DIAGNOSE. — *L. frondibus coriaceis ambitu elongato-linearibus apice obtuse sensim attenuatis rachi subtus crasso petioloque valido donatis diversiformibus tum robustis tum gracilibus pinnatis, pinnis abbreviatis multiplicibus approximatis expansis in rachin plerumque alato-appendiculatum decurrentibus pinnatilobatis, inferioribus paullo minoribus, mediis plerisque æquilongis, summis paucilobatis simplicibusque tandem confluentibus, pinnulis pinnæ cujuslibet utrinque* 3-6, *ultima cæteris sæpius majore integra aut sinuata obtusa rotundataque, omnibus margine subtus revolutis præter costam pinnarum mediam subtus prominulam enerviis aut uninerviis nervulo vix notato.*

Nous réunissons en une espèce distincte de la précédente, non sans réserve cependant, les exemplaires provenant d'Etrochey que représente la planche 54, quelle que soit leur diversité apparente au premier coup d'œil. Ces échantillons très-complets et fort beaux de conservation laissent voir les caractères suivants : la forme générale des frondes est linéaire ou largement linéaire, allongée, atténuée insensiblement au sommet, mais beaucoup moins vers la base qui se termine assez brusquement. Le pétiole est large, dilaté et tronqué inférieurement ; il est long de 3 centimètres environ et continu avec le rachis principal dont il égale la largeur à la page inférieure, tandis que supérieurement ce même rachis est mince et paraît recouvert en partie par les pinnules inférieures de chaque segment. Ces segments, quelle que soit la grandeur des frondes, sont toujours proportionnellement courts et partagés en un petit nombre de pinnules; en sorte que la grande empreinte, Pl. 54, fig. 4, dont les dimensions dépassaient de plus du double celles des empreintes figurées sur la même planche, fig. 1 à 3, ne compte cependant jamais plus de 6 paires de lobes sur chaque penne. Ces pennes sont conformées comme celles du *Lomatopteris Moretiana*, mais elles se terminent par un lobe ordinairement plus élargi et plus arrondi au sommet. Le rachis principal se trouve constamment ailé et appendiculé, par suite de la décurrence des segments. Les deux exemplaires fig. 2 et 3, pl. 54, se rapportent l'un (fig. 3) à la partie moyenne, l'autre (fig. 2) à la partie supérieure d'une fronde; mais la fig. 1, même planche, reproduit une fronde de petite taille, à laquelle ne manquent, ni le pétiole, ni la terminaison supérieure. Les segments diminuent de longueur insensiblement, en se rapprochant du sommet; leurs pinnules, d'abord réduites en nombre, deviennent de simples sinuosités; puis les segments se changent en lobes allongés et obtus, confluents à la fin avec le lobe terminal dont le contour dessine une ellipse arrondie. Les côtes médianes de chaque segment sont saillantes et épaisses. Sur la grande empreinte seulement (Pl. 54, fig, 4), on entrevoit des nervures moyennes, marquées vers la base des lobes, mais disparaissant avant leur sommet.

Rapports et différences. — Les pinnules moins nombreuses, la largeur relative du lobe terminal de chaque segment, le rachis principal plus épais, le contour plus étroitement linéaire de la forme générale des frondes, les pennes moins développées et confluentes au sommet, tels sont les caractères qui paraissent distinguer cette espèce de la précédente, dont il est cependant possible qu'elle ne représente qu'une simple forme.

Localité. — Etrochey, près de Châtillon-sur-Seine (Côte-d'Or), dans les mêmes lits que le *Lomatopteris Moretiana;* coll. de M. Jules Beaudoin et la nôtre.

Explication des figures. — Pl. 54, fig. 1, fronde complète de *Lomatopteris burgundiaca* Sap., d'après un exemplaire communiqué par M. Jules Beaudoin et faisant partie de sa collection, grandeur naturelle; la fronde est vue par-dessus. Fig. 2, partie supérieure d'une fronde de la même espèce, vue par-dessous, grandeur naturelle. Fig. 3, partie moyenne d'une autre fronde de la même espèce, vue par-dessus, grandeur naturelle. Fig. 4, parties moyenne et inférieure d'une fronde de grande dimension, attribuée à la même espèce et vue par-dessous, grandeur naturelle, d'après un exemplaire de notre collection.

N° 3. — **Lomatopteris Balduini.**

Pl. 53, fig. 1-5.

DIAGNOSE. — *L. frondibus coriaceis mediocriter petiolatis linearibus elongatis apice sensim obtuse attenuatis rachi subtus valida instructis pinnatis pinnatifidisque, pinnis brevibus obtuse oblongis basi parce lobatis simplicibusve inter se liberis vel coalitis uninerviis marginibus subtus revolutis, superioribus simplicibus, supremis confluentibus, terminali breviter rotundata.*

Les frondes de cette espèce que nous dédions à M. Jules Beaudoin, comme un souvenir de son zèle à recueillir les plantes fossiles d'Etrochey, sont étroitement linéaires, allongées, insensiblement atténuées et néanmoins obtuses au sommet. Leur pétiole a la même dimension que celui du *L. burgundiaca*, 3 centimètres environ; il est un peu plus mince et continu, à la face inférieure, avec le rachis principal qui est large, saillant et conserve une égale épaisseur jusqu'à un point rapproché de la terminaison supérieure. Les pennes ou segments sont très-irréguliers et serrés les uns contre les autres; ils sont entiers, oblongs et arrondis au sommet, adhérents au rachis et soudés entre eux à la base comme vers l'extrémité supérieure des frondes; souvent ils conservent partout la même forme ou se montrent exceptionnellement lobulés, ainsi que l'on peut le constater en jetant les yeux sur la fronde représentée pl. 53, fig. 1, dont certaines pennes, et sur un côté seulement, paraissent lobées, les autres demeurant parfaitement entières. Les figures 2 et 3, même planche, représentent des frondes mieux développées et probablement beaucoup plus longues, dont les segments, toujours très-courts, sont terminés par un lobe tantôt arrondi, tantôt atténué en pointe; chaque segment porte en outre inférieurement 2 paires de lobes arrondis, plus ou moins prononcés. Dans ce dernier cas, les segments, libres entre eux, ne sont pas même décurrents, comme ceux des espèces précédentes, ou le sont très-rarement et le rachis principal n'est lui-même ni ailé ni appendiculé dans l'intervalle du reste fort étroit qui sépare les segments.

Quelle que soit leur forme, qu'ils soient entiers ou festonnés sur les bords, les segments, toujours très-courts, offrent plutôt l'aspect de simples pinnules que de pennes proprement dites; ils sont pourvus d'une côte médiane simple, émise à angle droit le long du rachis principal, épaisse à la base, atténuée ensuite, disparaissant vers le sommet et visible seulement à la page inférieure, sans vestige d'aucune autre. Le repli marginal est contant et cerne partout le bord des lobes et des lobules. Les segments, lorsqu'ils sont simples, sont parfois soudés à moitié l'un avec l'autre ou bien ils empiètent les uns sur les autres, tellement ils sont contigus. La figure 1, pl. 53, laisse voir le mode de terminaison; les segments du tiers supérieur de la fronde diminuent insensiblement, ils deviennent enfin confluents et donnent lieu à un dernier lobe obtus et arrondi, que rien ne distingue des latéraux.

Rapports et différences. — Il est impossible de confondre cette remarquable espèce avec les précédentes. La forme des segments principaux réduits à l'état de simples pinnules, tantôt simples, tantôt paucilobées la distingue du *Lomatopteris burgundiaca* et encore plus du *Lomatopteris Moretiana*. Il est naturel de comparer cette espèce aux *Jamesonia scalaris* Kunze, et *rotundifolia* Fée., Fougères péruviennes de la tribu des Cheilanthées, dont elle affecte le port.

LOCALITÉ. — Etrochey, près de Châtillon-sur-Seine, étage bathonien supérieur ou Cornbrash ; coll. de M. Jules Beaudoin et la nôtre.

EXPLICATION DES FIGURES. — Pl. 53, fig. 1, fronde entière, brisée et repliée naturellement, de *Lomatopteris Balduini*, grandeur naturelle. Fig. 2, partie moyenne d'une autre fronde de la même espèce, vue par-dessous, d'après un exemplaire communiqué par M. Jules Beaudoin et appartenant à sa collection. Fig. 3, fronde presque entière de la même espèce vue par-dessous, d'après un exemplaire communiqué par M. Jules Martin et recueilli par M. Mignerel, de Lyon, entre Courcette et Etrochey, grandeur naturelle. Fig. 4, fragment d'une fronde de la même espèce, vue par-dessous, grandeur naturelle ; les segments de ce dernier échantillon sont parfaitement entiers. Fig. 5, fragment de fronde de la même espèce, vue par-dessous, d'après un échantillon communiqué par M. Beaudoin et faisant partie de sa collection, grandeur naturelle ; les segments paraissent dans cet exemplaire munis à leur base d'une seule paire de lobules, ce qui leur donne l'apparence trilobée.

N. 4. — **Lomatopteris jurensis.**

Pl. 55, fig. 1-5.

Lomatopteris jurensis, Schimper, *Traité de Pal. vég.*, I, p. 473, Pl. 45, fig. 2-5. (*Excl. Cycadopteride Brauniana et C. heterophylla ut synonyma Lomatopt. jurensis a cl. Schimper nec recte acceptis nec etiam generi Lomatopteridi prorsus annumerandis, exclusis tandem speciminibus gallicis loco dicto Etrochey pertinentibus.*

DIAGNOSE. — *L. fronde pinnata bipinnataque coriacea, rachibus crassis, segmentis erecto-patentibus rachis faciei superiori affixis, inque rachin sæpe alatam appendiculatamque basi decurrentibus ambitu lingulato-oblongis obtusis simplicibus lobatisque, lobis pinnulisve obliquis obtusis rotundatisque sæpe confluentibus, ultimo majore, pinnularum loborumque omnium margine subtus undique revoluto, nervis e costa media pinnarum in pinnulas lobosque oblique emissis simplicissimis, nervulis aliis præter medio nullis.*

Odontopteris ? jurensis, Kurr., *Beitr. z fl. d. Jura-format. Wurtemb.*, p. 12, tab. 2, fig. 1.
— — Zigno, *Fl. foss. oolith.*, I, p. 189.
Neuropteris limbata, Quendst., *D. Deutsch. Jura*, tab. 99, fig. 8.
— — Schenk, *Palæontog.*, XI, p. 300, tab. 48, fig. 2.
— — Unger, *Ibid.*, IV, tab. 8, fig. 7.

Un fragment très-douteux (Pl. 55, fig. 5) paraît être être jusqu'ici le seul représentant du vrai *Lomatopteris jurensis* sur le sol français ; mais, comme cette espèce caractérise les dépôts de Solenhofen et de Nuspligen en Allemagne et qu'elle a été confondue jusqu'ici avec les formes congénères du Cornbrash et de l'Oxfordien, nous jugeons utile de la décrire et de la figurer d'une façon exacte, d'après des dessins originaux que notre ami M. Schimper a bien voulu nous communiquer. Les échantillons de Nuspligen reproduits par nos figures (Pl. 55, fig. 1-4) varient dans une si forte proportion que l'on serait tenté d'y reconnaître plusieurs espèces, si ces diversités se trouvaient constantes. La plupart des caractères propres aux *Lomatopteris* d'Etrochey reparaissent dans l'espèce corallienne d'Allemagne, mais avec des différences sensibles qui obligent de reconnaître celle-ci comme une forme bien distincte des premiers. Les frondes du *Lomatopteris jurensis* paraissent avoir été tantôt simplement pinnatifides, tantôt pinnées, à pennes pinnatifides. Les segments sont attachés à la partie supérieure du rachis qu'ils recouvrent, tandis que les pinnules et les lobes, très-rapprochés les uns des autres, affectent une direction oblique et une disposition souvent imbriquée qui n'existent pas chez les *Lomatopteris* d'Étrochey et de Cirin. Le rachis est constamment ailé dans l'intervalle qui sépare les pennes, à cause de la décurrence de celles-ci qui se prolongent plus ou moins et souvent même donnent lieu à un ou deux lobes insérés directement le long de la côte médiane. Les pennes sont oblongues, assez courtes, plus ou moins larges, obtuses supérieurement, tantôt simples et entières, tantôt pinnatifides ou pinnatilobées à pinnules oblongues, obtuses ou arrondies, toujours plus ou moins obliques et confluentes vers le haut des segments dont le lobe terminal est obtus ou arrondi. Le bord des pennes et des pinnules, comme chez les espèces précédentes, est constamment replié en dessous, de manière à former une marge étroite et continue. La côte médiane des segments est unique dans chacun d'eux, lorsqu'ils sont entiers ; mais dans les segments pinnatifides, chaque lobe reçoit une nervure médiane toujours simple et obliquement émise. La texture coriace du *L. jurensis* est certaine ; le tissu même des frondes s'est parfois conservée à l'état de lames cornées, selon le témoignage de M. Schimper; ce dernier fait témoigne de la conformité d'aspect et de consistance des *Lomatopteris* de Nuspligen avec ceux d'Étrochey qui présentent la même particularité.

Rapports et différences. — Malgré une incontestable analogie, la distinction du *Lomatopteris jurensis* d'avec les espèces d'Étrochey et les *Cycadopteris* de M. Zigno n'en est est pas moins certaine. L'obliquité des pinnules, la taille plus forte, un autre mode de partition des frondes séparent le *Lomatopteris jurensis* des *Lomatopteris Moretiana* et *burgundiaca* et même du *L. cirinica*. Il s'écarte encore plus du *Lomatopteris Balduini*. On conçoit pourtant qu'en s'attachant seulement à certaines empreintes isolées on ait été porté à confondre toutes ces formes. La figure 9, tab. 99, de l'ouvrage de Quenstedt pourrait autoriser cette réunion, les pinnules étant plus régulières, plus petites et moins obliques que dans le type ordinaire ; mais les magnifiques spécimens du musée de Stuttgard que nous figurons nous paraissent autoriser pleinement une distinction spécifique, dont la distance verticale qui existe entre le Cornbrash d'Étrochey et le Corallien supérieur du Nuspligen augmente la probabilité. La séparation d'avec les *Cycadopteris* n'est pas moins visible ; puisque chez ceux-ci la non décurrence des segments, l'absence de nervures latérales et l'ourlet marginal formé, non par un repli, mais par un rebord cartilagineux fournissent autant de caractères différentiels.

Localités. — Orbagnoux (Ain), étage kimméridgien inférieur, coll. de M. Itier : une seule empreinte douteuse. — En dehors de France l'espèce se montre à Nuspligen (Wurtemberg) et à Solenhofen (Bavière) ; elle est surtout caractéristique pour le Corallien supérieur de la première de ces deux localités.

Explication des figures. — Planche 55, fig. 1, parties moyenne et supérieure d'une fronde de petite taille de *Lomatopteris jurensis* Schimp., vue par dessus, d'après un échantillon du musée de Stuttgardt, dessiné par M. Schimper, grandeur naturelle. Fig. 2, moitié supérieure d'une fronde de la même espèce, vue par dessous, même provenance, grandeur naturelle. Fig. 3, extrémité supérieure d'une fronde ou d'un segment de fronde de la même espèce, vue par dessous, composée de pinnules entières, même provenance, grandeur naturelle. Fig. 4, portion médiane d'une fronde de la même espèce, vue par dessous, même provenance, grandeur naturelle. Fig. 5, fragment douteux d'une fronde de la même espèce, vue par dessous, présentant des pinnules simples, entières et irrégulièrement disposées, d'après un échantillon d'Orbagnoux (Ain), appartenant à la collection de M. Itier, grandeur naturelle (1).

N. 5. — **Lomatopteris cirinica.**

Pl. 56, fig. 1-2, et 57, fig. 1-2.

Diagnose. — *L. frondibus elatis coriaceis robustis circiter pedalibus petiolo valido subtus semi-tereti ad basin incrassato donatis, ambitu lato-linearibus pinnatis subpinnatisque, segmentis primariis oppositis alternisque plus minusve in lobos pinnulasque basi tota adnatos lateribus contiguos apice obtusatos partitis rarius integris vel basi unilobatis in rachin alato-appendiculatam deorsum decurrentibus, supremis tandem confluentibus, pinnarum loborumque marginibus, ut videtur, leviter subtus revolutis, nervo unico in pinnulas quaslibet excurrente ob speciminum defectum fere imperspicuo.*

(1) Les traits noirs en forme de veines, que le dessinateur a beaucoup trop accentués en reproduisant notre figure, nous ont paru représenter plutôt un accident de fossilation que de véritables nervures. Si cependant la dernière supposition devait être adoptée, ce spécimen ne serait autre qu'un échantillon déformé du *Lomatopteris Brauniana*, espèce fréquente dans les lits d'Orbagnoux. (Note ajoutée au moment de l'impression.)

Bien que plus rapprochée, par ses caractères comme par le temps où elle a vécu, du *Lomatopt. jurensis* Schimp. que les spécimens d'Étrochey, cette forme, dont il a été recueilli à Cirin deux magnifiques exemplaires, nous paraît devoir être décrite séparément. A peu près contemporaine de l'espèce de Wurtemberg, elle paraît douée d'un faciès analogue et de dimensions semblables ; cependant lorsqu'on examine les frondes que nous possédons dans leur intégrité, il est difficile de ne pas leur reconnaître un air de famille et une parenté évidente avec les *Lomatopteris Moretiana* et *burgundiaca*, surtout avec la seconde de ces deux formes bathoniennes. En réalité, notre *L. cirinica* tient le milieu entre ces divers types sans se confondre tout à fait avec aucun d'eux, et il présente lui-même des caractères différentiels qui, bien que faibles, autorisent la distinction que nous proposons. Les deux frondes de Cirin, que nous reproduisons, sont intactes, y compris le pétiole ; elles mesurent également une longueur totale d'environ 30 centimètres. Bien qu'elles aient incontestablement appartenu à la même espèce, elles diffèrent assez notablement l'une de l'autre. Le spécimen, pl. 56, a un pétiole plus gros et un peu plus court ; le contour général est moins large ; les segments principaux sont beaucoup plus nombreux, 20 au moins au lieu de 12 à 13 ; mais, au lieu d'être uniformément divisés en lobes ou pinnules de dernier ordre, les inférieurs, au nombre de 7 à 8 paires, sont les uns entiers, les autres munis d'un lobule unique, en sorte que les médians seuls se trouvent incisés et que tous sont bien moins allongés que dans le second spécimen. Mais la forme des lobes et des appendices dont le rachis est bordé, l'ordre des segments et leur disposition sont tellement pareils des deux parts qu'il est vraiment impossible de s'arrêter à ces divergences d'une nature tout accidentelle.

Le spécimen, pl. 57, fig. 1-2, représente une fronde plus large et moins haute relativement; les segments sont bien moins nombreux, mais ils s'étendent davantage et sont tous partagés en pinnules larges, obtuses et arrondies au sommet, contiguës par les bords, adhérentes par toute leur base et plus ou moins soudées entre elles. Ces pinnules sont insérées moins obliquement, moins allongées et moins larges que celles du *Lomatopt. jurensis*, qui paraissent, d'après les dessins originaux que nous reproduisons, avoir été couchées les unes sur les autres de manière à se recouvrir légèrement par les bords. Les segments primaires de la fronde de Cirin sont linéaires, obtus et souvent arrondis à leur sommet, où les pinnules se changent en lobes confluents qui deviennent à la fin de simples sinuosités. Ces mêmes segments se raccourcissent en approchant du sommet de l'organe qui se termine par plusieurs paires de lobes confluents et entiers, dont l'extrémité paraît comme tronquée. On distingue vaguement la trace d'une nervure médiane sur quelques-uns des lobes, ainsi que le repli marginal qui cernait leur bord ; mais l'empreinte est trop peu précise pour permettre de bien juger de ces derniers détails.

Rapports et différences. — Ce que nous venons de dire et une comparaison rendue facile par les figures de notre planche 55, avec le *Lomatopt. jurensis* de Nuspligen, permettent de se faire une idée des similitudes et des divergences qui existent entre la plante de Cirin et celle du Wurtemberg. Rapproché des *Lomatopteris* bathoniens, le *L. cirinica* s'en distingue par une taille ordinairement plus élevée, par une terminaison supérieure moins allongée et par des segments plus obliquement insérés. Cependant, on reste frappé des rapports d'ensemble qui les relient évidemment les uns aux autres. Il faut pour s'en rendre compte établir la comparaison entre la plus large des frondes de Cirin et le plus grand des spécimens d'Étrochey (Pl. 54, fig. 4); on constate de cette façon que les segments principaux de ce dernier exemplaire sont étalés à angle droit, très-multipliés et à peu près contigus, tandis que dans le premier ils sont bien moins nombreux, plus espacés et plus obliques. Il serait difficile de songer à les confondre dans une seule espèce, et cependant on serait tenté de considérer toutes les formes que nous venons de signaler comme des races locales, déviées plus ou moins d'un type des plus polymorphes. Du reste la beauté des échantillons favorise l'examen de la question et il est rare de pouvoir s'appuyer, en paléophytologie, sur des documents aussi complets pour démontrer la filiation d'une forme particulière par une autre forme, antérieure à la première et séparée d'elle par un long intervalle de temps. Nous croyons qu'il est impossible de ne pas admettre que le *Lomatopteris cirinica* ne soit un prolongement légèrement modifié du type d'Étrochey ; celui-ci aurait donc persisté, en se modifiant quelque peu, depuis le Bathonien jusqu'au Kimméridgien, au sein de la même contrée, s'avançant vers l'est à mesure que les émersions étendaient le périmètre continental et ouvraient à la végétation de nouveaux espaces.

LOCALITÉS. — Cirin (Ain), étage kimméridgien inférieur; collection du muséum de Lyon et des petits-frères de Marie, à Saint-Genin-Laval (Rhône).

EXPLICATION DES FIGURES. — Planche 56, fig. 1 et 2, fronde complète de *Lomatopteris cirinica* Sap., grandeur naturelle, d'après un échantillon du muséum de Lyon, communiqué par M. Lortet. — Pl. 57, fig. 1 et 2, autre fronde également complète de la même espèce, d'après un échantillon reçu en communication des petits-frères de Marie, par l'intermédiaire de M. Dumortier, grandeur naturelle.

N° 6. — **Lomatopteris minima.**

Pl. 56, fig. 2-3.

DIAGNOSE. — *L. fronde minuta lanceolata bipinnata, segmentis primariis brevibus pinnatilobatis partitisque, lobis rotundatis inter se basi coalitis mox confluentibus uninerviis.*

L'empreinte d'Armaille que nous reproduisons sous ce nom présente, malgré sa petitesse, tous les caractères d'un *Lomatopteris*, la texture coriace, les lobes soudés entre eux et par la base, la nervure médiane unique, le bord cerné par un repli marginal, à peine visible, il est vrai, tellement il paraît étroit. Les segments principaux sont peu développés, subopposés et partagés en pinnules obtuses, bientôt confluentes. C'était là une espèce de très-petite taille. Nous lui réunissons avec un peu de doute une empreinte d'Orbagnoux (fig. 2) qui présente des caractères sensiblement pareils. Nos figures grossies 3^a et 3^b (cette dernière sous un plus fort grossissement) permettent de saisir les caractères de cette curieuse espèce.

RAPPORTS ET DIFFÉRENCES. — La petitesse de la fronde du *Lomatopt. minima* empêche de la confondre avec aucun de ses congénères, mais on serait tenté de reconnaître en lui un *Stachypteris* ou de le prendre pour le *Sphenopteris minutifolia*, si la netteté parfaite de la nervation ne démontrait son affinité avec les autres *Lomatopteris*.

LOCALITÉS. — Armaille, coll. de M. Falsan (fig. 3) et Orbagnoux, coll. de M. Itier ; étage kimméridgien inférieur.

EXPLICATION DES FIGURES. — Pl. 51, fig. 2, fragment d'une fronde de *Lomatopteris minima*, grandeur naturelle ; 2ª, même fragment grossi, d'après un échantillon d'Orbagnoux. Fig. 3, sommité d'une fronde de *Lomatopteris minima*, grandeur naturelle, d'après un échantillon communiqué par M. Falsan ; fig. 3ª, un des segments grossis ; 3ᵇ, plusieurs pinnules vues sous un plus fort grossissement, pour montrer la disposition de la nervation.

N° 7. — Lomatopteris Desnoyersii.

Pl. 51, fig. 7.

DIAGNOSE. — *L. frondibus vel rondium segmentis coriaceis rigidis anguste linearibus grosse crenato-lobatis, lobis obtussissime rotundatis basi lata adnatis inter seque coalitis margine subtus revolutis, nervis nervulisque præter costam mediam segmenti valide expressam distinctis nullis.*

Filicites Desnoyersii, Ad. Brongniart, *Ann. sc. nat.*, IV, p. 421, pl. 19, fig. 1.
Pecopteris Desnoyersii, *Id.*, *Hist. des vég. foss.*, I, p. 366, p. 329, fig. 1. — *Tab. des genres de vég. foss.*, p. 105.

Nous n'hésitons pas à réunir aux *Lomatopteris* le *Pecopteris Desnoyersii* de Brongniart qui présente, malgré la faible étendue et le mauvais état de conservation du fragment qui a servi à établir l'espèce, la plupart des caractères du genre. L'échantillon original que M. Brongniart a bien voulu nous communiquer, et d'après lequel nous avons tracé le dessin pl. 51, fig. 5, consiste seulement en un segment de fronde, simplement pinnatifide, de texture coriace et pourvu d'un rachis ou côte médiane saillante et relativement épaisse (2 1/2 millim.). L'empreinte se rapporte à la page inférieure ; la forme générale est étroitement linéaire, et le limbe, dont la plus grande largeur n'excède pas 8 millimètres, est partagé en lobes semi-circulaires, soudés entre eux par leur base élargie et cernés dans toute leur étendue par un repli continu de la marge. Ainsi, les pinnules ne sont que des lobes dans lesquels on ne distingue aucune trace de nervures secondaires sorties de la médiane. Il est vrai que le grain oolithique de la roche enlève la possibilité de distinguer aucun détail ; on peut juger pourtant de la nature coriace de l'ancienne fronde par la profondeur de l'empreinte qu'elle a laissée.

La découverte de cette espèce et de la plupart des plantes si intéressantes, malgré leur petit nombre, de l'Oolithe de Mamers, est due à un savant remarquable par la finesse et la sagacité de ses aperçus, M. Desnoyers, qui a fixé l'âge des formations oolithiques du nord-ouest de la France et établi leur concordance avec les étages classiques d'outre-Manche, dès 1824, c'est-à-dire à une époque où la science elle-même était en voie de création. M. Desnoyers reconnut dès lors l'existence de caractères propres à distinguer la flore terrestre jurassique de celle des temps carbonifères, et soumit les précieux débris qu'il venait de recueillir à l'étude de M. Brongniart, dont la *Note sur les végétaux fossiles de l'Oolithe à fougère de Mamers* marque une des premières dates dans la série des progrès si rapidement accomplis sous l'impulsion de ce savant. — M. Desnoyers, dans son mémoire, insiste sur la liaison présumée du terrain de Mamers avec celui de Stonesfield, subordonnés tous deux à l'Oxfordien. Ce point de vue, demeuré parfaitement exact, a été confirmé par l'observation récente, à Etrochey

(Côte-d'Or) et en Angleterre même, du *Brachyphyllum Desnoyersii* (*Mamillaria Desnoyersii*, Brngt.), trouvé sur le même horizon que dans la Sarthe, vers le point de jonction du Bathonien et de l'Oxfordien (Cornbrash). M. Desnoyers, à qui nous devons la communication de ceux des matériaux relatifs au dépôt de Mamers qui ont échappé, *en très-petit nombre*, aux déprédations de l'ennemi, avait saisi sans peine la nature ptéridologique de l'empreimte à laquelle M. Brongniart donna bientôt après le nom de *Filicites Desnoyersii*, puisqu'il la comparait aux feuilles des *Asplenium* et des *Ceterach* (1).

Rapports et différences. — M. Brongniart n'avait rangé qu'avec doute cette espèce parmi les *Pecopteris* dont elle ne possède pas la nervation caractéristique. L'opposition assez marquée des pinnules lui donne de l'analogie avec le groupe des *Pachypteris ;* mais l'absence de nervures visibles autre que la côte médiane, la saillie et l'épaisseur de celle-ci et surtout le repli de la marge la range très-naturellement à côté des *Lomatopteris ;* elle ressemble plus particulièrement au *L. Balduini* dont elle diffère par des pinnule stout à fait arrondies, à peine saillantes, toutes égales et plus constamment soudées entre elles. On ne saurait confondre cette espèce avec aucune autre Fougère fossile, bien qu'elle rappelle au premier abord l'*Odontopteris obtusa* Brngt. et le *Ctenopteris cycadea*.

Localité. — Mamers (Sarthe), étage bathonien ; collection du muséum de Paris.

Description des figures. — Pl. 51, fig. 7, fragment d'une fronde de *Lomatopteris Dernoyersii*, dessiné d'après l'échantillon original unique, communiqué par M. Ad. Brongniart, grandeur naturelle.

(1) *Ann. sc. nat.*, t IV, p. 382.

TREIZIÈME GENRE. — CYCADOPTERIS.

Cycadopteris, Zigno (non Schimper), *Nuovo gen. di Felce foss. in Act. I. R. Venet.*, vol. VI, série 3, 1861; *Enum. filic. foss. form. ool.*, p. 29; *Fl. foss. oolith.*, I, p. 152.

DIAGNOSE. — *Frons pinnata aut bipinnata, rachi crassa longitudinaliterque striata instructa, pinnis segmentisque integris crenatoque pinnatifidis lobatisve basi adnatis et in rachin auguste alatam decurrentibus, nervi pinnarum primariarum crassissimi ante apicem soluti, nervuli præter medios laterales e costis sub angulo tum aperto tum plus minusve obliquo orti unifurcati interdum simplices ad marginem cartilagineo-cinctum terminati; sori (secundum cl. Zigno) lineares arcuati juxta nervulos dispositi immersi sub cuticula sporangiorum maturitate tandem aperta nascentes.*

Lomatopteris (ex parte), Schimper, *Traité de Pal. vég.*, I, p. 472.

HISTOIRE ET DÉFINITION. — M. de Zigno a établi ce genre pour des Fougères qui abondent dans l'Oolithe du Vicentin et du Véronnais et dont cet auteur croit avoir découvert jusqu'aux sores, en soumettant à l'analyse microscopique les portions conservées des anciennes frondes, réduites à l'état de pellicule desséchée. La même particularité, nous venons de le voir, s'est présentée chez les *Lomatopteris*, et cette circonstance jointe à une assez grande conformité d'aspect pourrait faire penser qu'il s'agit de deux groupes alliés de près. Il nous semble pourtant que rien n'autorise à les confondre, à l'exemple de M. Schimper, ni surtout à identifier le *Lomatopteris jurensis* avec les *Cycadopteris Brauniana, heterophylla* et *undulata*. Pour ce qui est de la réunion de ces différentes formes en une seule, elle est possible, probable même pour la première et la dernière qui représentent, à vrai dire, des frondes semblables, mais vues soit par dessus, soit par dessous; elle nous semble par contre bien moins assurée pour le *Cycadopteris heterophylla* dont les frondes à pennes toujours pinnatifides sont loin d'avoir l'aspect de celles de l'espèce principale.

Les *Cycadopteris* avaient des frondes coriaces, rigides, résistantes, pourvues d'un rachis épais et de côtes médianes larges et saillantes, mais seulement sur la face inférieure, ce qui prouve que les segments étaient fixés sur l'arête supérieure des rachis. Ces segments, toujours plus ou moins allongés, sont tantôt simples et entiers, tantôt lobés-pinnatifides et décurrents à la base sur le rachis qui est tantôt nu, tantôt ailé et appendiculé, comme chez les *Lomatopteris*. La marge est toujours cernée par un ourlet, non pas provenant d'un repli, mais constitué par un bourrelet étroit et cartilagineux. La côte médiane de chaque segment est large et saillante inférieurement, mais à peine marquée par un sillon sur le revers opposé; elle se prolonge dans l'intérieur du segment ou du lobe sans s'amincir beaucoup jusqu'à un point voisin de sa terminaison, où elle s'arrête en donnant lieu à deux ou trois nervules très-courtes, pareilles à celles qu'elle émet tout le long de son parcours. Celles-ci sont ordinairement bifurquées presque dès la base, d'autres fois simples, et vont rejoindre le bourrelet calleux, servant ainsi de liaison entre lui et la côte médiane. Telle est cette nervation très-curieuse et très-nettement caractéristique qui reparaît aussi bien dans les segments principaux, lorsqu'ils sont simples, que dans les pinnules et les lobes secondaires. Partout où se montrerait une médiane unique chez les *Lomatopteris*, des nervules latérales se montrent ici, courtes et le plus souvent bifurquées, mais visibles seulement sur le revers inférieur des frondes.

Rapports et différences. — Le genre *Cycadopteris* est le proche allié de plusieurs types de Fougères coriaces, qui tous caractérisent également la série jurassique. Sa nervation pinnée le sépare très-nettement des *Ctenopteris*, et quoique déjà plus rapproché des *Thinnfeldia* , il s'en distingue par des nervules bien moins obliques, simples ou fourchues mais non pas plusieurs fois ramifiées-dichotomes, sortant toutes de la côte moyenne et non pas émises, en partie au moins, directement du rachis. Le bourrelet cartilagineux qui sert de marge aux pinnules des *Cycadopteris* constitue aussi un caractère fort net, empêchant qu'on ne puisse confondre ce genre avec celui des *Pachypteris* dont les pinnules sont opposées et uninerviées, ou bien avec les *Scleropteris* et les *Dichopteris* dont les pinnules sont énerves ou parcourues par plusieurs veinules sans médiane, ou bien enfin avec les *Lomatopteris* dont la bordure résulte d'un repli de la marge et qui ne présentent jamais qu'une médiane unique dans chaque lobe. Cependant, c'est non loin de ce dernier genre et dans la même section que les *Cycadopteris* doivent être rangés.

Leur mode de fructification, si les détails donnés par M. de Zigno viennent à être confirmés par l'observation des sporanges, serait un indice de plus de l'affinité commune de la section tout entière avec celle des Cheilanthées. En effet, les sores naissant sous l'épiderme, soulevant la cuticule à la maturité et la transformant en un tégument destiné à s'entr'ouvrir et à persister plus ou moins, s'observent dans quelques genres très-rares de Polypodiacées, mais spécialement dans le genre *Myriopteris* dont nous avons signalé l'analogie de forme avec nos *Lomatopteris*. Seulement, les sporanges des *Myriopteris* occupent toute l'étendue de la pinnule et soulèvent à la maturité la cuticule tout entière, tandis que ceux des *Cycadopteris*, si l'on adopte la manière de voir de M. de Zigno, seraient circonscrits de manière à donner lieu à des sores oblongs, disposés parallèlement aux nervures secondaires. La cuticule, après s'être fendue sur le milieu, se replierait sur les côtés en deux lèvres, formant une sorte de bourrelet qui prendrait son appui sur la nervure. Il est vrai que les observations de M. de Zigno ne paraissent pas assez concluantes pour entraîner la conviction. Les pinnules de *Cycadopteris*, à l'état de membranes desséchées, que M. de Zigno a bien voulu nous communiquer, et dont il est aisé de séparer les deux épidermes, seules parties dont l'organisation se soit conservée, laissent bien voir au microscope des endroits plus minces et plus transparents et des zones plus sombres ; celles-ci nous ont paru correspondre au trajet des nervures que leur épaisseur rend opaques, tandis que dans l'intervalle qui s'étend entre les nervures le tissu cellulaire épidermique devient visible par transparence ; il est facile de reconnaître que sa structure offre le plus grand rapport avec celle des parties correspondantes des *Lomatopteris*. Malgré tous nos soins, nous n'avons pu cependant observer aucun vestige de sores sous-cuticulaires ni de cuticule soulevée ni de sporanges en place. Nous avons conclu de cet examen que les pinnules soumises à notre investigation étaient stériles ; mais M. de Zigno qui a pu disposer d'un grand nombre d'échantillons a été sans doute plus heureux ; il a vu, dit-il, la cuticule enlevée à l'endroit présumé des sores ; il a remarqué les restes repliés de cette cuticule et l'emplacement un peu enfoncé occupé suivant lui par les sporanges, sans rencontrer cependant, ce que l'on ne peut s'empêcher de trouver singulier, aucune trace de ces derniers.

Localités. — Le genre *Cycadopteris* est exclusivement propre à l'Oolithe; il est répandu dans l'Oxfordien des provinces vénitiennes, où il a été découvert par M. de Zigno, surtout au mont Pernigotti et au val Zuliani, dans le Véronnais, à Rotzo, dans le val d'Assa (Vicentin); il a été retrouvé depuis dans la vallée de Joux, près de Chanay, par M. Heer. En France, ses vestiges sont restreints jusqu'ici au Kimméridgien inférieur.

N° 1. — **Cycadopteris Brauniana**.

Pl. 54, fig. 5; 57, fig. 3 — 4 et 58, fig. 1 — 5.

Cycadopteris Brauniana, Zigno, *Sopr. un nuov. gen. di. felce foss.*, *in Act. R. inst. venet.* VI, sér. 3, 186, p. 30; *Fl. foss. form. ool.*, I, p. 155, tab. 16, fig. 1-6, tab. 17, fig. 1-2.
— — Heer, *Urw. d. Schw.*, p. 143, fig. 966.

Diagnose. — *C. frondibus coriaceis lanceolatis vel lineari-lanceolatis utrinque attenuatis simpliciter pinnatis, rachi primaria valida subtus prominula donatis, segmentis alternis patulis lineari-oblongis plus minusve expansis apice obtusatis basi in rachin angustissime alatam decurrentibus, apicalibus inter se coalitis, ultimo elongato, costa media in segmento quolibet subtus prominente ante apicem in nervulos soluta cæterum penninervia, nervulis simplicibus furcatisque marginem incrassatum attingentibus.*

Lomatopteris jurensis (ex parte), Schimper, *Traité de Pal. vég.*, I, p. 494.

L'espèce est maintenant représentée en France par plusieurs beaux exemplaires dont nos figures reproduisent les principaux. On reconnaît en eux les caractères propres à la plante d'Italie : le rachis épais, les pinnules oblongues, adnées à leur base, obtuses au sommet, marginées sur les bords, la côte médiane donnant lieu latéralement et à son extrémité supérieure à des nervules, tantôt simples, tantôt bifurquées. Nous admettons par conséquent sans peine l'identité de nos échantillons avec le *Cycadopteris Brauniana* Zigno. Deux d'entre eux représentent des frondes complètes, dont la comparaison avec celles des dépôts vénitiens ne laisse pas que d'être instructive.

La première de ces empreintes (pl. 54, fig. 5) provient d'Armaille et se rapporte à la page supérieure d'une fronde dont le lobe terminal et la base du pétiole sont seuls mutilés. Le contour général est lancéolé-linéaire ; les pinnules, au nombre de 18 paires, alternes dans le bas, sub-opposées vers le haut, finalement confluentes à mesure qu'elles se rapprochent du sommet, sont oblongues, obtuses, soudées entre elles par l'extrême base et un peu décurrentes inférieurement, en sorte que la fronde qu'elles composent est en réalité pinnatipartite plutôt que réellement pinnée. Les pinnules sont séparées l'une de l'autre par un faible intervalle et munies chacune d'une côte médiane qui donne naissance à des nervures secondaires très-nombreuses, bien visibles, mais assez peu nettes, l'empreinte se rapportant à la face supérieure de l'organe, partie où les nervures n'avaient pas de saillie. Les pinnules diminuent peu soit vers la base, soit vers le sommet de la fronde qui se termine par un lobe linéaire dont l'extrémité a disparu.

L'autre fronde, à qui ne manque ni le pétiole, ni la terminaison supérieure, provient de Cirin (pl. 58, fig. 3 et 4).

Le format seul des planches nous a obligé à la figurer en deux fragments qui sont continus dant l'original. Ici reparaissent les mêmes caractères, seulement, l'organe montre sa face inférieure. Le rachis est large ; il a dû être saillant ; il donne naissance latéralement à des côtes médianes qui pénètrent dans chaque pinnule et s'amincissent avant d'en atteindre le sommet. Les nervules latérales sont nombreuses, visibles, mais assez peu nettes, à cause de la nature de l'empreinte qui laisse pourtant apercevoir la trace de l'ourlet marginal. On compte une vingtaine de paires de pinnules, généralement alternes, sauf les supérieures; le lobe terminal est peu développé, par suite peut-être d'un avortement. Le contour général est à peu près le même que dans l'autre exemplaire ; mais les pinnules diminuent davantage en approchant de la base, et les plus inférieures se réduisent à n'être plus que des lobes sinués. Cette seconde fronde est plus grande que la première; les pinnules sont plus larges, moins obtuses et moins allongées. Les échantillons d'Orbagnoux (pl. 58, fig. 1 et 2), qui sont bien moins complets, reproduisent cependant très-exactement le même type. Pour faciliter la connaissance de cette remarquable espèce, nous figurons, à côté des exemplaires de France, plusieurs empreintes provenant des Alpes vénitiennes. La figure 4, pl. 58, empruntée au grand ouvrage de M. de Zigno, montre une fronde à peu près intacte de *Cycadopteris Brauniana;* on voit par cet exemple et par plusieurs autres que ces frondes, comme les nôtres, étaient simplement pinnatipartites; la figure 4[a] représente la nervation grossie, d'après le même auteur. La figure 3, même planche, a été dessinée par nous avec beaucoup de soin sur une empreinte du mont Pernigotti, appartenant à notre collection ; la nervation d'une pinnule isolée est reproduite, fig. 3ᵃ, sous un faible grossissement. Les pinnules de ce dernier échantillon sont adnées au rachis par leur base, mais elles ne paraissent avoir été ni confluentes entre elles, ni décurrentes sur le rachis qui n'est pas ailé ; la forme générale est aussi bien plus linéaire que celle de la figure 4, ce qui résulte d'un moindre développement proportionnel des pinnules. Il est difficile, malgré ces divergences, de ne pas croire à l'existence d'une espèce unique comprenant tous les exemplaires à frondes simplement pinnées et à segments entiers. Cependant, ici comme pour les *Lomatopteris*, les échantillons des localités françaises kimmeridgiennes, avec leurs dimensions spéciales, leurs pinnules plus larges, plus courtes, moins linéaires et plus distinctement soudées entre elles semblent constituer une race particulière, dont les rapports précis avec la race italienne sont encore à définir. Celle-ci comprend peut-être elle-même plusieurs formes jusqu'à présent confondues.

Rapports et différences. — M. Schimper a réuni à tort selon nous les *Cycadopteris Brauniana* et *heterophylla*, le premier ayant des segments toujours simples et entiers, tandis que les frondes du second étaient bipinnées ou composées du moins de segments pinnatifides, ce qui établit entre les deux espèces une différence sensible. La dimension des frondes de *Cycadopteris Brauniana* était médiocre, la forme de leur contour, oblongue, lancéolée ou linéaire ; il nous paraît impossible de les confondre, si l'on consulte nos figures (voy. pl. 54, fig. 5 et pl. 57, fig. 3-4), avec celles du *Lomatopteris jurensis* qui sont plus larges, plus développées et comprennent des segments *lobés-pinnatifides* dont les pinnules *uninerviées* sont presque constamment soudées et confluentes. Le doute ne peut exister que pour des fragments incomplets et d'une faible étendue. C'est ainsi que nous avons rapporté au *Lomatopteris jurensis* (pl. 52, fig. 5), un fragment d'Orbagnoux en qui il serait presque aussi naturel de reconnaître un *Cycadopteris*. Mais cette confusion, résultant de l'existence d'une série d'empreintes à l'état de *lambeaux*, prouve seulement la grande uniformité de la flore ptéridologique à l'époque de l'Oolithe, sans impliquer le rapprochement forcé d'éléments, en réalité disparates, et dont les caractères différentiels deviennent visibles, dès qu'au lieu de faibles restes on obtient des portions considérables de leurs anciens organes.

Localités. — Cirin (Ain); Armaille (Ain) ; Orbagnoux (Ain); étage kimmeridgien inférieur; coll. du muséum de Lyon et de M. Itier. Hors de France, le *Cycadopteris Brauniana* a été signalé par M. Heer dans le Val-de-Joux, près de Chanay; les localités d'Allemagne, surtout celle de Nusplingen sont suspectes comme renfermant plutôt le *Lomatopteris jurensis*. Le *Cycadopteris Brauniana* est surtout répandu dans l'Oxfordien des Alpes vénitiennes; les localités les plus riches sont celles du mont Pernigotti, du Val Zuliani, de Scandolova, dans le Véronais, de Rotzo et du Val d'Assa, dans le Vicentin.

Explication des figures. — Pl. 54, fig. 5, fronde presque entière de *Cycadopteris Brauniana* Zigno, vue par dessus, d'après un échantillon du muséum de Lyon, provenant d'Armaille, grandeur naturelle. — Pl. 57, fig. 3 et 4, fronde complète de la même espèce, vue par dessous d'après un échantillon du muséum de Lyon, provenant de Cirin, grandeur naturelle. — Pl. 58, fig. 1, partie inférieure d'une autre fronde de la même espèce, d'après un exemplaire d'Orbagnoux, appartenant à M. Itier, grandeur naturelle. Fig. 2, autre fragment de même provenance, grandeur naturelle. Fig. 3, partie moyenne d'une fronde de la même espèces vue par dessous, d'après un exemplaire du mont Pernigotti qui fait partie de notre collection, grandeur naturelle. fig. 3ª, une pinnule grossie pour montrer la nervation. Fig. 4, fronde de *Cycadopteris Brauniana* Zigno, d'après une figure empruntée à l'ouvrage de l'auteur italien ; 4ª, nervation grossie d'après le même auteur. Fig. 5, autre fronde de la même espèce, de petite taille, d'après le même auteur, grandeur naturelle.

N° 2. — **Cycadopteris heterophylla.**

Pl. 59, fig. 1-4.

Cycadopteris heterophylla, Zigno, *Nuov. gen. d. felc. foss.*, in *Act. R. inst. venet.*, VI, série 3, 1861, p. 584, tab. 7, fig. 1-2 ; *En. fil. foss. form. oolit.*, p. 30 ; *Fl. foss. form. oolit.*, I, p. 158, tab. 18.

DIAGNOSE. — *C. frondibus lanceolatis aut lato-oblongis plerumque bipinnatis rachi substriata subtus valida crassaque donatis, segmentis pinnulisque organi illius faciei superiori insertis inque rachin plus minusve alatam sæpius basi decurrentibus, pinnis primariis sessilibus plus minusve elongatis apice obtuse attenuato confluentibus tandemque integris, mediis inferioribusque inciso-lobatis pinnatifidisque, pinnulis lobisque obtusissimis vel rotundatis basi connatis, costis pinnarum primariarum validis apice furcatis penninerviis, nervo medio in pinnula qualibet e costa media orto oblique penninervio, in furcas ante apicem soluto, venis secundariis segmentorum pinnularumque tum simplicibus tum furcatis ad marginem undique cartilagineo-cinctum excurrentibus.*

Lomatopteris jurensis (ex parte), Schimper, *Traité de pal. vég.*, I, p. 494.

Il existe peu de doutes touchant l'identification des deux fragments de fronde que nous figurons, pl. 59, fig. 3 et 4, avec le *Cycadopteris heterophylla*, malgré leur mauvais état de conservation. L'un, fig. 3, représente la sommité d'une fronde vue par dessus ; le rachis paraît à peine ; les segments, alternes, pinnatifides, à lobes arrondis et décurrents sur le rachis principal, distinctement ailé, deviennent simples ou à peine sinués à la partie supérieure ; ils diminuent successivement d'étendue, deviennent confluents et se terminent par une pointe obtuse assez peu prolongée. Cette empreinte a beaucoup de rapports, si l'on tient compte de la polymorphie évidente de l'espèce avec la figure 3, pl. 18, de l'ouvrage de M. de Zigno, que nous reproduisons (fig. 1 de notre planche 54) comme terme de comparaison. Seulement l'exemplaire d'Orbagnoux semble avoir appartenu à une fronde moins robuste et plus étroite que celui des Alpes vénitiennes. La nervation n'est pas visible sur cette empreinte ; elle l'est davantage sur un autre échantillon représenté fig. 4 (pl. 59), mais dont l'état est trop mauvais pour laisser voir autre chose, sinon que la fronde dont ce fragment faisait partie était bipinnée et qu'elle avait de grands rapports d'aspect avec la figure 1, pl. 18, de l'ouvrage de M. de Zigno, que nous reproduisons également (voy. pl. 59, fig. 2). Les frondes du *C. heterophylla* étaient plus grandes que celles du *C. Brauniana*. Visiblement bipinnées, elles étaient plus ou moins oblongues et lancéolées ; leurs pennes divisées en lobes et en pinnules arrondis ou obovés étaient terminées par une portion entière et obtuse. Leur nervation était conçue dans le même système que celle du *C. Brauniana*. Des nervules se trouvaient constamment disposées le long des côtes médianes de chaque segment, et ces côtes, larges et saillantes sur la page inférieure, se ramifiaient avant d'atteindre l'extrémité supérieure de chaque segment. Dans chaque pinnule et même dans chaque lobe, la nervure médiane émettait des veines latérales, plus ou moins obliquement dirigées, et disparaissait elle-même en se ramifiant bien avant le sommet. Ces nervules étaient simples ou bifurquées ; elles ne diminuaient nullement en force en s'éloignant de leur point d'émission, mais elles présentaient au contraire dans tout leur parcours la même épaisseur et allaient se réunir au rebord, en forme d'ourlet cartilagineux, qui cernait partout la marge des pinnules ; bien qu'il n'ait pas été le résultat d'un repli, ce rebord ne paraît avoir été bien visible qu'en dessous ; les empreintes se rapportant à la page supérieure des frondes n'en montrent que des marques indistinctes ou même nulles.

Rapports et différences. — Nous avons insisté en décrivant le *C. Brauniana* sur les différences qui le séparent du *C. heterophylla ;* M. Schimper a cru cependant à l'identité spécifique des deux formes; supposition admissible, dès qu'il s'agit d'un groupe dont la polymorphie est évidemment très-accentuée ! Quant au *Lomatopteris jurensis*, nous croyons, malgré les traits de ressemblance que l'on pourrait signaler, que cette affinité, tout à fait apparente, tient uniquement à un phénomène général qui embrasse à la fois un très-grand nombre de Fougères jurassiques. Toutes celles qui sont coriaces et particulières à cette époque, telles que les *Pachypteris*, *Stachypteris*, *Scleropteris*, *Ctenopteris*, *Dichopteris*, etc., ont été souvent confondues ; elles se ressemblaient en effet, mais par des traits généraux, indépendants de leur structure intime, semblables à ceux qui relient souvent les types les plus divers d'une même flore, lorsqu'ils vivent tous également soumis à des conditions sensiblement pareilles. Les plantes alpines, celles des sols salés, celles de l'Australie et du Cap revêtent une physionomie commune qui tend à leur donner un air de famille qui suffit pour effacer les divergences les plus réelles, pour des regards peu exercés, tandis qu'au fond ces divergences ne continuent pas moins d'exister. Nous croyons qu'il en est ainsi pour les Fougères jurassiques, et que sous l'apparente uniformité de beaucoup de types se cachent souvent des distinctions plus ou moins profondes, qu'il s'agit de saisir et de constater.

Localités. — Orbagnoux (Ain), étage kimmeridgien inférieur, coll. de M. Itier. Hors de Franee les principales stations se trouvent dans la formation oolithique des Alpes vénitiennes, dans le Vicentin et le Véronnais.

Explication des figures. — Pl. 59, fig. 1, partie moyenne et supérieure d'une fronde de *Cycadopteris heterophylla*, d'après une figure tirée de l'ouvrage de M. de Zigno, grandeur naturelle. Fig. 1[a], nervation grossie d'après le même auteur. Fig. 2, autre portion de fronde de la même espèce, d'après le même auteur, grandeur naturelle. Fig. 3, sommité d'une fronde de la même espèce, vue par dessus, grandeur naturelle, d'après un échantillon recueilli à Orbagnoux par M. Itier et appartenant à sa collection. Fig. 4, autre fragment de fronde de la même espèce, même provenance, grandeur naturelle.

******* **Tænioptericleæ.** — *Frondes simplices vel pinnatim compositæ, limbo frondium simplicium, segmentis pinnulisve compositarum lato-lineari-elongatis aut lingulatis plus minusve acuminatis; costæ et* *nervi primarii petiolique, ut adsunt, validi; nervi secundarii multiplices sub angulo acuto exeuntes mox transversi horizontales rarius obliqui simplices aut furcato-dichotomi. — Sori, ut adsunt, structura situque Marattiaceas in animum reducentes. (Marattiacearum species ?)*

QUATORZIÈME GENRE. — TÆNIOPTERIS.

Tæniopteris, Brongniart, *Prodr.*, p. 82. — *Hist. des vég. foss.*, I, p. 262. — *Tabl. des genres de vég. foss.*, p. 21 (ex parte § 1).
— Unger, *Gen. et sp. pl. foss.*, p. 211.
— Schenk, *Foss. Fl. d. Grenzsch.*, 99 (*emend*).
— Zigno, *Fl. foss. form. oolith.*, p. 199.

DIAGNOSE. — *Frondes plerumque simplices et tunc petiolo valido instructæ (rarius pinnatim compositæ) elongatæ tæniatæ lanceolatæ vel lingulatæ nervo marginali cinctæ; costa media subtus crassa semiteres supra plus minusve gracilis; nervi secundarii plurimi e costa media sub angulo acuto exeuntes mox subito horizontales numerosissimi simplices vel sæpius a basi pluries furcato-dichotomi usque ad marginem nerviformem recto tramite excurrentes. — Fructificatio adhuc ignota aut punctiformis, soris punctiformibus totam paginam frondis inferiorem occupantibus.*

Tæniopteris, Oleandridium et *Macrotæniopteris ?*, Schimper, *Traité de Pal. vég.*, I, p. 600 et 607.

Danæites, Zigno, *Fl. foss. form. oolith.*, I, p. 207.

Histoire et définition. — L'exacte définition des *Tæniopteris* proprement dits constitue une des difficultés de la paléontologie végétale. Plusieurs des formes comprises d'abord dans ce genre en ont été plus tard distraites avec raison, les unes parce qu'elles étaient entièrement étrangères au groupe qui nous occupe, les autres parce que la connaissance exacte des organes de la fructification a permis de mieux préciser leurs vrais caractères et de les constituer à l'état de genres distincts. C'est ainsi que les prétendus *Tæniopteris* tertiaires ont été assimilés plus naturellement aux *Pteris,* comme les *T. Bertrandi* Brngt. (1), ou même enlevés à la classe des Fougères, comme les *Tæniopteris Micheloti*, *obtusa* et *lobata* Wat., qui représentent des feuilles de *Nerium.* C'est ainsi encore que le *Tæniopteris Münsteri* est devenu un légitime *Marattia* et que le *Tæniopteris marantacea* a servi de type au genre *Danæopsis* que nous décrirons plus loin et qui semble tenir le milieu entre les *Angiopteris* et les *Danæa.* Après ces retranchements, et bien que l'on puisse admettre l'utilité de nouvelles réductions, les *Tæniopteris* constituent un genre assez naturel, renfermant des formes nombreuses, bien que peu variées, et dont le rôle semble avoir été surtout considérable dans le Lias inférieur, bien que son origine remonte à une époque antérieure et que son existence se prolonge jusque dans l'Oolithe. Au-dessus du Bathonien, on ne saurait, si l'on tient compte des déterminations erronées et des confusions d'étages, signaler aucune espèce authentique de *Tæniopteris.* Nous sommes loin de conclure de ce fait à la non-existence absolue du genre et à l'impossibilité de le rencontrer plus tard dans

(1) Voy. Brongniart, *Tab. des genres de vég. foss.*, p. 21.

des étages d'où il paraît absent; mais il est au moins évident qu'après avoir tenu une grande place dans la végétation rhétienne et liasique et une place plus modeste dans celle de l'Oolithe inférieure, ce genre a vu son importance décroître de plus en plus et s'amoindrir au point de ne plus laisser aucun vestige de lui dans les couches déposées à partir d'une certaine époque. L'histoire des *Tœniopteris* et la marche qu'ils ont suivie nous paraissent donc les meilleurs garants de la *personnalité* du genre, personnalité à laquelle il ne faut pas toucher sans raison. C'est pour cela que nous ne saurions admettre sans preuve directe et décisive les divisions proposées par notre ami M. Schimper qui partage les anciens *Tœniopteris* en *Tœniopteris* proprement dits, ceux-ci propres au Carbonifère supérieur et au Permien, en *Oleandridium* et en *Macrotœniopteris*. Les traces de fructification, observées sur quelques-unes des frondes des deux derniers de ces trois genres et qui se réduisent à des empreintes punctiformes, loin de suffire à les distinguer, seraient plutôt l'indice d'une affinité commune, sans que d'ailleurs la forme arrondie de ces organes présumés, dont la structure véritable est encore inconnue, implique avec les Aspidiées et les Polypodiacées d'autres liens de parenté qu'une ressemblance extérieure.

Les *Tœniopteris*, ainsi délimités, présentent quelques espèces dans le Grès rouge inférieur et dans le Permien de Mansfeld et de Bohême. M. Schimper a figuré une des plus belles, le *T. multinervis* provenant de Saarbrücken et des environs de Saint-Georges, dans les Vosges (1). Ce sont des frondes ou des segments de frondes rubannées-linéaires, à bords légèrement pliés en dessous, à nervures mul-

(1) *Traité de pal. vég.*, I, p. 600, pl. 38, fig. 8.

tiples et subhorizontales, dont la physionomie et les caractères sont les mêmes que dans les formes plus récentes, et l'on ne voit pas bien sur quoi l'on s'appuierait pour admettre entre celles-ci une séparation que rien ne justifierait. Les frondes de ces premiers *Tæniopteris* paraissent simples, ou du moins on n'a jamais eu de preuves qu'elles aient été pinnées.

Les *Tæniopteris* sont encore rares dans le Trias, où l'on ne saurait pourtant révoquer en doute leur existence, non plus que la forme simple des frondes de ceux qui sont les mieux connus ; l'espèce des Marnes irisées de Couches-les-Mines que nous publions plus loin en est une preuve évidente. Le genre se multiplie lorsque l'on atteint le Lias inférieur, et les espèces de l'Oolithe inférieure appartiennent encore à ce même type, remarquable par la forme rubanée, linéaire ou lingulée de ses frondes, par les bords toujours cernés par une fine nervure marginale continue, par la côte médiane large et saillante inférieurement, marquée par un sillon sur la page supérieure du limbe, enfin par les nervures secondaires nombreuses, tantôt simples, tantôt dichotomes, le plus souvent dès la base, sortant sous un angle aigu de la médiane, puis bientôt après s'étalant dans une direction horizontale pour parcourir transversalement les frondes. L'inégalité de certains segments, dont les deux côtés n'ont pas la même largeur, pourrait faire admettre, ce qui n'aurait rien de surprenant, que les *Tæniopteris* ont présenté parfois des frondes simples et d'autres pinnées dans la même espèce et peut-être sur le même pied ; ces diversités se rencontrent justement aujourd'hui chez les *Danæa,* dont les *Tæniopteris* se rapprochent plus que de tout autre groupe par leur physionomie extérieure.

Il est encore vrai que parmi les *Tæniopteris* du terrain jurassique de l'Inde, *T. lata*, *T. Morissii*, *T. musæfolia* (1) Oldh., les deux premiers par leurs nervures secondaires plus fines, plus souples, plus recourbées et obliques, dans un limbe ovale élargi et sinué sur le bord, semblent trahir un type un peu différent de celui de nos *Tæniopteris* européens, et peut-être l'existence d'un genre distinct. Par conséquent le nom de *Macrotæniopteris*, par lequel ces espèces ont été désignées par M. Schimper, aurait sa raison d'être ; mais il nous semble au moins prématuré de réunir sous cette même formule générique les espèces européennes dont la liaison avec les autres *Tæniopteris* est évidente, malgré la largeur proportionnelle plus considérable du limbe, seul caractère qu'il soit possible d'alléguer en faveur d'une semblable dissociation.

Rapports et différences. — Le genre *Tæniopteris* se distingue aisément de la plupart des types fossiles et ne ressemble qu'à un petit nombre d'entre eux. Nous avons dit que sa présence paraît bornée au terrain jurassique dont il ne dépasse guère les étages moyens ; parmi les Fougères de cette époque, les *Tæniopteris* ressemblent surtout aux *Nilsonia*, dont les frondes ne sont pas toujours incisées, aux *Marattia* (*Angiopteridium* Schimp.) et aux *Danæopsis*. Leurs nervures, toutes égales, non entremêlées de plus fines et de plus épaisses, la terminaison de ces nervures qui atteignent le bord sans se replier, et la nervure marginale qui cerne celui-ci, fournissent autant de caractères différentiels propres à distinguer les *Tæniopteris* des *Nilsonia*.

Les *Marattia* (*Angiopteridium* Schimp.) et les *Danæopsis*

(1) Voy. Oldham, *Pal. ind. foss. of the Rajmahal series*, pl. 1, 2, 3 et 4 (*Mem. of the geol. Surv. of India*).

n'ont pas les frondes simples des *Tæniopteris*, et par conséquent on n'observe pas, à la base de leurs segments, le pétiole épais et prolongé qui existe le plus souvent chez ceux-ci. De plus, même en l'absence des fructifications qui caractérisent si bien les deux premiers genres, leurs nervures secondaires ne sont jamais ni aussi fines, ni aussi nombreuses, ni aussi nettement transverses que dans le troisième.

Comparés aux Fougères vivantes, les *Tæniopteris* ressemblent à la fois aux *Acrostichum*, et spécialement aux *Olfersia* Presl., *Lomariopsis* Fée, aux *Gymnogramme* (*G. javanica* Blume), parmi les Polypodiacées ; à l'*Asplenium nidus* Raddi, parmi les Aspléniées, aux *Oleandra* parmi les Aspidiées, enfin aux *Danæa* parmi les Marattiacées. Cette dernière assimilation semble la plus naturelle ; c'est celle que viendra confirmer sans doute l'examen des parties de la fructification, lorsqu'il pourra être fait. Les traces de sores punctiformes, signalées par quelques auteurs, sont elles-mêmes compatibles avec la structure des Marattiacées, chacun de ces organes, considéré en particulier, pouvant avoir été divisé en plusieurs loges ou compartiments soudés par les côtés et s'ouvrant pour laisser échapper les spores. Dans cette hypothèse, les *Tæniopteris*, comme les *Danæopsis*, constitueraient un type de Marattiacée différent de ceux d'aujourd'hui, mais servant à les compléter et marquant l'extension antérieure d'un groupe aujourd'hui évidemment réduit et appauvri.

N° 1. — **Tæniopteris augustodunensis.**

Pl. 59, fig. 1-3.

DIAGNOSE. — *T. fronde simplici valide costata petiolataque, petiolo basi latiore incrassato, limbo lato-lineari sursum lan-*

ceolato, deorsum sensim attenuato; nervulis multiplicibus e costa media oblique oriundis, a basi dichotomis, mox horizontalibus, recto tramite ad marginem nerviformem decurrentibus.

Les empreintes de cette espèce remarquable, que nous considérons comme nouvelle, abondent surtout dans les marnes grises de la partie supérieure du Keuper, à Couches-les-Mines, près d'Autun; mais comme un fragment de fronde, provenant des grès infraliasiques de la Selle, également situés aux environs d'Autun, se rapporte évidemment à la même espèce, nous la décrivons ici comme étant commune aux deux formations. La liaison que celles-ci manifestent, et qui se traduit par un mélange de formes keupériennes et infraliasiques, ne doit pas étonner à cause de la position des arkoses du plateau d'Auxy, à l'extrême base du Rhétien, et par conséquent dans le voisinage immédiat des dernières assises du Keuper et de plus au sein de la même contrée.

Les frondes de notre *Tæniopteris augustodunensis* étaient simples, la nature du pétiole encore en place à la base de l'une des frondes que nous figurons (pl. 60, fig. 2) en fait foi; cet organe est remarquablement épais et va en s'élargissant jusqu'au point où il se trouve tronqué, après une longueur de 2 1/2 à 3 centimètres; mais il est évident, à cause même de cette épaisseur, qu'il se prolongeait encore davantage. La côte médiane, quoique moins épaisse que le pétiole, l'est encore beaucoup; elle est arrondie, assez saillante, droite, roide, et s'étend en diminuant peu à peu d'épaisseur jusqu'à un point rapproché du sommet, qui se trouve mutilé dans l'empreinte fig. 1. La forme du limbe est largement linéaire, lancéolée à l'extrémité supérieure, qui est du reste obtuse et atténuée sur le pétiole à la base. La fronde n'a pas moins de 4 à 4 1/2 centimètres dans sa plus grande largeur. La substance même de la fronde, convertie en une membrane charbonnée, se trouve conservée, dans les spécimens de Couches-les-Mines. On distingue très-bien, en l'examinant, le rebord cartilagineux qui cerne la marge et s'étend comme une nervure continue à laquelle les nervures secondaires viennent aboutir. Celles-ci sont très-nombreuses; elles naissent obliquement de la côte médiane et se bifurquent presque à leur origine ; quelques-unes cependant restent simples ; mais toutes se replient et prennent une direction transversale; elles s'étendent ainsi jusqu'au bord, en demeurant parallèles entre elles et si rapprochées que la loupe est nécessaire pour les bien discerner; nous n'avons distingué de traces de fructification sur aucun exemplaire. Celui qui provient des grès de la Selle (fig. 3, pl. 60) présente les mêmes caractères : c'est un lambeau de fronde coupé carrément aux deux extrémités ; il est large de 4 centimètres environ, pourvu d'une côte médiane très-épaisse, d'un rebord marginal cartilagineux et de nervures secondaires disposées dans le même ordre, aussi fines et aussi nombreuses que dans les empreintes du Keuper de Couches-les-Mines. On remarque seulement ici une petite différence de largeur entre les côtés du limbe. Cette différence se réduit à 2 ou 3 millimètres au plus, mais elle pourrait faire soupçonner qu'il s'agit plutôt d'une fronde composée que d'une fronde simple, comme dans les cas précédents. Cette circonstance, si elle était admise, ne serait même pas un obstacle à la réunion des deux formes en une seule espèce, puisque chez les *Danæa* actuels on en observe qui présentent à la fois des frondes simples et des frondes pinnées.

Rapports et différences. — Le *Tæniopteris augustodu-*

nensis, un des plus beaux que l'on ait encore publiés, ressemble un peu au *T. tenuinervis* que nous décrirons plus loin ; mais ses frondes sont plus larges, plus fermes et pourvues de nervures entièrement transversales, tandis que celles du *T. tenuinervis* sont disposées dans un sens un peu oblique. De plus, le rebord cartilagineux est bien moins marqué chez ce dernier. Notre espèce peut être comparée, pour la forme et la dimension du limbe, au *Danæa polyphylla* le Prieur, de la Guyane ; il faut remarquer cependant que les *Tæniopteris* en général, et le *T. augustodunensis* en particulier, possédaient des frondes d'une consistance épaisse ou même coriace, tandis que chez le *Danæa* dont nous venons de citer le nom les frondes, quoique fermes, ont de la souplesse.

Localités. — Grès de la Selle, entre Autun et Couches-les-Mines, étage rhétien inférieur, coll. du Muséum de Paris, n° 528. — Couches-les-Mines, schistes marneux, grisâtres, bitumeux de la partie supérieure des marnes irisées, coll. de la Faculté des sciences de Dijon et du Musée de la ville de Strasbourg.

Explication des figures. — Pl. 60, fig. 1, partie supérieure d'une fronde de *Tæniopteris augustodunensis*, vue par-dessous, grandeur naturelle, d'après un exemplaire du Keuper de Couches-les-Mines appartenant à la collection de la Faculté des sciences de Dijon ; fig. 2, partie inférieure d'une fronde de la même espèce, vue également par-dessous, avec l'origine du pétiole, grandeur naturelle, même provenance, d'après une empreinte située sur le même fragment de roche que la précédente ; fig. 3, lambeau de fronde de la même espèce, vu par-dessous, grandeur naturelle, d'après un échantillon provenant des grès infraliasiques de la Selle.

N° 2. — **Tænlopteris superba**

Pl. 61 et 62, fig. 1.

DIAGNOSE. — *T. frondibus amplis, simplicibus, valide costatis, lato-linearibus, basi longe sensim attenuatis, sursum obtuse lanceolato-lingulatis ; costa media infra latissima prominente, desuper sulcata, nervis secundariis numerosissimis tenuissimis e costa media ad marginem nerviformem horizontali tramite decurrentibus, parallelis, approximatis, plerumque a basi furcatis.*

La découverte de cette belle espèce est due à M. Pellat; les deux empreintes que nous y rapportons font partie de la collection de ce savant géologue et proviennent l'une et l'autre des environs d'Antulles, près de Couches-les-Mines, où elles étaient associées à l'*Equisetum Münsteri* et au *Clathropteris platyphylla*. L'un des deux exemplaires représente la partie supérieure (pl. 62, fig. 1), l'autre (pl. 61) la partie moyenne d'une fronde, mais non, à ce qu'il semble, de la même fronde. Il est aisé cependant, par la combinaison des deux empreintes, de reconstituer l'ensemble de l'ancien organe, sauf la base et le pétiole; celui-ci devait être grand et fort, car il est presque impossible d'admettre qu'il ne s'agisse pas d'une fronde simple, comme le sont du reste celles de la plupart des vrais *Tæniopteris*.

Les dimensions étaient très-grandes, car on ne saurait attribuer à la fronde entière une longueur moindre de 35 centimètres, sans y comprendre le pétiole, sur une largeur maximum de 7 à 8 centimètres vers le quart supérieur de la fronde. Celle-ci était parcourue par une côte médiane épaisse et large, arrondie, saillante et légèrement sillonnée sur le revers inférieur, mais beaucoup plus mince sur la page supérieure, ainsi que l'on peut s'en assurer par l'examen comparatif des deux empreintes. L'une (fig. 1, pl. 62) se rapporte effectivement à la face d'en haut, tandis que l'autre correspond à la face opposée. On reconnaît aisément qu'un rebord cartilagineux, mince mais continu, cernait la marge et que les nervures secondaires, fines, nombreuses et très-rapprochées, s'étendaient transversalement de la côte médiane jusqu'à cette marge, le long de laquelle elles venaient s'appuyer à angle droit. Ces nervures se partageaient dès la base et couraient ensuite sans se diviser de nouveau; leur finesse est très-grande; on en compte près de vingt dans l'espace d'un centimètre. En combinant les deux empreintes, on voit que le limbe s'élargissait insensiblement à partir de la base, tandis que vers le quart supérieur il se retrécissait d'une façon assez brusque, de façon à produire une pointe lancéolée-obtuse ou même linguiée.

Rapports et différences. — Bien que le *Tæniopteris superba* paraisse très-distinct de toutes les formes fossiles connues jusqu'ici, il doit être comparé au *T. Morrisii* Oldh.(1)(*Macrotæniopteris* Schimp.), dont il a l'aspect et les dimensions. Cependant, l'espèce de l'Inde anglaise semble avoir été plus souple de tissu, et les nervures, vers le haut des frondes de cette Fougère, sont plus obliques que chez notre *Tæniopteris*. Nous rapprocherons encore celui-ci du *Tæniopteris major* Lindl. et Hutt. (2), dont les proportions sont cependant plus faibles et les nervures secondaires moins fines et bifurquées après le milieu de leur parcours, ce qui le sépare très-nettement de celui que nous venons de décrire.

Localité. — Antulles, près de Couches-les-Mines, aux

(1) Oldham, l. c., p. 43, tab. 3, fig. 1, et tab. 4, fig. 3.
(2) *Foss. Fl.*, pl. I.

environs d'Autun; grès de la base du Rhétien; coll. de M. Pellat.

Explication des figures. — Pl. 61, partie moyenne et inférieure d'une fronde de *Tæniopteris superba*, vue par-dessous, grandeur naturelle, d'après un échantillon communiqué par M. Pellat et faisant partie de sa collection. — Pl. 62, fig. 1, partie supérieure d'une fronde de la même espèce, vue par-dessus, grandeur naturelle, même provenance que pour la figure précédente.

N° 3. — **Tæniopteris tenuinervis.**

Pl. 63, fig. 1-5.

Tæniopteris tenuinervis, Brauns, in *Palæontol.* IX, p. 50, tab. 13, fig. 1-3.
— — Schenk, *Foss. Fl. d. Grenzsc.*, p. 101, tab. 25, fig. 3-4.

Diagnose. — *T. frondibus simplicibus, lineari-lanceolatis, integerrimis ; basi apiceque longe sensim attenuatis*, 8-15 *centim. circiter longis*, 2-2 1/2 *latis ; nervo primario basin versus incrassato, dein sensim angustato ; nervis secundariis a basi dichotomis, creberrimis, tenuibus, transversim decurrentibus.*

Tæniopteris vittata, Andr., *Foss. Fl. v. Steierd.*, p. 37.
— *scitaminea*, Brongniart, *Tabl. des genres de vég. foss.*, p. 138.
Pterozamites scitaminea, Fr. Braun, in *Münst. Beitr.*, VI, p. 29.
Oleandridium tenuinerve, Schimper, *Traité de pal. vég.*, I, p. 608.

Cette espèce, qui paraît caractéristique de l'Infralias a été signalée sur un assez grand nombre de points; elle se distingue aisément par ses frondes lancéolées-linéaires, très-longuement atténuées à la base comme au sommet, et qui rappellent à l'esprit les feuilles de *Nerium*. On ne peut douter que ces frondes n'aient été simples, d'après les figures données par Brauns, dans sa *Flore de Steinstedt*, et que nous reproduisons comme terme de comparaison (pl. 63, fig. 3, 4 et 5). La côte médiane se dilate subitement à l'endroit du pétiole ; elle se prolonge supérieurement au milieu d'un limbe relativement étroit qui s'élargit insensiblement vers le milieu pour mesurer 2 à 2 1/2 centimètres dans son plus grand diamètre; elle s'amincit ensuite en approchant de l'extrémité supérieure qui s'atténue en une pointe acuminée et cependant obtuse. Les nervures sont fines, nombreuses, transversales et pourtant un peu obliques, dichotomes dès la base et assez peu visibles à cause de leur finesse. Ces feuilles abondent dans les grès de Steinstedt ; on ne saurait guère mettre en doute l'identité spécifique des empreintes que nous figurons (pl. 63, fig. 1-2) avec l'espèce de Brauns et de Schenk ; elles appartiennent en tout cas au même niveau géognostique.

Rapports et différences. — La forme lancéolée-linéaire et surtout la terminaison atténuée de la base séparent cette espèce du *T. vittata* de Brongniart, avec lequel il nous semble impossible de la confondre. Il est plus difficile de définir les caractères qui la distinguent du *T. Stenoneura* auquel nous rapportons, quoique avec doute, les empreintes suivantes qui ne constituent peut-être qu'une simple variété du *T. tenuinervis;* aucun de nos échantillons ne laissant voir le mode de terminaison supérieure, nous demeurons forcément dans le doute.

Localités. — La Selle, entre Autun et Couches-les-Mines, grès de la base du Rhétien, coll. du Muséum de Paris (Brongniart, 1838). En dehors de la France le *T. tenuinervis* a été signalé dans le grès infra-liasique à Steinstedt, à Sühlbeckerberg, à Adelhausen et à Donndorf, dans l'Allemagne méridionale, à Steierdorf en Autriche.

Explication des figures. — Pl. 63, fig. 1, partie moyenne d'une fronde de *Tæniopteris tenuinervis*, vue par-dessous, grandeur naturelle, d'après un exemplaire des grès de la Selle, recueilli par M. Brongniart et appartenant à la collection du Muséum; fig. 2, autre fragment de la même espèce, d'après un échantillon recueilli par M. Pellat dans les grès d'Antulles, grandeur naturelle; fig. 3, fronde complète de la même espèce d'après une figure de Brauns, dans la *Flore des grès de Steinstedt ;* fig. 4 et 5, partie terminale et partie basilaire d'une fronde de la même espèce, d'après le même auteur, grandeur naturelle.

N° 4. — **Tæniopteris stenoneura.**

Pl. 62, fig. 2-3.

Tæniopteris stenoneura, Schenk, *Foss. Fl. d. Grenzsch.*, p. 103, tab. 25, fig. 5-6.

Diagnose. — *T. frondibus vel pinnis frondium elongato-vel obovato-vel lanceolato-obovatis, basin versus obtuse attenuatis ; costa media subtus valide expressa ; nervis secundariis tenuibus, a basi dichotomis, transversis, marginem quandoque serratum ? attingentibus.*

Tæniopteris obovata, Brongniart, *Tab. des genres de vég. foss.*, p. 103.
Pterozamites obovatus, Fr. Braun, in *Munst. Beitr.*, VI, p. 29, *excl. syn.*

Les frondes sont moins atténuées vers la base et obtuses au sommet. Elles pourraient bien, comme nous venons de le dire, constituer une variété ou une déformation de l'espèce précédente, à moins que, selon l'opinion de Schenk, il ne fallût y reconnaître les folioles d'une fronde pinnée. Quoi qu'il en soit, la ressemblance de l'empreinte que représente notre figure 2, pl. 62, avec celle qu'a donnée

Schenk, dans son ouvrage sur la flore fossile du Rhétien de Franconie, nous engage à les identifier spécifiquement et à reproduire, comme terme de comparaison, la figure de l'auteur allemand à côté de la nôtre. Sans doute, il faudrait une suite nombreuse d'échantillons pour trancher une question de cette sorte, d'autant plus obscure qu'il s'agit d'un genre dont la physionomie est des plus uniformes. Mais, d'autre part, nous ne voulons négliger aucun des éléments qui serviront plus tard à la découverte de la vérité.

Localités. — Antulles, près de Couches-les-Mines, grès de la base du Rhétien. — En Allemagne, l'espèce a été signalée dans le Rhétien de Franconie.

Explication des figures. — Pl. 62, fig. 2, empreinte de la partie inférieure d'une fronde de *Tæniopteris stenoneura* Schenk, vue par-dessus, grandeur naturelle, d'après un échantillon provenant des grès d'Antulles, communiqué par M. Pellat et faisant partie de sa collection; fig. 3, partie inférieure d'une fronde de la même espèce, d'après une figure empruntée à l'ouvrage de M. Schenk sur la flore fossile du Rhétien de Franconie.

N° 5. — **Tæniopteris vittata.**

Pl. 64, fig. 1-5.

Tæniopteris vittata, Brongniart, *Prodr.*, p. 62; *Hist. des vég. foss.*, p. 263, pl. 82, fig. 1-3 (nec fig. 4); *Tab. des genres de vég. foss.*, p. 105.
— — Lindl. et Hutt., *Foss. Fl.*, pl. 62.
— — Unger, *Gen. et sp. pl. foss.*, p. 213 (*excl. T. vittata*, Andr., *Fl. v. Steierdorf*, p. 37).

Diagnose. — *T. frondibus elongatis, simplicibus, valide costatis petiolatisque; costa media supra sulcata, subtus promi-*

nente, semitereti, limbo e basi latiore sursum lanceolato-lineari, aut lineari-elliptico, basin apicemque versus obtusato, nervis plurimis a basi dichotomis, tenuibus, transversim decurrentibus.

Oleandridium vittatum,	Schimper, *Traité de pal. vég.*, I, p. 607.
Tæniopteris latifolia,	Brongniart, *Hist. des vég.*, I, p. 266, pl. 82, fig. 2.
— —	Unger, *Gen. et sp. pl. foss.*, p. 213.
Scolopendrium solitarium,	Phillips, *Geol. Yorks.*, p. 147, tab. 8, fig. 5.
Aspidites Tæniopteris,	Gœppert, *Syst. Filic. foss.*, p. 350.

Les empreintes des grès de la Selle et d'Antulles que nous réunissons au *Tæniopteris vittata* de Brongniart présentent à n'en pas douter la plupart des caractères de cette espèce, observée seulement jusqu'ici dans l'Oolithe inférieure de Gristhorpe-bay et de Stonesfield, ainsi que dans le calcaire jurassique du gouvernement de Jekaterinoslaw, près d'Izoume. Il est singulier de reconnaître que cette même espèce se montre aux environs d'Autun dans des grès infraliasiques; il est vrai qu'elle avait été antérieurement signalée à Hör, en Scanie, et à Neue-Welt, près de Bâle, mais à tort, suivant M. Schimper qui rapporte les empreintes de la première des deux localités à l'*Angiopteridium* (*Marattia*) *Hœrense* et celles de la seconde au *Danæopsis marantacea.* La présence du *Tæniopoteris vittata* dans les grès de l'Infralias résulte donc uniquement de l'examen des échantillons recueillis aux environs d'Autun que reproduisent nos figures 1, 2 et 3, pl. 63, et dont la ressemblance avec ceux du Yorkshire est telle que nous n'avons pas hésité à les ranger sous la même formule spécifique.

La figure 1[a] et [b] montre deux empreintes qui se complètent si bien qu'elles ne sont peut-être que les portions détachées de la même fronde : la côte médiane est saillante et semi-cylindrique ; elle s'étend en droite ligne et diminue graduellement jusqu'à devenir tout à fait mince en atteignant le sommet du limbe qui est lancéolé, linéaire et très-obtusément terminé, tandis que la base est arrondie sur le pétiole dont une autre empreinte (fig. 3) fait voir la configuration. Un autre exemplaire (fig. 2), mutilé à la base et au sommet, nous paraît devoir être rangé dans la même espèce.

Rapports et différences. — Tous ces caractères sont bien ceux que l'on remarque chez le *T. vittata*, particulièrement l'épaisseur relative de la côte médiane et la terminaison obtuse des deux extrémités. Il existe pourtant entre la forme rhétienne et celle de l'Oolithe anglaise que nos figures 4 et 5 reproduisent comme terme de comparaison, une légère différence, trop peu marquée cependant pour justifier une séparation ; nous voulons parler du contour général plutôt linéaire-oblong dans les empreintes françaises, tandis que dans celles de Scarborough ce même contour affecte une forme plus longuement linéaire. Du reste, la persistance d'une espèce à travers plusieurs étages successifs et la répétition de la même forme ou d'une forme très-analogue dans deux âges distincts de la série jurassique n'ont rien qui doive surprendre ; nous avons déjà attiré à plusieurs reprises l'attention des hommes de science sur ce phénomène qui accuse des liens de filiation entre des espèces ou des formes certainement alliées, et auxquelles le temps en s'écoulant n'a fait subir que des modifications faibles et partielles.

Localités. — La Selle entre Autun et Couches-les-Mines

(Brongniart, 1838), coll. du Muséum de Paris, n° 528; environs d'Antulles près d'Autun (Saône-et-Loire), coll. de M. Pellat; grès de la base du Rhétien. — En Angleterre, le *Tæniopteris vittata* a été observé dans l'Oolithe inférieure de Gristhorpe-bay près de Scarborough et dans les couches de Stonesfield.

Explication des figures. — Pl. 64, fig. 1[a] et [b], fragments détachés d'une fronde de *Tæniopteris vittata*, vue pardessous, grandeur naturelle, d'après un exemplaire de la collection du Muséum de Paris recueilli par M. Brongniart dans les grès de la Selle; fig. 2, portion d'une fronde de la même espèce, mutilée à la base et au sommet, d'après un exemplaire recueilli par M. Pellat et appartenant à sa collection, grandeur naturelle ; fig. 3, base d'une fronde de la même espèce avec le pétiole, vue par-dessous, grandeur naturelle, d'après un exemplaire communiqué par M. Pellat et faisant partie de sa collection ; fig. 4, portion inférieure d'une fronde de *Tæniopteris vittata*, d'après un exemplaire de Scarborough figuré par M. Brongniart ; fig. 5[a] et [b], portions de frondes de la même espèce, d'après le même auteur, provenant également de Scarborough et présentant une forme plus étroite et plus linéaire. — Ces dernières figures sont exactement calquées sur celles du grand ouvrage de M. Brongniart, pour servir de terme de comparaison avec les exemplaires du Rhétien des environs d'Autun.

QUINZIÈME GENRE. — PHYLLOPTERIS.

Phyllopteris, Brongniart, *Tab. des genres de vég. foss.*, p. 22.
— Zigno, *Fl. foss. oolith.*, I, p. 166.

DIAGNOSE. — *Frondes vel pinnæ frondium plus minusve lanceolatæ, margine integerrimæ, nervo medio sursum attenuato instructæ; nervis secundariis costa media egredientibus, oblique decurrentibus, curvatis, pluries furcato-ramosis nec inter se anastomosatis.*

Glossopteris (ex parte)?, Brongniart, *Hist. des vég. foss.*, I, p. 222.
Sagenopteris (ex parte)?, Schimper, *Traité de pal. vég.*, I, p. 640.

HISTOIRE ET DÉFINITION. — M. Brongniart a proposé le genre *Phyllopteris* pour y reporter deux espèces rangées d'abord par lui parmi les *Glossopteris*, sous les noms de *G. Phillipsii* et *Nilsoniana* et dont les nervures, selon cet éminent auteur, sorties d'une médiane bien prononcée, sont très-obliques, dichotomes et nullement réticulées. Le *Phyllopteris Phillipsii* Brongn., si l'on suit cette opinion, devrait être identifié avec le *Pecopteris longifolia* de Phillips (1), dont les nervures seraient aussi sans anastomoses, mais se distinguerait du *Glossopteris Phillipsii* Lindley et Hutton (2), dont les nervures sont anastomosées et qui rentre certainement dans le genre *Sagenopteris* Presl. Cependant M. Schimper affirme dans son dernier ouvrage (3) que, d'après un examen attentif de sa part, le *Phyllopteris Nilsoniana* des grès de Hör en Scanie doit être réuni au *Sagenopteris Rhoifolia* Presl., plante répandue dans toute

(1) *Illustr. of Geol. of Yorksh.*, p. 189, pl. 8, fig. 8.
(2) *Foss. Fl.* II, tab. LXXII.
(3) *Traité de pal. vég.*, I, p. 640.

la zone infra-liasique et que le *Phyllopteris Phillipsii* ne diffère pas du *Sagenopteris Phillipsii*, dont la figure de Lindley ne donne qu'une idée superficielle, mais qui représente dans l'Oolithe le même type que le *S. rhoifolia* dans le Rhétien et le Lias inférieur.

Nous n'avons aucune raison de révoquer en doute l'exactitude des renseignements fournis par M. Schimper, surtout en ce qui concerne les plantes de Scanie dont ce savant a pu étudier les échantillons originaux dans la collection de M. Nilson à Lund ; il a pu également passer en revue de nombreux exemplaires des espèces de Scarborough ; il a remarqué que la difficulté d'apercevoir les anastomoses expliquait l'erreur où seraient tombés MM. Phillips et Brongniart. Il est donc possible que les deux espèces rangées par le dernier de ces deux auteurs dans son genre *Phyllopteris* n'en présentent pas le vrai caractère et doivent par conséquent en être exclues, comme le veut M. Schimper. Cependant, même en adoptant ce point de vue, nous n'en conservons pas moins le genre *Phyllopteris*, tellement sa notion s'adapte bien à l'espèce de Hettanges que nous allons décrire et qui ne saurait, à cause de la direction oblique de ses nervures secondaires, être rangée parmi les vrais *Tæniopteris*. Ce genre, pour lequel nous adoptons la définition proposée par M. Brongniart, appartiendrait à l'Infra-lias et peut-être aussi à l'Oolithe.

Rapports et différences. — L'obliquité et ensuite la courbure des nervures secondaires très-nombreuses et ramifiées-dichotomes, mais non anastomosées en réseau, distinguent le genre *Phyllopteris* des *Tæniopteris* d'une part et des *Sagenopteris* de l'autre.

N° 1. — **Phyllopteris plumula.**

Pl. 63, fig. 6.

Diagnose. — *P. frondibus coriaceis (vel potius pinnis), sessilibus late obovatis, basi inæqualiter cuneatis, sursum emarginatis, nervo primario mox attenuato, nervis secundariis obliquissimis leniter curvatis, tenuissimis numerosis pluries furcato-ramosis.*

Tæniopteris ?, Brongniart, *mns.*

Nous ne connaissons cette espèce que par une seule empreinte que nous figurons et qui se rapporte, soit à une fronde très-petite, soit plutôt à une foliole de consistance coriace, sessile, inégalement atténuée en coin à la base, largement obovale, sinuée le long du bord et profondément échancrée au sommet qui est probablement mutilé. Une côte médiane, distincte vers la base, mais d'autant plus atténuée que l'on se rapproche de la terminaison supérieure, partage le segment ; les nervures secondaires sont d'une grande finesse, très-rapprochées et à peine distinctes; elles sont émises très-obliquement et s'étendent vers les bords en s'étalant un peu en forme d'éventail ou mieux encore comme les barbes d'une plume. Ces nervures considérées à la loupe paraissent plusieurs fois ramifiées-dichotomes à l'aide de subdivisions très-obliques et ascendantes.

Rapports et différences. — La physionomie de cette espèce est bien celle d'un *Tæniopteris*, mais l'extrême obliquité des nervures empêche de s'arrêter à cette détermination ; cependant chez certains *Tæniopteris* de l'Inde, dont les nervures secondaires tendent à devenir obliques vers la partie supérieure des frondes, il existe une assez grande conformité d'aspect avec notre *Phyllopteris*. Dans ce cas, il faudrait supposer que celui-ci ne représente qu'un simple lambeau, supposition qui manque de vraisemblance, selon nous. Pour apprécier ce point de vue, sur lequel l'insuffisance des éléments de comparaison empêche d'insister, il faut rapprocher de notre figure la figure 1, Pl. 3, de l'ouvrage de M. Oldham, déjà cité plusieurs fois et qui représente une portion de fronde du *Tæniopteris Morrisii*.

Localités. — Grès de Hettanges (Moselle), zone à Ammonites angulatus ; coll. de M. Terquem.

Explication des figures. — Pl. 63, fig. 6, fronde ou segment de fronde de *Phyllopteris plumula* Sap., vu par-dessus, grandeur naturelle, d'après un échantillon communiqué par M. Terquem et faisant partie de sa collection.

SEIZIÈME GENRE. — DANÆOPSIS.

Danæopsis, Heer, *Urw. d. Schweiz*, p. 55.
— Schenk, *in Palæontog.*, XI, p. 303.
— *Id.*, *in* Schœnlein *Abbild.*, tab. 12, fig. 3.
— Schimper, *Traité de Pal. vég.*, I, p. 613.

Diagnose.—*Frondes speciosissimæ stipitatæ, stipite crasso in rachin validam, postice convexam, antice canaliculatam continuo, pinnatæ et pinnatifidæ; pinnæ erecto-patentes, alternantes, lineari-ensiformes, longissimæ, decurrentes confluentesque, unde rachis alata, costa pinnarum primariarum crassa, subtus convexiuscula, supra sulcata versus apicem longe sensim angustata, nervi secundarii sub angulo acuto emissi dein curvati, plus minusve transversi plerumque dichotomi ; sporangia utro-*

que latere cujusque nervuli in seriem continuam ordinata, contigua, inter se coalita, unde facies pinnarum inferior sporangiis biseriatis obtecta reperitur.

Marantoidea,	Jæger, *Pflanzenverst.*, p. 28.
Pecopteris (ex parte),	Brongniart, *Hist. des vég. foss.*, I, p. 302.
Crepidopteris,	Presl, *in Sternb. Fl. d. Vorw.*, II, p. 119.
Tæniopteris,	Presl, *l. c.*, p. 139.
—	Unger, *Gen. et Sp. pl. foss.*, p. 212.
—	Bronn, *Beitr. z. Trias Fauna und Fl.*, p. 58.
Stangerites,	Bornemann, *Organ. Reste d. Lettenk-Thuring.*, p. 60.
—	Miquel, *Syst. Cycad.*, p. 33.

Histoire et définition. — Ce beau type, suivant M. Heer, à qui est due la première connaissance des parties fructifiées, et M. Schimper, qui en a figuré un magnifique exemplaire dans son dernier ouvrage, aurait son représentant actuel dans le genre *Danæa*. Comme les frondes étaient très-grandes et qu'il n'en est resté le plus souvent que des lambeaux épars, ceux-ci ont été décrits sous différents noms et confondus avec les *Tæniopteris* dont leur forme, ainsi que leur nervation, les rapprochent effectivement beaucoup. L'empreinte figurée par M. Schimper montre que les longues pennes, ensiformes ou lancéolées-obtuses au sommet, pourvues de nervures secondaires une ou deux fois dichotomes, le long d'une côte médiane très-épaisse, étaient décurrentes à la base sur le rachis, qu'elles rendaient ailé, et confluentes entre elles. Les fructifications étaient disposées comme chez les *Danæa* en une double rangée continue, le long des nervures secondaires. Les capsules ou sporanges accolés et probablement soudés par les côtés, quoique le contour de chacun de ces organes reste visible, alternaient d'une série à l'autre, si l'on s'en rapporte à la figure grossie de M. Heer, que nous reproduisons (Pl. 60, fig. 5 et 5[a]) tandis qu'une fente en forme de point marque l'endroit par où ils s'ouvraient pour laisser échapper les spores. Le genre *Danæopsis* ne comprend jusqu'ici que deux espèces dont une très-répandue; il caractérise les marnes irisées dans le Wurtemberg, la Franconie et les environs de Bâle ; sa présence dans les grès de la base du Rhétien est tout à fait exceptionnelle, et le type lui-même n'a pas dû se prolonger beaucoup au delà de cette limite.

Rapports et différences. — La disposition des sporanges en une double rangée continue le long des nervures secondaires rapproche évidemment les *Danæopsis* des *Danæa ;* cependant, si les figures données par le savant M. Heer sont exactes (et nous n'avons pas eu occasion d'examiner les empreintes d'après lesquelles elles ont été dessinées), il existerait une différence sensible entre les deux genres. Chez les *Danæa* la soudure des sporanges est tellement intime que l'analogie seule permet d'assimiler à ces organes les cavités bisériées et séparées l'une de l'autre par des cloisons, qui se trouvent disposées en un bourrelet linéaire assis sur chacune des nervures secondaires, à la base inférieure des frondes fertiles. Il semblerait plutôt, chez les *Danæopsis*, que chaque sporange contigu au sporange voisin et soudé avec lui demeure pourtant plus moins distinct, en sorte que l'on aurait sous les yeux un mode de fructification se rapprochant de celui des *Angiopteris* par une soudure moins complète des sporanges entre eux, tandis que la disposition de ces organes en une double série continue et linéaire reproduirait en apparence au moins ce qui existe chez les *Danæa*. Maintenant, si l'on compare le mode de fructification des *Danæopsis* avec celui qui a été dernièrement observé chez les *Nilsonia*, on verra que dans ceux-ci les sores, dont la vraie nature n'est pas définie, mais dont la consistance coriace pourrait bien dénoter une structure analogue à celle des Marattiées, sont toujours disposées en série discontinue, c'est-à-dire isolées l'une de l'autre. Les *Danœopsis* viennent ainsi se placer naturellement non loin des *Marattia* et des *Angiopteris*, et l'on peut avec certitude les considérer comme ayant fait partie, au même titre que les genres qui leur ont survécu dans le monde actuel du groupe des Marattiacées, aujourd'hui encore répandu dans la zone intertropicale, mais sans doute plus riche et plus varié autrefois qu'à l'époque contemporaine.

N° 1. — **Danæopsis marantacea.**

Pl. 65, fig. 1-5.

Danæopsis marantacea, Heer, *Urw. d. Schw.*, p. 54.
— — Schenk, *Paleontog.*, XI, p. 303, tab. 48, fig. 1 ; *in* Schœnlein *Abbild.*, tab. 12, fig. 3.
— — Schimper, *Traité de pal. vég.*, p. 614, Pl. 37.

Diagnose. — *D. fronde maxima elata, rachi primaria secundariisque validis supra sulcatis, subtus convexiusculis instructa, pinnatim partita, pinna terminali lateralibusque longissimis lato-linearibus integerrimis ensiformibus in apicem lanceolatum exeuntibus, lateralibus alternantibus, erecto-patentibus, omnibus in rachin alatam basi decurrentibus confluentibusque, costa pinnarum media paulatim apicem versus angustata sub angulo acuto e rachi primaria egrediente, nervis secundariis inter se remotiusculis supra basin vel versus medium dichoto-*

mis paulatim curvatis quandoque anastomosatis; soris ut in generis diagnosi descriptis.

Marantoidea arenacea,	Jæger, *Planzenverst.*, p. 28, tab. 5. fig. 5.
Pecopteris macrophylla,	Brongniart, *Hist. des vég. foss.*, p. 362, Pl. 136.
— —	Unger, *Gen. et sp. pl. foss.*, p. 179.
Crepidopteris Schœnleiniana,	Presl, *in Sternb. Fl. d. Vorw.*, II, p. 119.
Aspidites Schübleri,	Gœppert, *Syst. Fil. foss.*, p. 351.
Tæniopteris marantacea,	Presl, *l. c.*, p. 139.
— —	Unger, *l. c.*, p. 212.
— —	Bronn, *Beitr. z. Trias Fauna und Flora*, p. 58, tab. 9, fig. 3 et 4?.
— —	Ettingshausen, *Ueb. Tæniopt. in Haiding. naturwiss. Abandl.*, IV, p. 98, tab. 12, fig. 3.
Tæniopteris fruticosa,	Schœnlein, *in icone* (ex Brongniart).
Tæniopteris vittata β *major,*	Bronn, *Leth. geognost.*, p. 147, tab. 12, fig. 2.
Stangerites marantacea,	Bornemann, *Org. Reste d. Lettenk. thuring.*, p. 60.
— —	Miquel, *Syst. Cycad.*, p. 33.

Nous n'hésitons pas à rapporter à cette espèce, inconnue jusqu'à présent en dehors des Marnes irisées, les deux fragments de pennes reproduits par nos figures 1 et 3, Pl. 60. Ces fragments proviennent des grès de la base du Rhétien de Couches-les-Mines, où ils sont associés à l'*Equisetum Münsteri*, mais il ne faut pas oublier que nous avons signalé dans ces mêmes grès la présence de l'*Equisetum arenaceum* qui accompagne fréquemment le *Danœopsis marantacea* dans le Keuper de Franconie; ainsi, la florule des arkoses du plateau d'Auxy comprendrait à la fois des espèces infra-liasiques et des espèces keupériennes, mélange que sa position à l'extrême base du Rhétien justifie parfaitement. Plusieurs espèces de la flore des Marnes irisées survivraient encore, mais dans un état subordonné, tandis que les types du Lias inférieur auraient déjà acquis assez de développement pour dominer sur les premières, sans les exclure pourtant tout à fait. Les deux empreintes que nous figurons ne sont que des lambeaux; peut-être même, ainsi qu'il arrive fréquemment pour cette espèce, le parenchyme détruit n'a laissé subsister que les seules nervures secondaires. Celles-ci sont bien visibles : sorties sous un angle aigu d'une côte médiane relativement épaisse, elles se divisent par dichotomie un peu au-dessus de la base et s'étendent ensuite en se recourbant un peu vers les bords. L'un des exemplaires, fig. 1, correspond à la face inférieure; on reconnaît sur la même pierre des fragments de l'*Equisetum Münsteri;* le second exemplaire, fig. 2, se rapporte à la face supérieure, et la côte médiane s'y montre sillonnée sur le milieu. Les nervures secondaires, émises le long de la côte, sont fines, ramifiées-dichotomes et dans certains cas anastomosées près des bords. Tous ces caractères se rapportent exactement à ceux de l'espèce décrite par Heer, Schimper, Schenk, et avant eux par M. Brongniart. Notre figure 3, Pl. 65, représente les détails de la nervation vus sous un faible grossissement. La largeur de ces segments excède à peine 2 centimètres, tandis que dans les exemplaires de Stuttgardt cette largeur mesure au moins 3 centimètres. Nos exemplaires marqueraient donc la présence de frondes plus petites, mais tout porte à croire qu'il s'agit bien de la même espèce.

Les frondes du *Danæopsis marantacea*, dont notre figure 4 représente un beau spécimen emprunté aux figures de Schœnlein, mesuraient 3 à 4 pieds de hauteur; leurs longues pennes, largement lancéolées-linéaires, dressées et obliquement divergentes, décurrentes à la base sur un rachis épais, et probablement très-raides, communiquaient à la plante un caractère frappant de beauté calme et sévère. C'était là sans doute un des plus beaux types ptéridologiques de l'époque. Nous avons décrit le mode de fructification en parlant du genre.

Rapports et différences. — M. Schimper a signalé une seconde espèce de *Danæopsis*, *D. Rumpfii* Schimp., qui provient des Marnes irisées inférieures et dont les pennes subopposées sont plus étroites, longuement linéaires et acuminées au sommet; mais nous ne saurions dire, faute de figures, si nos empreintes s'éloignent ou se rapprochent de cette forme plus que celle avec laquelle nous les avons identifiées, comme la mieux connue et la plus répandue. Le *Danæopsis marantacea* se distingue du *Marattia* (*Angiopteridium*) *Münsteri* par ses nervures plus ramifiées et moins nettement transversales; d'ailleurs les pennes de ce *Marattia* jurassique ne sont pas décurrentes à la base sur le rachis principal et portent des sores dont la structure et la disposition n'ont rien de commun avec celles des *Danæopsis*. Malgré une assez étroite analogie apparente, il suffit de comparer la nervation du *D. marantacea* avec celle qui caractérise les vrais *Tæniopteris* pour en saisir la différence. Chez les *Tæniopteris* les nervures, bifurquées dès la base et promptement dirigées dans le sens transversal, suivent cette direction jusqu'à la marge ordinairement munie d'un rebord cartilagineux; chez les *Danæopsis* au contraire le limbe, moins épais, a souvent disparu et les nervures secondaires, plus nettes et plus espacées, se recourbent avant d'atteindre le bord qui ne paraît avoir été accompagné par aucun ourlet marginal. Il est certain cependant qu'une grande habitude est nécessaire, dès qu'il s'agit de discerner des genres aussi voisins, probablement alliés de très-près, d'après des lambeaux mal conservés et d'une faible étendue.

LOCALITÉS. — Couches-les-Mines, près d'Autun; grès de la base du Rhétien ; collection de M. Pellat.

EXPLICATION DES FIGURES. — Pl. 65, fig. 1, fragment de penne de *Danæopsis marantacea*, vue par-dessous, sur un morceau de grès qui présente en même temps des débris de tiges de l'*Equisetum Münsteri*, grandeur naturelle; fig. 2, autre fragment de penne de la même espèce, vu par-dessus, grandeur naturelle; fig. 3, nervation faiblement grossie d'un autre fragment de penne de la même espèce. Les échantillons représentés par les figures précédentes proviennent également des grès infra-liasiques de Couches-les-Mines et nous ont été communiqués par M. Pellat; fig. 4, portion de fronde de la même espèce d'après un très-bel exemplaire du Keuper de Wurtemberg, figuré par Schœnlein; fig. 5, portion d'une penne fertile de la même espèce, vue sous un assez fort grossissement, pour montrer la disposition des sporanges en une double rangée linéaire, d'après M. Heer (figure extraite de son ouvrage intitulé : *Die Urwelt der Schweiz*) ; fig. 5ᵃ, plusieurs sporanges fortement grossis pour montrer leur structure présumée.

******** **Chiropterideæ.** — *Frondes flabellatim multifidæ partitæque, vel dichotome repetito-laciniatæ, laciniis elongatis vel cuneatis apiceque fimbriatis, nervi e basi frondium flabellato-ramosi, multiplices in lacinias excurrentes æquales aut majores, debilioribus interpositi, simplices* *paralleli aut varie inter se anastomosati et reticulati. Fructificatio ignota vel sporangiis receptaculisque ovato-pisiformibus in racemos aggregatis efformata, radicularis, illam Rhizocarpearum referens. (Marsileacearum genera ?)*

Nous réunissons sous cette formule, dont le nom est emprunté à l'un des types keupériens les plus curieux, le *Chiropteris digitata* Kurr, tout un groupe de plantes d'affinité incertaine, comparées aux Schizéacées et aux Acrostichées par les uns, aux Ophioglossées et aux Marsiléacées par les autres. Ce sont généralement des frondes au limbe flabellé-multifide, souvent irrégulièrement incisées, à lobes ou lacinies plus ou moins profonds, mais jamais séparés en folioles articulées ou pétiolées à la base, comme chez les *Sagenopteris.*

Les frondes, à segments étroits et profonds, sont toujours divisées à l'aide d'une dichotomie plus ou moins compliquée, et leurs lobes sont souvent cunéiformes, frangés ou irrégulièrement incisés à leur sommet. Les nervures qui s'engagent dans ces segments sont toujours flabellées-dichotomes, partant de la base pour se distribuer longitudinalement à travers la fronde et donner lieu, tantôt à des ramifications égales, tantôt à des nervures plus fines et plus fortes entremêlées, soit libres, soit diversement reliées et anastomosées en réseau.

Les genres *Chiropteris* Kurr, *Hausmannia* Dunk., *Baiera* Fr. Braun, *Jeanpaulia* Ung., peut-être aussi *Schizopteris* Brongn., et *Sclerophyllina* Heer, rentrent dans ce groupe, les deux derniers cependant avec doute. Les *Baiera* et les *Jeanpaulia*, qui nous semblent avoir représenté deux types à peine distincts ou même se rapporter à un genre unique, sont les plus importants par le nombre et les caractères de leurs espèces, à l'époque jurassique. Ce sont aussi les seuls que nous ayons observés dans les couches françaises de ce terrain ; ou plutôt, si l'on tient compte de la très-minime différence de physionomie qui sépare ces deux genres et que l'on réserve la dénomination de *Baiera* aux frondes flabellées à segments irrégulièrement incisés le long des bords, et celle de *Jeanpaulia* aux frondes divisées par dichotomie successive, en segments étroits et allongés, c'est à ce dernier type seulement que se rapportent les espèces de la formation oolithique que nous allons signaler.

DIX-SEPTIÈME GENRE. — JEANPAULIA.

Jeanpaulia, Unger, *Gen. et sp. pl. foss.*, p. 224.
— Schenk, *Foss. Fl. v. Grenzsch*, p. 39.
— Schimper, *Traité de pal. vég.*, I, p. 682.

DIAGNOSE. — *Frondes coriaceæ e petiolo cylindrico flabellatim furcato-partitæ, laciniæ lineares repetito-dichotomæ integræ, plus minusve elongatæ, nervi complures longitudinales in lacinias frondis longitudinaliter excurrentes æquales vel in costulas laterales ordinati. — Fructus? ovato-pisiformes.*

Baiera, Fr. Braun, *In Münst. Beitr.*, VI, p. 21.
— Brongniart, *Tab. des genres de vég. foss.*, p. 30.
— Schenk, *foss. Fl. d. Grenzsch.*, p. 26.
— Schimper, *Traité de pal. vég.*, I, p. 422 (ex parte, *quoad Baieram tæniatam*, excl. *Baiera digitata* et *pluripartita*).
Baiera?, Bamburg, *Pl. of Scarborough*, *in Quart. Journ. geol. soc.*, vol. VII.
Dicropteris, Pomel, *Mat. pour servir à la conn. de la flore foss. des terrains jur. de la France*, in *Amtl. Ber. üb.*

d. 25 *Vers. d. Gesellsch. Deutsch. naturf. in Aach.*, 1847, p. 339.
— Zigno, *Fl. foss. form. ool.*, I, p. 98.
Cyclopteris (ex parte), Zigno, *l. c.*, I, p. 102.
Solenites, Lindl. et Hutt., *Foss. Fl.*, 209.
Psilotites, Zigno, *l. c.*, I, p. 214.
Schizopteris, Bean, in *Mns.*
Sphærococcites (ex parte), Presl, *in Sternb. Fl. d. Vorw.*, II, p. 105.

Histoire et définition. — La dénomination générique de *Jeanpaulia*, adoptée successivement par MM. Unger, Schenk et Schimper, s'applique à des plantes fossiles dont le type est le *Baiera dichotoma* de F. Braun. Ce groupe renferme pour nous la plupart des espèces que les divers auteurs ont désignées jusqu'ici, tantôt sous le nom de *Baiera*, tantôt sous celui de *Jeanpaulia*, à l'exception seulement des *Baiera digitata* Brngt. (*Cyclopteris digitata* Brngt., *Hist. des vég. foss.*, I, p. 219, Pl. 61 *bis*, fig. 2-3; Lindl. et Hutt. *Foss. Fl.*, tab. 64) et *pluripartita* Schimp. (*Cyclopteris digitata* Dunk, *Monogr. de Weald.*, p. 9, tab. 1, fig. 8 et 10, tab. 5, fig. 3-6; Ettingsh., *Beitr. z. Fl. d. Weald.*, p. 13, tab. 4, fig. 2). Ces deux dernières espèces devront peut-être, selon la pensée exprimée par M. Brongniart, dans son *Tableau des genres de végétaux fossiles*, être réunies aux autres, mais leur facies un peu différent, leur fronde flabellée, fimbriée sur les bords, à lobes larges et courts, permettent cependant de ne pas les confondre avec les frondes profondément laciniées à segments étroits, en lanières plusieurs fois dichotomes, des *Jeanpaulia* proprement dits. M. Pomel avait proposé pour les espèces françaises que nous allons décrire la dénomination de *Dicropteris*; et comme ce savant avait donné des diagnoses non accompagnées de figures, elles ont été répétées depuis sans réflexion par M. de Zigno, dans son grand ouvrage sur la flore oolithique ; mais l'observation des échantillons originaux nous a permis de restituer à ces espèces leur vrai caractère et de les replacer parmi les *Jeanpaulia* auxquels elles appartiennent légitimement. Les frondes de ce genre abondent sur plusieurs points de la formation rhétienne d'Allemagne, principalement aux environs de Bayreuth, dans des grès schisteux et charbonneux où elles sont accompagnées fréquemment par des fruits ou sporanges ovales, pisiformes, que nous figurons d'après M. Schimper qui les a observés sur place. Ces corps sont ordinairement agrégés par trois en grappe simple ou biternée; ce sont ceux que M. F. Braun a décrits comme représentant les parties fructifiées de ces plantes qu'il range parmi les Marsiléacées, sous le nom de *Baiera dichotoma;* dans l'opinion de M. Schenk, au contraire, ces organes ne seraient que des frondes incomplétement développées, à lobes encore repliés sur eux-mêmes. M. Schimper, d'accord avec F. Braun, considère les corps pisiformes comme représentant réellement les organes reproducteurs des *Jeanpaulia*, mais il ne se prononce pas au sujet de la place à assigner au genre lui-même qu'il rejette à la suite des Fougères, parmi les groupes d'affinité incertaine en le séparant à tort, selon nous, des *Baiera*. Sans nous prononcer au sujet d'une question qui paraît bien obscure, nous citerons ce que dit M. Schimper à propos des corps pisiformes, organes présumés du *Jeanpaulia dichotoma* que nous figurons d'après cet auteur (Pl. 66, fig. 3 et 4,). « J'ai eu occasion de recueillir cette plante en très-grande abondance, dans un grès schisteux près de Bayreuth, et de me convaincre que les corps pisiformes aplatis que Fr. Braun a pris pour les fruits de cette plante, lui sont souvent associés en très-grande quantité, à l'exclusion de toute autre empreinte végétale. Il est vrai que je ne les ai jamais vus attachés aux frondes de *Jeanpaulia*. Une seule fois j'ai vu une petite plante à trois divisions dont les lanières parurent enroulées en crosse. Les corpuscules ovalaires que j'ai représentés à la figure 11 avaient évidemment une enveloppe membraneuse assez épaisse, qui existe encore dans la roche sous forme d'une membrane presque cartilagineuse, brune, lisse ou plus ou moins plissée, et n'offrant aucune ressemblance avec ces folioles enroulées. Je ne puis donc m'empêcher d'y voir les fruits du *Jeanpaulia*, et cela avec d'autant moins de doute que des corps semblables ont aussi été rencontrés dans l'Oolithe de Withby, associés à la seconde espèce de ce genre. Si cette plante avait eu un autre genre de fructification, on l'aurait certainement rencontrée sur quelques-uns des innombrables échantillons qui ont été déterrés pendant de longues années aux environs de Bayreuth. » Les *Jeanpaulia* et *Baiera* se montrent avec le Rhétien à l'extrême base du Lias inférieur; ils reparaissent ensuite dans l'Oolithe et leur existence se prolonge jusque dans le Wéaldien. Si l'on maintient la distinction des deux genres, il semble que les *Jeanpaulia* règnent seuls dans l'Infra-lias, qu'ils sont associés aux *Baiera* dans l'Oolithe et que ceux-ci leur survivent dans le Wéaldien. Au total, les *Jeanpaulia* constituent un groupe essentiellement jurassique.

EXPLICATION DES FIGURES. — Pl. 66, fig. 1, fronde entière de *Jeanpaulia Münsteriana* Presl (*Baiera dichotoma* Fr. Br.), grandeur naturelle; fig. 1[a], autre fronde jeune ou imparfaitement développée de la même espèce; fig. 1[b], fruits ou corpuscules pisiformes agrégés représentant probablement les organes reproducteurs de l'espèce, grandeur naturelle; fig. 1ª, nervation grossie; fig. 2, corpuscules pisiformes grossis. Ces figures sont empruntées au Traité de paléontologie végétale de M. Schimper, et dessinées d'après des exemplaires originaux recueillis aux environs de Bayreuth par ce savant; fig. 3 et 4, corpuscules pisiformes agrégés de la même espèce, d'après Schenk, grandeur naturelle.

N° 1. **Jeanpaulia longifolia.**

Pl. 67, fig. 1.

Diagnose. — *J. frondibus rigidis, breviter petiolatis, pluries furcato-dichotomis, segmentis linearibus basi angustatis, nervis longitudinalibus tenuibus percursis et costa submarginali quandoque notatis.*

Dicropteris longifolia, Pomel, *l. c.*, p. 339.

La fronde de cette espèce, de consistance plus ou moins rigide, est grande relativement; elle présente un pétiole assez court (2 1/2 centim.) et grêle, qui s'amincit encore à la base ; ce pétiole donne lieu supérieurement, à l'aide de deux bifurcations successives, à quatre segments principaux, érigés, linéaires, plus étroits à la base que vers le sommet et dont les deux latéraux sont encore bipartites, tandis que les médians, dont l'un cependant est mutilé, paraissent avoir été simples et entiers. Les nervures, dichotomes comme les segments, fines, parallèles, longitudinales et assez nombreuses, se partagent et s'étendent d'un bout à l'autre des segments, ainsi que le montre la figure 1ª, Pl. 67, qui représente la nervation grossie. Il n'y a pas de médiane distincte, mais, comme chez le *Jeanpaulia*

Münsteriana (*Baiera dichotoma* Fr. Br.), une sorte de côte ou de nervure plus prononcée semble longer le bord des deux côtés et constitue une carène, remplacée sur l'empreinte par un sillon. La fronde entière mesure plus de 12 centimètres de longueur y compris le pétiole.

Rapports et différences. — Le *Jeanpaulia longifolia* se rapproche évidemment du *Jeanpaulia Münsteriana* Presl, dont il diffère pourtant par des segments moins nombreux et plus élancés ; cette ressemblance est plus étroite avec l'exemplaire figuré par M. Schimper (1) et que reproduit notre planche qu'avec ceux de l'ouvrage de M. Schenk. Malgré cette analogie on ne saurait douter d'une distinction spécifique, justifiée du reste par la provenance géognostique de notre *Jeanpaulia longifolia*. Celui-ci est également très-voisin du *Baiera? gracilis* Bumb. (*Schizopteris? gracilis* Bean) (2), espèce qui, d'après les figures de Bumbury doit être attribuée au groupe des *Jeanpaulia* et dont nous avons pu observer nous-même un beau spécimen dans la collection du Muséum de Paris. Cependant cette espèce de l'Oolithe du Yorkshire ne saurait être confondue avec celle que nous décrivons ; elle est beaucoup plus petite ; les segments sont proportionnellement plus larges, plus courts et plutôt lancéolés au sommet. Nous considérons notre *J. longifolia* comme bien distinct de la forme de Scarborough qui ne doit être confondue d'autre part ni avec le *Baiera digitata* ni avec le *Jeanpaulia Lindleyana* Schimper, qui n'est autre que le *Solenites furcatus* du *Fossil Flora* de Lindley et Hutton.

Localité. — Calcaire lithographique de Châteauroux

(1) *Traité de pal. vég.*, I, p. 44, fig. 9.

(2) Voy. *Plants of Scarb.*, in *Quart. Journ. Soc. geol. Lond*, vol. VII, p. 182, tab. 12, fig. 3.

(Indre), étage corallien supérieur, ancienne collection Michelin, actuellement au Muséum d'histoire naturelle de Paris.

Explication des figures. Pl. 67, fig. 1, fronde entière de *Jeanpaulia longifolia* Pomel, grandeur naturelle ; fig. 1a nervation grossie.

N° 2. — **Jeanpaulia obtusa**

Pl. 67, fig. 2.

Diagnose. — *J. frondibus petiolo crasso, basi sensim dilatato*, 2 *centim. circiter longo, instructis, sursum digitato-partitis, segmentis erectis, parum divergentibus, linearibus apice obtusatis, nervulis tenuibus plurimis æqualibus longitudinaliter ordinatis.*

Les frondes de cette espèce, dont il n'existe, à notre connaissance, qu'un seul exemplaire, sont coriaces, pourvues d'un épais pétiole long de 2 centimètres seulement et dilaté inférieurement. Le limbe se compose de 6 à 8 segments simples ou divisés presque dès la base, à peine divergents, linéaires, un peu élargis et obtus au sommet. Les nervures sont toutes égales, fines et peu visibles. L'aspect de l'empreinte semble marquer une fronde non encore complétement développée, mais le grain grossier et oolithique de la roche empêche de saisir exactement le détail des caractères.

Rapports et différences. — La terminaison obtuse des segments ne permet de confondre cette espèce avec aucune de celles qui ont été signalées jusqu'ici. Son faciès tout spécial fait même concevoir des doutes au sujet de son attribution ; il semble pourtant difficile de ne pas rapporter cette espèce aux *Jeanpaulia*, au moins provisoirement.

LOCALITÉS. — St-Mihiel près de Verdun (Meuse) ; étage coralien inférieur; collection du Muséum de Paris, n° 3731.

EXPLICATION DES FIGURES. — Pl. 67, fig. 2, fronde de *Jeanpaulia obtusa* Sap., grandeur naturelle.

N° 3. — **Jeanpaulia laciniata**.

Pl. 67, fig. 3.

DIAGNOSE. — *J. frondibus parvulis, breviter petiolatis, 8-dichotome-partitis, segmentis linearibus divergentibus breviter acuminatis, nervis inconspicuis*.

Dicropteris laciniata ?, Pomel, *l. c.*, p. 339.

Nous rapportons avec quelque doute au *Dicropteris laciniata* de Pomel, que cet auteur n'a jamais figuré, l'espèce de Saint-Mihiel, représentée Pl. 67, fig. 3. C'est une fronde de très-petite dimension, divisée par dichotomie en 8 segments linéaires, pointus au sommet; les extérieurs étant divergents. Il nous semble que par ses caractères visibles et son mode de partition cette espèce vient se ranger sans anomalie à côté des autres *Jeanpaulia*.

RAPPORTS ET DIFFÉRENCES. — Cette espèce rappellerait par son faciès plutôt les *Acrostichum* que les *Schizæa ;* nous ne connaissons aucune forme fossile avec laquelle elle puisse être confondue.

LOCALITÉS. — Saint-Mihiel, Gibbomeix ; Corallien inférieur ; collection de M. Moreau.

EXPLICATION DES FIGURES. — Pl. 67, fig. 3, fronde de *Jeanpaulia laciniata*, grandeur naturelle.

N° 4. — Jeanpaulia flabelliformis

Pl. 67, fig. 4.

Diagnose. — *J. fronde minima, flabellatim in lobos lineares a basi furcato-partita, laciniis apice obtusatis uninerviis.*

Dicropteris flabelliformis ?, Pomel, *l. c.*, p. 339.

La fronde est encore plus petite que celle de l'espèce précédente ; elle est divisée en lobes ou segments linéaires bifurqués presque dès la base, obtus au sommet et uninerviés, à ce qu'il paraît. Le mode de partition ne diffère pas de celui que l'on observe chez les autres *Jeanpaulia ;* seulement l'empreinte que nous figurons ne correspond, selon toute apparence, qu'à une moitié de la fronde.

Rapports et différences. — Le sommet obtus et la nervure médiane assez visible qui partage longitudinalement chaque lacinie, distinguent cette espèce dont les dimensions n'excèdent pas un centimètre. Son attribution au genre *Jeanpaulia,* bien que vraisemblable, ne repose sur aucune certitude.

Localité. — Gibbomeix, près de Saint-Mihiel; Calcaires blancs, étage corallien ; collection de M. Moreau.

Explication des figures. — Pl. 67, fig. 4, fronde ou partie de fronde de *Jeanpaulia flabelliformis*, grandeur naturelle; fig. 4[a], même empreinte vue sous un assez faible grossissement.

SUPPLÉMENT

ALGUES

Le désir de ne rien négliger en fait d'Algues susceptibles de détermination et, d'autre part, la crainte d'introduire dans la science des types par trop douteux ou même des corps étrangers au règne végétal, spongiaires, serpules, tubes d'annélides, empreintes de mollusques, nous ont également préoccupé. Entraîné par le premier de ces deux sentiments, nous avons décrit, sous toutes réserves, sous le nom de *Conchyophycus*, des spécimens dans lesquels des géologues de mérite se sont accordés à reconnaître des moules déformés de l'*Ostræa marcignyana* Marsh. — Le genre *Conchyophycus* devra par suite disparaître de la nomenclature. Les inconvénients qui sont la conséquence d'une semblable erreur dépassant de beaucoup ceux qui résultent de l'oubli calculé des formes plus ou moins problématiques, lorsque leur véritable nature ne peut être suffisamment éclaircie, nous négligerons volontairement un assez bon nombre d'échantillons, qui nous ont été communiqués dernièrement par plusieurs de nos confrères et amis, pour nous attacher uniquement à ceux qui paraissent offrir de sérieuses garanties d'authenticité.

GENRE. — PHYMATODERMA (voir ci-dessus, p. 113 pour la définition du genre).

N° 2. **Phymatoderma liasicum.**

Pl. 68, fig. 1-2.

Phymatoderma liasicum Schimper, *Traité de Pal. vég.*, I, p. 161, Pl. 2, fig. 7-8.

Diagnose. — *Ph. frondibus proceris, dichotome ramosis, leniter flexuosis, ramulis plus minusve elongatis, sub angulo acuto divergentibus, ascendentibus, cylindraceis apice obtusatis, cristis vel papillis crassiusculis transversim undique obtectis.*

Algacites granulatus,	Schlotheim, *Nachtr.*, I, p. 45, tab. 5, fig. 1.
Sphaerococcites crenulatus,	Sternb., *Vers. d. Fl. d. Vorw.*, II, p. 27.
— —	Kurr, *Beitr. z. Fl. d. Juraform.*, p. 17, tab. 3, fig. 1-2.
— —	Unger, *Gen. et sp. pl. foss.*, p. 25.
Granularia Schlotheimi,	Pomel, *l. c.*, p. 332.
Phymatoderma granulatum,	Brongniart, *Tab. des genres de vég. foss.*, p. 103.

L'espèce que nous avons décrite précédemment sous le nom de *Phymatoderma Terquemi* nous a paru se séparer de celle de Boll par des dimensions plus petites, un autre mode de ramification et un aspect différent des papilles verruqueuses; nous avons reçu depuis, par l'obligeant intermédiaire de M. l'abbé Vallet, des échantillons identiques au *Phymatoderma liasicum* dont M. Schimper a reproduit de si beaux spécimens moulés. Le fragment de fronde que nous figurons (Pl. 68, fig. 1) rentre dans la variété β *elongatum* de Kurr. Sa forme paraît même plus grêle et plus élancée que celle des échantillons de Boll. Les bords sont moins distinctement crénelés, et les crêtes transversales plus nettes et moins flexueuses ; mais ce sont là de faibles différences, et il faut se souvenir qu'il s'agit d'une espèce répandue sur un très-grand espace dans les mers du Lias ; ainsi qu'il arrive à toutes les formes qui se multiplient beaucoup, celle-ci a dû donner lieu à de nombreuses variétés. Nous appliquerions volontiers à la nôtre le nom de *gracile*.

Nous ne pouvons mieux faire, à propos du *Ph. liasicum*, que de reproduire les curieux détails donnés par M. Schimper (1) dans son dernier ouvrage : « Cette Algue paraît avoir composé de véritables parterres au fond de la mer dans laquelle se sont déposés les schistes liasiques supérieurs du Wurtemberg, car elle recouvre et pénètre ces schistes dans toutes les directions et sur une épaisseur considérable. La substance végétale est souvent remplacée par une terre marneuse fine, presque crétacée, couleur gris clair, de sorte que la forme de la plante ressort très-nettement sur le fond gris bleuâtre foncé des schistes. En enlevant cette terre, on découvre sur la marne l'impression nette que forme un réseau irrégulièrement pentagonal, provenant des appendices auxquels le genre doit son nom. »

Rapports et différences. — Le *Phymatoderma liasicum* et surtout la variété que nous décrivons sous le nom de *gracile* se distinguent par la tournure élancée des frondes du *Ph. Terquemi* et même de la variété γ *crispum* de Kurr. Les inégalités transverses qui recouvrent la surface des rameaux ne sont pas des pustules, mais des crêtes aux

(1) *Traité de pal. vég.*, I, p. 162.

rebords saillants qui se recouvrent plus ou moins par leurs extrémités, et composent par leur réunion une série de compartiments emboîtés. La forme et la nature de ces compartiments aplatis plutôt que bombés, ainsi que la dimension beaucoup plus forte de toutes les parties de la plante séparent très-nettement le *Ph. liasicum* de l'espèce suivante.

Localité. — Alpes du Bourg-d'Oisans (Isère). Lias supérieur.

Explication des figures. — Pl. 68, fig. 1, partie terminale d'une fronde de *Phymatoderma liasicum* Schimp., var. *gracile* Sap., d'après un exemplaire recueilli par M. l'abbé Vallet, grandeur naturelle ; fig. 2, partie supérieure d'une fronde de la même espèce, d'après un échantillon moulé figuré par M. Schimper, pour montrer l'aspect de l'ancienne plante, grandeur naturelle. Ce spécimen doit être rapporté à la variété γ *crispum* de Kurr.

N° 3. **Phymatoderma cælatum**.

Pl. 68, fig. 3.

Diagnose. — *Ph. frondibus gracilibus cylindraceis, hinc inde contortis, simpliciusculis verrucosis, verrucis transversim oblongis sinuosisque contiguis, leniter convexis, sulco ab alterutra separatis.*

Les ramules épars des frondes de cette espèce sont petits, simples ou pourvus çà et là d'une ramification solitaire, cylindriques, un peu contournés et divariqués. Leur surface est recouverte d'un réseau de compartiments irréguliers auxquels le moulage restitue leur véritable forme. On distingue alors une surface entièrement recouverte (voyez fig. 3ª) d'élevures ou boutons légèrement convexes, nettement limités, contigus, contournés en divers sens, généralement allongés dans le sens transversal et dont notre figure rend fidèlement l'aspect.

Rapports et différences. — Bien qu'il soit très-naturel de ranger cette espèce parmi les *Phymatoderma*, la disposition des saillies en forme de boursouflures convexes, qui garnissent la surface extérieure des ramules, n'a rien de commun avec les crêtes du *Phymatoderma liasicum*. Malheureusement, les fragments que nous figurons sont trop peu complets pour permettre de formuler une opinion motivée au sujet de cette forme qui s'écarte très-sensiblement, selon nous, de toutes les Algues fossiles signalées jusqu'à présent. Il est impossible cependant de ne pas être frappé de l'analogie que présentent les parties visibles de l'empreinte une fois moulée avec les parties correspondantes de diverses Caulerpées, particulièrement des *Codium*, dont les frondes sont aussi revêtues à la surface et à l'état frais d'inégalités verruqueuses, disposées à peu près de même. C'est ce que l'on peut voir en considérant les *Codium tomentosum* et *Bursa* Ag.

Localité. — Les Lamberts, près d'Aix (Bouches-du-Rhône), étage oxfordien ; communiqué par M. Marion.

Explication des figures. — Pl. 68, fig. 3, plusieurs fragments de fronde de *Phymatoderma cœlatum* Sap., grandeur naturelle ; fig. 3ª, un des fragments grossis.

GENRE. — MÜNSTERIA (1).

Münsteria, Sternb. (*emend.*), *Vers.*, p. 31.
— Brongniart, *Tab. des genres de vég. foss.*, p. 11.
— Unger, *Gen. et sp. pl. foss.*, p. 14.
— Zigno, *Fl. foss. form. ool.*, I, p. 11.
— Fischer-Ooster, *Foss. Fuc.*, p. 35.
— Schimper, *Traité de pal. vég.*, I, p. 194.

Diagnose. — *Frons (viva) coriacea cylindrica, probabiliter fistulosa simplex, cæspitose aggregata vel dichotome parceque ramosa, transversim annulatimque elevato-striata.*

Histoire et définition. — Le genre *Münsteria* a été fondé par Sternberg qui y avait englobé plusieurs formes douteuses ou hétéroclites, que M. Schimper en a exclues comme étant plutôt des Spongiaires ou des Coprolithes que des Algues. Il en est peut-être de même du *Münsteria Schneideriana* de Gœppert, dont M. Fischer-Ooster a figuré un très-grand exemplaire. Mais, ces retranchements opérés, le genre *Münsteria* comprend encore un assez bon nombre d'espèces qu'il est naturel de considérer comme des Algues, jusqu'à preuve contraire. Ce sont les *Münsteria Hoessii* Sternb., *geniculata* Sternb. (*l. c.*, p. 32, Pl. 7, fig. 3) et *flagellaris* Sternb., auxquels on doit ajouter le *M. annulata* Schafh. M. Fischer-Ooster, dans son livre sur les Fucoïdes fossiles, a proposé sous le nom d'*Hydrancylus* un sous-genre dont le *M. geniculata* Sternb. devient le type, et qui comprend les espèces à frondes repliées-sinueuses, dont les stries annulaires sont très-rapprochées et fortement marquées. Ces stries prennent l'apparence semi-

(1) Ce genre doit être placé à la suite des *Phymoderma*.

lunaire dans les empreintes que la fossilisation a comprimées. M. Fischer-Ooster range dans cette section nouvelle les *Münsteria Oosteri* et *hamata*, qu'il figure et qui reproduisent évidemment le type de l'espèce que nous allons signaler. Ces divers *Münsteria* font partie du Flysch et se rapportent par conséquent à l'Éocène supérieur; mais, malgré la distance verticale, qui est énorme, l'affinité de la flore algologique du Flysch avec celle des mers du Jura est trop évidente pour que nous nous étonnions de rencontrer des formes congénères de part et d'autre; nous devons plutôt accepter cette liaison comme l'expression véritable des faits, bien qu'il soit difficile de s'en rendre raison.

Rapports et différences. — Les *Münsteria* constituent un genre d'Algues vraisemblablement éteint dont les frondes coriaces, fistuleuses, cylindroïdes, diversement agrégées, croissant en touffe et repliées sur elles-mêmes étaient marquées de stries, de côtes, de plis transverses formant une série d'anneaux plus ou moins rapprochés, tantôt fins comme des linéaments, tantôt relevés en crêtes. M. Brongniart croit que les fructifications des *Münsteria* sont quelquefois visibles sous l'apparence de tubercules hémisphériques épars entre les stries; il les regarde comme reproduisant l'aspect du genre vivant *Splachnidium* (*Ulva rugosa* L.) des mers australes. La différence principale consiste, suivant l'éminent auteur, en ce que les rameaux de *Splachnidium* naissent latéralement de la fronde principale sur une base contractée, tandis que la plante fossile, lorsqu'elle n'est pas simple, se divise en rameaux dichotomes qui ne sont ni contractés ni articulés (1).

(1) Brongniart, *Tab. des genres des vég. foss.*, p. 11.

N° 1. Münsteria visceralis.

Pl. 68, fig. 8.

Diagnose. — *M. fronde (viva) cartilaginea cylindracea simplici ? varie sinuato-reflexa, striis elevatis seu costulis approximatis transversim undique circumcincta*

L'empreinte est un moule qui a conservé son relief et démontre la forme cylindrique et la structure probablement fistuleuse de l'ancienne fronde. Elle paraît avoir été simple, mais elle se replie plusieurs fois sur elle-même avec des contours sinueux, dont notre figure ne reproduit qu'une faible partie. Le grain de la roche, qui consiste en un grès des plus grossiers, ne laisse saisir d'autres détails que ceux qui résultent de la disposition des stries ou côtes annulaires séparées par autant de sillons dont l'extérieur de la fronde est entièrement recouvert.

Rapports et différences. — Nous ne croyons pas nous tromper en rapportant aux *Münsteria* et en particulier à la section *Hydrancylus* de Fischer-Ooster cette espèce, dont le rapport avec le *M. geniculata* Sternb. nous paraît surtout frappant. Il serait invraisemblable d'admettre l'identification possible d'une forme jurassique avec une espèce du Flysch, mais en dehors même de cette circonstance les divisions du *M. geniculata* paraissent plus courtes, plus obtuses, tandis que la fronde de notre *M. visceralis* se prolonge en longs replis sinueux et doit avoir été simple plutôt que ramifiée-dichotôme.

Localité. — Versant S.-O. de la dent du Mont-Tout, Bajocien supérieur; coll. de M. Falsan.

Explication des figures. — Pl. 68, fig. 8, portion d'une

fronde de *Münsteria visceralis* Sap., grandeur naturelle, d'après un échantillon communiqué par M. Falsan.

GENRE. — CANCELLOPHYCUS (voir ci-dessus, p. 126).

Nos vues sur ce genre se trouvent confirmées par de nouveaux et précieux documents.

— Il est maintenant bien certain que les frondes des *Cancellophycus* étaient fixées au fond des mers par un point d'attache affectant généralement vers le haut la forme d'un entonnoir ou d'un cornet renversé et s'étalant ensuite en une expansion circulaire, semi-circulaire ou ellipsoïde, dont le point d'attache occupait le centre ou l'un des côtés, et dont les bords étaient sujets à des sinuosités plus ou moins profondes, selon les espèces et les individus, ou même donnaient lieu à de véritables lobes. La substance de la fronde était criblée d'une multitude d'ouvertures étroites et allongées, alignées de façon à reproduire, au moyen des parties pleines, un ensemble de ramifications repliées vers les bords et divergeant du point d'attache.

Nous figurons ici, à l'appui de cette manière de voir, plusieurs échantillons nouveaux de *Cancellophycus*, observés dernièrement par nous à plusieurs niveaux successifs de la série jurassique des Basses-Alpes. Ces échantillons, dessinés sur place, représentaient, à la surface des lits, des frondes entières occupant leur position naturelle sur l'ancien fond de mer que les assises de sédiments étaient venues recouvrir en constituant, pour ainsi dire, les feuillets d'un herbier gigantesque. La grande dimension de la plupart de ces frondes nous a obligé de les réduire à une faible portion de leur grandeur naturelle ; mais il sera possible, grâce à l'exactitude de nos figures, de faire juger de l'aspect et de la configuration générale des anciens organes, tels qu'ils se montraient au sein des mers dont ils tapissaient le fond.

Les figures 1. Pl. 69, et 1, Pl. 70, se rapportent évidemment au *Cancellophycus liasinus* dont nous avons déjà représenté une fronde presque entière (Voy. ci-dessus, p. 135, Pl. 5). Cette espèce, dans les Basses-Alpes, se montre vers la base du Toarcien et remonte de là jusque dans l'Oolithe inférieure où elle se trouve associée à une forme nouvelle que nous signalons plus loin sous le nom de *C. Garnieri*. — Le *C. liasinus* abonde aux environs de la montagne de Beaumont dans des schistes calcaréo-gréseux d'un noir bleuâtre; les feuillets de la roche paraissent en être complétement pétris. Le point d'attache, généralement central ou sub-central, quelquefois excentrique, rejeté alors près des bords ou situé au fond d'une échancrure, donne lieu à une expansion ellipsoïde, plus ou moins sinuée, lobée ou même partagée en segments arrondis par des sinus étroits ou irréguliers. Le diamètre, mesuré suivant le plus grand axe, oscille entre 30 et 40 centimètres. La dimension la plus ordinaire est de 35 centimètres. Notre figure 1, Pl. 70, représente la forme la plus répandue; le point d'attache est situé vers le centre et la fronde dessine un ellipsoïde irrégulier, arrondi vers les deux extrémités, sinué vers l'un des petits axes. Cette fronde est assez conforme à celle que nous avons figurée en premier lieu (Pl. 5).

La figure 1, Pl. 69, représente une autre fronde de la même espèce, qui s'éloigne des précédentes par sa configuration. Le point d'attache est situé excentriquement, le long d'un des côtés de l'organe ; de ce point, l'expansion se développe très-inégalement, de manière à donner lieu à un petit lobe, d'une part; et, dans la direction opposée, à un autre lobe, arrondi et sinué, beaucoup plus grand comparativement, à la surface duquel on distingue une série de linéaments arqués, qui se superposent en se repliant le long de la marge. Nous pourrions multiplier ces exemples en montrant une suite de frondes développées, tantôt dans un sens, tantôt dans un autre; mais presque toujours allongées transversalement et plus ou moins étroites dans la direction opposée, c'est-à-dire présentant un grand et un petit axe. C'est en cela surtout que réside, à ce que nous pensons, le caractère particulier de l'espèce.

Les figures 2, 3 et 4, Pl. 69, sont destinées à faire bien connaître la structure propre au *Cancellophycus scoparius*, c'est-à-dire à l'espèce signalée la première et qui, dans les Basses-Alpes, aussi bien que dans l'Hérault et aux environs de Lyon, occupe invariablement l'horizon du Bajocien, d'où elle remonte plus ou moins selon les localités, jusque dans le Bathonien. Notre figure 2, Pl. 69, reproduit, sous une dimension réduite de moitié, une fronde complète de *C. Scoparius*, dont l'affinité, jusque dans les moindres détails des zones de courbures et de la disposition des lobes, ne saurait être méconnue avec l'exemplaire du Mont-Dor lyonnais, d'après lequel nous avons décrit l'espèce précédemment (Voy. ci-dessus p. 137, Pl. 6). — On reconnaît sur l'empreinte des Basses-Alpes que le point d'attache était basilaire et donnait lieu à un stipe ou support qui manque par l'effet d'une cassure, mais que notre figure 3 reproduit d'après un autre échantillon de la même localité. La fronde, fig. 2, se développe au-dessus du support et donne lieu à une vaste expansion plane et laminaire, partagée à l'aide de sinuosités marginales en trois lobes obtus et larges, dont l'inférieur se replie sur lui-même de manière à rejoindre, pour ainsi dire, le point d'attache dont il ne se trouve séparé que par un étroit sinus. Les zones ou linéaments arqués se recouvrent mutuellement en produisant des ramifications et des anastomoses, toujours repliées le long de la marge, visiblement cernée par un rebord cartilagineux. On distingue sur l'original plusieurs rangées de boutonnières étroites correspondant aux ouvertures dont la substance de la fronde se trouvait criblée. La figure 4 montre un échantillon de très-petite taille dont le développement est à peine commencé. Nous devons le croquis de cet exemplaire à notre ami, M. Fabre, qui a bien voulu nous le communiquer.

Le niveau supérieur occupé dans les Bouches-du-Rhône par le *Cancellophycus Marioni* existe dans des conditions analogues aux environs de Frontignan (Hérault), où il a été découvert, il y a plusieurs années, par notre ami M. le professeur de Rouville, et exploré en dernier lieu par M. Munier. Il est intercalé dans l'Oxfordien, au-dessus de la zone à *Amm. cordatus*, et par conséquent plus haut dans la série que l'horizon d'Aix qui correspond à l'*Amm. tripartitus*. Les *Cancellophycus* y abondent, représentés par une espèce rapprochée de notre *C. Marioni;* seulement, ses frondes ont été moins comprimées, le sédiment qui s'est déposé autour des végétaux en place étant un sable fin qui n'a pas même interrompu leur croissance. Le point d'attache de chaque fronde constitue un entonnoir évasé d'où partent, en s'irradiant et se repliant en spirale, les linéaments qui sont très-déliés et très-nombreux. Les sinuosités des lobes de la périphérie sont visibles et le bord est cerné par une zone étroite et nette, large de 4 à 6 millimètres, qui devait être cartilagineuse. Il serait possible que cette espèce dût être distinguée du *C. Marioni*, soit à raison du niveau qu'elle occupe, soit par suite de quelques-uns de ses caractères, entre autres la délicatesse des linéaments, et la disposition du point d'attache qui paraît avoir été complétement central et infundibuliforme. M. Fabre, à qui nous devons les renseignements qui précèdent, pencherait à l'admettre, et comme il s'agit d'un observateur sagace et judicieux, nous serions tenté de partager son opinion. L'espèce devrait alors prendre le nom de *Cancellophycus Fabrei.* Malheureusement, les persillures et les linéaments de la fronde sont à peine visibles sur les échantillons que nous avons sous les yeux et nous ne possédons pas les éléments d'un jugement décisif à cet égard.

Explication des figures. — Pl. 69, fig. 1. Fronde complète de *Cancellophycus liasinus*, réduite au quart de sa grandeur naturelle, d'après un exemplaire du Toarcien des Basses-Alpes, dessiné sur place, pour montrer la situation excentrique du point d'attache et le développement inégal de l'expansion laminaire ; fig. 2, fronde complète, sauf une brisure à la base, de *Cancellophycus scoparius* Sap., réduite à $\frac{1}{2}$ grandeur naturelle, d'après un exemplaire des environs du Col-Saint-Pierre (Basses-Alpes), dessiné sur place ; fig. 3, support d'une fronde de la même espèce ($\frac{1}{2}$ grandeur naturelle), d'après un exemplaire de la localité précitée des Basses-Alpes ; fig. 4, fronde jeune de la même espèce ; d'après un croquis dessiné sur place dans le département de l'Hérault et communiqué par M. Fabre, garde général des forêts à Mende (Lozère).

Pl. 70, fig. 1. Fronde complète de *Cancellophycus liasinus* Sap., réduite au tiers, montrant le point d'attache central et l'expansion transversalement ellipsoïde, sinueuse sur les bords, de l'ancien organe, d'après un exemplaire du Toarcien des Basses-Alpes, dessiné sur place.

N° 5. — **Cancellophycus Garnieri.**

Pl. 70, fig. 2.

DIAGNOSE. — *C. frondibus stipite laterali affixis, exinde in laminam plus minusve quadrato-ellipsoïdeam sinuatamque, cancellis tenuissime delineatis e stipite in arcus multiplices secus marginem reflexos abeuntibus percursam leviterque margine cartilagineo cinctam expansis.*

Dans les Basses-Alpes, à partir du Bajocien, vers la montagne de Beaumont, ainsi que près de Chabrières, sur un niveau généralement inférieur à celui de l'*Amm. tripartitus*, on observe une forme de *Cancellophycus* qui présente des caractères différentiels assez saillants pour mériter une mention particulière. Elle constitue, selon nous, une espèce distincte des *C. liasinus* et *scoparius*, à qui elle se trouve associée sur bien des points, tandis que sur d'autres elle occupe à elle seule les lits de l'Oolithe inférieure, développés sur une grande échelle dans cette partie de la Haute-Provence. Nous dédions cette espèce à M. Garnier, inspecteur des forêts, qui a su discerner avec tant d'intelligence les divers horizons de la série jurassique des arrondissements de Digne et de Castellanne.

Le stipe ou point d'attache du *C. Garnieri* est toujours latéral et basilaire ; il se montre fréquemment situé sur un des côtés de la fronde; il est court et terminé en forme de coin. Sa place est occupée par une brisure dans l'exemplaire, d'ailleurs intact, que nous figurons sous des proportions réduites à $\frac{1}{4}$ de grandeur naturelle. De ce point d'attache part une fronde qui s'étale en une expansion plane et unilatérale, c'est-à-dire développée dans un sens seulement et dessinant un ellipsoïde irrégulier, faiblement sinué sur les bords, largement arrondi vers les deux extrémités; la marge est distinctement cernée par un rebord cartilagineux étroit et continu. Les linéaments qui parcourent la fronde, et correspondent aux rangées d'ouvertures, sont fins, multiples, ramifiés en arceaux successifs et donnent lieu à des zones repliées le long des bords, entre lesquelles on distingue çà et là des séries d'étroites ouvertures, le plus souvent peu visibles. Lorsque ces frondes ont été ensevelies sur place, le stipe dont la direction ne correspondait pas à celle de l'expansion laminaire se trouve presque toujours brisé. On voit que l'expansion se détournait en se repliant pour s'étaler sur le sol sous-marin à la surface duquel le support était fixé. Ces frondes, dont on observe de nombreux exemplaires, mesuraient jusqu'à 50 et 60 centimètres suivant leur plus grand axe. Notre figure,dessinée sur place avec le plus grand soin, en donne une idée fort exacte.

Rapports et différences. — Le stipe non pas central, mais rejeté sur un des côtés de la fronde, et la configuration unilatérale, faiblement sinuée, en ellipse arrondie aux deux extrémités, de celle-ci, ainsi que la finesse et la multiplicité des linéaments correspondant aux séries d'ouverture, fournissent des caractères différentiels qui permettent de séparer cette espèce, observée jusqu'à présent dans les Basses-Alpes seulement, des *Cancellophycus liasinus* et *scoparius* auxquels elle se trouve fréquemment associée. On ne peut nier cependant l'affinité réciproque de toutes les formes qui composent le genre lui-même. Il est vrai que la même confusion se manifeste lorsqu'il s'agit de la délimitation des Algues des mers actuelles.

Localités. — Environs de Chabrières (Basses-Alpes), étage bajocien et partie la plus inférieure du Bathonien.

Explication des figures. — Pl. 70, fig. 2. Fronde complète, sauf une brisure correspondant au support, de *Cancellophycus Garnieri* Sap., d'après un exemplaire dessiné sur place et réduit à $\frac{1}{4}$ de sa grandeur naturelle.

GENRE. — CHONDRITES (voir ci-dessus, p. 154).

N° 16. — **Chondrites pseudo-pusillus.**

Pl. 68, fig. 4.

Diagnose. — *Ch. fronde minuta gracili pinnatim pluries partita, ramulis alternis cylindricis rigidiusculis expansis elongato-linearibus apice obtusis subclavatisque.*

Les ramules de la fronde sont menus, cylindriques, filiformes, divariqués, un peu raides, plusieurs fois divisés et alternes. Leur sommet est obtus ou même terminé par un léger renflement en forme de massue.

Rapports et différences. — La dimension et l'aspect de cette espèce la rapprochent des *Chondrites filiformis* et *divaricatus*, du Lias supérieur de Wurtemberg et de Suisse, que Kurr avait considérés à tort comme de simples variétés du *Ch. bollensis ;* elle ressemble également beaucoup à notre *Chondrites pusillus* (voy. plus haut, p. 194), du Lias à gryphées arquées des environs de Metz. Cependant les ramules de notre empreinte paraissent plus courts, plus raides, plus obtus au sommet, et la distance qui sépare le Lias supérieur du Rhétien nous engage à la décrire séparément. Il existe encore de l'analogie entre le *Ch. pusillus* et notre *Ch. filicinus*, du Bathonien de Rians (3). Cette analogie résulte peut-être d'un lien généalogique, et dans ce cas nous

(1) Voir ci-dessus, p. 174, pl. 17, fig. 4 et 18, fig. 1-2.

posséderions les trois termes successifs d'un même type légèrement modifié; mais ce n'est là qu'une conjecture impossible à vérifier sur un aussi petit fragment.

Localité. — Marcel, près de Lyon, étage infraliasique; coll. de M. Falsan.

Explication des figures. — Pl. 68, fig. 4 (1), portion de fronde de *Chondrites pseudo-pusillus* Sap., grandeur naturelle.

N° 17. — Chondrites rigescens.

Pl. 68, fig. 5.

Diagnose. — *Ch. fronde e stipite crasso sursum assurgente, pluries irregulariter partita, alterne ramosa, ramulis erectis divaricatisque tum simplicibus, tum furcato-divisis, subclavatis acutisve, quandoque uncinatis.*

La fronde que nous figurons part d'une base simple, épaisse, noueuse, et se redresse en étalant des rameaux la plupart ascendants, raides, divisés en ramules secondaires, les uns érigés, simples et terminés en massue, les autres fourchus et donnant lieu à des segments pointus, plus ou moins divariqués, parfois en crochet. De nombreux fragments détachés, qui paraissent avoir fait partie de la même fronde, se montrent épars à côté d'elle. La consistance a dû être coriace et la forme des rameaux cylindroïde, peut-être sub-comprimée. L'empreinte est tantôt marquée par un creux, tantôt tapissée d'un enduit ochreux qui se détache en clair sur le fond bleu obscur de la roche.

Rapports et différences. — Le *Chondrites rigescens* se rapproche surtout des *Ch. nodosus* et *Dumortieri* Sap. (2);

(1) C'est par erreur que dans la légende de la planche 68, cette espèce est inscrite sous la dénomination de *Chondrites pusillus* au lieu de *Ch. pseudo-pusillus*.

(2) Voir ci-dessus, p. 177 et 179, pl. 16, et 77, fig. 1-3.

mais les frondes de ces deux espèces présentent des divisions plus denses, plus compliquées, plus repliées sur elles-mêmes, chez le premier, plus élargies et plus courtes dans le second. On peut dire encore qu'il rappelle à certains égards le *Chondrites furcatus* Brngt., grande espèce du Flysch dont les subdivisions principales sont généralement plus recourbées et plus distinctement terminées en massue. Le *Ch. rigescens* reproduit assez bien l'aspect et le mode de partition propres à certaines formes de *Chondrus*.

LOCALITÉ. — La Clape (Basses-Alpes), Bajocien, premières couches à *Ammonites tripartitus;* communiqué par M. Garnier, inspecteur des forêts à Digne.

EXPLICATION DES FIGURES. — Pl. 68, fig. 4, fronde de *Chondrites rigescens* Sap., grandeur naturelle.

N° 18. — **Chondrites stellatus**.

Pl. 68, fig. 7.

DIAGNOSE. — *Ch. fronde vage ramosa, hinc et hinc leviter constricto-torulosa, ramulis basi tumidiusculis, sensim versus apicem attenuatis, tum distichis, tum in acervulos congestis.*

Nous n'avons sans doute sous les yeux qu'une petite portion de la fronde de ce *Chondrites;* l'empreinte qu'il a laissée dans le sédiment forme un creux susceptible d'être moulé en relief. On distingue alors une branche principale tubuleuse ou cylindroïde, gonflée ou rétrécie à des distances irrégulières, qui se partage en deux rameaux dont l'un supporte à son extrémité plusieurs ramules réunis en faisceau, tandis que l'autre, beaucoup plus court, présente des ramules disposés dans un ordre distique. Un autre rameau jeté sur le premier, montre également à son sommet une rosette de ramules fasciculés.

Rapports et différences. — Cette espèce, trop fragmentaire pour donner lieu à des rapprochements bien exacts, rappelle par son faciès le *Chondrites vermicularis* Sap. (1). L'aspect est le même et les ramules ont des deux parts une apparence sub-toruleuse qui se ressemble beaucoup. D'autre part, malgré la distance qui sépare le Toarcien de l'extrême base du Néocomien, le *Ch. Stellatus*, se rattache d'une façon plus ou moins étroite à l'espèce suivante. Il n'y aurait rien d'improbable à ce que toutes ces formes eussent fait partie d'un même groupe, distinct des autres *Chondrites* par une physionomie commune, mais dont il serait difficile de préciser dès à présent les caractères différentiels.

Localité. — Environs de Digne (Basses-Alpes), étage toarcien; communiqué par M. Garnier.

Explication des figures. — Pl. 68, fig. 7, fragments de fronde du *Chondrites stellatus* Sap., d'après une empreinte moulée, grandeur naturelle.

N° 19. — **Chondrites eximius.**

Pl. 68, fig. 6.

Diagnose. — *Ch. fronde gracili elongata, vage disticheque ramoso-dichotoma, ramulis cylindraceis e basi obtusa longe sensim plus minusve attenuatis, sæpe torulosis submoniliformibusve simplicibus, rariusve pinnatis, corpusculis globosis etiam distractis sparsisque.*

Cette Algue est une des plus élégantes et des plus complètes que l'on ait encore signalée dans les terrains secondaires. Nous en devons la connaissance à M. Garnier, dont le nom est déjà revenu plusieurs fois sous notre

(1) Voy. ci-dessus, p. 191, pl. 23, fig. 1.

plume. L'empreinte laissée dans le sédiment consiste en un moule creux de toutes les parties de la plante, à laquelle il a été facile de restituer son premier aspect. C'est cet aspect que notre figure reproduit avec toute l'exactitude dont nous avons été capable. On distingue la plus grande partie d'une fronde dont la branche principale, promptement divisée, donne lieu, d'un côté, à un rameau simple, de l'autre, à un rameau muni de plusieurs subdivisions latérales par une sorte de dichotomie, mais toujours dans un même plan, en sorte que l'organe se trouve régulièrement étalé. Les divisions et les subdivisions principales sont garnies, presque sans interruption, de ramules insérés à angle droit dans un ordre distique, si nombreux qu'ils se touchent tous et présentent tous la même forme, mais non la même longueur, puisque plusieurs d'entre eux dépassent de beaucoup leurs voisins. Les rameaux principaux sont visiblement cylindriques; ils offrent l'aspect d'un tube légèrement étranglé de distance en distance. Les ramules sont resserrés à leur base qui est obtuse : à partir de cette base, ils s'amincissent insensiblement et se terminent par un sommet en fuseau obtus. Les plus développés de ces ramules affectent souvent une forme toruleuse, presque moniliforme, comme s'ils étaient formés de boules ajoutées bout à bout. Quelques-uns d'entre eux portent une boule à leur extrémité supérieure, et l'on distingue même un organe globuleux solitaire, fort net et isolé, sur un des côtés de la fronde. Nous avons déjà mentionné à plusieurs reprises et spécialement dans la description du *Chondrites vermicularis* cette structure toruleuse et ces mêmes organes globuleux, épars ou attachés à l'extrémité des ramules, comme se rapportant probablement aux appareils fructificateurs des *Chondrites*. L'examen de cette nouvelle espèce tend à confirmer notre manière de voir, et l'extrême beauté de l'échantillon lui prête une force particulière.

Rapports et différences. — Le *Chondrites eximius* ne saurait être confondu avec le *Ch. vermicularis*, mais il se rapproche évidemment du *Ch. stellatus*. Quelques-uns de ses ramules semblent fasciculés comme ceux de l'espèce toarcienne. La grande distance verticale qui sépare les niveaux où l'on rencontre les deux formes et une certaine divergence d'aspect, joints au mauvais état dans lequel se trouve l'échantillon du *Chondrites stellatus*, nous engagent à décrire à part le *Ch. eximius* et à l'inscrire au nombre de nos espèces, bien qu'il appartienne à des couches qui ne font déjà plus partie de la série jurassique proprement dite. — Comparé aux espèces vivantes, le *Chondrites eximius* rappelle particulièrement les *Gymnogongrus* par le mode présumé de fructification; les *Gigartina*, et surtout les *Lomentaria*, par l'aspect et la disposition des ramules. Mais ce sont là, il faut l'avouer, des parentés éloignées; il serait même possible d'en signaler dans une tout autre direction. En effet, les *Caulerpa*, spécialement le *C. plumaris* Ag. (mer Rouge), présentent des frondes voisines par leur aspect et leur mode de ramification de ce que vient de nous montrer l'Algue fossile que nous achevons de décrire.

Localité. — Col-de-Chatres (Basses-Alpes), étage néocomien très-inférieur, couches de Bérias; communiqué par M. Garnier.

Explication des figures. — Pl. 68, fig. 6, fronde de *Chondrites eximius*, grandeur naturelle; d'après un exemplaire moulé.

FOUGÈRES.

GENRE. — **Scleropteris.** (Voir ci-dessus, p. 364, pour la définition du genre.

N° 5. — Scleropteris multipartita.

Pl. 70, fig. 3.

DIAGNOSE. — *S. frondibus coriaceis tripinnatis, rachi primaria valida, secundariis strictis, late expansis, sub-oppositis, tertiariis multiplicibus elongato-linearibus sub angulo fere recto prodeuntibus, in pinnulas oblique ovatas basi restrictas anguste decurrentes plerumque integras superne confluentes partitis, pinnulis anticis inferioribus pinnæ cujusque cæteris paulo majoribus incisisque, nervulis paucioribus e basi emergentibus oblique furcato-divisis.*

Nous avons reçu en communication, par l'intermédiaire bienveillant de M. Rigaux, conservateur du Musée de Boulogne-sur-Mer et sur les indications de notre confrère M. Sauvage, un magnifique spécimen de cette Fougère portlandienne, dont nous ne figurons qu'une assez faible partie. On reconnaît aisément qu'il s'agit d'une fronde de grande taille dont le rachis principal présente sur les côtés des segments étalés à angle droit, garnis eux-mêmes de pennes en segments secondaires très-nombreux, contigus, allongés et émis sous un angle très-ouvert. Chaque penne, longue de 2 1/2 à 3 et jusqu'à 3 1/2 centimètres, affecte une forme linéaire et se trouve divisée dans toute son étendue en pinnules ovales ou ovales-lancéolées, toujours un peu obliques, dont les plus élevées sont petites et finalement confluentes; tandis que la plus inférieure, sur le côté antérieur de chaque segment, est sensiblement plus grande que les suivantes et divisée en plusieurs lobules; les autres au contraire sont entières ou faiblement sinuées ou tout au plus unilobées à leur bord antérieur, qui dans tous les cas est plus convexe que le côté dorsal. La consistance de ces pinnules a dû être coriace; les nervures sont peu visibles; elles sont au nombre de deux ou trois seulement dans chaque pinnule ou même simples pour les plus petites. Leur mode de division est oblique et conforme à ce qui existe chez les autres *Scleropteris*, groupe dans lequel l'espèce que nous décrivons vient très-naturellement se ranger.

Rapports et différences. — Le *Scleropteris multipartita*, remarquable par le mode de subdivision et la dimension de ses frondes, est évidemment très-voisin du *Scleropteris dissecta* Sap. (Voir ci-dessus p. 376, pl. 48, fig. 1), espèce du Kimmeridgien inférieur de Creys (Isère), à qui on serait tenté de le réunir. Mais le contour plus élargi des segments primaires, la forme linéaire, et non pas lancéolée-acuminée des pennes de second ordre, ainsi que la configuration moins obtuse et plus resserrée à la base des pinnules fournissent des caractères différentiels qu'une comparaison attentive des échantillons respectifs rend encore plus sensibles.

Localité. — Boulogne-sur-Mer (Pas-de-Calais), carrière de Mont-Lambert; Portlandien inférieur, zone à *Amm. gigas*; collection de la ville de Boulogne.

Explication des figures. — Pl. 70, fig. 3, portion d'une fronde de *Scleropteris multipartita*, grandeur naturelle; fig. 3^a et 3^b, pinnules grossies pour montrer la nervation.

TABLE

ALPHABÉTIQUE & SYNONYMIQUE

A

B

C

P

Q

S

FIN DE LA TABLE ALPHABÉTIQUE ET SYNONYMIQUE.

TABLE DES MATIÈRES

FIN DE LA TABLE DES MATIÈRES

ERRATA ET ADDENDA

Page 72, ligne dernière (en note), *au lieu de:* æothermique, *lisez:* paléothermique.

Page 84, ligne 9,	*au lieu de :*	Cirins,	*lisez:*	Cirin.
— 89, — 7,	—	epuntioïde,	—	opuntioïde.
— 98, — 12,	—	douées de mouvement comme celles, *lisez:* doués de mouvement comme ceux.		
— 99, — 15,	—	dépourvues de mouvement et renfermées, *lisez:* dépourvus de mouvement et renfermés.		
— 101, — 24,	—	*Algaformia,*	*lisez:*	*Algœformia.*
— 105, — 4 et 5,	—	Gopp,	—	Gœpp.
— 107, — 20,	—	*Cilindrites,*	—	*Cylindrites.*
— 111, — 14,	—	*Similici?*	—	*Simplici?*
— 122, — 26,	—	M. Itierà, qui	—	M. Itier, à qui.
— 145, — 16,	—	*primigenia,*	—	*primigenius.*
— 179, — 29,	—	*luries,*	—	*pluries.*
— 224, — 13,	—	les secondes, disposées, *lisez:* les seconds, disposés.		
— 225, — 28,	—	radiculus,	—	radicules.
— 230, — 29 et 30,	—	les entrenœuds étaient étroits, *lisez:* les entrenœuds étaient courts.		
— 235, — 14,	—	gaine à qui, *lisez:* gaine à laquelle.		
— 252, — 10,	—	à qui on pourrait, *lisez:* auxquels on pourrait.		
— 260, — 12,	—	dépourvues,	*lisez:*	dépourvus.
— 260, — 14,	—	sores marginales recouvertes, *lisez:* sores marginaux recouverts.		
— 260, — 16,	—	sores allongées et couvertes, *lisez:* sores allongés et couverts.		
— 260, — 19,	—	les sores arrondies sont couvertes et situées, *lisez:* les sores arrondis sont couverts et situés.		
— 260, — 22,	—	sont terminales, c'est-à-dire situées, *lisez:* sont terminaux, c'est-à-dire situés.		

Page 260, ligne 24, *au lieu de* recouvertes, *lisez :* recouverts.
— 276, — 3, — sores arrondies et généralement dépourvues, *lisez :* sores arrondis et généralement dépourvus.
— 291, — 29, — *Eremopterisæ*, lisez : *Eremopteris*.
— 307, — 1, — une sore arrondie, peut être nue, peut être operculée, etc., *lisez :* un sore arrondi, peut être nu, peut être operculé.

Dans tous les autres passages où le terme de *sore* est mis au féminin, remplacer ce genre par le masculin, conformément à l'orthographe généralement suivie et altérée par une erreur d'impression.

Page 307, ligne 14, *au lieu de :* (Gard), *lisez :* (Aveyron).
— 322, — 9, — *læes*, — *laves*.
— 316, — 23, *ajouter ce qui suit :* M. Schimper, qui possède un exemplaire bien conservé du *Phlebopteris Woodwardii* Bunb. (*Oolit. plants, Quart. Journ. Geol. Soc.*, XX, p. 81, tab. 8, fig. 6), dont il a bien voulu nous communiquer un dessin, nous a fait observer en même temps la ressemblance de cette espèce de Gristhorpe (Yorkshire) avec notre *Microdictyon Woodwardianum*. Nous serions disposé à admettre la complète identification de l'espèce anglaise avec celle de l'Aveyron. Toutes deux se rapportent du reste au même niveau géognostique.

Page 346, ligne 11, *ajouter ce qui suit :* La découverte des échantillons de *Thinnfeldia rhomboidalis* que nous venons de décrire est due à M. Paparel, géologue distingué de Mende, qui a bien voulu nous confier plusieurs autres spécimens de plantes liasiques nouvelles ou intéressantes, qui seront décrites subséquemment. Nous sommes heureux de consigner ici l'expression de gratitude que mérite son zèle désintéressé pour la science.

Page 362, ligne 5, *au lieu de : Lomatopteris Dumortieri*, lisez : *Lomatopteris cirinica*.
— 367, — 12, — qu'il s'agisse, *lisez :* qu'il ne s'agisse.
— 374, — 1, — *dorsalis*, — *dorsali*.
— 376, — 12, — *durescentes*, — *decrescentes*.
— 404, — 15, — contant, — constant.
— 409, — en note, — *Lomatopteris*, — *Cycadopteris*.
— 414, — 11, — *rondium*, — *frondium*.

Corbeil. Typ. et stér. de Crété fils.

www.ingramcontent.com/pod-product-compliance
Lightning Source LLC
LaVergne TN
LVHW010420160826
845677LV00001BA/112

* 9 7 8 2 3 2 9 3 7 2 3 9 6 *